```
Dim Msqlstr_1 As String = "Select distinct filedate From SALARY"
Dim Ocmd_1 As New SqlCommand(Msqlstr_1, Ocn_1)
Dim Odataread_1 As SqlDataReader
Odataread_1 = Ocmd_1.ExecuteReader()

Dim List01 As New List(Of String)
Do While
   List01.A
Loop
List01.Sort()
List01.Rever

ListBox1.Items
Dim MTotalIte
For Mcou = 0 T
   ListBox1.Item
Next

Dim Msqlstr_2 As
Dim Ocmd_2 As N
Dim Odataread_2 As SqlDataRead
Odataread_2 = Ocmd_2.ExecuteRe

List01.Clear()
Do While Odataread_2.Read() = True
   List01.Add(Strings.Trim(Odataread_2.Item
              Strings.Trim(Odataread_2.Item(
Loop
List01.Sort()

T_DEPTCODE.Items.Clear()
MTotalItems = List01.Count
For Mcou = 0 To MTotalItems - 1 Step
   T_DEPTCODE.Items.Add(List01.Item(M
Next

Dim Msqlstr_1 As String = "Select distinct filedate From
Dim Ocmd_1 As New SqlCommand(Msqlstr_1, Ocn_1)
Dim Odataread_1 As SqlDataReader
Odataread_1 = Ocmd_1.ExecuteReader()

Dim List01 As New List(Of String)
```

Visual Basic 開發應用系統的十堂課

序言 | Preface

坊間有關 Visual Basic 的書籍很多，但多偏向基本功能的介紹，此等書籍適合學校授課之用，卻難以解決實務問題，也無法據以打造一個實用的系統。本書以實務程序為導向，直接切入問題之核心，讓讀者了解實務上所面臨的問題，並提出解決之道，進而開發出合乎需求的系統。

Visual Studio 是一個非常龐大的開發工具，絕非短期內所能搞懂，遺憾的是許多書籍為了搶占市場，在極短的時間倉促出版，當然無法深入其精隨，遑論實務問題之解決，這是本書出版的動機。筆者有數十年的設計經驗，開發過無數的系統，並經常深入基層、了解實務之需求，故能將理論套用於實務，設計出符合需求的系統，也希望將這份經驗傳承給設計工作者及有心學習的人士。

一個完整的應用系統包含了主目錄、密碼檢測、授權管理、輸出入介面、資料維護、查詢匯出、圖表列印及發行部署等功能，本書以此等功能為骨幹，並深入探討良好系統所需的版面配置、顏色管理及處理時效等議題。隨書附贈 53 個範例檔，內含 535 個程序及 2 萬多行的程式碼，每一個範例都經過精心的設計，讀者可以直接修改套用，以解決實務問題。

由於本書以實務程序為導向，故需將陳述式、控制項及資料處理類別等基本元件打散於各個作業（章節）之中，讓讀者了解如何套用這些元件於實務程序。但這種撰寫方式也有缺點，就是需要參考此等元件的語法時不易找到，故本書將其整理於附錄，以便讀者在開發系統時，可快速找到所需資料。附錄中所蒐集的項目非常廣泛，包括坊間書籍甚少論及的 BackgroundWork、Chart、TableLayoutPanel、TreeView 及 WebBrowser 等，每一項目都盡可能詳述其用法，並附上範例或圖片。

雖然「微軟」網站對其開發工具提供了龐大的說明，但大不等於好，晦澀難明的解說及不當的舉例，反增讀者之困惑，相信許多設計師在開發過程中都吃足了苦頭。例如：應用程式組態檔的連接字串要如何引用？ReportViewer 拖入表單之後為什麼看不見？捲動軸為何無法達到 Maximum 屬性所設定的最大值？如何在執行階段以程式移動 DataGridView 之中的游標？如何以程式自動建立樹狀節點？如何變更清單上選取項目的背景色？如何使 TableLayoutPanel 內各格位的控制項可隨表單的縮放而改變大小？凡此種種皆可在書中找到解答。最後感謝您購買本書，也祝福您學習愉快、功力倍增！

陳鴻敏 謹誌

2015/12/15

tpehobby@yahoo.com.tw

目錄 | Contents

Chapter 4 資料維護

Chapter 5 查詢及處理

Chapter 6 進階處理設計

Chapter 7 轉檔及列印

Appendix C 本資料庫處理類別之常用屬性及方法

Appendix D 控制項之常用屬性、事件及方法

Appendix E 命名空間與資料處理類別

Visual Basic

1

chapter

系統設計概說

所謂：「工欲善其事，必先利其器」，設計應用系統需要適當的開發工具才能事半功倍。過去一套開發工具動輒數萬元，現在不花錢就可終身免費使用，而且不限於非商業用途。「微軟」的 Visual Studio（簡稱 VS）自 2005 年釋出 Express 版之後，大家都可自由下載這些工具，包括 Visual Studio Express for Windows Desktop 及 Visual Studio Express for Web 等，它們可協助開發視窗應用程式及網頁應用程式，每一種工具都同時支援 Visual Basic 及 Visual C# 等語言，而且在同一個環境中就能設計 Windows、iOS、Android 等不同平台上執行的應用程式。

Visual Studio Express 雖是免費的版本（2015 年改稱 Community 版），但功能充足、元件龐大，絕非短時間之內能夠摸透的，故需有一本好書來協助 User，這也是本書出版之目的。本書以介紹 Windows Form Application 視窗應用程式的開發為主（使用 Visual Basic 語言），首先介紹 VS for Windows Desktop 的開發環境，讓讀者孰悉這套開發工具及其操作模式，以奠定應用系統設計之基礎；隨後再按實務程序，逐章說明如何以 VS 來建構一個完整而符合需求的系統。

1-1 VS for Windows Desktop 程式開發的類型

Visual Studio Express for Windows Desktop 提供一個非常友善的系統開發環境，從「專案建立」、「介面設計」、「程式撰寫」、「測試偵錯」到「封裝部署」，都可在這個整合式的開發環境中完成。進入 VS for Windows Desktop 之後，在視窗上緣的功能表上點選「檔案」、「新增專案」，螢幕會顯示如圖 1-1 的視窗，視窗左邊可選擇語言類別，視窗中央可選擇程式類型。第一種程式類型為「Windows Form 應用程式」，可開發表單導向的應用系統，是本書討論的重點。第二種為「WPF 應用程式」，可開發圖像基礎的應用系統。第三種為「主控台應用程式」，可開發 DOS 介面的程式。第四種為「類別庫」，可開發 DLL 函式庫，本書第 8 章將有詳盡的說明。（註：若使用 Visual Studio Community 2015，請在功能表上點選「檔案」、「新增」、「專案」，螢幕會顯示「新增專案」視窗，請在視窗左邊點選 Visual Basic 之下的 Windows，即可在視窗中央看見前述的 4 種程式類型。另外增加了「共用的專案」及「可攜式類別庫」，前者可被其他專案使用（包括主控台應用程式），後者可建立 Windows、Windows Phone 及 Silverlight 應用程式之類別庫）。

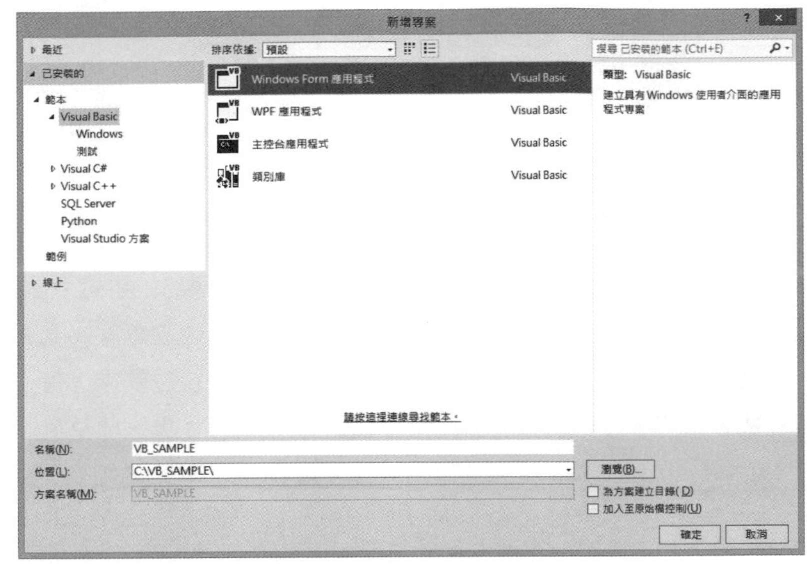

▲ 圖 1-1 新增專案

先介紹 Windows Form 的開發程序，稍後再舉例說明 WPF 及主控台的開發方式，至於類別庫，則留待第 8 章說明。

1-2 建立 Windows Form 應用程式專案

欲建立 Windows Form 表單導向的應用系統，需先建立專案，以便管理相關的表單、圖片、資料表及自訂類別等。進入 Visual Studio 之後，在功能表上點選「檔案」、「新增專案」，螢幕出現如圖 1-1 的視窗，請於視窗左邊點選「Visual Basic」，視窗中央點選「Windows Form 應用程式」，然後在視窗下方的「名稱」欄輸入專案的名稱，例如 VB_SAMPLE，「位置」欄輸入專案存放的資料夾。若該資料夾已建立，則可按「瀏覽」鈕來選取，最後按「確定」鈕，系統就會自動建立必要的檔案及檔案夾，包括 App.config 應用程式組態檔、VB_SAMPLE.sln 方案檔、VB_SAMPLE.vbproj 專案檔等；另外會有 bin、My Project、obj 等檔案夾。在「方案總管」視窗內可看見相關的檔案（圖 1-2）。

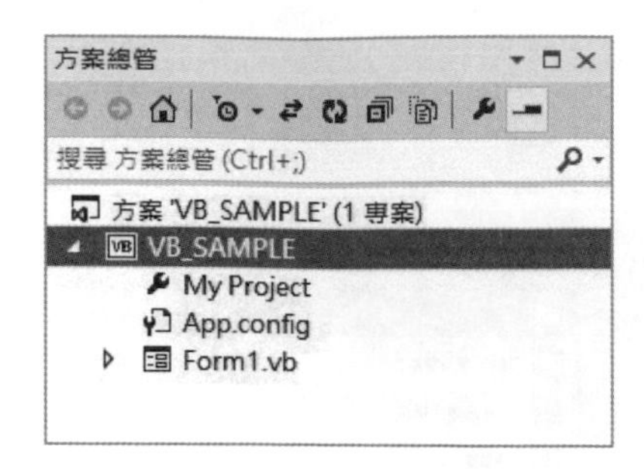

▲ 圖 1-2 方案總管

重新進入 Visual Studio 時，請點選「檔案」、「開啟專案」，再選取副檔名為 sln 的檔案，即可開啟已建立的專案。前述動作雖稱之為建立專案，其實是建立方案，一個方案內可建立多個專案，以滿足大型應用系統之需求。每一個專案會有獨立的資料夾，每一個資料夾都有專屬的 App.config 組態檔及 vbproj 專案檔（註：sln 為 solution 解決方案之縮寫，proj 為 project 專案的縮寫）。

在圖 1-1 的「新增專案」視窗內可視需要勾選或不勾選「為方案建立目錄」，若不勾選，則不會有方案資料夾，在指定位置之下的資料夾為專案資料夾。若勾選，則會有方案資料夾，在指定位置之下的資料夾為方案資料夾，方案資料夾之下才是專案資料夾。

若要在同一方案內增加專案，請於「方案總管」視窗內點選方案名稱（圖 1-2），然後按滑鼠右鍵，再於快顯功能表上點選「加入」、「新的專案」，即可增加另一個專案，方案名稱右方會顯示專案的數量。圖 1-3 有兩個專案，一個為 TESTA，另一個為 VB_SAMPLE。

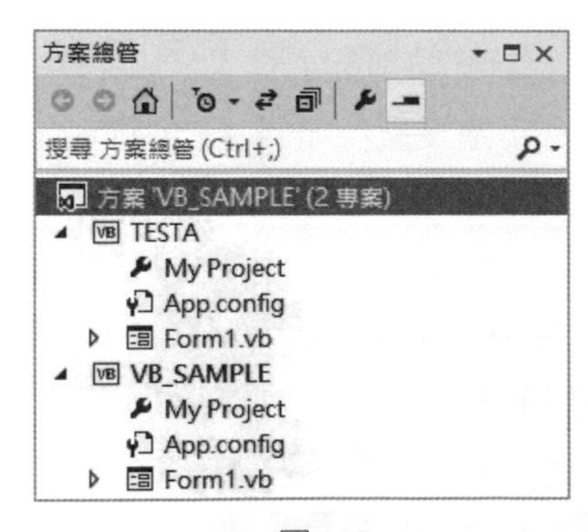

▲ 圖 1-3

若要移除方案內某一專案，請於「方案總管」視窗內點選專案名稱，然後點滑鼠右鍵，再於快顯功能表上點選「移除」。若要暫時停用該專案，則於快顯功能表上點選「卸載專案」，欲重新使用時，請於快顯功能表上點選「重新載入專案」了。

1-3 Windows Form 應用程式開發環境

Windows Form 應用程式是以表單為導向的應用系統，也就是以表單為主角，透過不同表單串起整個工作流程，表單不但是系統的啟動點亦是建立執行程序及使用者介面之所在。在專案中必須指定一個主表單，系統先執行主表單，然後再啟動其他表單及其程序，以完成整個應用系統的工作。

新增專案之後，VS 會自動產生一張表單，內定名稱為 Form1，若要修改，請在「方案總管」內點選該表單，然後按滑鼠右鍵，再於快顯功能表上點選「重新命名」，此時「方案總管」內該表單之名稱會呈現編輯狀態，請直接修改，再按 enter 鍵，螢幕顯示如圖 1-4 的確認訊息，此時請點「是」鈕，以便自動更新專案中的相關資料。若要新增表單，請於功能表上點「專案」、「加入 Windows Form」，螢幕顯示如圖 1-5 的視窗，請於視窗中央點選「Windows Form」，視窗下方修改表單名稱，再點「新增」鈕，工作區會產生表單的雛型（如圖 1-6），「方案總管」視窗內會顯示表單名稱。

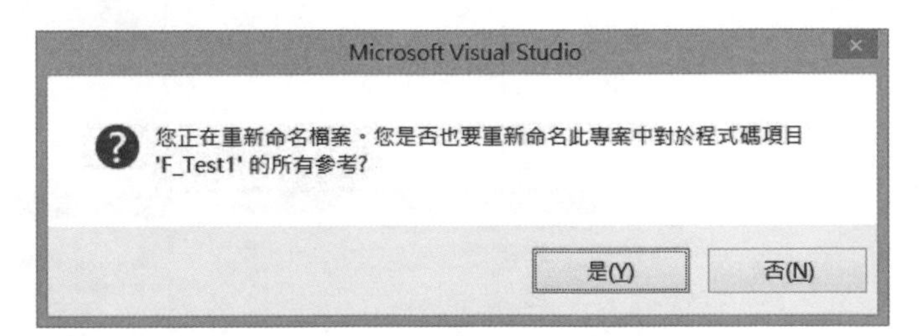

▲ 圖 1-4 表單重新命名之確認

▲ 圖 1-5 新增表單

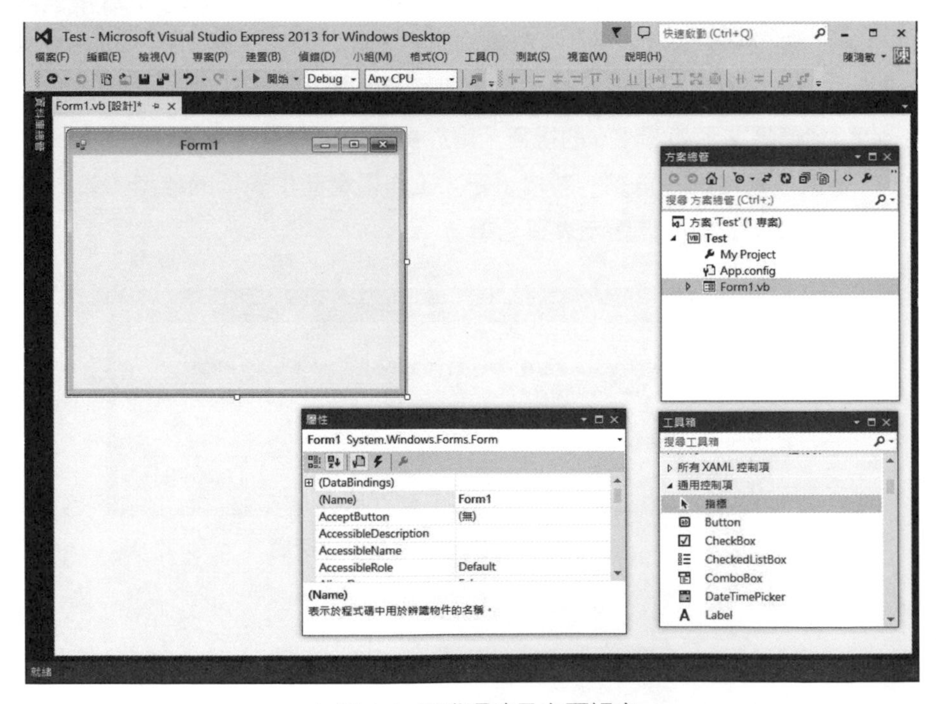

▲ 圖 1-6 開發環境及主要視窗

圖 1-6 是 Windows Form 應用程式的開發環境，上方是功能表及工具列，下方空白處是工作區，工作區左上角為剛才建立的表單，拖曳其端點可改變大小，在其上按滑鼠右鍵，再於快顯功能表上點選「屬性」，螢幕會顯示「屬性」視窗（註：在功能表上點選「檢視」、「屬性視窗」亦可）。利用該視窗（如圖 1-6 的下方），可變更表單及其控制項的屬性（例如背景色及文字大小等）。屬性視窗可分為數個區塊，左方為屬性名稱，右方為屬性值的輸入（或點選）欄位，當在表單上選擇不同控制項時，「屬性」視窗的內容會隨之切換，上方為控制項清單及工具列，控制項清單為下拉式選單，選單上會列出表單上的所有控制項，如果表單上的某一控制項不易查找或無法看到（例如 Label 無 Text 屬性值），則可利用此清單來查找。控制項清單的下方為工具列，點選第一個或第二個工具可改變屬性的排列方式（按分類或字母順序排列），以利查找。

若要在表單上產生控制項，例如按鈕、文字輸入盒、下拉式選單等，只需從工具箱中將相關項目（Button、TextBox、ComboBox 等）拖至表單即可。在功能表上點選「檢視」、「工具箱」，螢幕會顯示「工具箱」視窗（如圖 1-6 的右下角）。若要在執行期間以程式產生控制項，可於表單的載入事件中撰寫如表 1-1 的程式。首先宣告文字盒物件（本例取名為 TextBox01），然後定義其前景色、背景色、字型、尺寸及位置，前兩者使用 TextBox 類別的屬性來設定即可，後三者須使用相關類別的建構函式來定義。字型是使用 Font 建構函式，括號內有兩個參數，前者為字型名稱，後者為字型大小。尺寸是使用 Size 建構函式，括號內有兩個參數，前者為寬度，後者為高度。位置是使用 Point 建構函式，括號內有兩個參數，前者為 X 座標（距表單左邊的點數），後者為 Y 座標（距表單上邊的點數）。Font、Size 及 Point 的命名空間皆為 System.Drawing。所謂 Constructor「建構函式」是使用 New 關鍵字建立類別的執行個體（亦即建立新的物件），並做初始化的工作（亦即設定屬性質）。TextBox01 控制項定義完成之後，再使用 Controls 類別的 Add 方法將其加入表單即可。

表 1-1. 程式碼 __ 執行時期加入控制項

```
01  Private Sub Form1_Load(sender As Object, e As EventArgs) _
02                                  Handles MyBase.Load
03      Dim TextBox01 As New TextBox
04      TextBox01.ForeColor = Color.Navy
05      TextBox01.BackColor = Color.White
06      TextBox01.Font = New System.Drawing.Font("Arial", 14)
07      TextBox01.Size = New System.Drawing.Size(120, 36)
08      TextBox01.Location = New System.Drawing.Point(100, 200)
09      Me.Controls.Add(TextBox01)
10  End Sub
```

隨著應用系統的開發，會在同一專案內增加許多表單，因此工作區會佈滿不同的表單，表單太多會妨礙設計工作，此時可先點選暫時不使用的表單，再於功能表上點選「檔案」、「關閉」，以便隱藏該表單（註：在工作區上方按該表單標籤頁的「X」鈕亦可），關閉前請記得儲存。需用該表單時，再於「方案總管」視窗內雙擊該表單，該表單就會顯示於工作區。在功能表上點選「檢視」、「方案總管」，螢幕會顯示「方案總管」視窗（如圖 1-6 的右上角）。「方案總管」、「工具箱」及「屬性」等視窗都可視需要隨時調整大小、移動位置或關閉，以免妨礙表單或程式的設計。

利用前述的方式即可設計應用系統所需的輸出入介面（包括控制項的加入及屬性之設定），那麼程式要在哪裡撰寫呢？在功能表上點選「檢視」、「程式碼」，螢幕切換至如圖 1-7 的程式碼編輯頁面。如果該表單尚未撰寫過任何程式，則程式碼編輯頁面只會顯示 Public Class XXX 及 End Class 兩列指令，XXX 是表單的名稱（例如 Form1），表示宣告 Form1 為公用類別，可在該兩列之間撰寫所需程式。程式無需逐字撰寫，請在表單設計頁面雙擊需要撰寫程式的表單或控制項，VS 就會自動切換至程式碼編輯頁面，並自動產生相關事件程序的頭尾兩列指令。例如圖 1-7 中的 Private Sub Button1_Click(sender As Object, e As EventArgs) Handles Button1.Click 及 End Sub，Private Sub 之後接程序名稱，Handles 之後為事件名稱，本例是指當 User 按 Button1 按鈕時會啟動 Button1_Click 這個程序，括號內為傳遞之參數。

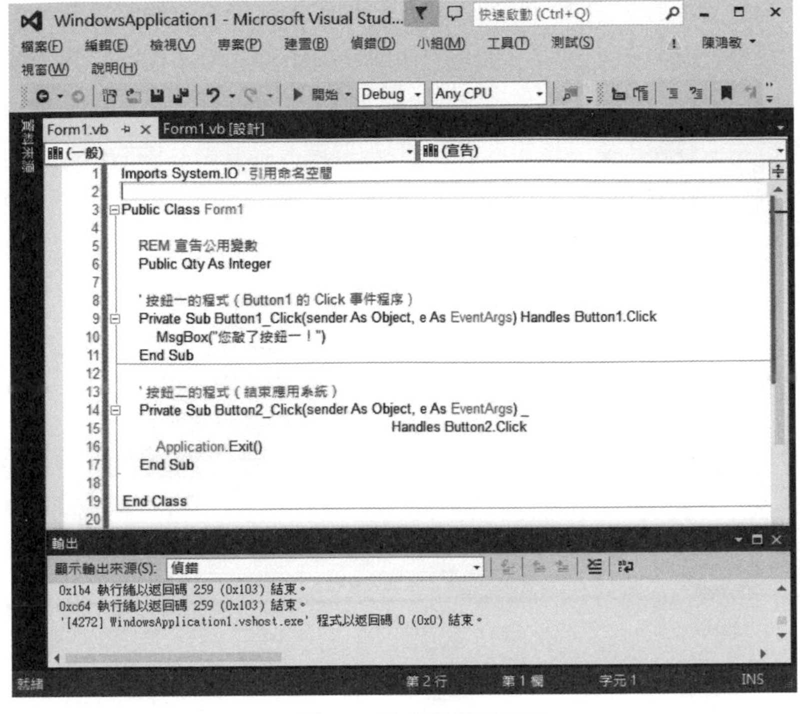

▲ 圖 1-7 程式碼編輯頁面

假設要在程式執行時變更按鈕的背景色，則需撰寫如下的陳述式，Button1.BackColor = Color.LightYellow，無需逐字撰寫（易生錯誤），當在物件名稱之後輸入句點，螢幕就會顯示智慧感知清單，列示相關的屬性或方法供選擇，輸入等號之後，亦會顯示可用的屬性值供選擇。當輸入物件名稱之後，按下 Ctrl+K 快速鍵，亦可顯示智慧感知清單。程式碼的註解可用「'」單引號或 REM 標示，註解可單獨為一行，亦可接續在程式碼之後（緊接於一行敘述之結尾）。公用變數需在 Public Class XXX 的下方及其他程序的上方宣告。引用命名空間須在 Public Class XXX 的上方以 Imports 關鍵字引入，有關命名空間之解說請見附錄 E。

Visual Basic 程式是由一行一行的 Statement 敘述（陳述式）所組成，陳述式可能很短，但也可能很長，為便於閱讀，可將較長的陳述式以「_」底線分為數行，底線前後需有空白，如圖 1-7 的 Private Sub Button2_Click 陳述式使用底線分成兩行。程式完成後，按 F5 功能鍵或工具列上的「開始」就可執行，若有錯誤，程式會中斷，並將執行狀況顯示於如圖 1-7 下方的輸出視窗，包括錯誤程式的行號及其原因，透過行號可以快速找到錯誤之處。欲在程式碼編輯頁面顯示行號，請在功能表上點選「工具」、「選項」，開啟如圖 1-8 的「選項」視窗，在視窗左方雙擊「文字編輯器」，展開其選項，請雙擊其中的「Basic」，再於展開的選項中點選「一般」，然後勾選視窗右方的「行號」即可。若要變更程式碼編輯頁面的字型及其大小，請在功能表上點選「工具」、「選項」，開啟如圖 1-8 的「選項」視窗，在視窗左方雙擊「環境」，展開其選項，然後點選其中的「字型和色彩」，即可於視窗右方的「字型」欄及「大小」欄之下拉式選單中選擇所需之值。

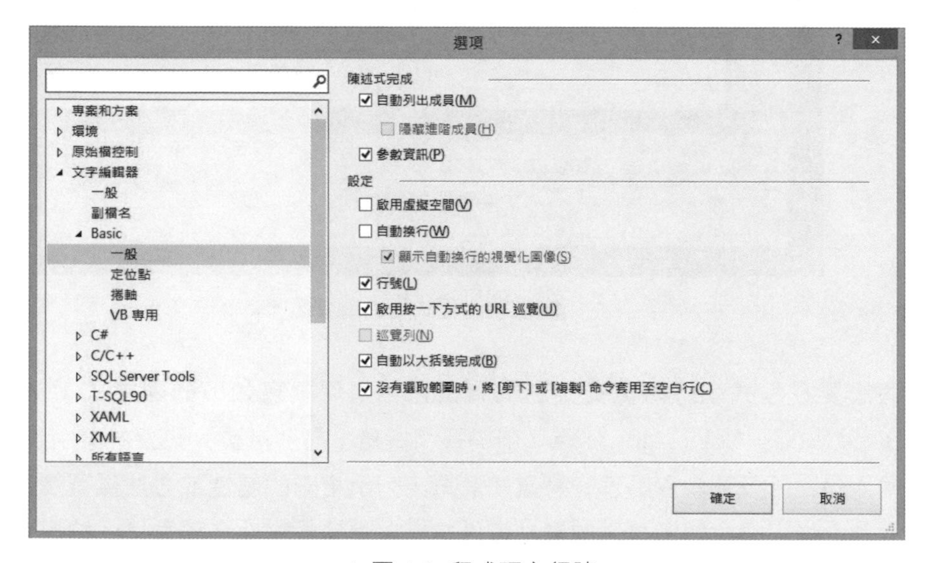

▲ 圖 1-8 程式碼之行號

程式碼編輯頁面的上方為標籤頁，如圖 1-7 的 Form1.vb 及 Form1.vb[設計]，點選該等標籤可切換至不同頁面。標籤頁與程式碼編輯區之間有兩個下拉式選單，左方為表單或控制項之名稱，右方為事件名稱，利用該等選單可快速產生相關程序的頭尾碼，以利程式之撰寫。舉例來說，假設要撰寫表單載入之事件程序，可先在左方的下拉式選單點選「XXX 事件」，XXX 為表單名稱，然後在右方的下拉式選單中點選 Load，程式碼編輯區即自動產生 Private Sub Form1_Load(sender As Object, e As EventArgs) Handles Me.Load 及 End Sub 兩列陳述式。

同一張表單可能含有多個程序（程式碼可能有成百上千行），若要修改特定控制項的程序，可能不易找到，此時可利用前述下拉式選單來查找，或是在表單設計頁面雙擊特定控制項，VS 會自動切換至程式碼編輯頁面，並將游標停駐於相關的事件程序。

如前述，按 F5 功能鍵或工具列上的「開始」就可執行應用程式，若同一專案有多張表單時，它會先執行主表單的程式，內定的主表單是最先建立的表單。若要變更主表單，請先在「方案總管」視窗內點選專案的名稱，然後在功能表上點選「專案」、「XXX 屬性」（註：XXX 為專案的名稱），螢幕會開啟如圖 1-9 的視窗，請於視窗左方點選「應用程式」，然後在視窗中央的「啟動表單」欄選擇所需的表單即可。欲單獨測試某一張表單的執行情況，亦可使用此辦法將其暫設為主表單，待執行完成後再予以改回。

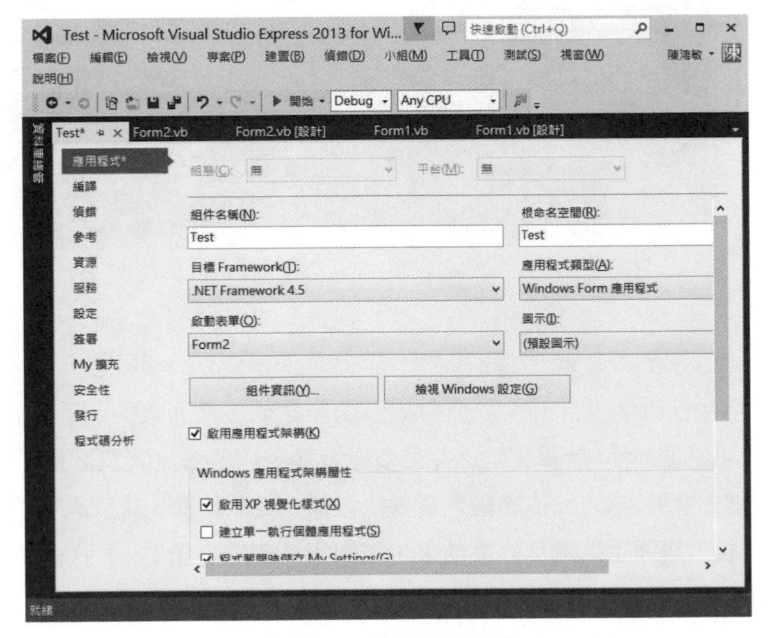

▲ 圖 1-9 變更啟動表單

前述說明了程式測試的方法，至於程式測試完成之後，要進行編譯及安裝（亦即產生 exe 執行檔及 Setup 安裝檔）的方法，將於本書的第 10 章說明。欲使用其他方案，請先在功能表上點選「檔案」、「關閉方案」，關閉目前的方案；在功能表上點選「檔案」、「結束」，則可關閉 VS。

1-4 主控台應用程式

主控台應用程式是在「命令提示字元」視窗中執行，類似於 DOS 環境，以黑底白字來顯示執行過程，沒有圖形化的介面，透過交談方式來完成作業（如圖 1-10）。該程式佔用較少的資源，執行速度較快，適用於輸入介面要求不高（或是沒有太多輸入需求）的作業。

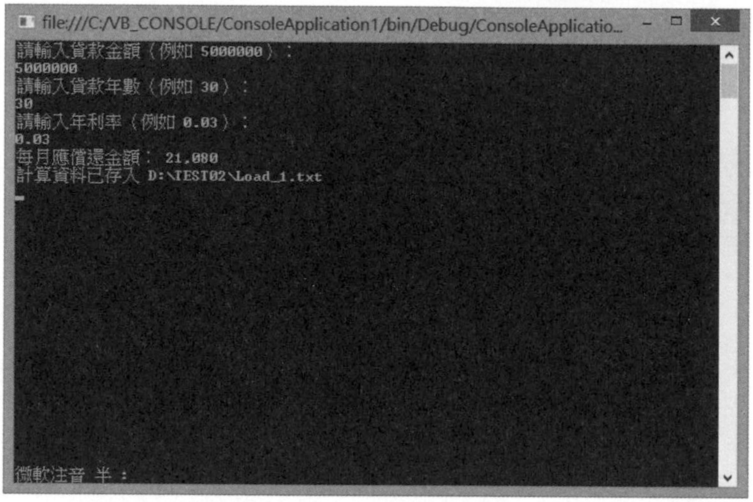

```
file:///C:/VB_CONSOLE/ConsoleApplication1/bin/Debug/ConsoleApplicatio...
請輸入貸款金額（例如 5000000）：
5000000
請輸入貸款年數（例如 30）：
30
請輸入年利率（例如 0.03）：
0.03
每月應償還金額： 21,080
計算資料已存入 D:\TEST02\Load_1.txt
_

微軟注音 半 ：
```

▲ 圖 1-10 主控台應用程式

主控台應用程式之範例檔在 VB_CONSOLE 資料夾，進入 VS 之後，請開啟 ConsoleApplication1.sln 專案，再按 F5 功能鍵或工具列上的「開始」就可執行。該程式可協助 User 計算貸款之每月償還金額，以便釐訂貸款計畫（例如房屋貸款），程式會要求 User 依序輸入貸款總金額、貸款年數、貸款利率等三個資料，輸入之後，畫面迅速顯示計算結果（亦即每月償還金額），並將相關資訊存入檔案，供 User 進一步利用。

欲建立主控台應用系統，需先建立專案，以便管理相關的檔案。進入 VS for Windows Desktop 之後，在功能表上點選「檔案」、「新增專案」，螢幕出現如圖 1-1 的視窗，請於視窗左邊點選「Visual Basic」，視窗中央點選「主控台應用程式」，然後在視窗下方的「名稱」欄輸入專案的名稱，例如 ConsoleApplication1，「位置」欄輸入專案存放的資料夾，若該資料夾已建立，則可點選「瀏覽」鈕來選取，最後按「確定」鈕，系統就會自動建立必要的檔案及檔案夾，包括 App.config 應用程式組態檔，同時在編輯頁面產生一個模組程式檔，內定檔名為 Module1.vb，並自動產生名為 Main 的程序，在 Sub Main() 與 End Sub 之間可撰寫該程序的程式碼（圖 1-11）。

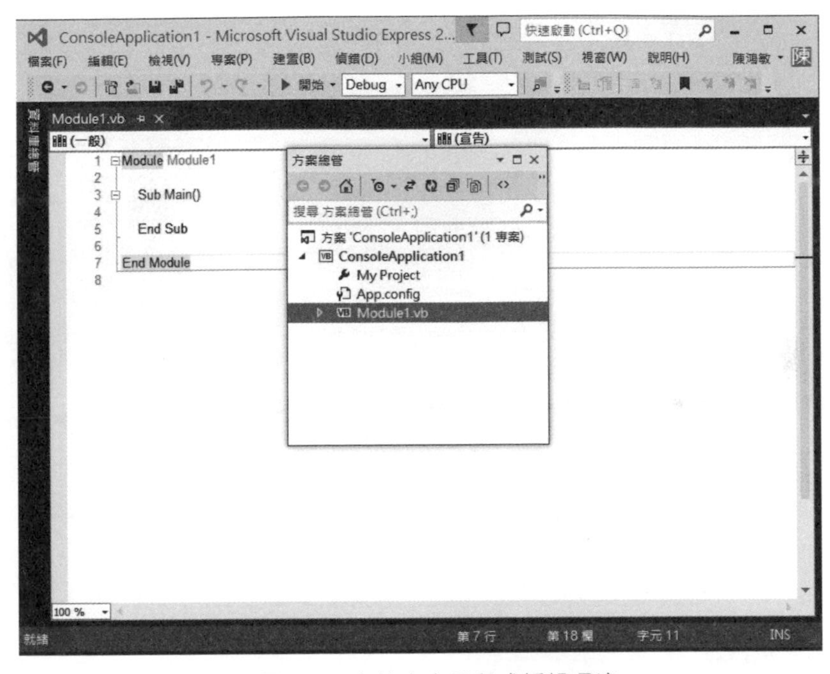

▲ 圖 1-11 主控台應用程式編輯環境

表 1-2 為範例檔之程式摘要，該程式的要角為 Console 類別，該類別的 WriteLine 方法可在螢幕顯示字串（表 1-2 第 10、12、14 行），請 User 輸入相關資料，然後使用 Console 類別的 ReadLine 方法接收 User 所輸入的字串並存入變數，接收字串的同時，使用 Parse 方法將字串轉成整數或雙精度浮點數，以利後續程式之運算（表 1-2 第 11、13、15 行）。貸款之每月償還金額是使用 Financial 類別的 Pmt 方法計算，使用 Financial 類別需引用命名空間 Microsoft.VisualBasic（表 1-2 第 2 行），Pmt 的使用方法請見附錄 E-5 的說明。因為要將計算結果存入檔案，故需使用 StreamWriter 類別（表 1-2 第 22 ～ 28 行），該類別需引用命名空間 System.IO（表 1-2 第 1 行），該類別的使用方法請見附錄 E-9 的說明。處理完成後，使用 Console 類別的 Read 方法，等待 User 按下

Enter 鍵，即關閉「命令提示字元」視窗，並返回 VS。完整的程式使用 Try 陳述式來處理意外狀況，以防 User 輸入無效的引數，例如年數為 0 或英文字等，請見範例檔 Module1.vb，其內有詳細的程式碼及其解說。

表 1-2. 程式碼 __ 主控台應用程式

```
01  Imports System.IO
02  Imports Microsoft.VisualBasic
03
04  Module Module1
05      Sub Main()
06          Dim Mrate As Double
07          Dim Myear As Integer
08          Dim Mamt As Integer
09          Dim Mpay As Integer
10          Console.WriteLine("請輸入貸款金額(例如 5000000)：")
11          Mamt = Integer.Parse(Console.ReadLine())
12          Console.WriteLine("請輸入貸款年數(例如 30)：")
13          Myear = Integer.Parse(Console.ReadLine())
14          Console.WriteLine("請輸入年利率(例如 0.03)：")
15          Mrate = Double.Parse(Console.ReadLine())
16          Mpay = Financial.Pmt(Mrate / 12, Myear * 12, Mamt) * -1
17
18          If My.Computer.FileSystem.DirectoryExists("D\TEST02") = False Then
19              My.Computer.FileSystem.CreateDirectory("D:\TEST02")
20          End If
21          Dim MFileName = "D:\TEST02\Load_1.txt"
22          Dim MSW As StreamWriter = New StreamWriter(MFileName, False)
23          MSW.WriteLine("貸款金額：" + Mamt.ToString("#,0"))
24          MSW.WriteLine("年利率：" + Mrate.ToString("0.000"))
25          MSW.WriteLine("貸款年數：" + Myear.ToString)
26          MSW.WriteLine("每月應償還金額：" + Mpay.ToString("#,0"))
27          MSW.Flush()
28          MSW.Close()
29
30          Console.WriteLine("每月應償還金額：" + Mpay.ToString("#,0"))
```

```
31          Console.WriteLine("計算資料已存入 D:\TEST02\Load_1.txt")
32          Console.Read()
33      End Sub
34  End Module
```

1-5 WPF 應用程式

WPF 可開發圖像基礎的應用系統，如果您的應用系統需要做很多客製化的控制項和繪圖，那麼可考慮以 WPF 來發展。WPF 可同時利用程式碼（Visual Basic 或 C#）和 XAML 標記語言共同開發應用系統，首先使用 XAML 定義使用者介面（包括圖形和動畫等視覺的部分），然後撰寫程式處理使用者的輸入。XAML 為 Extensible Application Markup Language 可擴展應用程式標記語言之縮寫，屬於腳本類型的語言。

欲建立 WPF 應用系統，需先建立專案，以便管理相關的檔案。進入 VS for Windows Desktop 之後，在功能表上點選「檔案」、「新增專案」，螢幕出現如圖 1-1 的視窗，請於視窗左邊點選「Visual Basic」，視窗中央點選「WPF 應用程式」，然後在視窗下方的「名稱」欄輸入專案的名稱，例如 WPFApplication1，「位置」欄輸入專案存放的資料夾。若該資料夾已建立，則可按「瀏覽」鈕來選取，最後按「確定」鈕，系統就會自動建立必要的檔案及檔案夾，包括 App.config 應用程式組態檔，同時在工作區產生 MainWindow.xaml 及 MainWindow.xaml.vb 檔，前者為介面設計之所在，後者為程式撰寫之處。

WPF 的編輯環境如圖 1-12，功能表之下為設計區，設計區之下為 XAML 標記語言撰寫區。主要視窗除了「方案總管」、「工具箱」及「屬性」之外，還有「文件大綱」視窗（如圖 1-12 的右方），點選其內之項目，可快速切換作用控制項。此等視窗都可視需要隨時調整大小、移動位置或關閉，以免妨礙設計工作。

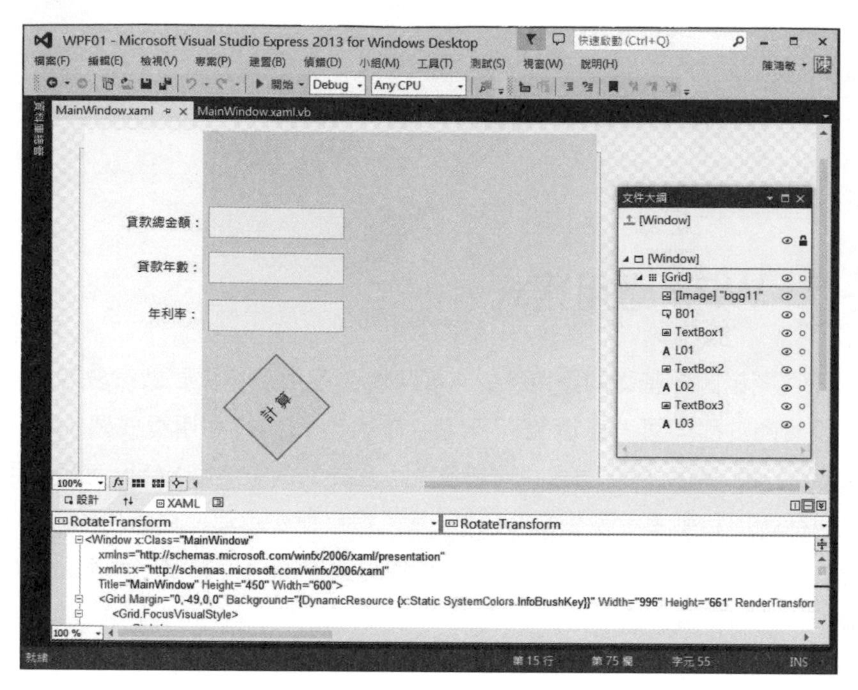

▲ 圖 1-12 WPF 編輯環境

圖 1-13 是範例檔的執行畫面，從該畫面可看出，它的按鈕可輕易旋轉而成為菱形，背景圖之設計也更具彈性及多樣。許多人在問，WPF 會取代 Windows Form 嗎？或許吧！如果 WPF 能夠像 Windows Form 提供那麼多的控制項和標準對話框，或是能夠像 Windows Form 一樣易於上手的話。

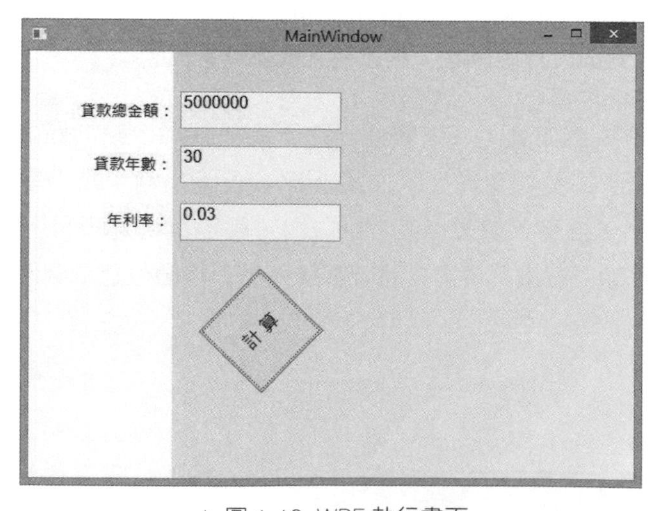

▲ 圖 1-13 WPF 執行畫面

Visual Basic

2

chapter

目錄設計及授權管理

Main Menu 主目錄是應用系統的操控中心及首頁，亦為組織系統功能之所在。除非是單一功能的程式，否則都需有主目錄的設計，以便引導 User 操作系統。主目錄的要素有 Title 標題、Logo 系統標誌、Copyright 版權說明（版本編號及設計者）、按鈕及功能表等。圖 2-1 及圖 2-2 是兩種典型的系統目錄。

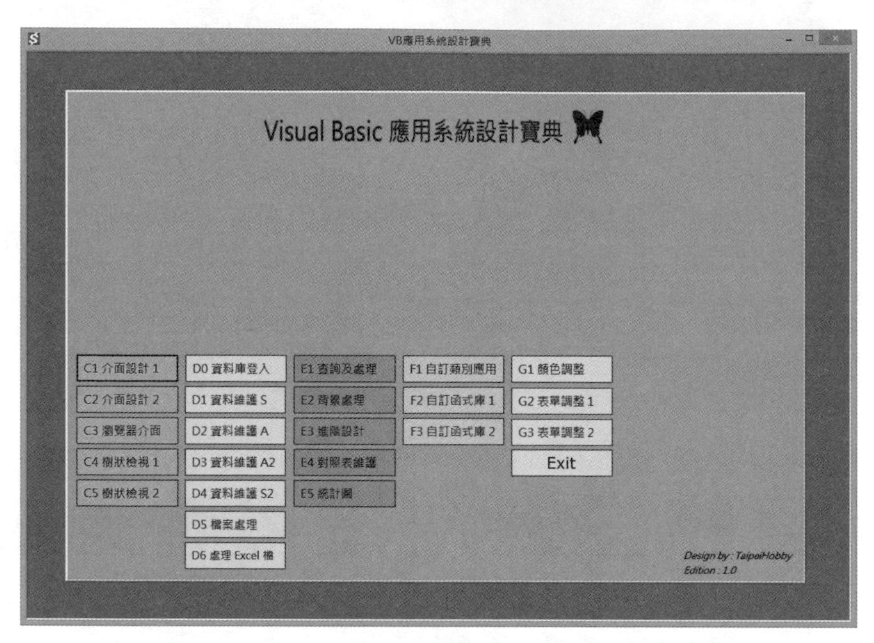

▲ 圖 2-1 本書範例系統的主目錄之一

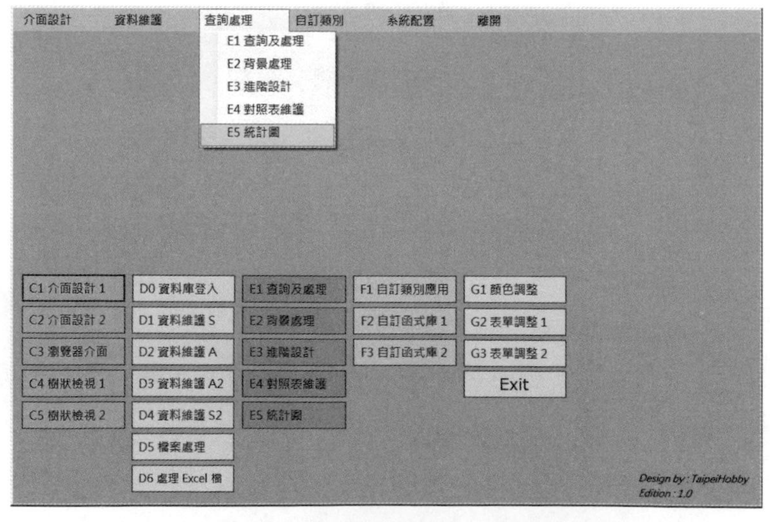

▲ 圖 2-2 本書範例系統的主目錄之二

除非是無安全虞慮的系統，或是基於操作方便的考量，否則應用系統都需有密碼檢核的設計，以保全資料。但是密碼要怎樣設計才足以保護系統安全，卻是值得深入思考的議題。

單機或單人使用的應用系統沒有授權的問題，但是大型系統往往是多功能且為多人共同使用，故需有妥善的授權管理，以區分責任及保護資料。但要設計一個完整而好用的授權功能並不容易，本章將提出詳細的說明及範例。

2-1 功能表的設計方法

系統功能表多半顯示於視窗上方（如圖 2-2），User 點選其上的項目，就可執行特定的功能，那麼在 VB 中要如何設計這種功能表呢？請將 MenuStrip 控制項從工具箱拖曳至表單，它會在表單上方呈現功能表的雛型（如圖 2-3，緊貼表單上緣），並於表單之外（設計頁面的下方）產生一個圖示（例如 MenuStrip1）。功能表雛型會有一個方框，內有淺灰色字「在這裡輸入」，可於該方框內輸入功能表的第一個項目名稱。第一個項目名稱輸入之後，它的右方及下方各會產生一個方框，讓您在同一層或下一層輸入其他功能表項目。反覆前述動作，就可建構如圖 2-4 的樹狀功能表。

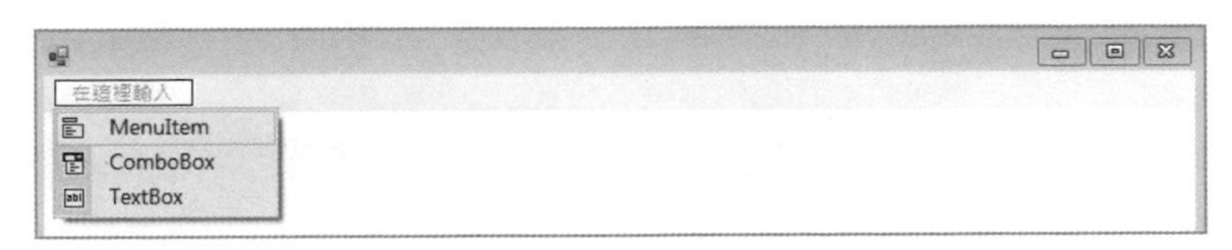

▲ 圖 2-3 建立功能表之一

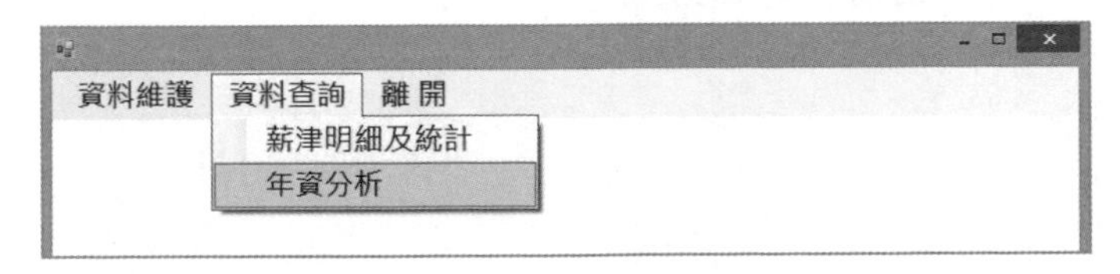

▲ 圖 2-4 建立功能表之二

前述「在這裡輸入」方框有一個下拉式選單，其內有三個選項，分別以不同樣式呈現功能表項目，MenuItem 是最常見的樣式（內定），當 User 點選某項目時，該項目的子選項會同時呈現，子選項之下還可建立下一層的選項。如果未在「在這裡輸入」的方框內輸入項目名稱，而是在下拉式選單點選 MenuItem，則系統會自動給予內定名稱，例如 ToolStripMenuItem1、ToolStripMenuItem2、ToolStripMenuItem3 等（依建立順序給予，如圖 2-5）。整個功能表的結構建立之後，請逐一點選該等項目，再於「屬性」視窗內的「Text」欄更改項目名稱即可。

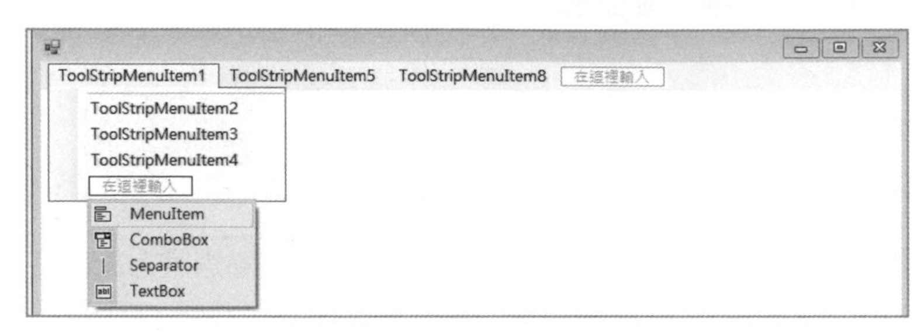

▲ 圖 2-5　建立功能表之三

「在這裡輸入」方框之下拉式選單的另一個選項是 ComboBox（如圖 2-3），如果點選此項目，則系統會在功能表上產生一個空白方框，點選該方框，然後在「屬性」視窗內的「Text」欄輸入項目名稱，另外請在「屬性」視窗內點選「Items」欄右方的小方格，螢幕會開啟「項目集合編輯器」（如圖 2-6），供您輸入該功能的子項目。MenuItem 的子項目可向右方建立新項目，但 ComboBox 不能。

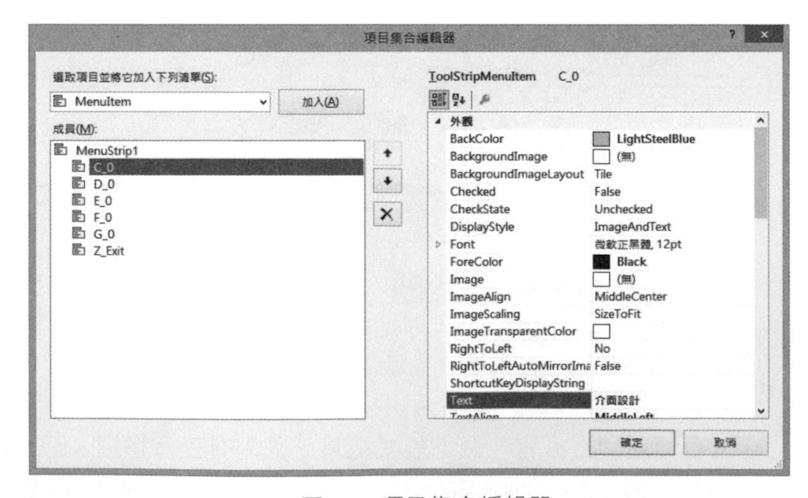

▲ 圖 2-6　項目集合編輯器

「在這裡輸入」方框之下拉式選單的第三個選項是 TextBox（如圖 2-3），如果點選此項目，則系統會在功能表上產生一個空白方框，點選該方框，然後在「屬性」視窗內的「Text」欄輸入項目名稱。TextBox 只能建立單一項目。

功能表的架構建立之後，要如何建立各項目的功能呢？如果是以 MenuItem 所建立的功能表項目，請雙擊該項目，VB 會切換至程式設計頁面，並自動產生該項目的 Click 事件程序（頭尾兩行，如表 2-1 第 1 以及第 5 行）。因為不同功能的工作多半會以不同表單執行，故只要在 Click 事件程序中撰寫相關表單的顯示程式即可，範例如表 2-1 第 4 行，以 Show 方法顯示表單 Form1。離開應用系統的程式範例如表 2-1 第 7～17 行，該程式會先顯示提示訊息，待 User 確認之後，使用 Dispose 方法釋放表單資源，再使用 Application.Exit 方法離開應用系統（表 2-1 第 12～13 行）。

表 2-1. 程式碼 __ 功能表各項目的執行程式

```
01   Private Sub ToolStripMenuItem2_Click(sender As Object, _
02                e As EventArgs) Handles ToolStripMenuItem2.Click
03       Me.Hide()
04       Form1_1.Show()
05   End Sub
06
07   Private Sub M_Quit_Click(sender As Object, e As EventArgs) _
08                                          Handles M_Quit.Click
09       Dim MANS As Integer
10       MANS = MsgBox("您確定要離開本系統嗎?", 4 + 32 + 256, "Confirm")
11       If MANS = 6 Then
12           Me.Dispose()
13           Application.Exit()
14       Else
15           Return
16       End If
17   End Sub
18
19   Private Sub ToolStripComboBox1_SelectedIndexChanged(sender _
20                  As Object, e As EventArgs) Handles _
```

```
21                ToolStripComboBox1.SelectedIndexChanged
22        Me.Hide()
23        Dim Mitem As String = ToolStripComboBox1.Text
24        Select Case Mitem
25            Case "薪津明細及統計"
26                F_Query_1.Show()
27            Case "年資分析"
28                F_Query_2.Show()
29        End Select
30    End Sub
```

如果是以 ComboBox 所建立的功能表項目，請於該項目的 SelectedIndexChanged 選取索引變動事件程序中撰寫相關程式，範例如表 2-1 第 19 ～ 30 行，該項目的 Text 屬性會傳回所選項目（表 2-1 第 23 行），然後使用 Select Case 敘述來判斷哪一個表單應該被啟動（表 2-1 第 24 ～ 29 行）。

功能表屬性之設定方法，包括字型、前景色、背景色、尺寸、配置方向及提示字串等，請參閱附錄 D 中有關 MenuStrip 控制項的說明。執行功能表某一項目的方法是以滑鼠左鍵點選該項目，但亦可設計快速鍵，讓 User 按下按鍵即可啟動，例如同時按下 Ctrl 及 E 鍵。設定方式是在「屬性」視窗的「ShortcutKeys」欄輸入，例如 Ctrl+E，或在該欄的下拉式選單中選擇（點選「ShortcutKeys」欄右方的向下箭頭，可展開選單）。快速鍵必須由兩個按鍵組成，第一個按鍵是 Ctrl、Shift、Alt 三者之一，第二個按鍵可為阿拉伯數字、英文字母或是 Tab、Space、F1 等特殊按鍵之一。

項目名稱的用字應簡潔通俗，讓 User 一目了然。功能表項目應按使用頻率、工作順序、工作類別或名稱順序來排列，以便使用者易於選取。如果功能表項目不多，則可直接使用 Button 控制項來建立（如圖 2-1），設計及維護較容易，User 在使用上也較方便，請參考本書隨附的範例檔 F_menu.vb（註：本書大部分範例檔儲存於 VB_SAMPLE 資料夾，但為方便 User 測試，部分範例檔儲存於不同資料夾，例如本章有關密碼檢測及授權管理之範例是儲存於 VB_GRANT 資料夾）。

執行 VB_SAMPLE 專案時，在如圖 2-1 的畫面上按滑鼠右鍵，會顯示快顯功能表，然後按其上的「顯示功能表」，視窗上端即會顯示系統功能表，並隱藏表頭（如圖 2-2），亦可直接按 Ctrl+D 鍵來顯示功能表，或 Ctrl+H 鍵來隱藏功能表。此快顯功能表及快捷鍵的設計方法請參考附錄 E 中有關 ContextMenuStrip 控制項的說明。

2-2 主目錄的啟動

在 VB_SAMPLE 資料夾中的 F_menu.vb 檔為範例系統之主目錄，但並非啟動表單。所謂「啟動表單」是執行專案時首先作用的表單，在 VB 功能表上點選「專案」、「XXX 屬性」（註：XXX 為專案名稱，本例為 VB_SAMPLE），可開啟如圖 2-7 的畫面，點選「啟動表單」欄右方的向下箭頭，可展開清單供您指定。

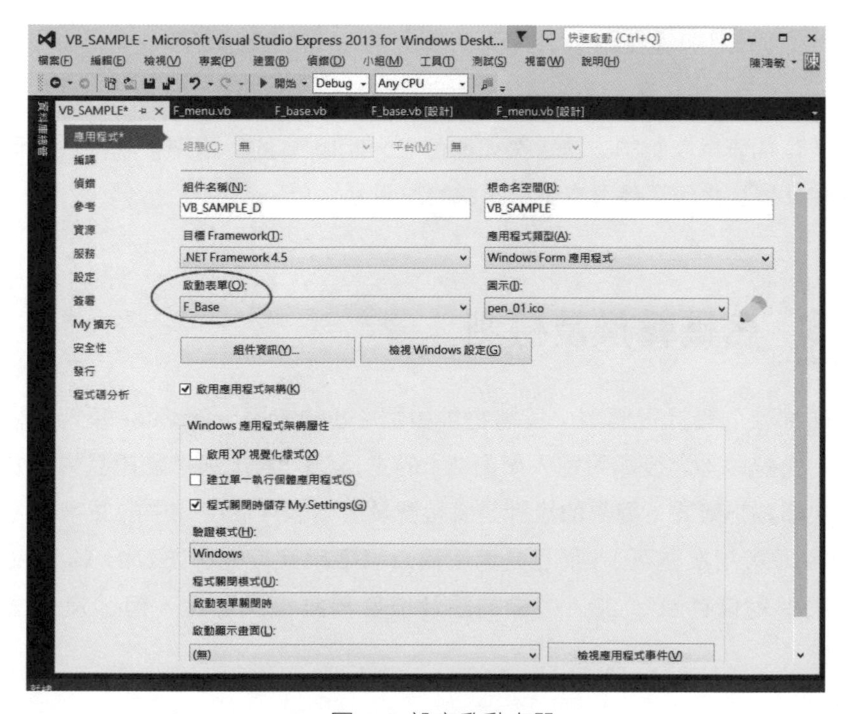

▲ 圖 2-7 設定啟動表單

因為 F_menu.vb 檔為系統主目錄，故照理說應將該表單設為啟動表單，但本範例將 F_Base.vb 設為啟動表單，另將 F_menu.vb 設為 F_Base.vb 的子表單。其主要目的是將 F_Base 表單作為系統之底圖，可遮蔽 Windows 桌面上的其他圖示，以免干擾 User 的視線。因為系統中的表單很多且大小不一，若將 F_Base 設為啟動表單，並將其 WindowState 屬性設為 Maximized，則在系統執行時，無論切換至哪一張表單，F_Base 始終都會以最大尺寸佈滿螢幕，而成為最佳的背景圖（如圖 2-1 的綠色背景圖）。

前述表單是以 Multiple Document Interface「多重文件介面（簡稱 MDI）」設計。MDI 由一個父表單與多個子表單構成，欲設定 MDI，需將表單的 IsMdiContainer 屬性設為 True。父表單可視為子表單的容器，子表單必須顯示在父表單的工作區域內。子表單的指定可在父表單的 Load 事件中設定（本例為 F_Base.vb），範例如下：

```
Dim f01 As New Form1
f01.MdiParent = Me
```

更多有關表單控制的方法，例如欲使 ControlBox 的「關閉」功能失效而保留最大化及最小化，請參考本書第 9 章的說明。

2-3 密碼轉換及檢測

密碼檢核的設計很簡單，只需提供如圖 2-8 的畫面，讓 User 輸入其帳號及密碼，通過驗證之後即可進入如圖 2-1 的主目錄，若未通過驗證且累積次數已達三次即強迫離開。簡易的設計是將帳號及密碼儲存於硬碟中的文字檔（Excel、Access 等檔案亦可），而且是將密碼以原字串儲存，例如 User 輸入 abc123，檔案中就儲存 abc123。這樣的設計很容易維護及驗證，但卻沒什麼安全性可言。

▲ 圖 2-8 密碼輸入畫面

本書所提供的範例是將帳號及密碼等資料儲存於 SQL Server，而 SQL Server 是安裝於伺服器上，無權限的人無法進入，而且密碼是經過轉換的，例如 abc123 會轉換為 1143045268，故即使有心人拿到這樣的資料，也無法得知其密碼為何。

因為本範例的帳號及密碼是儲存於 SQL Server，故輸入帳號及密碼之前需先打通 SQL Server 的管道，而打通管道需要伺服器名稱、資料庫名稱、使用者及其密碼等資訊（如圖 2-9），此等資訊通常無需變動，故多由系統設計者納入程式之中，而無需煩勞 User。本書為了因應不同讀者的需求（SQL Server 可能安裝於不同伺服器而非本機），故提供了一個登入畫面，讓 User 容易更換，而無需修改程式或 APP.config 應用程式組態檔（註：更多的說明請見第 4 章）。

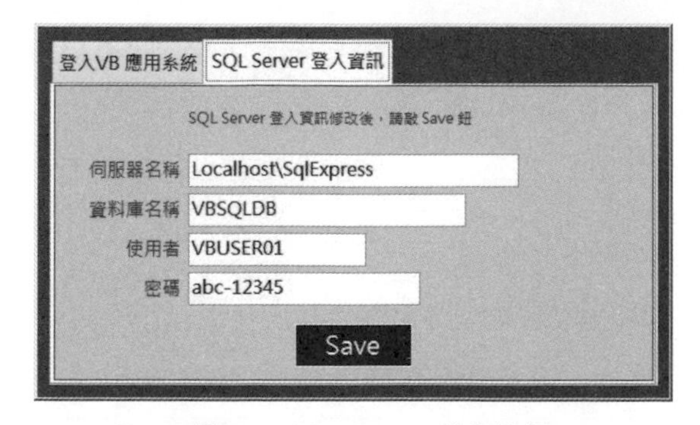

▲ 圖 2-9 SQL Server 登入資訊

當 User 在 VB_GRANT 資料夾執行本專案時，螢幕會顯示如圖 2-8 的畫面，如果您的 SQL Server 不是安裝於本機，請點選視窗左上角的「SQL Server 登入資訊」標籤，即可切換至如圖 2-9 的畫面，讓您修改登入資訊。修改之後，請按「Save」鈕即可。

如前所述，本書建議將 User 所輸入的密碼經過轉換之後，再存入 SQL Server。轉換的方法很多，本範例先將 User 所輸入的每一字元轉換成對應的 ASCII Code，例如 A 為 65、1 為 49 等，然後加總（表 2-2 第 6 ～ 8 行，變數 VPASSC 儲存轉換後的密碼，變數 VPASSA 儲存 User 輸入的密碼），加總所得的數字再以 Financial 類別的 SYD 方法處理（表 2-2 第 9 行）。您可使用其他方法來處理，例如 PV、FV、NPV 等（註：請參考附錄 E 第 5 節財務數據的處理說明），經此轉換後可強化密碼的安全性，即使取得程式都很難倒算出原輸入值（會有誤差）。為了便於理解，本範例採用較簡易的轉換公式，實務上，可使用更複雜的轉換方法，例如將 User 輸入的每一字元轉換成對應的 ASCII Code 之後不只是單純加總，您可針對其中某幾個 ASCII Code 進行特殊運算（例如開根號再乘以 10），以避免不同輸入值對應相同的轉換碼（例如 abc123 與 123abc）。密碼必須區分大小寫，但帳號通常不分大小寫，以免造成 User 的困擾，故程式以 Strings 類別的 UCase 方法自動轉為大寫（或使用 LCase 方法轉成小寫），範例如表 2-2 第 1 ～ 2 行，T_ID 為帳號文字盒，VENOA 為儲存 User 輸入帳號的變數。

表 2-2. 程式碼 __ 密碼轉換

```
01  VENOA = Strings.UCase(VENOA)
02  T_ID.Text = VENOA
03
04  Dim VPASSC As Int64 = 0
05  Dim Mstop As Integer = Strings.Len(VPASSA)
06  For Mcou = 1 To Mstop Step 1
07      VPASSC = VPASSC + Strings.Asc(Strings.Mid(VPASSA, Mcou, 1))
08  Next
09  VPASSC = Math.Round(Financial.SYD(VPASSC, 10, 5, 2) * 9876543.21, 0)
```

User 在圖 2-8 的畫面中輸入密碼之後，系統使用表 2-2 的程式轉換，例如 abc123 會轉換為 1143045268，然後再與 SQL Server 中儲存之值來比較，以判定 User 是否輸入正確的密碼。當然，強化密碼之安全不只一途，其他如限制密碼的最小長度、登入失敗次數的限制、內定密碼的使用次數等都須納入設計。詳細程式碼及其解說請參考 F_SQL_Login.vb 的 B_Login_Click 事件程序（在 VB_GRANT 資料夾），該程式需使用 SQL Server 的存取技術，如果對此技術尚不熟悉，可先閱讀第 4 章，再回頭來閱讀本章的相關程式。

為了便於使用，系統密碼都有預設值（例如 abc123），待使用者登入之後再自行更換，故需設計一個如圖 2-10 的密碼更換畫面。如前述，為了強化密碼的安全，對於密碼的設定必須有所規範，本例限定密碼不能少於 6 byte，密碼組成限於大寫英文字母、小寫英文字母、阿拉伯數字及橫線（dash）等 63 種符號，而且不得為純英文或純阿拉伯數字，必須夾雜英文字母、阿拉伯數字或橫線。程式摘要如表 2-3，該程式寫於文字盒控制項的 Validated 事件，當 User 輸入密碼並離開文字盒之後，就啟動檢查程式，以判斷輸入值是否合於規範。變數 MTPass 儲存 User 輸入的密碼，並使用 For 迴圈逐字判斷其 ASCII Code，以便了解密碼由哪些字元組成。

因為阿拉伯數字的 ASCII Code 為 48 ～ 57，故若密碼中某一字元的 ASCII Code 介於其中，則變數 MNumber 就累加 1；大寫英文字母的 ASCII Code 為 65 ～ 90，故若密碼中某一字元的 ASCII Code 介於其中，則變數 MAlphabet 就累加 1；小寫英文字母的 ASCII Code 為 97 ～ 122，故若密碼中某一字元的 ASCII Code 介於其中，則變數 MAlphabet 就累加 1；橫線的 ASCII Code 為 45，故若密碼中某一字元的 ASCII Code 等於 45，則變數 Mdash 就累加 1；若密碼中某一字元的 ASCII Code 非以上之值，則變數 MOther 就累加 1（表 2-3 第 10 ～ 23 行）。最後再判斷變數之值，就可知道 User 輸入的密碼是否合於規範。若 MOther 大於 0，則表示密碼中使用了英文字母、阿拉伯數字及橫線以外的其他符號；若 MAlphabet 等於 0 且 Mdash 等於 0，則表示密碼全部都使用阿拉伯數字組成；若 MNumber 等於 0 且 Mdash 等於 0，則表示密碼全部都使用英文字母組成（表 2-3 第 26 ～ 34 行）。詳細程式碼及其解說請參考 F_PasswordChange.vb 的 T_PASSA_Validated 事件程序。

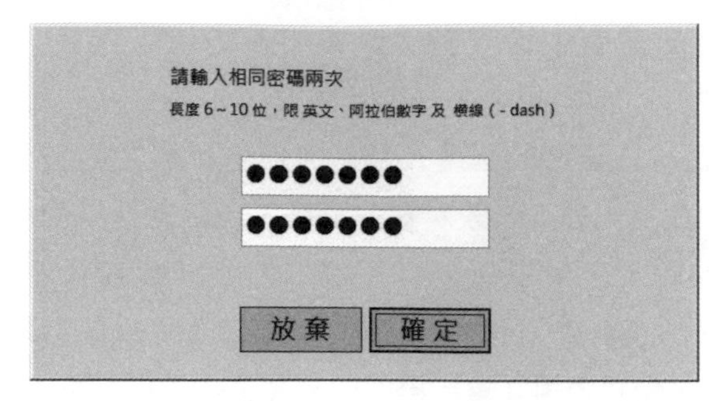

▲ 圖 2-10 密碼更換畫面

表 2-3. 程式碼 __ 密碼更換

```
01  Private Sub T_PASSA_Validated(sender As Object, e As EventArgs) _
02                                                Handles T_PASSA.Validated
03      Dim MTPass As String = Strings.Trim(T_PASSA.Text)
04      Dim Mstop As Integer = Strings.Len(MTPass)
05      Dim MAlphabet As Integer = 0
06      Dim MNumber As Integer = 0
07      Dim Mdash As Integer = 0
08      Dim MOther As Integer = 0
09      Dim Mchka As Integer
10      For MCou = 1 To Mstop Step 1
11          Mchka = Strings.Asc(Mid(MTPass, MCou, 1))
12          Select Case Mchka
13              Case 48 To 57
14                  MNumber = MNumber + 1
15              Case 65 To 90
16                  MAlphabet = MAlphabet + 1
17              Case 97 To 122
18                  MAlphabet = MAlphabet + 1
19              Case 45
20                  Mdash = Mdash + 1
21              Case Else
22                  MOther = MOther + 1
23          End Select
```

```
24        Next
25
26        If MOther > 0 Then
27            使用了英文字母、阿拉伯數字及橫線以外的其他符號
28        End If
29        If MAlphabet = 0 And Mdash = 0 Then
30            不得全部為數字
31        End If
32        If MNumber = 0 And Mdash = 0 Then
33            不得全部為英文
34        End If
35    End Sub
```

2-4 帳號管理之設計

本節及下節將分別討論「帳號管理」及「授權管理」的設計方法，「帳號管理」是指哪些人可使用本系統（賦予使用權），「授權管理」則是指已獲授權者可使用本系統的哪些功能。因為大型系統通常包含多種功能，有些功能限定一人使用（例如資料維護），有些功能則可多人共用（例如資料查詢），故需透過系統管理，以便釐清權責。

執行 VB_GRANT 專案會顯示如圖 2-8 的畫面，請先使用預設帳號 A0001 及預設密碼 a-12345，進入如圖 2-11 的主目錄畫面，在該畫面可執行「密碼更換」、「帳號管理」及「授權管理」等功能。如果使用其他帳號登入（例如 A0002、密碼 abc123），則可用功能不同，未獲授權的功能會被隱藏或反致能（Enabled=False）。例如 A0002 不是系統管理員，無法執行「帳號管理」及「授權管理」，故此二按鈕會被隱藏，視窗上方功能表的「帳號管理」及「授權管理」兩個項目也無法作用（以淺灰色字顯示）。

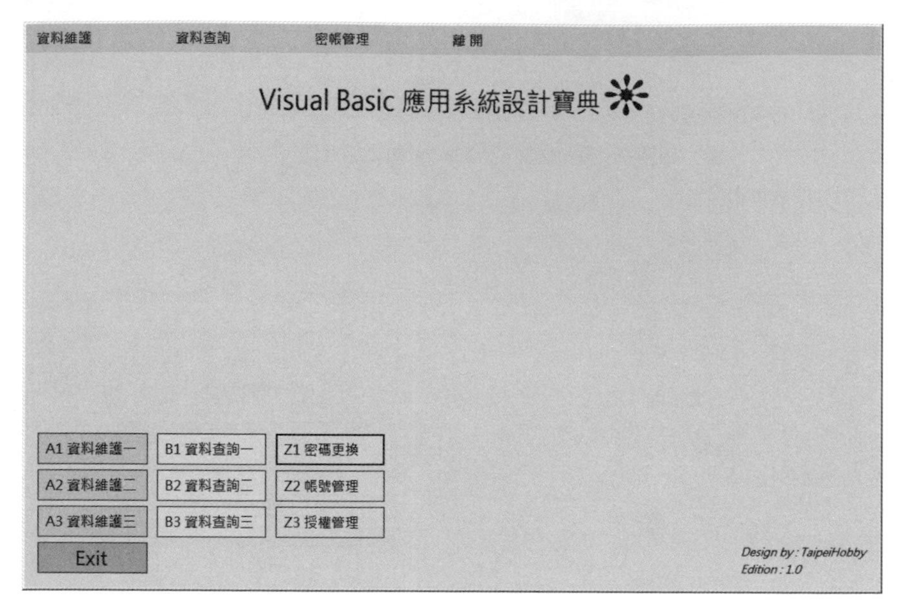

▲ 圖 2-11　帳號及授權管理主目錄

前述依據不同使用者來顯示其可用功能及隱藏其不能使用功能的方法，是在登入系統時讀出使用者的授權項目，然後傳遞給主目錄表單，以便據以設定其上控制項的 Enabled 或 Visible 屬性。實際程式碼及其解說請見 F_SQL_Login.vb（登入表單）的 B_Login_Click 事件程序及 F_Menu.vb（主目錄表單）的 F_Menu_Load 事件程序。

表 2-4 是「帳號管理」及「授權管理」所使用的四個資料表，已建立於 SQL Server 的 VBSQLDB 資料庫。TABEMPLOYEE 員工基本資料表包括帳號（通常以員工編號作為帳號）、姓名、部門等欄位，讀者可視需要加入其他欄位，例如分機、手機、電郵、住址、出生日期、進公司日期等。TABPASSW 密碼檔資料表主要是記載各使用者的密碼（轉換後之值），其他欄位：「總使用次數」為該 User 使用本系統的累積次數；「初次登入」為系統管制資訊，若為 Y，則表示該 User 為初次授權使用本系統；「初次登入累積數」亦為系統管制資訊，若超過 3，且密碼未更換（仍使用內定密碼），則系統會鎖住該 User，不准登入本系統；「系統管理員」亦為系統管制用的資訊，若為 Y，則表示該 User 為系統管理員，系統管理員只能有一人，可執行系統授權功能；「啟用帳號」亦為系統管制資訊，

若為 Y，則表示該帳號可用，若因留職停薪等原因而需暫時凍結該帳號，則可將該欄設為 N，而無需刪除該帳號的資料，以節省日後重建的時間。TABFLIST 授權項目清單記載應用系統的可用功能及其可授權人數，例如 A01 為資料維護一，其可授權人數為 1，B01 為資料查詢一，其可授權人數為 0，0 代表授權人數零限制，要授權多少人都可。TABGRANT 已授權狀況資料表，記載每一位已授權者所能使用的功能，如前述，系統程式會針對不同使用者，在主目錄上隱藏或顯示某些功能（以防 User 使用未獲授權的項目），就是根據本資料表的資料所決定的。

表 2-4.

員工基本資料 VBSQLDB.TABEMPLOYEE

資料編號	帳號	姓名	部門代號	部門名稱	職稱	性別
datano	eno	ename	deptcode	deptname	title	sex
1	A0001	張大開	1100	生產一部	領班	M
2	A0002	李曉娟	1200	生產二部	技術員	F

密碼檔 VBSQLDB.TABPASSW

帳號	姓名	啟用帳號	總使用次數	密碼
eno	ename	idenable	totno	passww
A0001	陳大開	Y	7	1019259259
A0002	李曉娟	Y	0	1143045268

初次登入	登入累積數	系統管理員	部門代號
firstlogon	logonno	sysmanager	deptcode
N	0	Y	1100
Y	0	N	1200

授權項目清單 VBSQLDB.TABFLIST

功能代碼	功能名稱	可授權數
fcode	fname	grantqty
A01	資料維護一	1
A02	資料維護二	1
A03	資料維護三	1
B01	資料查詢一	0
B02	資料查詢二	0
B03	資料查詢三	3
Z02	帳號管理	1
Z03	授權管理	1

已授權狀況 VBSQLDB.TABGRANT

帳號	功能代碼	功能名稱
eno	fcode	fname
A0001	A01	資料維護一
A0001	A02	資料維護二
A0001	A03	資料維護三
A0005	B01	資料查詢一
A0005	B02	資料查詢二

在如圖 2-11 的主目錄畫面按「Z2」鈕，可進入如圖 2-12 的帳號管理畫面，在此畫面可增刪修各個帳號的資料。畫面上方的 DataGridView 顯示了已授權及未授權者的資料，供系統管理員點選使用。該等資料是在表單載入時自 TABPASSW 及 TABEMPLOYEE 讀取已授權及未授權者的資料，因為後者為全部員工的基本資料，故使用 DataView 資料檢視表將其中未獲授權者過濾出來，再合併顯示於 DataGridView（最右一欄標示該帳號是否已授權）。詳細程式碼及其解說請見 F_IDcontrol.vb 的 F_IDcontrol_Load 事件程序及 SubDataLoad 副程序。

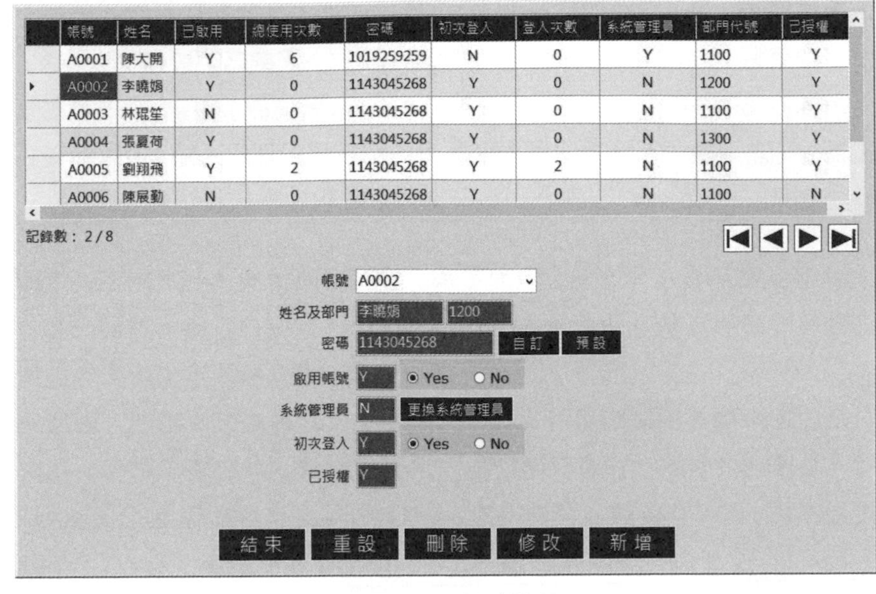

	帳號	姓名	已啟用	總使用次數	密碼	初次登入	登入次數	系統管理員	部門代號	已授權
	A0001	陳大開	Y	6	1019259259	N	0	Y	1100	Y
▸	A0002	李曉娟	Y	0	1143045268	Y	0	N	1200	Y
	A0003	林琨笙	N	0	1143045268	Y	0	N	1100	Y
	A0004	張夏荷	Y	0	1143045268	Y	0	N	1300	Y
	A0005	劉翔飛	Y	2	1143045268	Y	2	N	1100	Y
	A0006	陳展勤	N	0	1143045268	Y	0	N	1100	N

▲ 圖 2-12 帳號管理

為方便 User，新增授權時，可在「帳號」欄點選帳號（註：該欄有下拉式選單，選單內容是在表單載入時取自 TABEMPLOYEE 資料表），或在 DataGridView 中點選（註：畫面中央各文字盒的內容會隨游標移動而自動切換），此功能是以 DataGridView 的選取變動事件程序來達成的，詳細程式碼及其解說請見 F_IDcontrol.vb 的 DataGridView1_SelectionChanged 事件程序。

DataGridView 右下角有 4 個三角形圖示的按鈕，按該等按鈕可在 DataGridView 快速移動游標，並切換畫面中央各文字盒的內容，等同「首筆」、「末筆」、「前筆」、「下筆」之功能。詳細程式碼及其解說請見 F_IDcontrol.vb 的 B_TOP_Click、B_BOT_Click、B_PREV_Click、B_NEXT_Click 等事件程序。

另外，為允許 User 直接在「帳號」欄輸入所需帳號（註：在某些情況下，輸入快於點選），故程式需在游標離開帳號欄時，檢查 User 輸入值是否為下拉式選單的內容之一，若非選單的內容，應顯示警告訊息。其方法是在 Validated 事件中使用 ComboBox 的 FindString 方法來檢查，詳細程式碼及其解說請見 F_IDcontrol.vb 的 C_ID_Validated 事件程序及 SubChange 副程序。

新增授權時，除了「帳號」由 User 自行挑選外，其他資料一律使用內定值，例如「啟用帳號」設為 Y、「總使用次數」設為 0、「密碼」設為 abc123（轉換值為 1143045268）、「初次登入」設為 Y、「登入累積數」設為 0、「系統管理員」設為 N（若要更改系統管理員，應按「更換系統管理員」鈕），詳細程式碼及其解說請見 F_IDcontrol.vb 的 B_New_Click 事件程序。

User 忘記密碼是常有的事，但因本系統會將密碼轉換為一串數字，故即使是系統管理員亦無法得知 User 所輸入的原始字串，故需由系統管理員改為內定密碼 abc123（註：先按「預設」鈕，再按「修改」鈕）。另外，為了防止冒用，故限定內定密碼最多只能使用 3 次，如果在 3 次之內未修改密碼，則無法繼續使用。為達成此目的，在將密碼設為內定值的同時，系統需自動將「初次登入」設為 Y、「登入累積數」設為 0，詳細程式碼及其解說請見 F_IDcontrol.vb 的 B_DefaultPass_Click 事件程序及 B_Edit_Click 事件程序。

若因留職停薪等原因而需暫時凍結帳號，可於「啟用帳號」欄的右方點選 No，再按「修改」鈕，詳細程式碼及其解說請見 F_IDcontrol.vb 的 T_EnableNo_Click 事件程序及 B_Edit_Click 事件程序。

若要永久刪除某帳號，則需於選定帳號後點選「修改」鈕，該功能除了刪除 TABPASSW 的帳號資料外，還會刪除 TABGRANT 中的相關授權功能。另外需注意，系統管理員只能更換而不能刪除，因為應用系統必須有一位管理員，以便辦理授權事宜，詳細程式碼及其解說請見 F_IDcontrol.vb 的 B_Delet_Click 事件程序。

若要更換系統管理員，需先在「帳號」文字盒內輸入新系統管理員的帳號，或在 DataGridView 內移動游標至新系統管理員的紀錄上（亦可用帳號文字盒右方的下拉式選單來點選），然後按「更換系統管理員」鈕，系統檢查無誤之後即會更換。詳細程式碼及其解說請見 F_IDcontrol.vb 的 B_ChangeAdmin_Click 事件程序。無論是新增、修改或刪除帳號資料，系統都會執行 SubDataLoad 副程序，以便更新螢幕上方 DataGridView 的內容。

2-5 授權管理之設計

「授權管理」可指定某一帳號所能使用的功能。在如圖 2-11 的主目錄畫面按 Z3，可進入如圖 2-13 的授權管理畫面，畫面左上角的 DataGridView 顯示各個功能及其可授權人數（資料取自 TABFLIST 資料表，欄位如表 2-4），其第 1 欄可供 User 勾選（註：呈現勾選狀態者代表已授權該功能）。畫面中央的「帳號」欄則有下拉式選單供 User 點選欲授權的使用者，DataGridView 及下拉式選單的內容都是在表單載入時產生，詳細程式碼及其解說請見 F_GrantFunction.vb 的 F_GrantFunction_Load 事件程序。

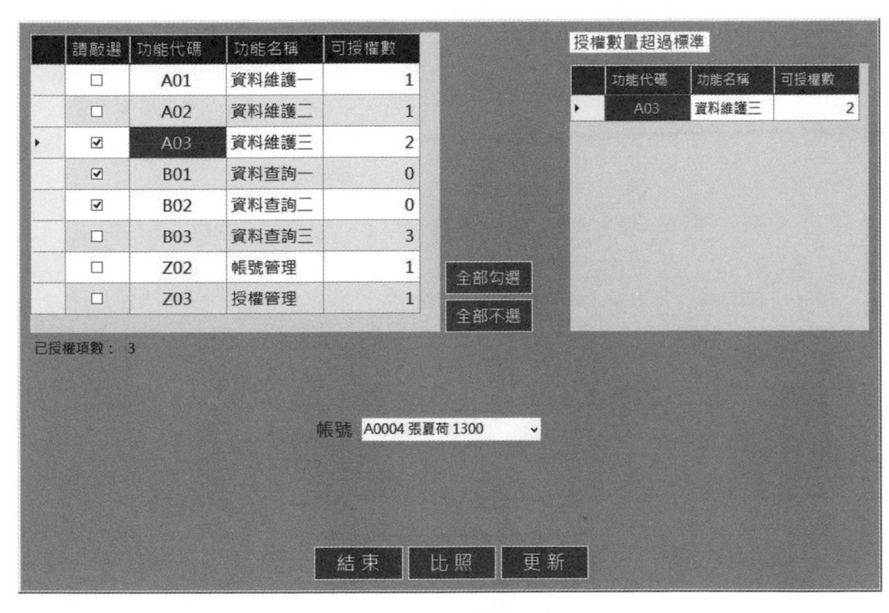

▲ 圖 2-13 授權管理之一

若要修改某帳號的授權，需先在「帳號」欄指定使用者，該帳號的授權狀態會隨即顯示於 DataGridView。為達成此目的，需在建立「帳號」欄的 ComboBox 控制項之 SelectedIndexChanged 選取變動事件中撰寫相關程式，程式摘要如表 2-5。該程式先將某帳號的授權資料自 TABGRANT 資料表抓出，並存入記憶體資料表 O_table02（表 2-5 第 1 ～ 13 行），隨後建立 O_table02 的 DataView 資料檢視表（表 2-5 第 15 ～ 16 行），以便與 DataGridView 中的資料進行比對。比對方法是使用 For 迴圈，逐一取出 DataGridView 中的第二欄資料（亦即

focde 功能代碼），再將該代碼作為資料檢視表之 Find 方法的參數（表 2-5 第 21 行），以便判斷該功能是否已授權。若 Find 方法傳回 -1，則表示資料檢視表（本例取名為 O_DV）中沒有該項目，亦即沒有授權，故 DataGridView 的第一欄應給予 No；反之，應給予 Yes（呈現勾選狀態）。詳細程式碼及其解說請見 F_GrantFunction.vb 的 C_ID_SelectedIndexChanged 事件程序及 SubGrantList 副程序。

表 2-5. 程式碼 __ 標示授權狀態

```
01  Dim Mcnstr_2 As String = "Data Source=" + MServerName + "; _
02          Initial Catalog=" + MDataBase + ";User ID=" + MUser + "; _
03          Password=" + MPassword + ";Trusted_Connection=False"
04  Dim Ocn_2 As New SqlConnection(Mcnstr_2)
05  Ocn_2.Open()
06  Dim Msqlstr_2 As String = "Select * From TABGRANT _
07                              Where eno='" + MTPENO + "'"
08  Dim ODataAdapter_2 As New SqlDataAdapter(Msqlstr_2, Ocn_2)
09
10  Dim O_Table02 As New DataTable
11  ODataAdapter_2.Fill(O_Table02)
12  Ocn_2.Close()
13  Ocn_2.Dispose()
14
15  Dim O_DV As DataView = New DataView(O_Table02)
16  O_DV.Sort = "fcode ASC"
17  Dim MGrantQty As Int32 = 0
18  Dim Mfcode As String = ""
19  For Mcou = 0 To MTotalRecordNo - 1 Step 1
20      Mfcode = DataGridView1.Rows(Mcou).Cells(1).Value
21      If O_DV.Find(Mfcode) = -1 Then
22          DataGridView1.Rows(Mcou).Cells(0).Value = "No"
23      Else
24          DataGridView1.Rows(Mcou).Cells(0).Value = "Yes"
25          MGrantQty += 1
26      End If
27  Next
```

修改授權狀態可於 DataGridView 中逐項勾選，點選其第 1 欄使其呈現（或取消）勾選狀態，該欄為循環欄位，會在「勾選」與「取消勾選」之間切換。若要授予全部功能，可按「全部勾選」鈕，若要取消全部功能之授權，可按「全部不選」鈕。當 User 指定完某一帳號的可用功能後，按「更新」鈕，程式即更新 SQL Server 中的相關資料。但在更新資料庫之前，系統會檢查授權數是否超過限制，若超過，則螢幕會出現如圖 2-13 右上角的錯誤訊息，指出哪些功能的授權數已超限了，此時需重新勾選。詳細程式碼及其解說請見 F_GrantFunction.vb 的 B_Update_Click 事件程序。

另一種修改或賦予授權的方法是採用「比照」，以節省處理時間。因為不同使用者其所能使用的功能可能是相同的，此時無需逐一指定，請按「比照」鈕，螢幕會出現如圖 2-14 的畫面，您可在該畫面右方指定「比照對象」（註：有下拉式選單可供點選）。比照對象指定後，按「確定」鈕，DataGridView 第 1 欄的勾選狀態就會仿照所指定的對象來設定；如有需要，可再進行微調，確定無誤之後，按「更新」鈕，即可完成授權；詳細程式及其解說請見 F_GrantFunction.vb 的 B_Follow_Click 事件程序及 B_Refer_Click 事件程序（註：「比照」功能類似於 Windows 的「群組」概念，但會比「群組」更有彈性）。

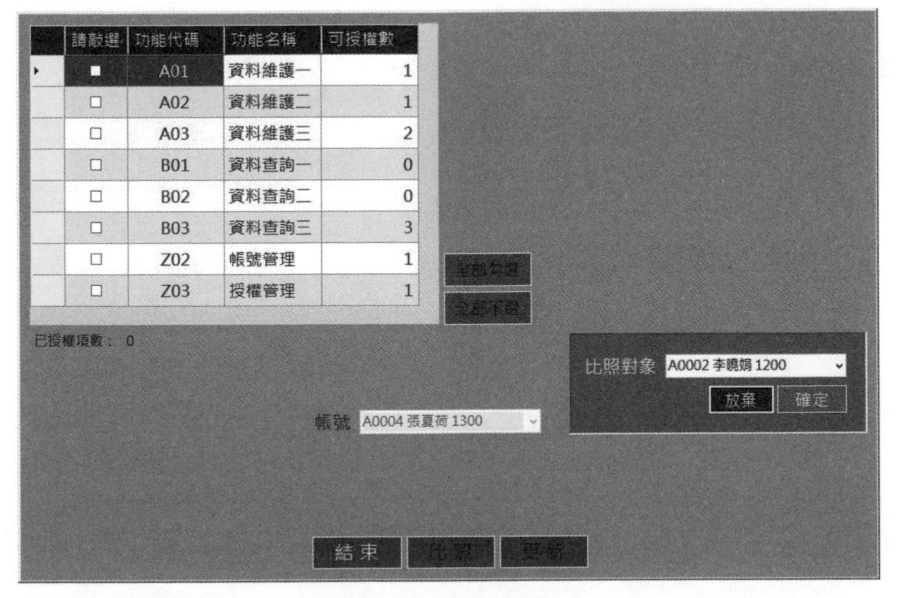

▲ 圖 2-14 授權管理之二

Visual Basic

3
chapter

輸出入介面設計

一套實用的系統需由成千上萬行的程式碼構築而成，這些程式往往耗費設計者極大的心力及時間，但再困難複雜都是設計者的事，這些程式碼被封裝為執行檔之後，User 看不見也摸不著，所能接觸的只有輸出入介面。故介面設計的好壞，影響使用者甚鉅，好的設計可增加工作效率，反之，則徒增負擔及困擾。那麼什麼是好的設計？「充分而適當的控制項」及「舒適的版面設計」是良好介面的兩大要素，後者將於第 9 章深入探討，本章將著重於控制項的運用。

3-1 控制項概說

Control「控制項」是應用系統設計的元件，它可能是單一物件亦可能是多個物件之組合，同樣具有屬性、事件和方法，透過它可讓 User 與應用系統產生互動，以完成使用者想達成之工作。請於主目錄上按「C1 介面設計 1」鈕，進入如圖 3-1 的畫面，該畫面是一個典型的資料輸入介面，User 可於其上利用「選項按鈕」點選「性別」，利用「下拉式選單」點選「部門」、「學歷」、「職稱」等人事資料，而無需逐字輸入，既快速又可降低錯誤的機率，這些 RadioButton「選項按鈕」、ComboBox「下拉式選單」等元件就是所謂的「控制項」。

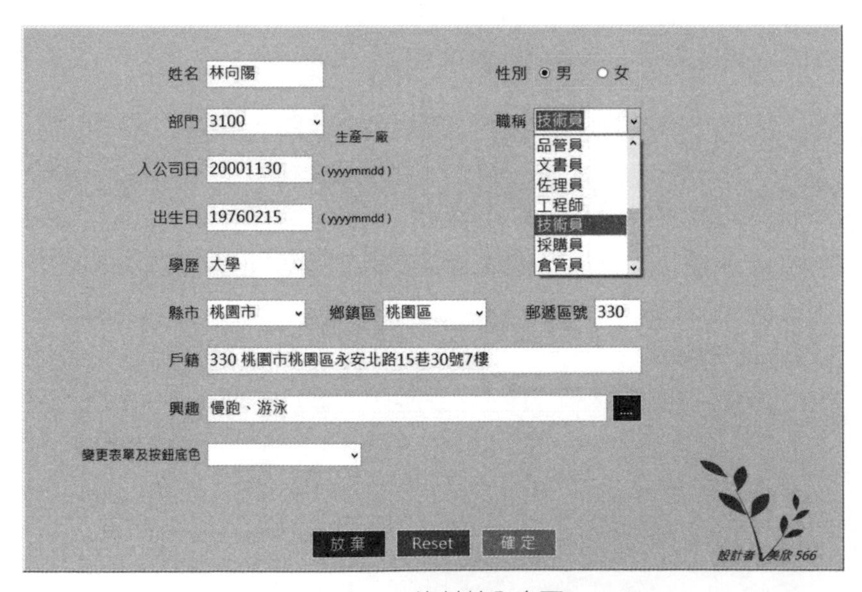

▲ 圖 3-1 資料輸入介面

欲增添控制項，只需將其從「工具箱」視窗拖曳至表單即可。「工具箱」視窗內含有多個內建控制項（亦稱為標準控制項），這些控制項已按其特性分為多個類別，例如「通用控制項」、「容器」、「資料」、「列印」及「對話方塊」等。控制項被拖曳至表單後，會顯示 8 個端點，拖曳端點可改變大小。要調整控制項的位置，請移動滑鼠至控制項上面，滑鼠指標會變成雙箭頭的十字形游標，此時壓著滑鼠左鍵不放，再拖曳雙箭頭的十字形游標即可。 欲刪除控制項，請先點選控制項，再按 Delete 鍵，或在功能表上點選「編輯」、「刪除」亦可。

若要對齊表單上的多個控制項，請先選取該等控制項，使其成為作用控制項，然後點選功能表上的「格式」、「對齊」，再點選方向（上、下、左、右等）即可。選取多個控制項的方式有兩種，一種是壓著滑鼠左鍵不放，再拖曳滑鼠指標劃過該等控制項；另一種方式是按著 Shift 鍵不放，再逐一點選該等控制項。被選取的控制項，其周圍會顯示 8 個端點，其中只有一個控制項之端點是白色的，其他控制項的端點都是黑色；白色端點者為基準控制項，亦即以該控制項為準，例如向左對齊時，所有控制項的左邊緣都會對齊白色端點控制項的左緣。在多個控制項中，最先被點選的控制項為基準控制項（端點為白色），但可點選其他黑色端點的控制項，以變更基準控制項。

通常一張表單上會有多個控制項，例如典型的人事資料輸入表單上會有「員工號」、「姓名」、「部門」等多個文字盒，這些資料的輸入通常也會有先後順序，例如輸入「員工號」之後，要輸入「姓名」，此時只需按一下 Tab 鍵，游標就移往「姓名」欄，以方便 User 使用。這種 Tab 鍵移動的順序可透過控制項的 TableIndex 屬性來設定，由 0 起算，但若同一張表單有許多控制項時，要在「屬性」視窗內逐一變更 TableIndex 屬性值，不但耗時且易生錯誤。替代方式是在功能表上點選「檢視」、「定位順序」，每一控制項的順序值會顯示於其左上角（藍底白字，如圖 3-2），此時請逐一點選該順序值，即可變更 TableIndex 屬性值，最先點選者為 0，其次為 1，以此類推。完成之後，在功能表上再點選一次「檢視」、「定位順序」，各控制項左上角的順序值即會消失。

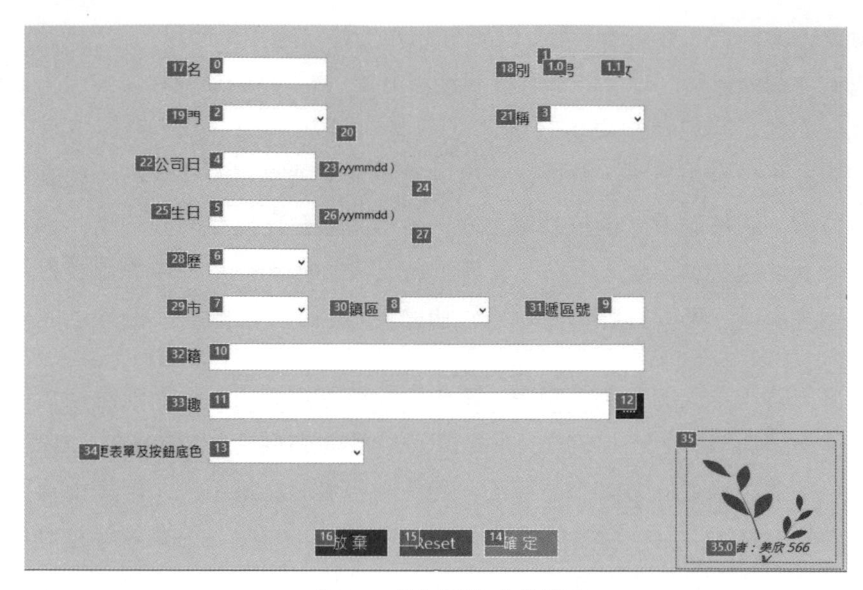

▲ 圖 3-2 控制項的定位順序

為防止已設計好的控制項被不小心移動，可在功能表上點選「格式」、「鎖定控制項」，同一表單上所有控制項的左上角都會出現鎖頭，此時控制項就無法被移動。再點選一次「格式」、「鎖定控制項」，則可解鎖。欲調整控制項的屬性，例如字型、顏色、尺寸等，請先點選控制項，即可在「屬性」視窗內調整（註：點選「屬性」視窗右上角的向下三角形，可展開一個下拉式選單，該選單列示了同一表單上所有控制項供點選，控制項較多而不易查找時，可利用此方法來找出所需項目）。因為控制項的屬性相當多，故本書將其整理於附錄 D，同時納入常用的事件及方法，以利讀者隨時翻閱查考。另外，因控制項的一般用法並不困難，故不贅言，以下僅就控制項的進階用法提出說明。

3-2 下拉式選單的進階運用

下拉式選單是應用系統中非常重要的控制項，如果少了它，使用者會非常麻煩，尤其在輸入介面的設計上，欠缺這種設計就難以符合現代系統的要求。下拉式選單的設計不難，但要設計出一個實用的選單卻有許多問題值得深入探討。

從工具箱將 ComboBox 控制項拖曳至表單就可產生下拉式選單的雛型，接著設定選單的項目，有兩種方式可產生這些項目。第一種是使用手動輸入或貼入的方式，請點選下拉式選單右上角的小三角形，然後於快顯功能表上點選「編輯項目」，螢幕會開啟「項目集合編輯器」，設計者即可在該小視窗內輸入或貼入選單的項目。第二種方式是在「屬性」視窗內點選「Items」欄右方的小方格，同樣可開啟「項目集合編輯器」。這種建構方式最簡單方便（範例如 F_Input_1.vb 的「職稱」欄），但缺點是選單項目變更時，必須由程式設計師修改，User 無法自行維護。

3-2.1 由 User 維護選單內容

若要維持系統的彈性，讓 User 自行維護，就必須以資料表的資料作為下拉式選單的資料來源，資料表可為 Excel、TXT、Access、SQL Server 等類型的格式，但需另行開發資料增刪修的介面，以方便使用者操作（本書將在其他章節說明）。本節先說明如何從外部資料表取出資料作為下拉式選單的選項。

圖 3-1 左上角的「部門」欄（F_Input_1.vb 的 T_DEPTCODE）即以 Excel 所建立的資料表作為下拉式選單的資料來源（如表 3-1），該資料表有兩欄，第一欄是部門代號（deptcode），第二欄是部門名稱（deptname），當表單載入時，就自動取出 Excel 檔的內容作為下拉式選單的項目。當組織變動時，由 User 自行修改 Excel 檔即可，程式無需修改，設計師亦無需介入。

表 3-1. 對照表_部門代號及名稱

deptcode	deptname
1100	總經理室
1200	會計處
1300	人事處
1400	資材處
1500	研發處

deptcode	deptname
2100	品管處
3100	生產一廠
3200	生產二廠

每次載入表單時（本例為 F_Input_1.vb），程式都重新讀取 Excel 檔的資料，並更新下拉式選單的選項，這樣就可達到 User 自行維護下拉式選單之目的。為達此目的，要撰寫兩段程式，第一段是讀取 Excel 檔的資料，並存入 DataTable（記憶體中的資料表），第二段是將 DataTable 的資料列入下拉式選單的選項。

讀取 Excel 檔的資料，主要是透過 ADO.NET（讀取 Access、SQL Server 等類型的資料亦同），ADO 是 ActiveX Data Object「動態資料物件」的簡稱，它是 .Net Framework 中的一個類別集合，含有豐富的類別及介面，運用這些類別就可輕鬆存取各類型的資料庫。第 4 章對於不同類型的資料存取有非常詳盡的解說，如果您尚無此方面的經驗，建議先閱讀該章，再回過頭來閱讀本段，如果已有讀取 Excel 資料表的經驗，請逕行參考 F_Input_1.vb 的 F_Input_1_Load 事件程序，其內有非常詳細的程式碼及其解說，本章不重複敘述，以節省篇幅。

將 Excel 檔的資料讀入 DataTable 之後，只要將 DataTable 指定給下拉式選單的 DataSource 資料來源屬性，並以 ValueMember 屬性指定欄位即可，程式如表 3-2 第 1 ～ 2 行。T_DEPTCODE 是本例的「部門」選單，等號右方是 DataTable 及其所屬資料集，O_dset_01 是本例所取的資料集名稱，DATA01 則是資料表名稱。因為該資料表含有兩個欄位（如表 3-1），故須以 ValueMember 屬性指出究竟是哪一欄要作為下拉式選單的內容，本例為 deptcode，故「部門代號」會顯示於選單中，供 User 挑選。如果要以「部門名稱」作為選單之項目，則 ValueMember 屬性值需設為 deptname。因為表單載入後，希望「部門」選單欄能保持空白，故將下拉式選單的 Text 屬性值設為空字串（如表 3-2 第 3 行），如果省略這行程式，則會顯示選單的第一個項目。

表 3-2. 程式碼 _ 下拉式選單的資料來源

```
01  T_DEPTCODE.DataSource = O_dset_01.Tables("DATA01")
02  T_DEPTCODE.ValueMember = "deptcpde"
03  T_DEPTCODE.Text = ""
04
05  For Each O_row In O_dset_01.Tables("DATA01").Rows
06      If Information.IsDBNull(O_row("deptcode")) = False And _
07                     Information.IsDBNull(O_row("deptname")) = False Then
08          T_DEPTCODE.Items.Add(O_row("deptcode") + O_row("deptname"))
09      End If
10  Next
11
12  Private Sub T_DEPTCODE_SelectedIndexChanged(sender …………
13      SendKeys.Send("{Tab}")
14  End Sub
15
16  Private Sub T_DEPTCODE_Validated(sender …………
17      Dim MTempDept As String = RTrim(T_DEPTCODE.Text)
18      Dim MLen As Integer = Len(MTempDept)
19      If MLen = 0 Then
20          Exit Sub
21      Else
22          T_DEPTCODE.Text = Strings.Left(MTempDept, 4)
23          If MLen >= 4 Then
24              L_DEPTNAME.Text = Strings.Right(MTempDept, MLen - 4)
25          End If
26      End If
27
28      For Mcou = 0 To  T_DEPTCODE.Items.Count - 1 Step 1
29          If LTrim(RTrim(T_DEPTCODE.Text)) = _
30                        Strings.Left(T_DEPTCODE.Items(Mcou), 4) Then
31              Dim MLenItem As Integer = Len(T_DEPTCODE.Items(Mcou))
32              L_DEPTNAME.Text = _
33                  Strings.Mid(T_DEPTCODE.Items(Mcou), 5, MLenItem - 4)
34              Exit Sub
```

```
35            End If
36        Next
37    End Sub
```

3-2.2 多欄式下拉選單

大部分下拉式選單只有一個欄位，但在某些狀況下同時呈現多個欄位對 User 較為方便，本例的下拉式選單可同時顯示部門代號及部門名稱兩欄。表 3-2 第 5 ～ 10 行的程式可產生多欄式的下拉選單，產生多欄式下拉選單的關鍵是使用 ComboBox 控制項的 Items.Add 方法，該方法可將其括號內的資料加入下拉式選單作為選項，請見表 3-2 第 8 行的程式，括號內的 O_row("deptcode") + O_row("deptname") 組合了資料表的 deptcode 部門代號及 deptname 部門名稱。因為資料表有多筆資料，故使用 For Each 陳述式逐一處理 DATA01 資料表的每一列資料（O_row 為本例所取的資料列名稱），第 6 ～ 7 行使用 Information 類別的 IsDBNull 方法來排除空字串。

使用前述方法所設計的多欄式下拉選單，其每一選項都含有兩個欄位的資料，本例為 1100 總經理室、1200 會計處、1300 人事處等，當 User 點選之後，「部門」欄也會同時出現該兩欄資料，但實務上需要將該等資料拆分為二，以方便後續的處理，故需要使用表 3-2 第 12 ～ 37 行的程式來達成此項目的。

表 3-2 第 12 ～ 14 行是「部門」欄的 SelectedIndexChanged 事件，當下拉式選單的點選內容變動時會觸發此事件，此事件之程序使用 SendKeys.Send("{Tab}") 指令送出 Tab 鍵，將游標移出該欄位，此動作可觸發「部門」欄的 Validated 事件（表 3-2 第 16 行），也就是離開「部門」欄時要處理的工作，在該事件中放置了拆分資料的程式。該程式使用 Strings 類別的 Left 方法取出 User 所選項目的左邊 4 碼置入「部門代號」欄，另外使用 Strings 類別的 Right 方法取出其餘部分置入「部門名稱」欄（表 3-2 第 23 ～ 25 行）。

3-2.3 VB 之按鍵處理

在 VB 程序內欲啟動按鍵，可使用 SendKeys 類別的 Send 方法，例如 SendKeys.Send("{Tab}") 可將游標移往下一個欄位（或控制項），如同以人工按下 Tab 鍵一樣。若要送出阿拉伯數字或英文字串，請以雙引號括住，例如 SendKeys.Send("Office 2013")。若要送出特殊按鍵，請以雙引號及大括號括住，例如：

- SendKeys.Send("{End}")
- SendKeys.Send("{BackSpace}")
- SendKeys.Send("{CapsLock}")
- SendKeys.Send("{F1}")
- SendKeys.Send("~")

上述括號內的 ~ 即 Enter 鍵，亦可寫為 SendKeys.Send("{Enter}")。此類別之命名空間為 System.Windows.Forms。另外，亦可使用 Keyboard.SendKeys 啟動按鍵，例如：

- My.Computer.Keyboard.SendKeys("Office 2013" , True)
- My.Computer.Keyboard.SendKeys("{End}", True)
- My.Computer.Keyboard.SendKeys("{BackSpace}", True)
- My.Computer.Keyboard.SendKeys("{CapsLock}", True)

3-2.4 變動式選單內容

下拉式選單是 Windows 環境帶給 User 的最大方便之一，在 DOS 時代是沒有這項利器的，但是當選項太多時會造成 User 很大的困擾。以範例 F_Input_1.vb 的「鄉鎮區」欄為例（圖 3-1），由於全國的鄉鎮區高達 368 個，如果全部列入下拉式選單的選項，User 就很難挑選。那麼該如何解決？以分類方式來處理，

「鄉鎮區」下拉式選單的選項會根據「縣市」欄的選取結果而調整，例如當User在「縣市」欄點選了「宜蘭縣」，那麼「鄉鎮區」下拉式選單的選項只呈現該縣所轄的「三星」、「礁溪」及「羅東」等13個鄉鎮，其他縣市的鄉鎮都不顯示，如此即可大幅縮小選單的項目，程式如表3-3，該下拉式選單的資料來源為Access資料檔。

表3-3. 程式碼 __ 自動切換下拉式選單的內容

```
01  Private Sub T_CITY_SelectedIndexChanged(sender …………
02      T_TOWN.Items.Clear()
03      Dim MTempCity As String = T_CITY.Text
04      Dim MNAME As String = "APPDATA\TAB_ZIPCODE.mdb"
05      Dim MSTRconn_1 As String = " _
06          provider=Microsoft.ACE.Oledb.12.0;data source=" + MNAME
07      Dim Oconn_1 As New OleDbConnection(MSTRconn_1)
08      Oconn_1.Open()
09
10      Dim MSTRsql_1 As String = " _
11          Select * from ZIPLIST where city='" + MTempCity + "'"
12      Dim Ocmd_1 As New OleDbCommand(MSTRsql_1, Oconn_1)
13      Dim Ored_1 As OleDbDataReader = Ocmd_1.ExecuteReader()
14
15      Do While Ored_1.Read()
16          If IsDBNull(Ored_1.Item(1)) = False Then
17              T_TOWN.Items.Add(Ored_1.Item(1))
18              T_TOWN.Focus()
19          Else
20              T_ZIPCODE.Text = Ored_1.Item(2)
21              T_ADDRESS.Text = RTrim(T_ZIPCODE.Text) + _
22              " " + RTrim(T_CITY.Text) + RTrim(T_TOWN.Text)
23              T_ADDRESS.Focus()
24              SendKeys.Send("{End}")
25          End If
26      Loop
27      …………………
28  End Sub
```

相關程式撰寫於 T_CITY「縣市」下拉式選單的 SelectedIndexChanged 事件中，當 User 點選所需的縣市之後，程式就改變「鄉鎮區」下拉式選單的選項。程式開始先使用 Clear 方法清除「鄉鎮區」下拉式選單的選項，以免殘留前次的選項（表 3-3 第 2 行），因為這個下拉式選單的選項來源為 Access 資料表，故使用 OleDb 字頭的類別來處理，該資料庫名為 TAB_ZIPCODE.mdb，資料表名稱為 ZIPLIST（其內有 3 欄資料，第 1 欄為 CITY 縣市、第 2 欄為 TOWN 鄉鎮區、第 3 欄為 ZIPCODE 郵遞區號）。因為只要讀出 Access 資料表的資料而無需增刪修其資料，故只需使用 ExecuteReader 方法將資料存入 OleDbDataReader 物件即可（本例取名為 Ored_1，表 3-3 第 13 行），而無需使用 OleDbDataAdapter 及 DataSet 等物件。因為「鄉鎮區」下拉式選單的選項需根據 User 所選的「縣市」而變動，故在 SQL 指令中設定條件是 where city= ' " + MTempCity + " ' "，MTempCity 變數儲存了 User 所選的「縣市」（表 3-3 第 10 ～ 11 行）。

表 3-3 第 15 ～ 26 行使用 Do Loop 陳述式逐一讀出 Ored_1 物件的資料（即 Access 資料表中某一縣市的資料），然後使用 ComboBox 控制項的 Add 方法將其括號內的資料加入下拉式選單作為選項，括號內的 Ored_1.Item(1) 可傳回 Ored_1 物件第 2 欄的資料（即鄉鎮區），Item 括號內的數字代表欄位順序，由 0 起算，Item(1) 表示要取出第 2 欄的資料。

因為部分 CITY「縣市」沒有對應的「鄉鎮區」，例如嘉義市、新竹市等，故須使用 IsDBNull 偵測所讀出的資料是否為空值（表 3-3 第 16 行），若為空值就無需使用 Add 方法來增加「鄉鎮區」下拉式選單的選項，但需將郵遞區號帶入 T_ZIPCODE 欄（表 3-3 第 20 行），並將縣市、鄉鎮區及郵遞區號資料存入 T_ADDRESS「戶籍」欄。詳細程式碼及其解說請見 F_Input_1.vb 的 T_CITY_SelectedIndexChanged 事件程序。

3-2.5 兼顧輸入及點選的設計

設計下拉式選單需要注意的另一件事就是是否要同時允許「輸入」。很多程式設計師主觀地認為點選比輸入快，故在有下拉式選單的欄位不提供輸入的功能，限制 User 在該欄只能點選而不能輸入。其實，在某些情況下輸入快於點選，尤其是一些例行性的輸入工作，例如部門代號及分類代號等，所謂熟能生巧，由於經常重複同一動作，該輸什麼資料早已深植腦海，輸入當然會快於點選，所以一個好的輸入介面，應該是點選與輸入並存的，但輸入有可能輸錯，故需搭配檢查程式。範例 F_Input_1.vb 的「部門」欄就提供這樣的功能，User 可直接輸入 1100、1200、1300 等代號，系統會自動帶出總經理室、會計處、人事處等名稱。程式如表 3-2 第 28 ～ 36 行，使用 For 迴圈逐一檢查 User 的輸入值是否為選單項目之一，若是，則將該選單項目拆分為二（部門代號及部門名稱），若 For 迴圈執行完畢，都無相符之項目，則以 MsgBox 顯示錯誤訊息，且無法離開該「部門」欄。詳細程式碼及其解說請見 F_Input_1.vb 的 T_DEPTCODE_Validated 事件程序。

下拉式選單的選項較多時，可以限制其出現的項數，例如一次只顯示 7 項，超過者需由 User 拖曳捲動軸才能看見，這項功能可用 MaxDropDownItems 最大下拉項數屬性來達成，但必須搭配 IntegralHeight「整體高度」屬性，此屬性的內定值為 True，必須將其改為 False，MaxDropDownItems 所設定的項目數才有效。

3-3 控制他表單及表單傳值

解決下拉式選單選項太多的另一方案是使用 CheckListBox「核取清單方塊」控制項。下拉式選單的選項較多時，User 需要拖曳捲動軸來尋找，若改用核取清單方塊來顯示可點選項目，則可一眼看到所有的選項，使用者無需拖曳捲動軸來尋找，此控制項尤其適用於選項較多但又不致太多的情況，範例 F_Input_1.vb 的「興趣」欄即為一例，但需解決跨表單傳值的問題。

當 User 在如圖 3-1 的畫面點選「興趣」文字盒右方的小方格時，螢幕會顯示另一表單 F_LIST_INTEREST.vb，以便從中挑選其興趣（圖 3-3），當 User 勾選完成後，這些被點選的項目必須傳回給 F_Input_1.vb 表單，並呈現在「興趣」文字盒之內。這種跨表單傳遞數字或文字的功能是如何達成的？有兩種方式，一種是使用表單的 Tag 屬性，另一種是使用公用變數，這種跨表單傳值是系統設計中常用的技巧，詳細說明如下。

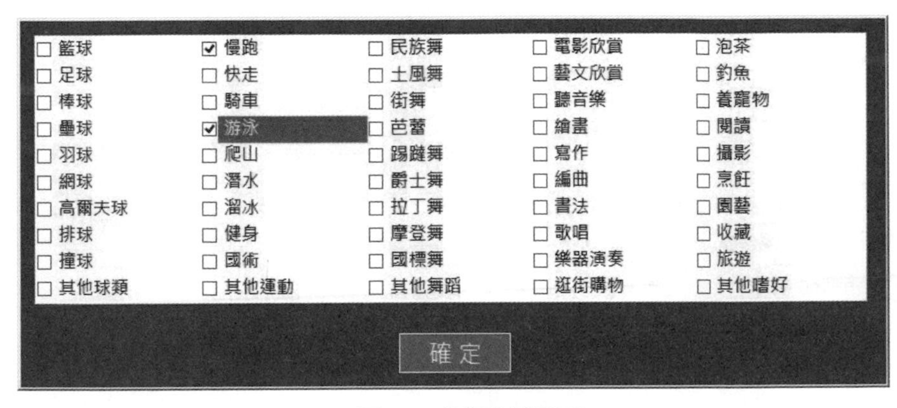

▲ 圖 3-3 興趣挑選畫面

先在 F_LIST_INTEREST.vb 興趣清單內宣告變數 MString（表 3-4 第 1 行），然後將 User 挑選結果存入此變數，表 3-4 第 2 ～ 10 行的程式會逐一判斷核取清單方塊上的每一項目是否被勾選，Count 屬性可傳回核取清單方塊的項目數，因為其項目編號由 0 起算（第 1 項的編號為 0、第 2 項的編號為 1、以此類推），故以 Count-1 作為迴圈的終止值。GetItemChecked 方法可檢查某一項目是否已被勾選，若其傳回值為 True，表示該項目已被勾選，其括號內為項目之代號（表 3-4 第 3 行）。另外使用 Items 屬性傳回項目名稱（本例為籃球、棒球等），組成字串後存入變數 MString（表 3-4 第 7 行）。最後將變數 MString 指定給 F_LIST_INTEREST 表單的 Tag 屬性，以供另一表單取用（表 3-4 第 11 行）。

表 3-4. 程式碼 __ 表單傳值

```
01    Dim MString As String = ""
02    For mcou = 0 To CheckedListBox1.Items.Count - 1
03        If CheckedListBox1.GetItemChecked(mcou) = True Then
```

```
04            If MString = "" Then
05                MString = CheckedListBox1.Items(mcou)
06            Else
07                MString = MString + "、" + CheckedListBox1.Items(mcou)
08            End If
09        End If
10    Next
11    Me.Tag = MTempString
12
13    Private Sub F_Input_1_VisibleChanged(sender ....................
14        T_INTEREST.Text = F_LIST_INTEREST.Tag
15        T_INTEREST.Text = F_LIST_INTEREST.MString
16        T_INTEREST.Focus()
17        SendKeys.Send("{End}")
18    End Sub
19
20    Private Sub F_Input_1_VisibleChanged(sender ....................
21        T_FileName.Text = F_SheetChoice.ASendList(0)
22        T_SheetName.Text = F_SheetChoice.ASendList(1)
23    End Sub
24
25    Private Sub B_LIST01_Click(sender ..................
26        Dim CallForm01 As F_LIST_INTEREST = New F_LIST_INTEREST
27        CallForm01.CtrlObj(Me)
28        Me.Visible = False
29        F_LIST_INTEREST.Show()
30    End Sub
31
32    Public Function CtrlObj(ByRef _
33                MTempForm As System.Windows.Forms.Form)
34        F_Input_1.T_INTEREST.Text = ""
35        F_Input_1.T_INTEREST.Focus()
36        Return ""
37    End Function
```

取用他表單所傳遞之值只需指定來源表單及其 Tag 即可，範例如表 3-4 第 14 行，在 F_Input_1.vb 表單中，指定 T_INTEREST 之 Text 值取自 F_LIST_INTEREST 表單的 Tag 屬性，User 所點選的項目就會呈現在如圖 3-1 的「興趣」欄。另一種跨表單傳值的方式是使用公用變數，可用 Public 宣告 MString 變數（其內儲存了 User 點選的項目），然後在 F_Input_1.vb 表單中將該公用變數指定給 T_INTEREST「興趣」欄，範例如表 3-4 第 15 行，公用變數之前要指出宣告該變數之表單（本例為 F_LIST_INTEREST），表單與公用變數之間以句點分隔。使用此種方式傳值，則表 3-4 第 11 行的程式可省略。

在 F_Input_1.vb 輸入表單中接收另一表單傳遞之值的程式是寫在可見事件變動程序中（即 VisibleChanged，表 3-4 第 13 ～ 18 行），因為螢幕顯示 F_LIST_INTEREST 表單供 User 挑選興趣項目時，會先隱藏 F_Input_1.vb 輸入表單（Visible = False），待 User 挑選完成後，程式將 Visible 設為 True，顯示 F_Input_1.vb 輸入表單，就會觸發 VisibleChanged 事件程序。詳細程式碼及其解說請見 F_LIST_INTEREST.vb 的 B_OK_Click 事件程序及 F_Input_1.vb 的 F_Input_1_VisibleChanged 事件程序。

如果有多個值要在表單之間傳遞，則應使用陣列取代前述的公用變數，實際範例請參考 F_EXCEL01.vb（主目錄的 D6），當 User 按「匯入 2」鈕時（B_IMPORT02_Click 程序），螢幕切換到 F_SheetChoice.vb 表單，讓 User 點選所需的檔案及其工作表，程式將這兩個項目存入 ASendList 陣列（F_SheetChoice.vb 表單的 B_OK_Click 程序），F_EXCEL01.vb 表單的 F_Input_1_VisibleChanged 程序再接收回來（表 3-4 第 21 ～ 22 行）。

系統設計中常用的另一項技巧是從一張表單控制其他表單上的控制項，例如清除另一張表單上文字盒的內容或是將游標置入另一張表單上的某一控制項。舉例來說，當 User 在如圖 3-3 的興趣清單（F_LIST_INTEREST.vb）勾選完畢後，螢幕會切換回如圖 3-1 的輸入畫面，此時須將游標置於興趣文字盒，以利 User 修改或確認。

先在主控表單（本例為 F_Input_1.vb 輸入表單）撰寫如表 3-4 第 26 ～ 27 行的程式，將 F_Input_1 整張表單傳過去給 F_LIST_INTEREST 興趣清單的自訂函數 CtrlObj 使用，以便從該表單控制主控表單的控制項。表 3-4 第 32 ～ 37 行是在 F_LIST_INTEREST 興趣清單中所撰寫的自訂函數，該函數執行清除及移動游標的動作。

3-4 清單控制項的進階運用

ListBox 清單控制項是應用系統設計中常用的元件，Visual Basic 提供該控制項非常多的屬性、事件及方法，這些豐富的物件元素是設計系統或撰寫程式的一大利器，但也因為元素太多而易混淆設計者，故本書特闢章節説明，以減少讀者的摸索時間。

在主目錄上按「C2 介面設計 2」鈕，可進入如圖 3-4 的查詢條件指定畫面，User 須先在畫面上方指定日期，再按「查詢」鈕，系統就會從資料庫抓出使用者所指定日期的資料。這個日期指定元件是由兩個 ListBox 清單控制所組成，左方的清單是可供選取的日期，因為較近的日期較常用，故該清單上的日期為遞減排序，右方的清單是已被選取的日期。因為日期可多選，故須將 ListBox 清單控制項 SelectionMode 屬性設為 MultiExtended「延伸多選法」，在此設定下，若 User 要選取不連續的數個日期（例如 201412 及 201410），可按著 Ctrl 鍵不放，再以滑鼠左鍵點選該等日期即可；若要選取連續的數個日期（例如 201412 ～ 201407），可按著 Shift 鍵不放，再以滑鼠左鍵點選該連續個項目的頭尾兩項即可（以本例而言就是點選 201412 及 201407 即可，而無需逐項點選）。

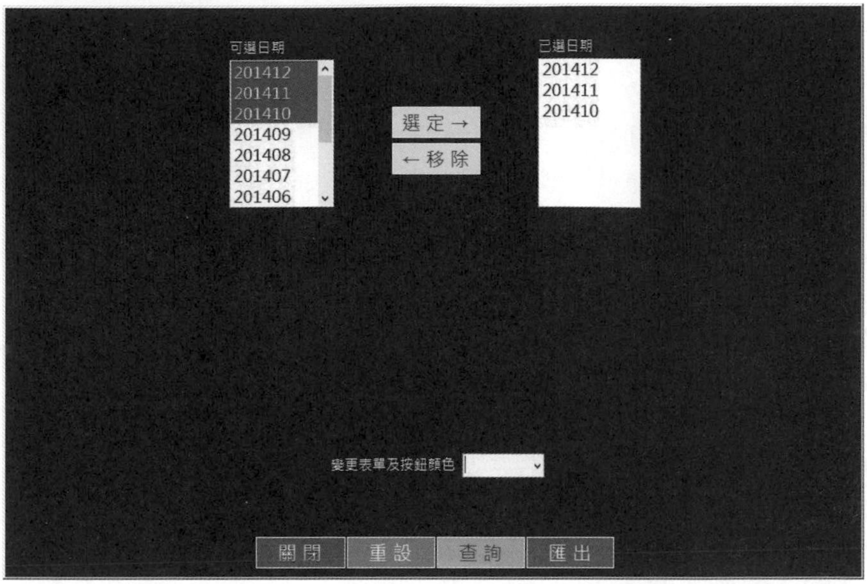

▲ 圖 3-4 清單控制項應用實例（日期挑選）

當 User 在左方清單點選所需日期之後，再按「選定 →」鈕，系統就會將使用者所選取的日期呈現於右方清單，供 User 確認，這是如何達成的？請見表 3-5 第 1 ～ 16 行的程式摘要。

表 3-5. 程式碼 __ 清單控制項應用

```
01  For Each Itemname As String In ListBox1.SelectedItems
02      If ListBox2.FindString(Itemname) = -1 Then
03          ListBox2.Items.Add(Itemname)
04      End If
05  Next
06  Dim MTotalItems As Integer = ListBox2.Items.Count
07  Dim ArrayItems(MTotalItems) As String
08  For Mcou = 0 To MTotalItems - 1 Step 1
09      ArrayItems(Mcou) = ListBox2.Items.Item(Mcou)
10  Next
11  Array.Sort(ArrayItems)
12  Array.Reverse(ArrayItems)
13  ListBox2.Items.Clear()
14  For Mcou = 0 To MTotalItems - 1 Step 1
```

```
15        ListBox2.Items.Add(ArrayItems(Mcou))
16    Next
17
18    Do While ListBox2.SelectedIndex <> -1
19        ListBox2.Items.RemoveAt(ListBox2.SelectedIndex)
20    Loop
21
22    Dim MTotalItems As Integer = ListBox2.SelectedItems.Count
23    For Mcou = 0 To MTotalItems - 1 Step 1
24        Dim MTempItem As String = ListBox2.SelectedItem
25        ListBox2.Items.Remove(MTempItem)
26    Next
27
28    Dim MTotalItems As Integer = ListBox1.Items.Count
29    For Mcou = 0 To MTotalItems - 1 Step 1
30        ListBox1.SetSelected(Mcou, False)
31    Next
32    ListBox2.Items.Clear()
```

這個程式除了需將 User 所點選的日期呈現於右方清單之外，還需避免重複且需遞減排序。首先使用 For Each 陳述式逐一處理 User 所點選的項目（表 3-5 第 1 ～ 5 行），SelectedItems 屬性可傳回清單控制項已被點選的項目，它是一個集合物件，For Each 之後接集合物件的元素，它是一個變數，名稱及型態可自訂，在 For Each 陳述式之內，使用清單控制項的 Add 方法，將集合物件的元素（本例為被選項目之名稱）加入右方清單。但為了避免項目重複，所以使用 FindString 方法檢查相同項目是否已列示於右方清單，FindString 的括號內為欲查找的項目名稱，若有找到，則會傳回該項目在清單上的索引編號（由 0 起算），若找不到，則會傳回 -1。

User 所點選的項目加入右方清單之後，要將該等項目遞減排序，ListBox 清單控制項有一個 Sorted 屬性，只要將其設定為 True 即可排序，但為遞增排序，不合需求，故本程式先將該等項目存入陣列，再利用陣列的方法來達到我們的期望（表 3-5 第 6 ～ 12 行）。ListBox 清單控制項的 Count 屬性可傳回清單上的項目數，以便作為 For 迴圈的終止值，在該迴圈內，使用 Item 屬性來傳回項目名稱，Item 括號內為項目之索引編號。程式先將 ListBox2（右方的日期清單）上所有項目存入陣列 ArrayItems，然後使用 Sort 方法遞增排序，再使用 Reverse 方法反轉陣列元素的順序，即可達成所期望的排列方式。最後再將陣列之值併回 ListBox2，併回之前先使用 ListBox 清單控制項的 Clear 方法清除其全部項目（表 3-5 第 13 ～ 16 行）。詳細程式碼及其解說請見 F_Query_1.vb 的 B_Select_Click 事件程序。

User 點選所需項目不免會發生錯誤，故系統需提供移除的功能，圖 3-4 的「← 移除」鈕即在滿足此一需求，該鈕之程序（表 3-5 第 18 ～ 20 行）可移除右方清單上所點選的項目。

移除清單控制項的選取項目可使用 RemoveAt 或 Remove 方法，前者需指定選取項目的索引編號，後者需指定選取項目的名稱。表 3-5 第 19 行使用 RemoveAt 方法，其括號內使用 SelectedIndex 屬性傳回選取項目的索引編號，因為選取項目可能不只一項，所以使用 Do While 陳述式不斷移除所選項目，直到沒有選取項目為止，使用清單控制項的 SelectedIndex 不等於 -1 作為 Do While 的條件式，因為 SelectedIndex 不等於 -1 就表示還有選取項目，故要繼續進行移除的動作，否則就結束迴圈。

表 3-5 第 22 ～ 26 行使用 Remove 方法移除選取項目，其括號內為選取項目的名稱，清單控制項的 SelectedItem 屬性可傳回單一的選取項目名稱，因為選取項目可能不只一項，所以使用 For Next 陳述式不斷移除所選項目，直到沒有選取項目為止，清單控制項的 SelectedItems.Count 可傳回選取項目的數量，該數量減 1 即可作為 For 迴圈的終止值。詳細程式碼及其解說請見 F_Query_1.vb 的 B_Remove_Click 事件程序。

按圖 3-4 的「重設」鈕，可清除右方清單的所有項目並取消左方清單的選取狀態，以方便 User 設定另一次查詢的條件，該按鈕的程序如表 3-5 第 28 ～ 32 行，清單控制項的 SetSelected 方法可設定清單上某一項目的選取狀態，其括號內有兩個參數，第 1 個為清單項目的索引編號，第 2 個為邏輯值，False 表示要取消選取狀態，True 表示要設為選取狀態（表 3-5 第 30 行）。因為要將左方清單的全部項目都設為非選取狀態，故使用 For 迴圈逐項處理，清單控制項的 Items.Count 可傳回項目數量，該值減 1 即可作為迴圈的終止值。清單控制項的 Clear 方法可清除全部項目（表 3-5 第 32 行）。詳細程式碼及其解說請見 F_Query_1.vb 的 B_Reset1_Click 事件程序。

清單控制項選取項目的內定顏色為藍底白字（註：背景色接近 DodgerBlue 道奇藍，RGB 約為 25、150、250，前景色為 White），這種設定在某些情況下可能會不夠醒目（例如將清單控制項的 BackColor 設為深色，而 ForeColor 設為淺色），此時就需調整選取項目的顏色，但「屬性」視窗內並無相關的項目可供我們調整，那麼該如何達成呢？

首先在「屬性」視窗內將 DrawMode 繪製模式屬性變更為 OwnerDrawFixed 或 OwnerDrawVariable（內定為 Normal），再於 DrawItem 視覺外觀變更事件中撰寫相關的程式。因為當 ListBox 的 DrawMode 屬性設為 OwnerDrawFixed 或 OwnerDrawVariable 時會觸發 DrawItem 事件。程式如表 3-6 第 1 ～ 12 行，在第 5 行的 Brushes 之後可設定希望的背景色，本例為 DeepPink 深粉紅。如果想要同時變更選取項目的背景色及前景色，則需撰寫如表 3-6 第 21 ～ 22 行的程式，Brushes 之後可設定希望的背景色，本例為 DeepPink 深粉紅，newitem.Color = Color. 之後可設定希望的前景色，本例為 White 白色。第 24 ～ 25 行可指定未選取項目的背景色及前景色，本例以白色為底，海軍藍為字體顏色。第 27 ～ 28 行的程式可指定項目的框線，如無需要，刪除該列程式即可。詳細程式碼及其解說請見 F_Query_1.vb 的 ListBox1_DrawItem 及 ListBox2_DrawItem 事件程序。

表 3-6. 程式碼 __ 清單控制項之顏色控制

```
01  Private Sub ListBox1_DrawItem(ByVal sender As Object, …………
02      e.DrawBackground()
03      If (e.State And DrawItemState.Selected) = _
04                              DrawItemState.Selected Then
05          e.Graphics.FillRectangle(Brushes.DeepPink, e.Bounds)
06      End If
07      Using newitem As New SolidBrush(e.ForeColor)
08          e.Graphics.DrawString(ListBox1.GetItemText( _
09                      ListBox1.Items(e.Index)), e.Font, newitem, e.Bounds)
```

```
10          End Using
11          e.DrawFocusRectangle()
12      End Sub
13
14      Private Sub ListBox2_DrawItem(ByVal sender As Object, …………
15          If ListBox2.Items.Count = 0 Then
16              Exit Sub
17          End If
18          Using newitem As New SolidBrush(ListBox2.ForeColor)
19              If (e.State And DrawItemState.Selected) = _
20                                          DrawItemState.Selected Then
21                  e.Graphics.FillRectangle(Brushes.DeepPink, e.Bounds)
22                  newitem.Color = Color.White
23              Else
24                  e.Graphics.FillRectangle(Brushes.White, e.Bounds)
25                  newitem.Color = Color.Navy
26              End If
27              e.Graphics.DrawRectangle(Pens.DarkBlue, e.Bounds.X, _
28                          e.Bounds.Y, e.Bounds.Width - 1, e.Bounds.Height - 1)
29              Using sf As New StringFormat With {.Alignment = …………
30                  e.Graphics.DrawString(ListBox2.Items(e.Index).ToString ………
31              End Using
32          End Using
33      End Sub
```

3-5 樹狀檢視控制項

資料呈現方式有多種，其中最普遍的方式是以「表格」呈現，每一水平列為一筆資料，不同資料由上而下接續呈現，每筆資料有多個欄位，同一欄為同性質的資料（如圖 3-7 及圖 3-8 右上角 DataGridView 所呈現的資料）。這種資料呈現方式一目了然，但卻不易看出資料之間的從屬關係，若改用「樹狀」方式呈現即可改善（如圖 3-6、7、8 的左半邊）。

3-5.1 樹狀檢視控制項之一般操作

圖 3-6 是將公司的組織以樹狀方式呈現，User 很容易就可看出各部門之間的從屬關係，例如「會計部」隸屬於「管理處」，而「管理處」之下有 4 個部門等。相同等級的單位（例如「管理處」及「品管處」）會置於同一層（與表單左邊的距離相同）。這種樹狀結構具有開合的能力，點選每一項資料前方的「＋」號，可展開其下一層的資料，點選每一項資料前方的「－」號，則可關閉（收合）其下一層的資料，這種開合的能力可讓 User 集中焦點於需要關心的項目上。

這種資料呈現方式之所以稱為 Tree「樹」，是因為它看起來像一棵倒掛的樹，亦即「根」在上，而「枝葉」在下。每一項資料所在的位置稱為 Node「節點」，某一節點的下層節點稱為 Child Node「子節點」，某一節點的上層節點稱為 Parent Node「父節點」，例如圖 3-6 的「會計部」為「管理處」的子節點，「管理處」為「會計部」的父節點。每一個節點只有一個父節點（根節點除外），而每一個節點可能有多個子節點，但也可能一個都沒有，沒有父節點的節點稱為 Root Node「根節點」，例如圖 3-6 的「VB 電子公司」。

以樹狀方式呈現資料需借助 TreeView「樹狀檢視控制項」，它可經由手動方式來建立資料結構，亦可使用程式自動建立，但其程式較難撰寫，故本書先介紹該控制項的基本操作。請於主目錄上按「C4 樹狀檢視 1」鈕，進入如圖 3-6 的畫面（範例檔 F_Query_3.vb）。

將 TreeView 從「屬性」視窗拖入表單，就可產生樹狀檢視控制項。請先點選該控制項其右上角的小三角形，展開智慧標籤頁，然後按其上的「編輯節點」，即可開啟「TreeNode 編輯器」視窗（圖 3-5），供您建立或修改節點資料（註：在「屬性」視窗內，按「Nodes」欄右方的小方塊，亦可開啟「TreeNode 編輯器」視窗）。在編輯器視窗左下角按「加入根目錄」鈕，可產生根節點。欲產生子節點，請先於左上角的方框內點選某一節點，然後於視窗左下角按「加入子系」鈕，即可於點選節點的下一層產生子節點。視窗左上角方框內的節點文字為內定文字，例如 Node0、Node1、Node2 等，可利用視窗右方的外觀屬性來修改，其中 Text 可變更節點文字，NodeFont 可變更節點文字的字型及其大小，BackColor 可變更節點的背景色，ForeColor 可變更節點的前景色。

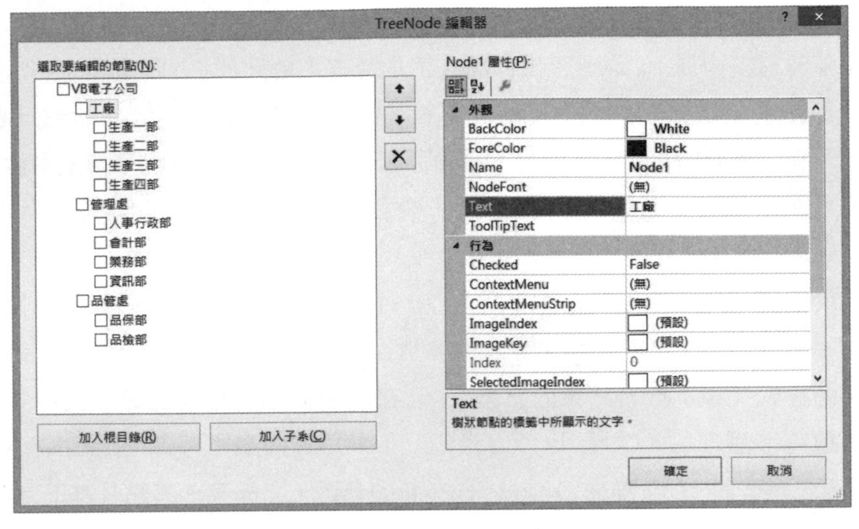

▲ 圖 3-5 TreeNode 編輯器

TreeView 有相當多的屬性可使用，請參考附錄 D 的說明。本範例先介紹一些基本操作方式，包括節點的展開、收合、新增、修改、列示及尋找等，請於 F_Query_3.vb 表單上雙擊相關按鈕，即可查看其程式之寫法，內有詳細的說明，故此處不擬重複，以節省篇幅。另外，該表單上有一個「查詢」鈕，它展示了樹狀檢視控制項的實用功能，User 在 TreeView 中點選任一部門（例如會計部），然後再按「查詢」鈕，螢幕就會顯示該部門的人數及平均薪津。在主目錄上按「E1 查詢及處理」，可查出各個部門的人事薪津明細資料，本書隨後的章節會有詳細的說明。如果您已了解資料庫的處理方式，可閱讀 F_Query_3.vb 的 B_Query_Click 事件程序（內有詳細解說），如果尚未熟悉資料庫的處理方式，可先閱讀第 4 章，再回過頭來查看此程序的寫法。

因為 TreeView 是一種多層次的結構，而且層次的數量不確定，它可能含有三層、四層或更多層，如果要處理每一節點的資料，就必須 Scan 所有層級，故必須借助 Recursion 遞迴呼叫的技術來處理。所謂遞迴呼叫就是一個 Procedure 或 Function 可以循環呼叫自己本身，範例 F_Query_3.vb 及 F_Query_5.vb 中使用了許多此等技術，無論是要列出所有節點的文字或是要建構樹狀節點都須使用遞迴程序。

遞迴程序的範例程式如表 3-7，該程式會掃描樹狀檢視控制項的所有節點（無論有多少層），以便查出節點文字是否有「會計部」，此種功能通常用於移除節點或新增節點之檢查（避免重複建立相同的節點）。當 User 按「B1」鈕時，程式會呼叫 CheckNodes 副程序（表 3-7 第 6 行），該程序傳遞兩個參數，前者為根節點（包括其下層節點），後者為欲搜尋的文字（本例為會計部）。CheckNodes 副程序接收參數之後，使用 For Each 迴圈判斷每一節點文字是否等於欲搜尋的文字（表 3-7 第 16 ～ 22 行），O_node 為某一個節點物件，若找到相同的節點文字，就結束副程序，返回主程序，並繼續執行表 3-7 第 6 行以後的程式（顯示檢查結果的訊息）。若在該層找不到相同的節點文字，而該物件還有下層節點（O_node.Nodes.Count >0），則繼續呼叫 CheckNodes 程序（表 3-7 第 21 行），並將 O_node 作為新的參數（亦即某一節點及其下層節點）。

表 3-7. 程式碼 __ 樹狀檢視控制項之遞迴程序

```
01  Public Mfind As String
02
03  Private Sub B1_Click(sender As Object, e As EventArgs) Handles B1.Click
04      Dim Mdept As String = "會計部"
05      Mfind = "N"
06      CheckNodes(TreeView1.TopNode, Mdept)
07      If Mfind = "Y" Then
08          MsgBox(Mdept + "已存在", 0 + 64, "尋找結果")
09      Else
10          MsgBox(Mdept + "不存在", 0 + 16, "尋找結果")
11      End If
12  End Sub
13
14  Private Sub CheckNodes(ByVal TempNode As TreeNode, _
15                             ByVal TempDept As String)
16      For Each O_node As TreeNode In TempNode.Nodes
17          If O_node.Text = TempDept Then
18              Mfind = "Y"
19              Exit Sub
20          End If
```

```
21            If TempNode.Nodes.Count > 0 Then CheckNodes(O_node, TempDept)
22        Next
23    End Sub
```

3-5.2 自動建立樹狀節點

前述範例檔 F_Query_3.vb（如圖 3-6）的樹狀節點是使用者工建立的，此種方式適用於資料異動較少的情況，如果資料經常變動（包括節點文字、節點數量或節點層級），則應使用程式自動建立。請於主目錄上按「C5 樹狀檢視 2」鈕，進入如圖 3-7 及 3-8 的畫面（範例檔 F_Query_5.vb），該範例提供了三種建構程序，分別適用於不同狀況。

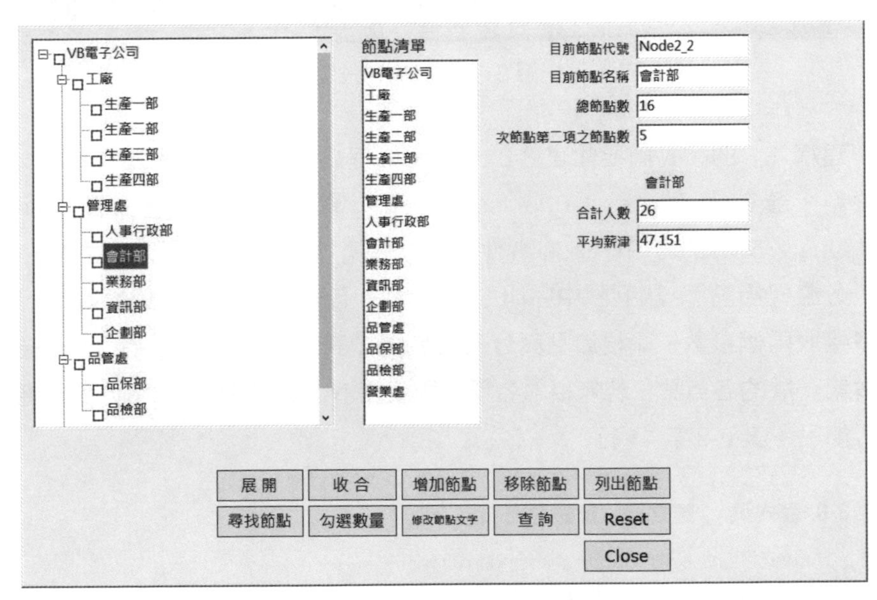

▲ 圖 3-6 樹狀檢視控制項之一

圖 3-7 是將圖書庫存統計資料以樹狀結構顯示，節點資料取自 Excel 檔，檔名「圖書庫存統計.xlsx」，位在 APPDATA 資料夾。若其資料有增減變動，程式仍可自動建立正確的樹狀節點，在 F_Query_5.vb 表單中按「建構 1」或「建構 2」鈕，即可看見建構結果。當點選某一書名的節點（例如 Excel 應用大全），程式就會將該書的相關資料（例如庫存數量）顯示於右方文字盒。

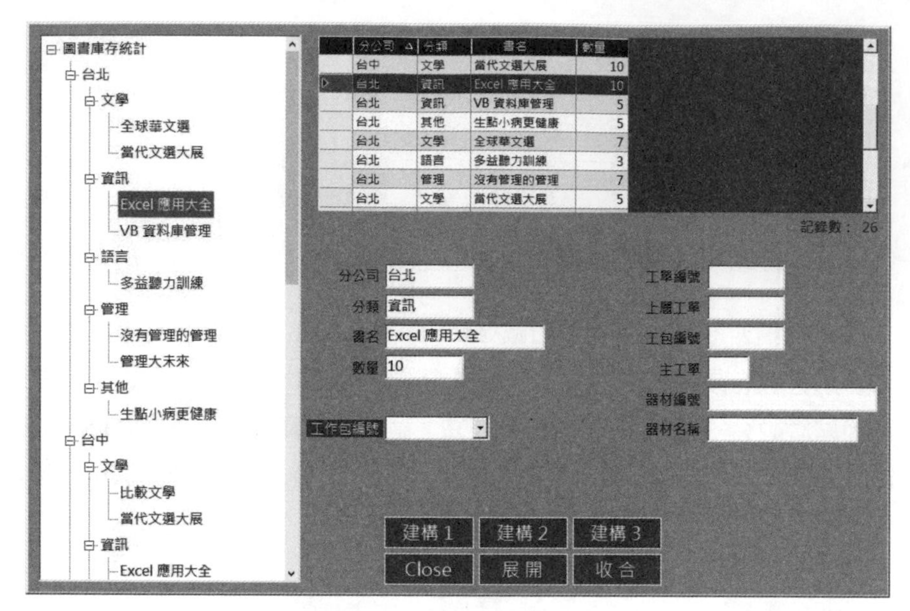

▲ 圖 3-7 樹狀檢視控制項之二

「建構 1」的程式摘要如表 3-8～3-10，程式先讀出「圖書庫存統計.xlsx」的資料，並存入 ODataSet_0.Tables("Table01") 資料表（詳細程式及其解說請見 F_Query_5.vb 的 B_01_Click 事件程序）。隨後使用 For 迴圈建立第一層節點（分公司節點），該迴圈中呼叫 SubLevel_1 副程序（表 3-8 第 13 行），該副程序接收兩個參數，即根節點與分公司名稱（表 3-9 第 1～13 行），然後逐一比對第一層的各節點，若無相同名稱，則使用 Nodes.Add 方法將分公司名稱加入新節點（表 3-9 第 11 行）。

表 3-8. 程式碼 __ 建立樹狀節點之一

```
01   Private Sub B_01_Click(sender As Object, ......................
02           ......................
03           Dim Mroot As String = "圖書庫存統計"
04           TreeView1.Nodes.Add(Mroot)
05
06           TreeView1.SelectedNode = Nothing
07           Dim Mstop As Integer = ODataSet_0.Tables("Table01").Rows.Count - 1
08           Dim Mbranch As String = ""
09           Dim Mkind As String = ""
```

```
10          Dim Mitemname As String = ""
11          For Mcou = 0 To Mstop Step 1
12              Mbranch = ODataSet_0.Tables("Table01").Rows(Mcou)(0)
13              SubLevel_1(TreeView1.Nodes(0), Mbranch)
14          Next
15
16          Mstop = ODataSet_0.Tables("Table01").Rows.Count - 1
17          For Mcou = 0 To Mstop Step 1
18              Mbranch = ODataSet_0.Tables("Table01").Rows(Mcou)(0)
19              Mkind = ODataSet_0.Tables("Table01").Rows(Mcou)(1)
20              SubLevel_2(TreeView1.Nodes(0), Mbranch, Mkind)
21          Next
22
23          Mstop = ODataSet_0.Tables("Table01").Rows.Count - 1
24          For Mcou = 0 To Mstop Step 1
25              Mbranch = ODataSet_0.Tables("Table01").Rows(Mcou)(0)
26              Mkind = ODataSet_0.Tables("Table01").Rows(Mcou)(1)
27              Mitemname = ODataSet_0.Tables("Table01").Rows(Mcou)(2)
28              SubLevel_3(TreeView1.Nodes(0), Mbranch, Mkind)
29              TreeView1.SelectedNode.Nodes.Add(New TreeNode(Mitemname))
30          Next
31          .....................
32      End Sub
```

分公司節點處理之後，使用 For 迴圈建立第二層節點（分類節點），該迴圈中呼叫 SubLevel_2 副程序（表 3-8 第 20 行），該副程序接收三個參數，即根節點、分公司名稱及分類（表 3-9 第 15 ～ 23 行），然後檢查第一層每一節點，若節點名稱與分公司相同，則呼叫副程序 SubLevel_2B（表 3-9 第 20 行），並傳遞兩個參數， 前者為某一樹狀節點（包括其所有下層節點），後者為分類。SubLevel_2B 副程序請見表 3-9 第 25 ～ 35 行，該程式檢查第二層某一節點之所有項目，若項目名稱與分類相同，則離開副程序，若該節點無相同項目，則新增（表 3-9 第 33 行）。

表 3-9. 程式碼 __ 建立樹狀節點之二

```
01    Private Sub SubLevel_1(TempNode As TreeNode, _
02                                ByVal Temp_Branch As String)
03        Dim MFind As String = "N"
04        For Each O_node As TreeNode In TempNode.Nodes
05            If O_node.Text = Temp_Branch Then
06                Exit Sub
07            End If
08        Next
09        If MFind = "N" Then
10            TreeView1.SelectedNode = TreeView1.Nodes(0)
11            TreeView1.SelectedNode.Nodes.Add(New TreeNode(Temp_Branch))
12        End If
13    End Sub
14
15    Private Sub SubLevel_2(TempNode As TreeNode, _
16                   ByVal Temp_Branch As String, ByVal Temp_Kind As String)
17        For Each O_node As TreeNode In TempNode.Nodes
18            If O_node.Text = Temp_Branch Then
19                TreeView1.SelectedNode = O_node
20                SubLevel_2B(O_node, Temp_Kind)
21            End If
22        Next
23    End Sub
24
25    Private Sub SubLevel_2B(TempNode As TreeNode, M_Kind As String)
26        Dim MFind As String = "N"
27        For Each O_node As TreeNode In TempNode.Nodes
28            If O_node.Text = M_Kind Then
29                Exit Sub
30            End If
31        Next
32        If MFind = "N" Then
33            TreeView1.SelectedNode.Nodes.Add(New TreeNode(M_Kind))
34        End If
35    End Sub
```

分類節點處理之後，使用 For 迴圈建立第三層節點（書名），該迴圈中呼叫 SubLevel_3 副程序（表 3-8 第 28 行），該副程序接收三個參數，即根節點、分公司名稱及分類（表 3-10 第 1 ～ 8 行），然後檢查每一節點名稱，若與分公司相同，則呼叫 SubLevel_3B 副程序（表 3-10 第 5 行），該副程序接收兩個參數，即某一節點（包括其下層節點）及分類（表 3-10 第 10 ～ 18 行），若節點名稱與分類相同，則選定該節點，然後回到主程序，使用 Nodes.Add 方法將書名加入新節點（表 3-8 第 29 行），亦即在選定的節點（分公司及分類都符合之節點）的下一層增加書名之節點。

表 3-10. 程式碼 __ 建立樹狀節點之三

```
01  Private Sub SubLevel_3(TempNode As TreeNode, _
02              ByVal Temp_Branch As String, ByVal Temp_kind As String)
03      For Each O_node As TreeNode In TempNode.Nodes
04          If O_node.Text = Temp_Branch Then
05              SubLevel_3B(O_node, Temp_kind)
06          End If
07      Next
08  End Sub
09
10  Private Sub SubLevel_3B(TempNode2 As TreeNode, _
11                                  ByVal M_kind As String)
12      For Each O_node As TreeNode In TempNode2.Nodes
13          If O_node.Text = M_kind Then
14              TreeView1.SelectedNode = O_node
15              Exit Sub
16          End If
17      Next
18  End Sub
```

「建構 1」是依照原始資料的順序建立樹狀檢視項目，「建構 2」則是依照排序後的順序建立樹狀檢視項目，每一分公司都會有相同數量的下一層節點（分類），即使沒有書名，也會建立分類節點，例如高雄分公司沒有「語言」類的書籍，但仍會建立「語言」節點。其程式的寫法較簡潔，請讀者逕行參考 F_Query_5.vb 的 B_02_Click 事件程序，內有詳細解說，此處不贅述。

前述「建構 1」或「建構 2」的程式適用於固定層級的資料，以「圖書庫存統計.xlsx」而言，就是「分公司」、「分類」及「書名」三個層級。如果層級不固定，就需使用「建構 3」的程式。圖 3-8 是將工單編號資料以樹狀結構顯示，節點資料取自 Access 檔，檔名「WorkOrder.mdb」，位在 APPDATA 資料夾。若其資料有增減變動（無論有多少層），程式仍可自動建立正確的樹狀節點。請先在圖 3-8 的「工作包編號」欄點選一個工包號（下拉式選單），例如 5E0029，再按「建構 3」鈕，程式就會將該工作包所屬的工作單以樹狀結構呈現於表單上。

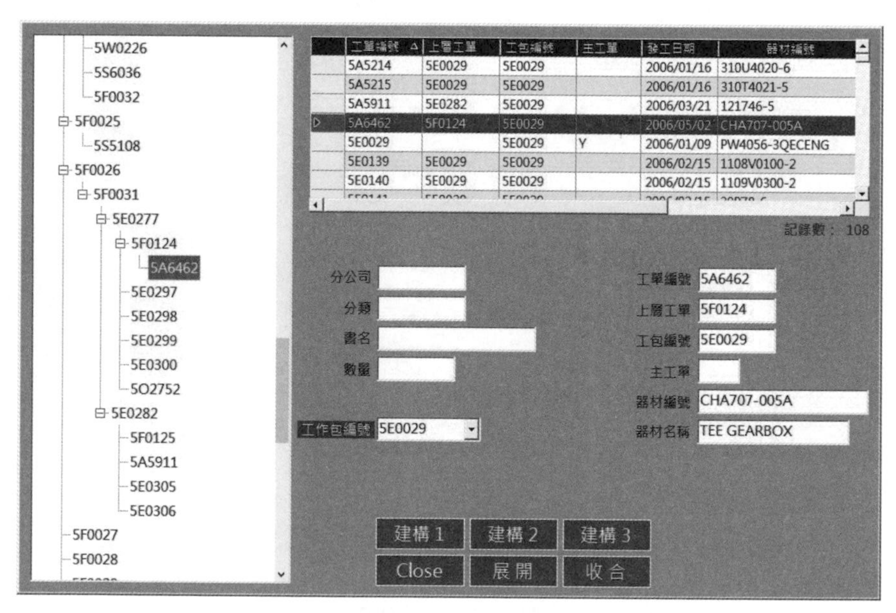

▲ 圖 3-8 樹狀檢視控制項之三

現代機械多為 Modulelization「模組化」的設計，以利快速抽換維修，這種模組化設計之結構是有層次的，每一個機械（或裝備）由大的模組構成，大模組由許多小模組結合而成，而小模組又由許多零組件組成，若能以樹狀結構顯示，最能看出其相互間的關係，也是合乎實務需求的設計。圖 3-9 是飛機引擎（亦即發動機）的結構圖，該型 Engine 是美國奇異公司所生產的渦輪風扇發動機，適用於波音 747-400 等大型商用客機。它是由成千上萬的零組件所構成，結構非常複雜，但卻是有層次的組合，而且零組件之間都有嚴密的從屬關係。圖中的該型發動機由 5 個 Major Module「主模組」構成，每一個主模組之下含有多個次模組，每一個次模組之下又含有許許多多的零組件。舉例來說，圖 3-9 中央上方為 HPT 高壓渦輪模組，其下有 Nozzle 噴嘴及 Rotor 轉子等次模組，轉子次模組之下有磁盤及葉片等零組件。

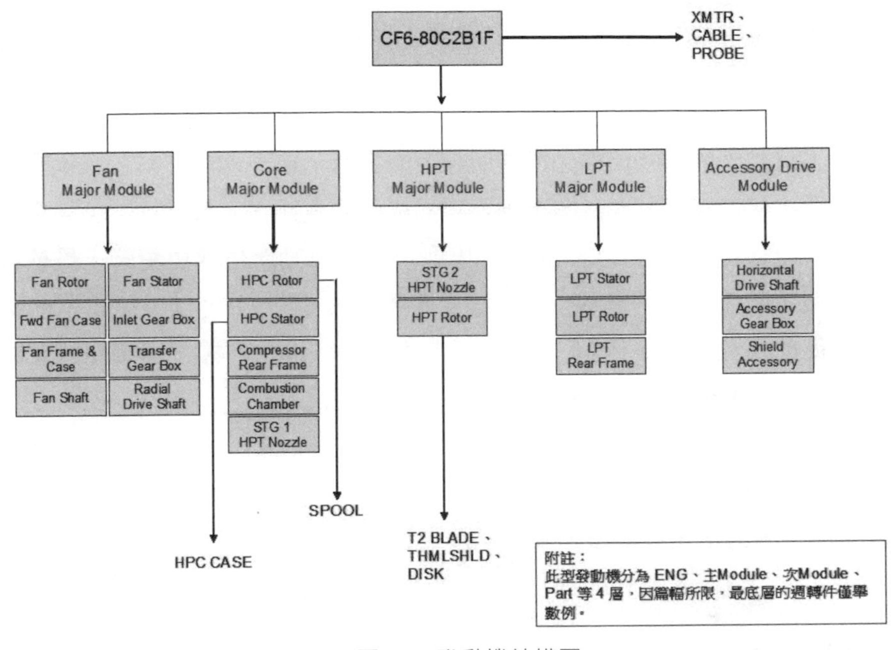

▲ 圖 3-9 發動機結構圖

發動機使用一段時間後就需進廠拆解維修，維修之後需組裝測試，才能裝回飛機使用。如前所述，發動機的結構非常複雜，所以拆解之後會產生許多的模組及零組件，這些模組及零組件需交由不同的部門及不同的技術人員來進行維修，此時生產管制部門會為每一個模組或零組件發出一個 Work Order「工作命令」（簡稱工令），以便作為技術人員的工作指示及成本收集的依據。這些工作命令都會有一個不同的編號，稱為工單編號（簡稱工號，例如圖 3-8 的 5A6462），範例檔 WorkOrder.mdb 就是一個工作命令的清單，內含 9 百多筆資料，每一筆資料代表一項維修工作，每一筆資料含有「工單編號」、「上層工單」、「工包編號」、「零組件名稱」及「工作類別」等欄位。「工單編號」是唯一的，每一筆都不相同。「工包編號」則是維修工作的包裹編號（代表一個大型的維修對象），例如維修一具發動機會先發出一個「工包編號」，不同的發動機會有不同的工包編號。發動機拆解之後，會陸續發出許多「工單編號」，這些「工單編號」

都會隸屬於同一個「工包編號」，例如圖 3-8 的 5E0029，但其「上層工單」可能是不同的（因為隸屬於不同的上層模組或上層組件）。例如圖 3-8，5A6462 的上一層是 5F0124，5F0124 的上一層是 5E0277，往上一直追溯，其源頭就是「工包編號」5E0029。不同「工包編號」代表了不同批次的工作，而每一批次的工作都會含有不同數量的工單，這些工單是有層次的，而且層次數量不固定，所以這類資料不能以圖 3-7 之圖書庫存統計方式來表達其從屬關係。

要產生這類型的樹狀節點必須借助「上層工單」這一欄的資料，只要有上一層的資料，無論樹狀層次有多複雜，程式都可快速建構完成（註：上層資訊可由電腦系統依據飛機 configuration「構型」資料自動產生或由生管人員依據發工先後順序來填入）。「建構 3」的程式摘要如表 3-11 ～ 3-12，程式先根據 User 所指定的工包編號（例如 5E0029）自 WorkOrder.mdb 檔讀出相關的資料，並存入 O_dtable_1 資料表（詳細程式碼及其解說請見 F_Query_5.vb 的 B_03_Click 事件程序）。隨後為該資料表增加一個 chk 欄，以便作為資料檢核之用（表 3-11 第 3 ～ 9 行）。然後使用 For 迴圈建立第一層節點（表 3-11 第 12 ～ 25 行），其方法是檢查每一筆資料的「上層工單」欄，凡是該欄之值與 User 所指定的「工包編號」相同，就應將該筆資料的「工單編號」列入第一層的節點。

表 3-11. 程式碼 __ 建立樹狀節點之四

```
01  Private Sub B_03_Click(sender As Object, …………
02      ………………..
03      Dim O_col As New DataColumn
04     O_col.DataType = System.Type.GetType("System.String")
05      With O_col
06              .Caption = "chk"
07              ………………..
08      End With
09      O_dtable_1.Columns.Add(O_col)
10      ………………..
11
12      Mstop = O_dtable_1.Rows.Count - 1
13      Dim Mnewnode As String = ""
14      TreeView1.SelectedNode = TreeView1.Nodes(0)
15      For Mcou = 0 To Mstop Step 1
```

```
16            Mnewnode = O_dtable_1.Rows(Mcou)(0)
17            If O_dtable_1.Rows(Mcou)(8) = "Y" = True Then
18                Continue For
19            Else
20                If O_dtable_1.Rows(Mcou)(1) = MpackageNo Then
21                    TreeView1.SelectedNode.Nodes.Add(New TreeNode(Mnewnode))
22                    O_dtable_1.Rows(Mcou)(8) = "Y"
23                End If
24            End If
25        Next
26
27            SubNewNode()
28    End Sub
```

表 3-12. 程式碼 __ 建立樹狀節點之五

```
01    Private Sub SubNewNode()
02        Dim MtotalN As Integer = O_dtable_1.Compute("Count(chk)", "chk='N'")
03        If MtotalN = 0 Then
04            Exit Sub
05        End If
06        TreeView1.SelectedNode = Nothing
07        Dim Mstop As Integer = O_dtable_1.Rows.Count - 1
08        Dim Mtopno As String = ""
09        Dim Mnewnode As String = ""
10        For Mcou = 0 To Mstop Step 1
11            If O_dtable_1.Rows(Mcou)(8) = "Y" = True Then
12                Continue For
13            Else
14                Mnewnode = O_dtable_1.Rows(Mcou)(0)
15                Mtopno = O_dtable_1.Rows(Mcou)(1)
16                FindNode(TreeView1.Nodes(0), Mtopno, Mnewnode, Mcou)
17            End If
18        Next
19        SubNewNode()
20    End Sub
```

```
21
22  Private Sub FindNode(TempNode As TreeNode, _
23              ByVal Temp_TopNo As String, ByVal Temp_NewNode As String, _
24              ByVal Temp_RecordNo As Integer)
25      For Each O_node As TreeNode In TempNode.Nodes
26          If O_node.Text = Temp_TopNo Then
27              O_node.Nodes.Add(New TreeNode(Temp_NewNode))
28              O_dtable_1.Rows(Temp_RecordNo)(8) = "Y"
29              Exit Sub
30          End If
31          FindNode(O_node, Temp_TopNo, Temp_NewNode, Temp_RecordNo)
32      Next
33  End Sub
```

第一層節點建立之後，呼叫 SubNewNode 副程序（表 3-11 第 27 行），以便建立下層節點。SubNewNode 副程序首先使用資料表的 Compute 方法計算 chk 欄為 N 者（尚未加入節點者）之數量，若 N 為 0，表示所有資料都已處理完畢（都已建立節點），故應結束本程序，否則執行後續的程式（表 3-12 第 2～5 行）。SubNewNode 是遞迴程序，若 O_dtable_1 資料表中的資料未處理完畢，則會繼續呼叫本身（表 3-12 第 19 行）。

在 SubNewNode 副程序中使用 For 迴圈處理每一筆資料，並在迴圈中呼叫 FindNode 副程序，該副程序接收 4 個參數，第 1 個為根節點，第 2 個為上層工單之編號，第 3 個為工單編號，第 4 個為記錄數（表 3-12 第 22～33 行）。接收參數之後，使用 For Each 迴圈判斷每一層級的節點之文字是否與上層工號相同，若相同，則在該節點之下加入新節點（產生下一層工號）。FindNode 是遞迴程序，若該層節點文字與上層工號都不相同，則會繼續呼叫本身（表 3-12 第 31 行），並以該節點作為新的參數，以便程序繼續處理其下一層的節點。

3-6 其他控制項

VB 提供相當多的控制項，可協助設計特殊操作介面，例如圖 3-10 是豐富文字盒控制項及網頁瀏覽器控制項的綜合運用。請於主目錄上按「C3 瀏覽器介面」鈕，即可使用該範例（檔名 F_Query_2.vb），它可載入 RTF 檔，若該檔中含有網站位址之超連結，則點擊該等超連結，就可在同一表單中看見網站資料，而無需另開視窗，此舉有助於文章的對照瀏覽。RTF 是 Rich Text Format 之縮寫，它是「微軟」所制定的特殊檔案格式，可用 MS Word 產生（另存新檔時指定 rtf 格式即可）。當將其載入 RichTextBox 豐富文字盒控制項時，RTF 檔的字型顏色及列距等格式都會以原貌呈現。

▲ 圖 3-10 網頁瀏覽器控制項

由於篇幅所限，此處不擬詳述，詳細程式碼及其解說請見 F_Query_2.vb 的相關事件程序。本章前數節介紹的多屬輸入介面，至於輸出介面中最重要的莫過於 DataGrdiView「資料網格檢視」控制項，本書將於後數章節中介紹，並請同時參閱附錄 D 的關該控制項的說明。

Visual Basic

4

chapter

資料維護

絕大部分應用系統都是為了處理數據而設計，例如人事、薪津、生產、銷售及庫存等數據之處理，這些數據可能是文字、數字或圖片，它們經由輸入（或取自其他系統）而產生，然後加以運算處理而產出所需的資訊，這些數據無論在輸入、處理或產出階段都需要一個適當的地方來儲存。早期的開發工具例如 dBase、Foxpro 等都有自己的資料庫，這些資料庫可以儲存所需數據，Visual Basic 沒有自己的資料庫，但是它可處理更為專業而大型的資料庫（例如 SQL Server 及 Oracle 等），本章就是在討論如何維護這些資料庫的數據，包括新增、修改及刪除等基本工作。

Access 及 SQL Server 是最常用到的中大型資料庫，此外，Excel 檔及 TXT 文字檔雖然只能存放一些小型數據，但是它們具有簡單及普遍的特性，故亦納入本章，作為討論對象。Visual Basic 處理這些資料庫的最佳方式是透過 ADO.net（ActiveX Data Object.net）「動態資料物件」，它內含了許多類別可幫助處理各型資料庫。資料處理可分為「連接資料庫」、「下達處理指令」及「暫存處理結果」等三個階段（如表 4-1），如果要新增、修改或刪除資料庫裡面的數據，則只需前兩個階段，首先使用 Connection 類別來協助打開 VB 與資料庫之間的管道（指定資料庫名稱、已授權的使用者及密碼等），然後再使用 Command 類別來下達增刪修的指令。如果要查詢（讀取）資料庫裡面的數據，則還有第三階段的工作，必須先將所需的數據從資料庫中存入記憶體，然後再將其呈現於 DataGridView、TextBox 等控制項，或轉至 Excel、TXT 等檔案。如果是簡易的資料讀取（不涉及多資料表的處理），只需使用 Command 的 ExecuteReader 方法，將所需資料存入 DataReader（一種記憶體中的資料暫存器）。如果查詢（讀取）的資料來源較複雜（多資料表），或讀取的資料需要進一步篩選或排序，那麼可使用 DataAdapter 資料轉接器來取代 Command 物件。DataAdapter 可下達 SQL 指令，然後將查詢（讀取）的結果存入 DataSet 資料集或 DataTable 資料表，這兩種物件都是記憶體中的資料暫存器，其中 DataSet 可容納多個不同的資料表，而 DataTable 只能儲存一個資料表，它們都有許多屬性及方法協助將資料呈現在表單上或作更進一步的處理，稍後再以實際範例來說明其用法。

表 4-1. 資料庫處理架構

序號	工作	使用類別	主要方法
1	連接資料庫	Connection	Open
2	下達處理指令	Command、DataAdapter	ExecuteReader、ExecuteNonQuery
3	暫存處理結果	DataReader、DataSet、DataTable	

如前述處理資料庫需使用 Connection 等物件，但這只是一個概稱，因為在 .Net Framework 中並沒有一個名為 Connection 的物件，而是有 SqlConnection、OleDbConnection、OracleConnection 等物件，它們分別處理不同的資料庫。如果要處理的資料庫為 SQL Server，則需使用 Sql 開頭的類別，包括 SqlConnection、SqlCommand、SqlDataAdapter、SqlDataReader 等，所需引用的命名空間為 System.Data.SqlClient。如果要處理的資料庫為 Oracle，則需使用 Oracle 開頭的類別，包括 OracleConnection、OracleCommand、OracleDataAdapter、OracleDataReader 等，所需引用的命名空間為 System.Data.OracleClient（註：這些類別已經過時，Microsoft 建議改用廠商的 Oracle 提供者，例如 Oracle.DataAccess.dll）。如果要處理的資料庫為 Access、Excel 等，則需使用 OleDb 開頭的類別，包括 OleDbConnection、OleDbCommand 、OleDbDataAdapter、OleDbDataReader 等，所需引用的命名空間為 System.Data.OleDb。以下各節將以實例説明不同資料庫的維護方法，包括資料的新增、修改、刪除、查詢及 Null 值的處理方式。

4-1 SQL Server 資料庫的維護

範例 F_SQL01.vb（主目錄的「01 資料維護 S」）示範了 SQL Server 資料庫的處理方法，請見圖 4-1，該表單右下方有 5 個按鈕，分別可執行資料的查詢、新增、修改、刪除及 Null 值的給予。

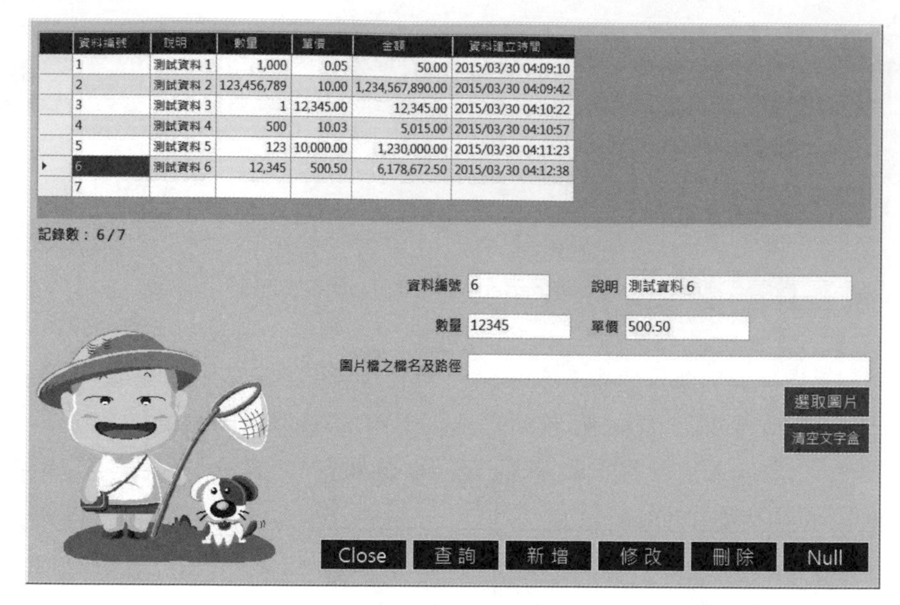

▲ 圖 4-1 SQL 資料庫維護

處理 SQL Server 資料庫需於程式編輯頁面的最上方，使用 Imports 關鍵字引用兩個命名空間，範例如下：

- Imports System.Data
- Imports System.Data.SqlClient

4-1.1 SQL Server 資料新增

資料新增的程式摘要如表 4-2（詳細程式碼及其解說請見 F_SQL01.vb 的 B_ADD_Click 事件程序）。如表 4-1 所述，欲在 SQL Server 資料庫中增加新資料，需先使用 SqlConnection 物件打通連接管道，使用 SqlConnection 的建構函式建立新的連接物件（取名為 Ocn_1，表 4-2 第 6 行），括號內為連接字串，連接字串如表 4-2 第 3～5 行，Data Source 屬性需指定 SQL Server 伺服器名稱（執行個體名稱，例如 XXX\SQLEXPRESS，XXX 為電腦名稱），Initial Catalog 屬性需指定欲處理的資料庫名稱，User ID 屬性需指定使用者帳號，Password 屬性需指定密碼，Trusted_Connection 屬性需指定登入 SQL Server 的驗證方式，若設為 True，則表示直接透過信任連線連接，故不需要指定帳號及密碼，Trusted_Connection=True 亦可寫為 Integrated Security=SSPI，各關鍵字之間需以 ; 號分隔。

表 4-2. 程式碼 __SQL Server 的資料新增

```
01  Private Sub B_ADD_Click(sender As Object, e As EventArgs) Handles _
02                                                       B_ADD.Click
03      Dim Mcnstr_1 As String = "Data Source=" + MServerName + "; _
04          Initial Catalog="+ MDataBase + ";User ID=" + MUser + "; _
05          Password=" + MPassword _+ ";Trusted_Connection=False"
06      Dim Ocn_1 As New SqlConnection(Mcnstr_1)
07      Ocn_1.Open()
08
09      Dim Msqlstr_1 As String = "Insert into TEST01(datano,description,qty,price, _
10                amt,datatime,pic01) values(@t1,@t2,@t3,@t4,@t5,@t6,@t7)"
11      Dim Ocmd_1 As New SqlCommand(Msqlstr_1, Ocn_1)
12
13      Ocmd_1.Parameters.Clear()
14      Ocmd_1.Parameters.AddWithValue("@t1", Mdatano)
15      ..............................
16      Ocmd_1.Parameters.AddWithValue("@t6", DateTime.Now)
17
18      Dim Apicturedata() As Byte = Nothing
19      Dim O_FileStream As New FileStream(T_Path.Text, FileMode.Open, _
20                                                  FileAccess.Read)
21      Dim Mlength As Double = O_FileStream.Length
22      If Mlength > 5242880 Then
23            MsgBox("檔案太大!" , 0 + 16, "Error")
24            Exit Sub
25      End If
26      Dim O_BinaryReader As New BinaryReader(O_FileStream)
27      Apicturedata = O_BinaryReader.ReadBytes(5242880)
28      Ocmd_1.Parameters.AddWithValue("@t7", Apicturedata)
29      O_BinaryReader.Close()
30      O_FileStream.Close()
```

```
31
32        Ocmd_1.ExecuteNonQuery()
33        Ocmd_1.Dispose()
34        Ocn_1.Close()
35        Ocn_1.Dispose()
36    End Sub
```

前述登入資訊並未寫死於程式中，而是以變數取代（表 4-2 第 3 ~ 5 行），這是為適應讀者不同的電腦環境，而使用變動式的登入資訊，將登入 SQL Server 所需的執行個體名稱、資料庫名稱、使用者帳號及密碼等資訊存入檔案，讀者可利用主目錄的「D0 資料庫登入」自行修改及存檔（圖 4-2），本書相關範例都會自動使用該等資訊（在表單載入事件中有相關程式），無需修改程式或 App.config 應用程式組態檔（註：更多有關 App.config 之說明請見本章最後一節）。

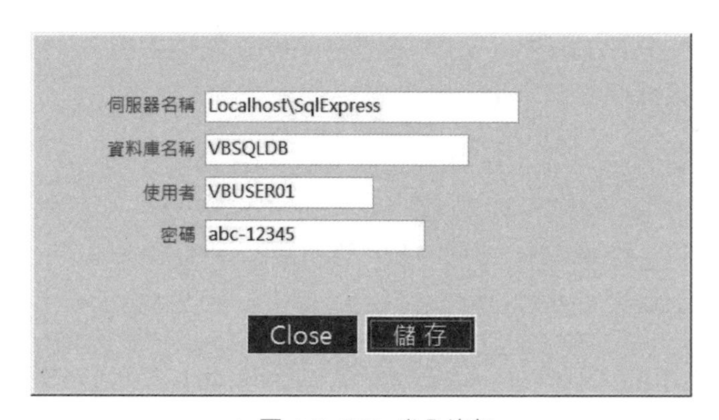

▲ 圖 4-2 SQL 登入資訊

SqlConnection 物件建立之後，使用其 Open 方法即可打通連接管道（表 4-2 第 7 行），管道暢通之後，使用 SqlCommand 的建構函式建立新的命令物件（取名 Ocmd_1）以便下達新增指令（表 4-2 第 11 行），括號內有兩個參數，分別為 SQL 指令與連結物件。SQL 指令如表 4-2 第 9 ~ 10 行，Insert into 之後接資料表名稱（本例為 TEST01），然後是欄位名稱（需寫在括號之內，並以逗號分隔），其後以 Value 關鍵字指定插入之值，因為插入值是變動的，故以 @ 開頭的具名參數來代表，隨後再使用 SqlCommand 物件的 Parameters 屬性的 AddWithValue 方法來彙整欲新增的欄位資料（表 4-2 第 13 ~ 16 行），此種寫法可替代過去的 SQL 字串組合法，較不會發生錯誤，無論是 Insert 新增或是 Update 更新資料都可搭配使用此種方式，但需注意欄位名稱及其資料值必須是對應的。

AddWithValue 的寫法有如下兩種：

- Ocmd_1.Parameters.AddWithValue("@t3", 100)
- Ocmd_1.Parameters.AddWithValue("@t3", SqlDbType.Int).Value = 100

第一種寫法的括號內為具名參數及資料值（可為變數），第二種寫法在括號內清楚指定資料型態，然後以 Value 屬性指定資料值。資料型態需以 SqlDbType 屬性來指定，不要使用 DbType，資料型態需與 SQL Server 中資料表的資料類型一致，例如 Int 為整數、NVarChar 為雙位元萬國編碼的可變長度字串、Decimal 為指定長度的數字、DateTime 為日期時間、VarBinary 為二進位的可變長度資料流（可儲存圖片）。

SQL 指令在 SqlCommand 物件中指定之後，使用其 ExecuteNonQuery 方法，即可將資料存入 SQL Server（表 4-2 第 32 行）。最後再使用 Dispose 、Close 等方法關閉 SqlCommand 及 SqlConnection 物件或釋放其資源（表 4-2 第 33 ～ 35 行）。

為示範不同型態的資料處理，本書隨附的範例檔（資料庫名稱為 VBSQLDB、資料表名稱為 TEST01）刻意以不同型態的欄位組成，包括文字、數字、日期及二進位資料等，其中二進位資料欄（欄名 pic01）用以儲存圖片，它的存取方式較特殊（程式如表 4-2 第 18 ～ 30 行），茲説明如下。

因圖片檔為二進位資料，故需以 FileStream 等類別來處理，使用此類別需引用命名空間 System.IO。先以 New 關鍵字建立新的檔案流物件（取名 O_FileStream，表 4-2 第 19 ～ 20 行）以打通管道，括號內有 3 個參數，依序為來源檔之路徑（儲存於 T_Path 文字盒）、建立模式（有 Append、Create、Open 等）、處理模式（有 Read、ReadWrite、Write 三種）。管道打通之後，使用 BinaryReader 類別來處理二進位資料，同樣以 New 關鍵字建立新的物件（取名 O_BinaryReader，表 4-2 第 26 行），括號內為檔案流物件，然後再以 ReadBytes 方法讀取二進位資料，並將其存入位元組陣列（取名為 Apicturedata），ReadBytes 的括號內為欲讀取的位元組，此數可大於圖檔的實際大小，但不能超過 2 GB，最大值為 2,147,483,647 byte。最後再將位元組陣列指定給 AddWithValue 方法（表 4-2 第 28 行），即可連同其他欄位的資料一起插入 SQL Server 資料表。

為防止 User 所選的圖檔過大而影響系統運作效能，通常會在程式中限制其大小，其方法很簡單，只要使用 FileStream 檔案流物件的 Length 屬性即可傳回圖檔的大小，然後再據以判斷是否超過限制（本例限 5 MB，程式如表 4-2 第 21 ～ 25 行）。圖片檔的選取程式是使用 OpenFileDialog「檔案對話方塊」控制項來設計，其 Filter 屬性可限定選檔的類型，FilterIndex 屬性可設定預設選檔類型的順序值，FileName 屬性可傳回檔名（包含路徑），SafeFileName 屬性可傳回檔名（不含路徑），FileLen 函式可傳回檔案的大小，括號內為檔名及其路徑，詳細程式碼及其解說請見範例檔 F_SQL01.vb 中的 B_PickUp_Click 事件程序及附錄 D 中有關 OpenFileDialog 控制項的解說。

表 4-2 是資料新增的摘要程式，但一套實用的程式往往會複雜許多倍，例如某些欄位為必要欄（不能空白），故需撰寫檢查程式；又若新增資料的長度超過 SQL Server 資料表的欄位長度時，螢幕會出現「字串或二進位資料會被截斷」的訊息，故設計者需使用 TextBox 文字盒的 MaxLength 屬性來限制輸入資料的長度。另外，若 SQL Server 資料表已設定索引鍵，則當新增資料的鍵值欄資料重複時，會出現「插入重複的索引鍵」之訊息，故需撰寫檢查程式或由程式自動產生該欄的資料。為節省篇幅，故不於此處贅述，請讀者逕行參考範例檔 F_SQL01.vb 中的 B_ADD_Click 事件程序，內有非常詳細的說明，相信此等資料對設計實務會有很大的幫助。

4-1.2 SQL Server 資料修改

資料修改的方式與資料新增非常相似，程式摘要如表 4-3（詳細程式碼請見 F_SQL01.vb 的 B_Modify_Click 程序），同樣先使用 SqlConnection 物件打通連接管道，再以 SqlCommand 物件下達處理指令，不同之處是在 SQL 指令，資料修改需使用 Update 語法，Update 後接資料表名稱，然後以 Set 子句指定欲更新的欄位，最後再以 Where 子句指定條件（表 4-3 第 9 ～ 11 行）。@ 開頭的具名參數代表更新之值，同樣使用 SqlCommand 物件的 Parameters 屬性的 AddWithValue 方法來彙整欲更新的資料。最後執行 SqlCommand 物件的 ExecuteNonQuery 方法，即可更新 SQL Server 中的資料（表 4-3 第 21 行）。ExecuteNonQuery 方法執行後會傳回受影響的資料數，若為 0，則表示未修改任何資料，可利用該傳回值判斷資料修改是否成功。

表 4-3. 程式碼 __SQL Server 的資料修改

```
01  Private Sub B_Modify_Click(sender As Object, e As EventArgs) Handles _
02                                                            B_Modify.Click
03      Dim Mcnstr_1 As String = "Data Source=" + MServerName + "; _
04          Initial Catalog="+ MDataBase + ";User ID=" + MUser + "; _
05          Password=" + MPassword _+ ";Trusted_Connection=False"
06      Dim Ocn_1 As New SqlConnection(Mcnstr_1)
07      Ocn_1.Open()
08
09      Dim Msqlstr_1 As String = "Update TEST01 Set description=@t1, _
10                  qty=@t2,price=@t3,amt=@t4,datatime=@t5,pic01=@t6 _
11                  Where datano=" + "'" + Trim(T_datano.Text) + "'"
12      Dim Ocmd_1 As New SqlCommand(Msqlstr_1, Ocn_1)
13
14      Ocmd_1.Parameters.Clear()
15      Ocmd_1.Parameters.AddWithValue("@t1", T_description.Text)
16      ..............................
17      Ocmd_1.Parameters.AddWithValue("@t5", DateTime.Now)
18
19      使用 FileStream 處理圖片檔 …….（略）
20
21      Dim MupdateResult As Integer = Ocmd_1.ExecuteNonQuery()
22      Ocmd_1.Dispose()
23      Ocn_1.Close()
24      Ocn_1.Dispose()
25  End Sub
```

表 4-3 是資料修改的摘要程式，但一套實用的資料修改程式往往會複雜許多倍，例如 User 可能會將資料修改的條件指定錯了（例如所指定的資料編號不存在），故需撰寫檢查程式；又如資料修改成功後需要有提示訊息的程式或清空資料盒的程式，以方便 User 後續的處理。為節省篇幅，故不於此處贅述，請讀者逕行參考範例檔 F_SQL01.vb 中的 B_Modify_Click 事件程序，內有非常詳細的說明，相信此等資料對設計實務會有很大的幫助。

4-1.3 SQL Server 資料刪除

資料刪除的方式很簡單，程式摘要如表 4-4（詳細程式碼及其解說請見 F_SQL01.vb 的 B_Delete_Click 事件程序），同樣先使用 SqlConnection 物件打通連接管道，再以 SqlCommand 物件下達處理指令，不同之處是在 SQL 指令，資料刪除需使用 Delete 語法，Delete 後接資料表名稱，然後以 Where 子句指定條件（表 4-4 第 9 ~ 10 行）。最後執行 SqlCommand 物件的 ExecuteNonQuery 方法，即可刪除 SQL Server 中的資料（表 4-3 第 12 行）。ExecuteNonQuery 方法執行後會傳回受影響的資料數，若為 0，則表示未刪除任何資料，可利用該傳回值判斷資料刪除是否成功。

表 4-4. 程式碼 __SQL Server 的資料刪除

```
01   Private Sub B_Delete_Click(sender As Object, e As EventArgs) Handles _
02                                                              B_Delete.Click
03       Dim Mcnstr_1 As String = "Data Source=" + MServerName + "; _
04           Initial Catalog="+ MDataBase + ";User ID=" + MUser + "; _
05           Password=" + MPassword _+ ";Trusted_Connection=False"
06       Dim Ocn_1 As New SqlConnection(Mcnstr_1)
07       Ocn_1.Open()
08
09       Dim Msqlstr_1 As String = "Delete From TEST01 Where datano=" _
10                                         + "'" + Trim(T_datano.Text) + "'"
11       Dim Ocmd_1 As New SqlCommand(Msqlstr_1, Ocn_1)
12       Dim MdeleteResult As Integer = Ocmd_1.ExecuteNonQuery()
13
14       Ocmd_1.Dispose()
```

```
15          Ocn_1.Close()
16          Ocn_1.Dispose()
17      End Sub
```

表 4-4 是資料刪除的摘要程式，但一套實用的資料刪除程式往往會複雜許多倍，例如 User 可能會將資料刪除的條件指定錯了（例如所指定的資料編號不存在），故需撰寫檢查程式；又如資料修改成功後需要有提示訊息的程式或更新 DataGridView 的程式，以方便 User 後續的處理。為節省篇幅，故不於此處贅述，請讀者逕行參考範例檔 F_SQL01.vb 中的 B_Delete_Click 事件程序，內有非常詳細的說明，相信此等資料對設計實務會有很大的幫助。

4-1.4 SQL Server 資料查詢

資料查詢所使用的物件與資料增刪修稍有不同，程式摘要如表 4-5（詳細程式碼及其解說請見 F_SQL01.vb 的 B_Query_Click 事件程序），資料查詢仍需使用 SqlConnection 物件打通連接管道，但無需使用 SqlCommand 物件，而是使用 SqlDataAdapter 資料轉接器及 Dataset 資料集兩個物件。Dataset 資料集是記憶體中的資料庫，可儲存查詢結果，資料轉接器則是資料庫與資料集之間的橋梁，負責取得或更新資料庫。

表 4-5. 程式碼 __SQL Server 的資料查詢之一

```
01  Private Sub B_Query_Click(sender As Object, e As EventArgs) Handles _
02                                                       B_Query.Click
03      Dim Mcnstr_1 As String = "Data Source=" + MServerName + "; _
04          Initial Catalog="+ MDataBase + ";User ID=" + MUser + "; _
05          Password=" + MPassword _+ ";Trusted_Connection=False"
06      Dim Ocn_1 As New SqlConnection(Mcnstr_1)
07      Ocn_1.Open()
08
09      Dim Msqlstr_1 As String = "Select datano,description,qty,price,amt, _
10                                              datatime From TEST01"
11      Dim ODataAdapter_1 As New SqlDataAdapter(Msqlstr_1, Ocn_1)
12
```

```
13        Dim ODataSet_1 As DataSet = New DataSet
14        ODataAdapter_1.Fill(ODataSet_1, "Table01")
15        DataGridView1.DataSource = ODataSet_1.Tables("Table01")
16    End Sub
```

使用 SqlDataAdapter 的建構函式建立新的轉接器物件（取名為 ODataAdapter_1），括號內為 SQL 查詢命令及連接物件，程式如表 4-5 第 11 行，建立新物件的同時已初始化，亦即同時打通連接管道並下達 SQL 查詢命令。然後使用 SqlDataAdapter 資料轉接器的 Fill 方法將查詢結果存入 Dataset 資料集，Fill 括號內有兩個參數，分別為資料集及資料表的名稱 （表 4-5 第 14 行），最後將資料集的資料指定給 DataGridView，以便呈現在螢幕上供 User 查閱，如表 4-5 第 15 行，DataGridView 的 DataSource 屬性可指定資料網格檢視控制項的資料來源。

表 4-5 程式所抓出的資料並不含圖片欄的資料，這是因為 DataGridView 不適合用來顯示圖片（註：需要較大的列距並影響效能），故另外在 DataGridView 的 SelectionChanged 事件程序中處理，每當 User 在 DataGridView 中移動游標時，程式依據資料編號抓出其圖片並顯示於 PictureBox 圖片盒控制項。程式摘要如表 4-6（詳細程式碼請見 F_SQL01.vb 的 DataGridView1_SelectionChanged 程序）。圖片欄資料的抓取仍使用 SqlConnection 物件打通連接管道，然後使用 DataGridView 的 CurrentRow.Cells 屬性傳回目前游標所在列某一格位的資料，Cells(0) 代表第一個格位（即資料編號），將此資料編號作為 SQL 指令的條件，即可抓出其圖片欄的資料（表 4-6 第 9 ～ 11 行）。另外使用 SqlDataAdapter 資料轉接器下達處理指令，但這次不將抓取結果存入資料集，而是存入 DataTable 資料表，Fill 括號內的參數為資料表名稱（表 4-6 第 14 ～ 15 行），DataTable 亦為記憶體中的資料表（註：存入資料集亦可，範例檔中並列兩法，讀者可自行測試）。圖片資料存入 DataTable 資料表之後，再將其存入位元組陣列（表 4-6 第 20 行），隨後再使用 MemoryStream 記憶體串流類別的建構函式建立新的物件（表 4-6 第 21 行），括號內為位元組陣列（初始化即將圖片資料存入新物件），最後再使用 Image.FromStream 方法將記憶體串流物件指定給圖片盒（表 4-6 第 22 行），請注意此處不能直接將位元組陣列指定給圖片盒，例如 PictureBox1.Image = MBinary 是不合法的。表 4-6 第 20 行使用 DataTable 的

Rows 屬性來指定資料表中某一位址的資料，Rows 是列集合（代表 DataTable 所有的資料列），其後接兩個索引值，可指出某一列某一欄的資料（前者為列，後者為欄），均由 0 起算，例如 DataTable1.Rows(0)(1)，代表第一列第二欄的資料。

表 4-6. 程式碼 __SQL Server 的資料查詢之二

```
01  Private Sub DataGridView1_SelectionChanged(sender As Object, e As _
02                EventArgs) Handles DataGridView1.SelectionChanged
03      Dim Mcnstr_1 As String = "Data Source=" + MServerName + "; _
04          Initial Catalog="+ MDataBase + ";User ID=" + MUser + "; _
05          Password=" + MPassword _+ ";Trusted_Connection=False"
06      Dim Ocn_1 As New SqlConnection(Mcnstr_1)
07      Ocn_1.Open()
08
09      Dim MTempNO As String = DataGridView1.CurrentRow.Cells(0).Value
10      Dim Msqlstr_1 As String = "Select pic01 From TEST01 _
11                      Where datano='" + MTempNO + "'"
12      Dim ODataAdapter_1 As New SqlDataAdapter(Msqlstr_1, Ocn_1)
13
14      Dim O_dtable_1 As New DataTable
15      ODataAdapter_1.Fill(O_dtable_1)
16
17      If IsDBNull(O_dtable_1.Rows(0)(0)) = True Then
18          PictureBox1.Image = Nothing
19      Else
20          Dim MBinary As Byte() = O_dtable_1.Rows(0)(0)
21          Dim MStream As MemoryStream = New MemoryStream(MBinary)
22          PictureBox1.Image = Image.FromStream(MStream)
23      End If
24
25      Ocn_1.Close()
26      Ocn_1.Dispose()
27  End Sub
```

表 4-5 及表 4-6 是資料查詢的摘要程式，但一套實用的資料查詢程式往往會複雜許多倍，例如 User 所指定的查詢條件可能不適當或不存在，故需撰寫相關的程式來處理，又如為使呈現資料的 DataGridView 有較佳的視覺效果，必須撰寫相關程式來處理虛擬欄位（以免表單載入時，DataGridView 空無一物），當 User 在 DataGridView 中移動游標時，螢幕會顯示記錄序號及總筆數（如圖 4-1 左邊的「記錄數：6 / 7」，代表總筆數有 7 筆，游標目前在第 6 筆），調整 DataGridView 的列高，在 DataGridView 的選取變動事件中設計意外狀況之處理等。為節省篇幅，故不於此處贅述，請讀者逕行參考範例檔 F_SQL01.vb 中的 B_Query_Click 及 DataGridView1_SelectionChanged 事件程序，內有非常詳細的說明，相信此等資料對設計實務會有很大的幫助。

4-1.5 SQL Server 之 Null 處理

Null 是代表沒有值，它與空白不同。當 User 在 Access 或 SQL server 等資料表中的某一欄未輸入任何資料時，可用 Null 來標示，以資識別。在 Access 資料表中指派 Null 值只需使用 DBNull.Value 即可，但在 SQL Server 資料表中指派 Null 值就複雜許多。

欲賦予 SQL Server 資料表 Null 值須使用其資料型別的 Null 屬性，例如文字欄需以 SqlChars.Null 指定、整數欄需以 SqlInt32.Null 指定、日期時間欄需以 SqlDateTime.Null 指定、二進位欄需以 SqlBinary.Null 指定、固定位數數值欄需以 SqlDecimal.Null 指定，並須引用命名空間 System.Data.SqlTypes，實際範例請見 F_SQL01.vb 中的 B_NULL_Click 事件程序。前述每一種資料型別關鍵字可能對應多個實際的 SQL Server 資料類型，其對應關係如下。

- SqlChars 對應的欄位型別有 char、nchar、text、ntext、nvarchar、varchar
- SqlInt32 對應的欄位型別有 Int
- SqlDecimal 對應的欄位型別有 numeric、decimal
- SqlDouble 對應的欄位型別有 float
- SqlDateTime 對應的欄位型別有 datetime、smalldatetime
- SqlBinary 對應的欄位型別有 binary、image、timestamp、varbinary

判斷讀出的資料是否為 Null 值可使用 IsDBNull 函式或 DBNull.Value.Equals 方法或 Convert.IsDBNull 方法，範例如下：

- If IsDBNull(O_dtable_1.Rows(0)(0)) = True Then
- If DBNull.Value.Equals(O_dtable_1.Rows(0)(0)) Then
- If Convert.IsDBNull(O_dtable_1.Rows(0)(0)) = True Then

以上三種方法都可判斷 O_dtable_1 資料表第一列第一欄之值是否為 Null。

4-2 Access 資料庫的維護

Access 資料庫的維護方式與 SQL Server 最大不同在於其所用類別，增刪修 Access 的資料需使用 OleDb 開頭的類別，包括 OleDbConnection、OleDbCommand、OleDbDataAdapter、OleDbDataReader 等，其命名空間為 System.Data.OleDb。本書隨附範例 F_ACCESS01.vb（主目錄的「D2 資料維護 A」）示範了 Access 資料的查詢、新增、修改、刪除及 Null 值的給予方法（圖 4-3）。

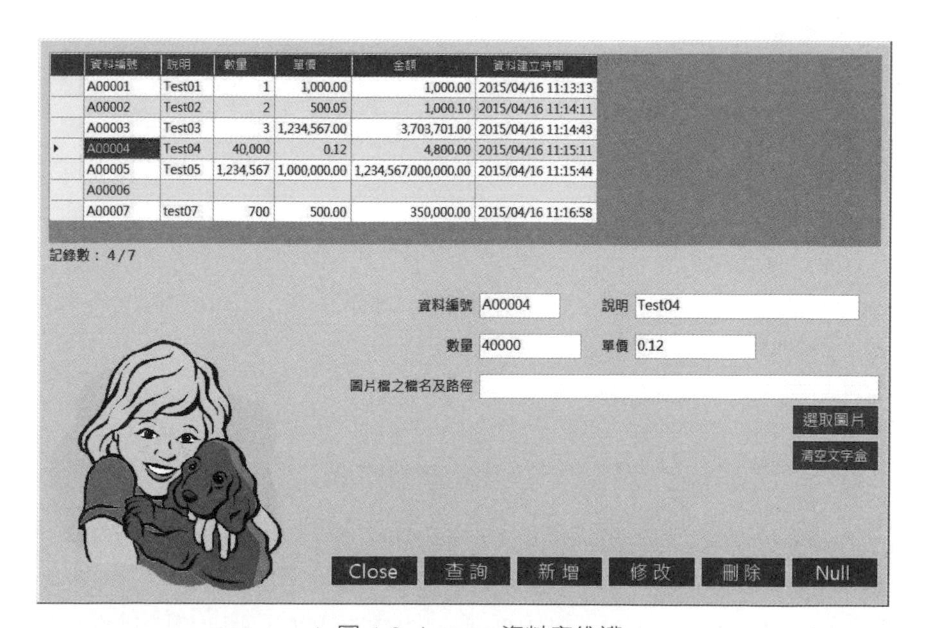

▲ 圖 4-3 Access 資料庫維護

與 SQL Server 資料庫之處理一樣，無論是要增刪修或查詢 Access 的資料，都需先打通連接管道，但要使用 OleDbConnection 類別而非 SqlConnection 類別。首先使用 OleDbConnection 的建構函式建立新的連接物件（取名為 Oconn_1，表 4-7 第 3 行），括號內為連接字串，連接字串有兩個關鍵字（表 4-7 第 1～2 行），provider= 之後接提供者名稱 Microsoft.ACE.Oledb.12.0（註：Microsoft.Jet.OLEDB.4.0 只能處理 Access 98～2003 版），data source= 之後接欲處理的資料庫名稱（含路徑），OleDbConnection 物件建立之後，使用 Open 方法即可打通連接管道。隨後使用 OleDbCommand 的建構函式建立新的命令物件（取名 Ocmd_1）以便下達新增指令，括號內有兩個參數，分別為 SQL 指令與連結物件，最後再使用 ExecuteNonQuery 方法，即可將新增資料插入 Access 資料表（表 4-7 第 6～7 行）。資料修改及刪除都使用相同的類別及模式，只有 SQL 指令不同，表 4-7 第 9～15 行為資料修改的主要程式，第 17～23 行為資料刪除的主要程式。

表 4-7. 程式碼 __Access 的資料維護

```
01  Dimc MSTRconn_0 As String = "provider=Microsoft.ACE.Oledb.12.0; _
02                      data source= APPDATA\VBACCESSDB.accdb"
03  Dim Oconn_1 As New OleDbConnection(MSTRconn_0)
04  Oconn_1.Open()
05  Dim Msqlstr_1 As String = "Insert into TEST01(datano,…….) values(@t1…….)"
06  Dim Ocmd_1 As New OleDbCommand(Msqlstr_1, Oconn_1)
07  Ocmd_1.ExecuteNonQuery()
08
09  Dim Oconn_1 As New OleDbConnection(MSTRconn_0)
10  Oconn_1.Open()
11  Dim MCheckNo As String = Strings.UCase(Strings.Trim(T_datano.Text))
12  Dim Msqlstr_1 As String = "Update TEST01 Set description=@t1… _
13                              Where datano=" + "'" + MCheckNo + "'"
14  Dim Ocmd_1 As New OleDbCommand(Msqlstr_1, Oconn_1)
15  Dim MupdateResult As Integer = Ocmd_1.ExecuteNonQuery()
16
17  Dim Oconn_1 As New OleDbConnection(MSTRconn_0)
18  Oconn_1.Open()
19  Dim MCheckNo As String = Strings.UCase(Strings.Trim(T_datano.Text))
```

```
20   Dim Msqlstr_1 As String = "Delete From TEST01 Where _
21                          datano=" + "'" + MCheckNo + "'"
22   Dim Ocmd_1 As New OleDbCommand(Msqlstr_1, Oconn_1)
23   Dim MdeleteResult As Integer = Ocmd_1.ExecuteNonQuery()
24
25   Dim Oconn_1 As New OleDbConnection(MSTRconn_0)
26   Oconn_1.Open()
27   Dim Msqlstr_1 As string= "Select datano,description ……. From TEST01"
28   Dim ODataAdapter_1 As New OleDbDataAdapter(Msqlstr_1, Oconn_1)
29   Dim ODataSet_1 As DataSet = New DataSet
30   ODataAdapter_1.Fill(ODataSet_1, "Table01")
31   DataGridView1.DataSource = ODataSet_1.Tables("Table01")
```

至於資料查詢，也與 SQL Server 資料庫之處理類似，先使用 OleDbConnection 打通連接管道，然後使用 OleDbDataAdapter 資料轉接器及 Dataset 資料集兩個物件來處理。先用 OleDbDataAdapter 的建構函式建立新的轉接器物件（取名為 ODataAdapter_1），括號內為 SQL 查詢命令及連接物件，程式如表 4-7 第 28 行，建立新物件的同時已初始化，亦即同時打通連接管道並下達 SQL 查詢命令。然後使用其 Fill 方法將查詢結果存入 Dataset 資料集，Fill 括號內有兩個參數，分別為資料集及資料表的名稱 （表 4-7 第 30 行），最後將資料集的資料指定給 DataGridView，以便呈現在螢幕上供 User 查閱。無論是增刪修或查詢，範例 F_ACCESS01.vb 都提供了非常詳細的程式碼及其解說，請逕行參考。

範例檔 F_SQL01.vb 的資料編號是整數值，由 1 開始遞增（如圖 4-1 第一欄），範例檔 F_ACCESS01.vb 的資料編號改用「前置碼＋流水號」，由 A00001 開始遞增至 Z99999（如圖 4-3 第一欄）。使用整數值的好處是程式撰寫簡單，而且可用編號龐大（Int32 為 32 位元帶正負號的整數，最大值可達 21 億 4748 萬 3647），但沒有甚麼意義。若置入前置碼，則有分類的作用，例如工作分類或產品分類（註：其流水號改為固定長度的文字，例如 0001，可便於排序）。另一種編碼方式是「年度＋流水號」（例如 20150001 ～ 20159999），無論是以年度或英文字母作為編號的前置碼，可易於分類及辨識，但其缺點是可用編號較少，雖然可加長流水號來增加編號的可用量，但也不能太長。因為資料編號常作為查詢或統計的準繩，它是資料的關鍵值，使用頻率非常高，如果太長會增加溝通及輸入的麻煩，不但耗時且容易發生錯誤，故在設計時需要花點心思。筆者就親眼看過耗資數億元的 ERP 系統，其資料編號竟然高達 15 位，廠家的理由是使用 100 年都不會發生重複的狀況，其實要解決重複的問題，只需以年度作前置碼即可。以「前置碼＋流水號」作為編號的程式較難撰寫，範例 F_ACCESS01.vb 的 B_ADD_Click 事件程序中有詳細的程式碼及其解說，請讀者逕行參考。

4-3 資料轉接器與資料集的運用

前述 SQL Server 及 Access 資料庫的維護方法都是透過 Command 物件下達 SQL 指令來處理，其實透過 DataAdapter 資料轉接器來處理更為方便，使用該物件來處理，無需撰寫 SQL 指令，也可減少資料庫開關的頻率，以下透過 F_ACCESS02.vb 及 F_SQL02.vb 兩個範例來說明其用法。

在主目錄上按「D3 資料維護 A2」鈕，可看見如圖 4-4 的畫面，它同樣可作 Access 資料庫的增刪修及查詢（範例檔 F_ACCESS02.vb），但使用了不同的物件來處理。表單載入後，就自動讀取 Access 資料，並呈現於 DataGridView 中，供刪改或新增，主要物件都不關閉，直到離開該表單為止。

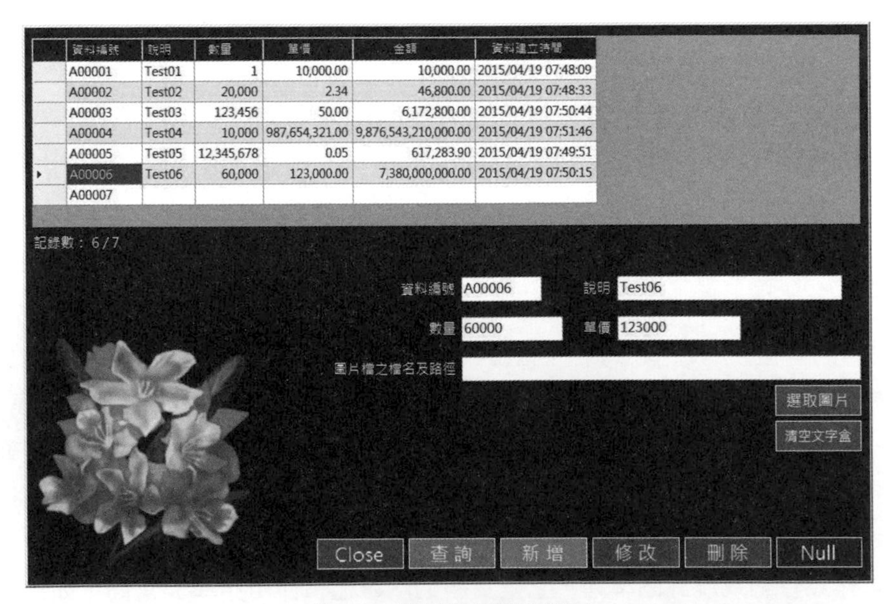

▲ 圖 4-4 資料轉接器之運用一

因範例檔 F_ACCESS02.vb 的主要物件在各程序中都會使用，故在該表單的宣告區以 Public 宣告，請見表 4-8 第 1 ～ 6 行，資料轉接器及資料集分別命名為 ODataAdapter_1 與 ODataSet_1。然後在表單的載入事件中，使用轉接器的 Fill 方法，將 Access 的資料存入資料集，並顯示於 DataGridView 資料網格控制項，供 User 使用（表 4-8 第 8 ～ 13 行）。

表 4-8. 程式碼 __ 資料轉接器的運用之一

```
01    Public MSTRconn_0 As String = "provider=Microsoft.ACE.Oledb.12.0; _
02                          data source=APPDATA\VBACCESSDB.accdb"
03    Public Oconn_1 As OleDbConnection
04    Public Msqlstr_1 As String = "Select datano, ………. datatime From TEST01"
05    Public ODataAdapter_1 As OleDbDataAdapter
06    Public ODataSet_1 As DataSet
07
08    Oconn_1 = New OleDbConnection(MSTRconn_0)
09    Oconn_1.Open()
10    ODataAdapter_1 = New OleDbDataAdapter(Msqlstr_1, Oconn_1)
11    ODataSet_1 = New DataSet
12    ODataAdapter_1.Fill(ODataSet_1, "Table01")
13    DataGridView1.DataSource = ODataSet_1.Tables("Table01")
14
15    Dim MTempDataNo As Object = DBNull.Value
16    Dim O_TempTable As DataTable = ODataSet_1.Tables("Table01")
17    Dim Mexpression As String = "datano=MAX(datano)"
18    Dim A_match() As DataRow
19    A_match = O_TempTable.Select(Mexpression)
20    Dim O_Row As DataRow
21    For Each O_Row In A_match
22        MTempDataNo = O_Row(0)
23    Next
24
25    Dim O_NewRow As DataRow
26    O_NewRow = ODataSet_1.Tables("Table01").NewRow()
27    O_NewRow(0) = Mdatano
28    O_NewRow(1) = MTempDescription
```

```
29    ......................
30    ODataSet_1.Tables("Table01").Rows.Add(O_NewRow)
31    O_NewRow.AcceptChanges()
32    O_NewRow.SetAdded()
33
34    Dim O_CB1 As New OleDbCommandBuilder(ODataAdapter_1)
35    O_CB1.GetInsertCommand(True)
36    ODataAdapter_1.Update(ODataSet_1, "Table01")
37    O_CB1.Dispose()
```

本章前兩節都是使用 Command 物件的相關方法來新增資料（包括 AddWithValue 及 ExecuteNonQuery 等），本節完全不使用該等物件。因為 Access 的資料都已存入資料集，故直接在資料集上作增刪修，然後再使用資料轉接器的 Update 方法即可更新來源檔（即 Access 資料庫）。

要在資料集內新增資料，需新建立 DataRow 資料列物件，以便暫存新增的資料。本例先宣告資料列物件為 O_NewRow，然後再使用 DataTable 資料表的 NewRow 方法初始化新建的資料列物件，使該物件的欄位結構與來源資料表相同（表 4-8 第 25 ～ 26 行）。隨後將新增的資料指定給資料列物件，可使用欄名或欄位順序來指定（表 4-8 第 27 ～ 28 行），最後再使用資料表的 Rows.Add 方法，就可將 DataRow 物件加入資料集之中的資料表（本例取名為 Table01）。另外使用 DataRow 的 AcceptChanges 方法認可資料列所作之變更，並使用 DataRow 的 SetAdded 方法將 DataRow 物件的 Rowstate 資料列狀態變更為 Added（表 4-8 第 30 ～ 32 行）。

經過上述程序後，新增資料已加入資料集並顯示於 DataGridView 中，隨後要將新增資料加入 Access 資料庫（程式碼表 4-8 第 34 ～ 36 行）。首先使用 OleDbCommandBuilder 命令建構函式產生新的命令建構物件，以便將 DataSet 資料集中的變動反映至資料庫，括號內為轉接器（本例為 ODataAdapter_1），然後再使用 OleDbCommandBuilder 命令建構物件的 GetInsertCommand 方法，產生插入資料所需的 OleDbCommand 命令物件，最後再使用 DataAdapter 資料轉接器的 Update 方法即可完成 Access 資料庫的更新。

前述 DataRow 的 SetAdded 方法可將 DataRow 物件的 Rowstate 資料列狀態變更為 Added（表 4-8 第 32 行），這個動作很重要，它會決定資料轉接器需要以何種指令來變更資料庫，當 Rowstate 資料列狀態為 Added 時，它會使用 Insert 指令，表 4-8 第 36 行的程式其實是可省略的。Rowstate 之狀態有：Added、Deleted、Detached、Modified、Unchanged 等。

另外在新增資料時，需要查出目前的最大編號，以便自動編製新資料的編號，假設目前最大編號為 A00006，則新資料的編號須設為 A00007。因為相關資料在表單載入時已存入資料集，故無需重返資料庫去撈出最大編號，DataTable 的 Select 方法可協助我們（程式摘要如表 4-8 第 15 ～ 23 行）。首先建立資料表 O_TempTable（資料取自 Table01），然後建立運算式變數 Mexpression，此變數須置入 Select 括號內，請注意其寫法，不能只寫 MAX(datano)，而需寫成 datano =MAX(datano) ，datano 欄為編號資料之所在，篩選出來的資料需存入資料列陣列（本例取名為 A_match），隨後使用 For Each 迴圈，將篩選出來的資料列的第一欄之值存入變數 MTempDataNo，欲取出 DataRow 資料列物件某欄的資料可直接以括號表示，例如 O_Row(0)，表示要取出 O_Row 這個資料列物件第一欄的資料（欄位順序由 0 起算），資料新增的詳細程式碼及其解說請見 F_ACCESS02.vb 的 B_ADD_Click 事件程序。

資料修改同樣可在資料集中進行，並由資料轉接器更新 Access 資料庫。表 4-9 第 1 ～ 9 行使用 For 迴圈，逐筆判斷資料集之中的資料，若其編號為所需修改者，則重新將文字盒的資料指定給資料集。Rows.Count 屬性可傳回資料表的筆數，以便作為迴圈的終止值，Rows 屬性後接列號及行號（均由 0 起算且須以括號括住）可傳回資料表某格位之值，至於 Access 資料庫的更新方法與前述資料新增很類似（表 4-9 第 11 ～ 14 行）。首先使用 OleDbCommandBuilder 命令建構函式產生新的命令建構物件，以便將 DataSet 資料集中的變動反映至資料庫，括號內為轉接器（本例為 ODataAdapter_1），然後再使用 OleDbCommandBuilder 命令建構物件的 GetUpdateCommand 方法，產生更新資料所需的 OleDbCommand 命令物件，最後再使用 DataAdapter 資料轉接器的 Update 方法即可完成 Access 資料庫的更新。資料修改的詳細程式碼及其解說請見 F_ACCESS02.vb 的 B_Modify_Click 事件程序。

表 4-9. 程式碼 __ 資料轉接器的運用之二

```
01  Dim Mstop As Int32 = ODataSet_1.Tables("Table01").Rows.Count - 1
02  For Mcou = 0 To Mstop Step 1
03      If ODataSet_1.Tables("Table01").Rows(Mcou)(0) = Mdatano Then
04          ODataSet_1.Tables("Table01").Rows(Mcou)(1) = T_description.Text
05          ODataSet_1.Tables("Table01").Rows(Mcou)(2) = Val(T_qty.Text)
06          .....................
07          Exit For
08      End If
09  Next
10
11  Dim O_CB1 As New OleDbCommandBuilder(ODataAdapter_1)
12  O_CB1.GetUpdateCommand()
13  Dim MNo As Integer = ODataAdapter_1.Update(ODataSet_1, "Table01")
14  O_CB1.Dispose()
15
16  Dim Mstop As Int32 = ODataSet_1.Tables("Table01").Rows.Count - 1
17  For Mcou = 0 To Mstop Step 1
18      If ODataSet_1.Tables("Table01").Rows(Mcou)(0) = T_datano.Text Then
19          ODataSet_1.Tables("Table01").Rows(Mcou).Delete()
20          Exit For
21      End If
22  Next
23
24  Dim O_CB1 As New OleDbCommandBuilder(ODataAdapter_1)
25  O_CB1.GetDeleteCommand()
26  Dim MNo As Integer = ODataAdapter_1.Update(ODataSet_1, "Table01")
27  O_CB1.Dispose()
```

資料刪除的方法與前述極為類似，同樣使用 For 迴圈，逐一掃瞄資料集，若其資料編號與 User 所指定者相同，則使用 Delete 方法刪除（表 4-9 第 16 ～ 22 行）。至於 Access 資料庫的更新方法與前述資料修改很類似（表 4-9 第 24 ～ 27 行），不同之處是使用 OleDbCommandBuilder 命令建構物件的 GetDeleteCommand 方法，以便產生刪除資料所需的 OleDbCommand 命令物件。資料刪除的詳細程式碼及其解說請見 F_ACCESS02.vb 的 B_Delete_Click 事件程序。

範例 F_SQL02.vb（主目錄的「D4 資料維護 S2」）也是透過 DataAdapter 資料轉接器來維護資料，而不使用 SqlCommand 物件（圖 4-5），其程式寫法與前述 F_ACCESS02.vb 類似，故不贅言，請讀者逕行參考，但它使用了不同的方式來建立所需的資料表。

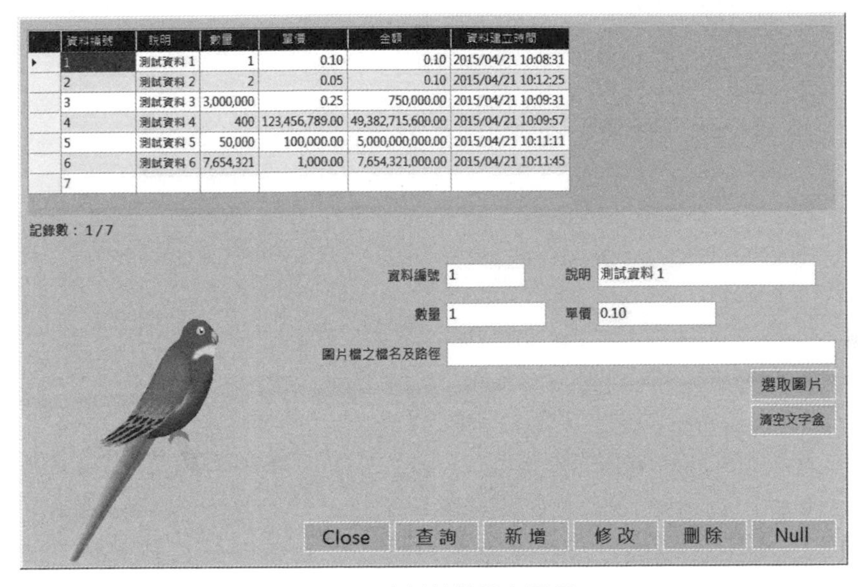

資料編號	說明	數量	單價	金額	資料建立時間
1	測試資料 1	1	0.10	0.10	2015/04/21 10:08:31
2	測試資料 2	2	0.05	0.10	2015/04/21 10:12:25
3	測試資料 3	3,000,000	0.25	750,000.00	2015/04/21 10:09:31
4	測試資料 4	400	123,456,789.00	49,382,715,600.00	2015/04/21 10:09:57
5	測試資料 5	50,000	100,000.00	5,000,000,000.00	2015/04/21 10:11:11
6	測試資料 6	7,654,321	1,000.00	7,654,321,000.00	2015/04/21 10:11:45
7					

▲ 圖 4-5 資料轉接器之運用二

為了將 User 新增資料插入 SQL Server 資料庫，需要先建立一個不含資料的資料表，但其欄位結構（包括欄名及資料型別）必須與 SQL Server 的資料表一致，其方法如下程式。

```
Dim Msqlstr_1 As String = "Select * From TEST01 Where datano<1"
Dim ODataAdapter_1 As New SqlDataAdapter(Msqlstr_1, Ocn_1)
Dim ODataSet_1 As DataSet = New DataSet
ODataAdapter_1.Fill(ODataSet_1, "Table01")
```

首先使用 SqlDataAdapter 建構函式建立資料轉接器（本例取名為 ODataAdapter_1），然後再使用其 Fill 方法將所選出的資料填入資料集的 Table01 資料表，因為 datano 資料編號是從 1 開始，故前述的 Select 指令不會抓出任何的資料，但在 Fill 時可建構相同的欄位結構。本節介紹另一種建立資料表的方式，此法雖較麻煩，但較有彈性，可適用於不同狀況。

範例請見表 4-10，仍須使用 SqlDataAdapter 建構函式建立資料轉接器，但不使用 Fill 方法來建立所需的資料表 Table01。使用 DataTable 類別建立一個資料表物件，物件取名為 O_DataTable，資料表名稱為 Table01（表 4-10 第 5 行），然後使用 DataColumnCollection 類別的 Add 方法為資料表加上欄位，括號內兩個參數分別為欄位名稱及資料型別（表 4-10 第 6 ～ 8 行），亦可省略，隨後再使用 DataColumn 類別的 ColumnName 及 DataType 屬性來設定。

表 4-10. 程式碼 __ 資料轉接器的運用之三

```
01  Dim Msqlstr_1 As String = "Select * From TEST01 Where datano<1"
02  Dim ODataAdapter_1 As New SqlDataAdapter(Msqlstr_1, Ocn_1)
03  Dim ODataSet_1 As DataSet = New DataSet
04
05  Dim O_DataTable As DataTable = New DataTable("Table01")
06  O_DataTable.Columns.Add("datano", System.Type.GetType("System.Int32"))
07  ......................
08  O_DataTable.Columns.Add("pic01", Type.GetType("System.Byte[]"))
09
10  O_DataTable.Columns("datano").AllowDBNull = False
11  O_DataTable.Columns("datano").Unique = True
12  O_DataTable.Columns("description").MaxLength = 36
13  O_DataTable.Columns("qty").DefaultValue = 0
14  O_DataTable.Columns("price").ReadOnly = False
15  O_DataTable.Columns("amt").DataType = _
16                  System.Type.GetType("System.Double")
17
18  Dim Akeys(1) As DataColumn
19  Akeys(0) = O_DataTable.Columns("datano")
20  O_TempDataTable.PrimaryKey = Akeys
21
22  ODataSet_1.Tables.Add(O_TempDataTable)
23
24  Dim O_NewRow As DataRow
25  O_NewRow = ODataSet_1.Tables("Table01").NewRow()
26
27  O_NewRow("datano") = Mdatano
```

```
28   ......................
29   O_NewRow("pic01") = Apicturedata
30
31   ODataSet_1.Tables("Table01").Rows.Add(O_NewRow)
32   O_NewRow.AcceptChanges()
33   O_NewRow.SetAdded()
34
35   Dim O_CB1 As New SqlCommandBuilder(ODataAdapter_1)
36   O_CB1.GetInsertCommand(True)
37   ODataAdapter_1.Update(ODataSet_1, "Table01")
```

資料型別需使用 Type 類別的 GetType 方法來指定（需使用雙引號括住），.NET Framework 的基本資料型別有：Boolean、Byte、Char、DateTime、Decimal、Double、Guid、Int16、Int32、Int64、SByte、Single、String、TimeSpan、UInt16、UInt32、UInt64 等 17 種，沒有 System.Binary 這個型別，故二進位圖片資料須使用 System.Byte[]，中括號不能省略。

表 4-10 第 10 ～ 16 行列舉了 DataColumn 類別的常用屬性，AllowDBNull 是否允許 Null 值、Unique 欄位值是否唯一、MaxLength 文字欄的最大長度、DefaultValue 欄位預設值、ReadOnly 欄位是否為唯讀、DataType 欄位的資料型別、ColumnName 欄位的名稱。

另外，DataTable 類別的屬性可規範資料表的特徵，例如 CaseSensitive 可設定字串比較是否區分大小寫、MinimumCapacity 可設定初始的資料列數目、PrimaryKey 可設定主索引鍵，但須注意其用法（表 4-10 第 18 ～ 20 行）。本例設定 datano 欄為主索引鍵，首先宣告陣列 Akeys（型別為資料欄物件），然後將資料表的欄位指定給它，最後再使用 PrimaryKey 屬性指定主索引鍵，表 4-10 第 18 ～ 19 行兩列指令可合寫為一行（亦即宣告時給予陣列值）如下：

```
Dim Akeys() As DataColumn = {O_TempDataTable.Columns("datano")}
```

資料表建立之後，使用其 NewRow 方法增加資料列，隨後即可將 User 新增的資料指定給這個資料列物件，最後再使用資料表的 Rows.Add 方法，就可將資料列物件併入資料表（表 4-10 第 24 ～ 31 行）。詳細程式碼及其解說請見 F_SQL02.vb 的 B_ADD_Click 事件程序。

4-4 Text 文字檔的維護

文字檔的寫入可用 StreamWriter 資料流寫入器，文字檔的讀取可用 StreamReader 資料流讀取器，這兩個類別的用法如表 4-11，第 1 ～ 8 行可將資料寫入文字檔 Test01.txt，首先使用 StreamWriter 建構函式建立寫入物件（本例取名為 O_SW），此建構函式為多載，可依需要置入不同的引數。以本例而言，第一個引數為寫入檔的名稱及其路徑，第二個引數為寫入方式，若為 True，表示要將資料附加於原資料的末尾（如果寫入檔已存在），若為 False，表示要覆蓋掉原資料（如果寫入檔已存在）。隨後再使用 WriteLine 方法將資料寫入檔案，並於每筆資料末尾加上換行字元，最後再使用 Flush 方法將緩衝區資料寫入檔案，並以 Close 方法關閉 StreamWriter 物件。

表 4-11. 程式碼 __ 文字檔處理之一

```
01  Dim MFileName As String = "D:\Test01.txt"
02  Dim O_SW As StreamWriter = New StreamWriter(MFileName, False)
03  Dim MStringA As String = "測試資料01"
04  Dim MStringB As String = "測試資料02"
05  O_SW.WriteLine(MStringA)
06  O_SW.WriteLine(MStringB)
07  O_SW.Flush()
08  O_SW.Close()
09
10  Dim MFileName As String = "D:\Test01.txt"
11  Dim O_SR As StreamReader = New StreamReader(MFileName)
12  Dim MTempString As String
13  TextBox1.Multiline = True
14  Do While O_SR.Peek() <> -1
15      MTempString = O_SR.ReadLine()
16      If TextBox1.Text = "" Then
17          TextBox1.Text = MTempString
18      Else
19          TextBox1.Text = TextBox1.Text + Chr(13) + Chr(10) + MTempString
```

```
20        End If
21    Loop
22    O_SR.Close()
```

表 4-11 第 10 ～ 22 行可讀出文字檔的資料，並顯示於 TextBox1 文字盒（使用 Multiline 屬性設為多行），首先使用 StreamReader 建構函式建立讀取物件（本例取名為 O_SR），此建構函式為多載，可依需要置入不同的引數，例如檔名及編碼等。隨後再使用 ReadLine 方法讀取一整筆的資料（表 4-11 第 15 行），因為檔案內的資料有多筆，故使用 Do While 迴圈，搭配 Peek 方法來逐筆處理（表 4-11 第 14 行），Peek 方法會傳回下一個字元的 Unicode 字碼指標（它是一個整數值，由 0 ～ 65535），若無字元可讀，則傳回 -1，故利用此傳回值可判斷檔案是否處理完畢，最後再以 Close 方法關閉 StreamReader 物件。更多有關 StreamWriter 及 StreamReader 的方法及屬性說明，請參考附錄 E 第 9 節，實際範例請參考 F_Layout_2.vb 的各程序，該範例使用前述方法將 User 所設定的表單及控制項屬性存入文字檔，或從文字檔讀出。

處理文字檔的另一個重要物件是「My 檔案系統物件」，它比檔案函數或是命名空間 Microsoft.VisualBasic 的 FileSystem 類別更為優越，本書隨附的 F_FileSystem.vb 示範了如何使用此物件存取各類型的文字檔。

表 4-12 的程式可將資料寫入以逗號分隔的文字檔（CSV 檔），第 1 ～ 2 行先將欲寫入的資料存入二維陣列，取名 ATemp01，共計三列四欄，第一欄為品名，第二欄為數量，第三欄為金額，第四欄為日期。首先使用 OpenTextFileWriter 方法開啟 StreamWriter 物件，以便將資料寫入檔案，括號內第一個引數為檔案名稱及其路徑，第二個引數為附加與否，True 表示要附加，False 表示要覆蓋，第三個引數為編碼，編碼方式有 ASCII、UTF-8 等，此處使用系統預設值（表 4-12 第 4 ～ 5 行）。隨後使用雙迴圈，將陣列中的資料寫入檔案，內迴圈逐欄寫入，若非最後一欄，則補上逗號，若為最後一欄，則補上歸位及換行字元，亦即 Chr(13) 及 Chr(10) ，亦可用 vbCrLf 常數。Write 方法可將資料寫入檔案，但不加入歸位及換行字元， WriteLine 則包含歸位及換行字元。詳細程式碼及其解說請見 F_FileSystem.vb 的 B_02_Click 事件程序。

表 4-12. 程式碼 _ 文字檔處理之二

```
01  Public ATemp01(,) As String = {{"香蕉", 1, 10.5, "2015/04/09"}, _
02          {"水蜜桃", 20, 1000, "2015/04/10"}, {"蓮霧", 3, 600.05, "2015/04/12"}}
03
04  Dim O_file = My.Computer.FileSystem.OpenTextFileWriter _
05                ("C:\TEST01\TestA.csv", False, Encoding.Default)
06  Dim Mcolstr As String = ""
07  For Mrow = 0 To 2 Step 1
08      Mcolstr = ""
09      For Mcol = 0 To 3 Step 1
10          If Mcol = 3 Then
11              Mcolstr = ATemp01(Mrow, Mcol) + vbCrLf
12          Else
13              Mcolstr = ATemp01(Mrow, Mcol) + ","
14          End If
15          O_file.Write(Mcolstr)
16      Next
17  Next
18  O_file.Close()
```

若要寫入以 TAB 分隔的文字檔（TSV 檔），則只需將表 4-12 第 13 行的逗號換成 vbTab 常數即可，詳細程式碼及其解說請見 F_FileSystem.vb 的 B_03_Click 事件程序。若要寫入以空白分隔的文字檔（PRN 檔），則只需將表 4-12 第 13 行的逗號換成 Strings.Space(1) 即可，詳細程式碼及其解說請見 F_FileSystem.vb 的 B_04_Click 事件程序。

表 4-13 的程式可將資料寫入固定欄寬的文字檔，寫入資料仍為前例之 ATemp01 陣列，表 4-13 第 3 ～ 9 行宣告所需變數，MString 儲存各欄合併後的資料、Mcolstr 儲存每一陣列元素的資料、Mspaceqty 儲存每一資料應補上的空白數（使欄寬固定）、變數 Mcol0 ～ Mcol3 指定各欄的長度。隨後使用雙迴圈將陣列中的資料寫入檔案，內迴圈逐欄處理，每一欄補上應有的空白數，再合併各欄並存入變數 MString，Mcolstr 儲存某一陣列元素之值，外迴圈逐列處理，使用 StreamWriter 資料流寫入類別的 WriteLine 方法將合併後資料（整列資料）寫入檔案（包含歸位及換行字元）。

表 4-13. 程式碼 __ 文字檔處理之三

```
01  Dim O_file = My.Computer.FileSystem.OpenTextFileWriter _
02                  ("C:\TEST01\TestD.txt", False, Encoding.UTF8)
03  Dim MString As String = ""
04  Dim Mcolstr As String = ""
05  Dim Mspaceqty As Integer = 0
06  Dim Mcol0 As Integer = 10
07  Dim Mcol1 As Integer = 5
08  Dim Mcol2 As Integer = 12
09  Dim Mcol3 As Integer = 10
10
11  For Mrow = 0 To 2 Step 1
12      MString = ""
13      Mcolstr = ""
14      Mspaceqty = 0
15          For Mcol = 0 To 3 Step 1
16              Mcolstr = ATemp01(Mrow, Mcol)
17              Select Case Mcol
18                  Case 0
19                      Mspaceqty = Mcol0 - (Strings.Len(Mcolstr)) * 2
20                  Case 1
21                      Mspaceqty = Mcol1 - Strings.Len(Mcolstr)
22                  Case 2
23                      Mspaceqty = Mcol2 - Strings.Len(Mcolstr)
24                  Case 3
25                      Mspaceqty = Mcol3 - Strings.Len(Mcolstr)
26              End Select
27              MString = MString & Mcolstr & Strings.Space(Mspaceqty)
28          Next
29          O_file.WriteLine(MString)
30  Next
31  O_file.Close()
```

表 4-14 示範三種讀取文字檔的的程式，第一段使用 OpenTextFileReader 方法開啟檔案（第 1～2 行），隨後使用 Do While 迴圈，搭配 Peek 方法及 ReadLine 方法，逐筆將資料讀入 RichTextBox1 豐富文字盒（第 4～6 行），Peek 方法可偵測檔案指標是否已至檔尾，ReadLine 方法可讀出整筆的資料，讀出的資料加上 vbCrLf 常數，以便換行顯示。

表 4-14. 程式碼 _ 文字檔處理之四

```
01  Dim O_file = My.Computer.FileSystem.OpenTextFileReader _
02                      ("C:\TEST01\TestA.csv", Encoding.Default)
03  RichTextBox1.Text = ""
04  Do While O_file.Peek() >= 0
05      RichTextBox1.AppendText(O_file.ReadLine + vbCrLf)
06  Loop
07  O_file.Close()
08
09  Dim O_file_2 = My.Computer.FileSystem.OpenTextFileReader _
10                    ("C:\TEST01\TestA.csv", Encoding.Default)
11  Dim ATempString As String = O_file_2.ReadLine
12  Dim Adata() As String = Strings.Split(ATempString, Delimiter:=",")
13  T_ITEMNAME1.Text = Adata(0)
14  T_Qty1.Text = Adata(1)
15  T_AMT1.Text = Adata(2)
16  T_SDATE1.Text = Adata(3)
17  O_file_2.Close()
18
19  Dim MSTRconn_1 As String = "Provider=Microsoft.ACE.Oledb.12.0; _
20           Data Source= C:\TEST01\;Extended Properties='text; _
21           HDR=NO;FMT=CSVDelimited'"
22  Dim Mstrsql_1 = "Select * from TestA.csv"
23  Dim Oconn_1 As New OleDbConnection(MSTRconn_1)
24  Oconn_1.Open()
25  Dim ODataAdapter_1 As New OleDbDataAdapter(Mstrsql_1, Oconn_1)
26  Dim ODataSet_1 As DataSet = New DataSet
27  ODataAdapter_1.Fill(ODataSet_1, "Table01")
28  DataGridView1.DataSource = ODataSet_1.Tables("Table01")
```

```
29    Oconn_1.Close()
30    ODataAdapter_1.Dispose()
```

第二段仍使用 OpenTextFileReader 方法開啟檔案，也同樣使用 ReadLine 方法讀出資料，但更進一步使用 Strings 類別的 Split 方法將讀出的資料按分隔符號切割，並置入陣列（本例取名 Adata，第 12 行），Split 括號內有兩個引數，第一個為待分割字串，第二個為分隔符號，本例為逗號，亦可為 vbTab 等常數。

第三段使用 ADO 物件讀取文字檔，讀出的資料先存入資料集的資料表，然後顯示於 DataGridView 資料網格控制項。首先使用 OleDbConnection 的建構函式建立新的連接物件（取名為 Oconn_1，表 4-14 第 23 行），括號內為連接字串，連接字串有數個關鍵字（表 4-14 第 19 ～ 21 行），Provider= 之後接提供者名稱，例如 Microsoft.ACE.Oledb.12.0，Data Source= 之後接欲處理的資料庫名稱（含路徑），Extended Properties= 之後指定檔案屬性，text 代表文字檔，若要讀取的檔案是 Excel 檔，則應使用 Excel 8.0 或 Excel 12.0 等（詳後述），HDR=Yes 表示檔案的第一列為欄名，HDR=No 表示檔案的第一列不是欄名，FMT=CSVDelimited 表示以逗號分割欄位，FMT=TabDelimiter 表示以 TAB 分割欄位。Extended Properties= 之後所接的關鍵字要用單引號括起來，否則會出現「找不到可安裝的 ISAM」的訊息。OleDbConnection 物件建立之後，使用 Open 方法就可打通連接管道。隨後再使用 OleDbDataAdapter 資料轉接器將讀出的資料存入 ODataSet_1 資料集的 Table01 資料表。詳細程式碼及其解說請見 F_FileSystem.vb 的 B_C1_Click 事件程序。

若要讀取以 TAB 分隔的文字檔（TSV 檔），則只需將表 4-14 第 12 行的 Delimiter:="," 換成 Delimiter:=vbTab 即可。另外，若使用 ADO 物件讀取文字檔，則在連接字串中使用關鍵字 FMT=TabDelimiter 是無效的，必須在文字檔所在的資料夾建立 Schema.ini File (Text File Driver) 文字檔驅動組態檔，這個檔案必須以 ANSI 碼存檔，ADO 物件讀取才能據以分割欄位，請見表 4-15 第 11 ～ 13 行，檔名需以中括號括住，Format 關鍵字指定分割符號，例如 TabDelimited 以 TAB 為分隔符號，ColNameHeader 關鍵字指出第一列是否為欄名，詳細程式碼及其解說請見 F_FileSystem.vb 的 F_FileSystem_Load 事件程序。讀出以 TAB 分隔的文字檔之詳細程式碼及其解說請見 F_FileSystem.vb 的 B_C2_Click 事件程序。

表 4-15. 程式碼 __ 文字檔處理之五

```
01  [TestD.txt]
02  Format = FixedLength
03  ColNameHeader = False
04  MaxScanRows = 0
05  DateTimeFormat = yyyy/mm/dd
06  Col1=F1 Text Width 10
07  Col2=F2 Integer Width 5
08  Col3=F3 Double Width 12
09  Col4=F4 Text Width 13
10
11  [TestB.txt]
12  Format = TabDelimited
13  ColNameHeader = False
14
15  [TestC.txt]
16  Format = Delimited( )
17  ColNameHeader = False
18
19  Dim O_file_2 As TextFieldParser = My.Computer.FileSystem. _
20                          OpenTextFieldParser("C:\TEST01\TestC.txt")
21  O_file_2.TextFieldType = Microsoft.VisualBasic.FileIO.FieldType.Delimited
22  O_file_2.Delimiters = {" "}
23  Dim ATempRow() As String
24  ATempRow = O_file_2.ReadFields()
25  T_ITEMNAME1.Text = ATempRow(0)
26  T_Qty1.Text = ATempRow(1)
27  T_AMT1.Text = ATempRow(2)
28  T_SDATE1.Text = ATempRow(3)
29  O_file_2.Close()
30  O_file_2.Dispose()
```

若要讀取以空白分隔的文字檔（PRN 檔），則只需將表 4-14 第 12 行的 Delimiter:="," 換成 Delimiter:=Strings.Space(1) 即可。另一種切割欄位的方式是使用 OpenTextFieldParser 文字檔欄位剖析。My.Computer.FileSystem 的

OpenTextFieldParser 方法可建立 TextFieldParser 文字欄剖析器，這個物件可剖析結構化文字檔，包括分隔符號分隔的順序檔或固定欄寬的隨機檔。TextFieldParser 的 TextFieldType 屬性可指定欄位分隔型態，例如 Microsoft.VisualBasic.FileIO.FieldType.FixedWidth 為固定寬度，Microsoft.VisualBasic.FileIO.FieldType.Delimited 為符號分隔，然後再使用 Delimiters 屬性指定分隔符號，最後再使用 ReadFields 方法分割每一筆資料的各欄，並將其存入陣列中（表 4-15 第 19 ～ 24 行）。詳細程式碼及其解說請見 F_FileSystem.vb 的 B_C3_Click 事件程序。

若要讀取固定欄寬的文字檔，可使用 TextFieldParser 文字欄剖析器或 ADO 物件。表 4-16 第一段的程式可讀出 TestD.txt 檔的品名資料，加上行號後顯示於 RichTextBox 豐富文字盒，首先使用 OpenTextFieldParser 方法建立文字欄剖析器（取名 O_file，括號內為欲讀取的文字檔之檔名及其路徑），然後使用其 PeekChars 方法傳回指定數目的字元，括號內為欲讀取的字元數（本例為 7），請注意此方法不會移動檔案指標（表 4-16 第 1 ～ 3 行）。因為 TestD.txt 檔有多筆資料，故使用 While 迴圈，搭配 EndOfData 屬性，以便逐筆處理，EndOfData 屬性可偵測檔案指標是否已至檔尾。因為 PeekChars 方法不會移動檔案指標，所以在迴圈內先使用 ReadLine 方法，將檔案指標移往下一筆的起始位址（表 4-16 第 7 行），另外，LineNumber 屬性可傳回目前的行號，如果資料流中已沒有可用的字元，則會傳回 -1。詳細程式碼及其解說請見 F_FileSystem.vb 的 B_C4_Click 事件程序。

表 4-16. 程式碼 __ 文字檔處理之六

```
01  Dim O_file As TextFieldParser = My.Computer.FileSystem. _
02                      OpenTextFieldParser("C:\TEST01\TestD.txt")
03  MItemName = O_file.PeekChars(7)
04  RichTextBox1.AppendText(O_file.LineNumber.ToString + _
05              Strings.Space(2) + Strings.Trim(MItemName) + vbCrLf)
06  While O_file.EndOfData = False
07      O_file.ReadLine()
08      MItemName = O_file.PeekChars(7)
09      If O_file.LineNumber <> -1 Then
```

```
10          RichTextBox1.AppendText(O_file.LineNumber.ToString + _
11                                      Strings.Space(2) + MItemName + vbCrLf)
12      End If
13  End While
14  O_file.Close()
15  O_file.Dispose()
16
17  Dim MSTRconn_1 As String = "Provider=Microsoft.ACE.Oledb.12.0; _
18                         Data Source=C:\TEST01\;Extended Properties= _
19                  'text;HDR=NO;FMT=FixedLength;CharacterSet=65001'"
20  Dim Mstrsql_1 = "Select * from TestD.txt"
21  Dim Oconn_1 As New OleDbConnection(MSTRconn_1)
22  Oconn_1.Open()
23  Dim ODataAdapter_1 As New OleDbDataAdapter(Mstrsql_1, Oconn_1)
24  Dim ODataSet_1 As DataSet = New DataSet
25  ODataAdapter_1.Fill(ODataSet_1, "Table01")
26  DataGridView1.DataSource = ODataSet_1.Tables("Table01")
27  Oconn_1.Close()
28  ODataAdapter_1.Dispose()
```

另一種讀取固定欄寬文字檔的方法是使用 ADO 物件，程式如表 4-16 第二段。首先使用 OleDbConnection 的建構函式建立新的連接物件（取名為 Oconn_1，表 4-16 第 21 行），括號內為連接字串，連接字串有數個關鍵字（表 4-16 第 17～19 行），Provider= 之後接提供者名稱，例如 Microsoft.ACE.Oledb.12.0，Data Source= 之後接欲處理的資料庫名稱（含路徑），Extended Properties= 之後指定檔案屬性，text 代表文字檔，若要讀取的檔案是 Excel 檔，則應使用 Excel 8.0 或 Excel 12.0 等（詳後述），HDR=Yes 表示檔案的第一列為欄名，HDR=No 表示檔案的第一列不是欄名，FMT= FixedLength 表示固定欄寬的格式，CharacterSet= 之後指編碼方式，65001 為 UTF-8、950 為 Big5、936 為簡體中文 GB2312 編碼。Extended Properties= 之後所接關鍵字要用單引號括起來，否則會出現「找不到可安裝的 ISAM」的訊息。OleDbConnection 物件建立之後，使用 Open 方法就可打通連接管道。

前述屬性還不足以正確分割文字檔，例如每一欄的寬度究竟是多少並未指出，故還需在文字檔所在的資料夾建立 Schema.ini File (Text File Driver) 文字檔驅動組態檔，這個檔案必須以 ANSI 碼 或 ASCII 碼存檔，ADO 物件讀取時才能據以分割欄位，請見表 4-15 第 1 ～ 9 行，檔名需以中括號括住，Format 關鍵字指定分割符號，例如 TabDelimited 以 TAB 為分隔符號，Format = FixedLength 則表示其格式為固定欄寬， ColNameHeader 關鍵字指出第一列是否為欄名，MaxScanRows 關鍵字指出要掃描多少筆資料才決定資料型別，若設為 0，則表示全檔掃描，DateTimeFormat 關鍵字可指定日期時間格式，各欄的寬度及其型別可用 Coln 關鍵字來指定，其中 n 為欄位順序，由 1 起算，例如 Col1 代表第一欄、Col2 代表第二欄，以此類推（表 4-15 第 6 ～ 9 行），假設要將第一欄的寬度設為 10 byte，可寫為 Col1=F1 Text Width 10，F1 為欄名（可自訂），其後為資料型別及欄寬，Microsoft Jet data types 的種類有：Bit、Byte、Short、Long、Currency、Single、Double、DateTime、Text、Memo 等。需注意中文字的 Width，在 Schema.ini 之中將一個中文字視為 2 byte，與 OpenTextFieldParser 的算法不同，處理起來非常麻煩。ADO 物件根據 Schema.ini 的定義切割欄位，然後將讀出的資料存入資料集的資料表，再顯示於 DataGridView 資料網格控制項，詳細程式碼及其解說請見 F_FileSystem.vb 的 B_C4_Click 事件程序。

4-5 Excel 檔的維護

由於 Excel 檔具有普遍及簡單好用的特性，故任何應用系統可能都無法免俗地需要增列相關的操控功能，最常見的功能之一就是將 SQL Server 或是 Access 等資料庫的部分資料匯出為 Excel 檔，供 User 加工運用，或是將 User 所建立的 Excel 檔匯入前述資料庫。本書隨附範例 F_EXCEL01.vb（主目錄的「D6 處理 Excel 檔」）示範了 MS Excel 檔的相關處理方法，請見圖 4-6，該表單左下方有 11 個按鈕，分別可執行匯入、匯出、轉檔、新增、修改及刪除等工作。

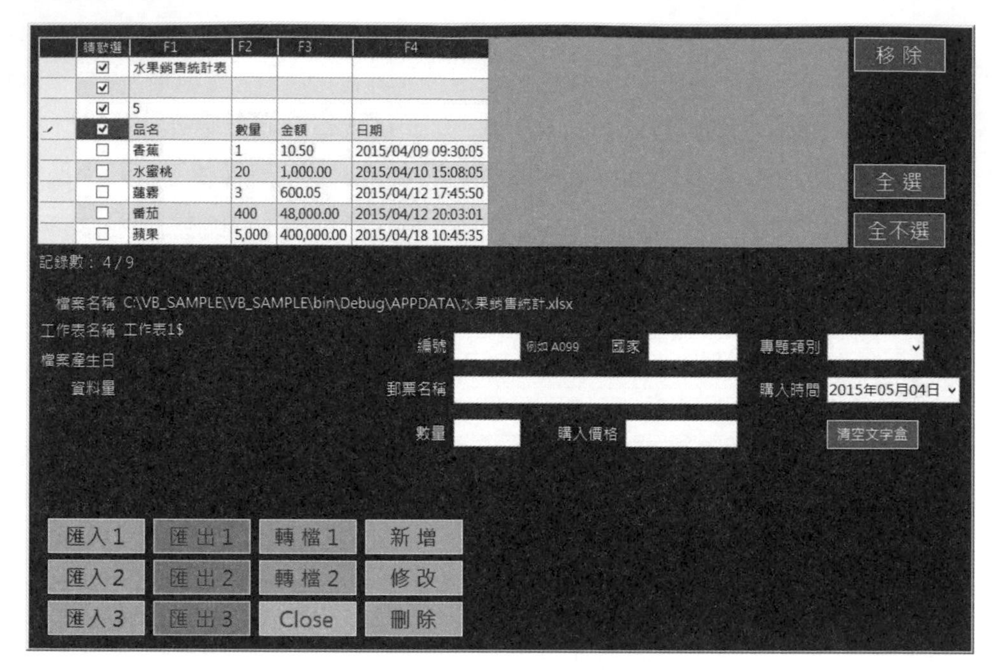

▲ 圖 4-6 Excel 檔的處理

4-5.1 Excel 資料匯入

Excel 檔之處理可使用 ADO 物件或 COM 物件。範例 F_EXCEL01.vb 示範了三種匯入方式，「匯入 1」使用 ADO 物件匯入 Excel 檔工作表的全部資料，然後由系統刪除不需要的部分。「匯入 2」亦使用 ADO 物件匯入 Excel 檔的工作表，但可由 User 自行指定所需匯入的檔案及其工作表，並自行指定所需刪除的資料。「匯入 3」則是使用 COM 物件匯入 Excel 工作表。分別說明其處理方式如下。

使用 ADO 物件處理 Excel 檔亦需使用 OleDb 開頭的類別，首先使用 OleDbConnection 的建構函式建立新的連接物件（取名為 Oconn_0，表 4-17 第 9 行），括號內為連接字串（表 4-17 第 3 ~ 4 行），Provider= 之後接提供者名稱 Microsoft.ACE.OLEDB.12.0（註：若所安裝的 MS Office 為 98 ~ 2003 版，則需使用 Microsoft.Jet.OLEDB.4.0，範例如表 4-7 第 6 ~ 7 行），Microsoft.ACE.OLEDB.12.0 可連結新版及舊版的 Excel，但需安裝 Office 2007（含）以上，Microsoft.Jet.OLEDB.4.0 只能連結舊版的 Excel。Data Source= 之後接欲處理

的檔案名稱（含路徑），Extended Properties= 之後需指定 Excel 的版本編號，Excel 8 是指 1997 版、Excel 11 是指 2003 版、Excel 12 是指 2007 版、Excel 14 是指 2010 版、Excel 15 是指 2013 版。HDR=Yes 表示 Excel 工作表的第一列為欄名，HDR=No 則表示第一列不是欄名，IMEX=1 表示文數字混雜的欄位資料視為文字來處理。Extended Properties= 之後的參數要用單引號括起來，否則會出現「找不到可安裝的 ISAM」之訊息。

表 4-17. 程式碼 __Excel 檔處理之一（匯入 1）

```
01  Dim MFN_0 As String = "APPDATA\水果銷售統計.xlsx"
02  Dim Mstrconn_0 As String = ""
03  Mstrconn_0 = "Provider=Microsoft.ACE.OLEDB.12.0;Data Source=" _
04          + MFN_0 + ";Extended Properties='Excel 12.0;HDR=No;IMEX=1';"
05
06  Mstrconn_0 = "Provider=Microsoft.Jet.OLEDB.4.0;Data Source=" _
07          + MFN_0 + ";Extended Properties='Excel 8.0;HDR=No;IMEX=1';"
08
09  Dim Oconn_0 As New OleDbConnection(Mstrconn_0)
10  Oconn_0.Open()
11  Dim Msqlstr_0 As String = "Select * From [工作表1$]"
12  Dim ODataAdapter_0 As New OleDbDataAdapter(Msqlstr_0, Oconn_0)
13  Dim ODataSet_0 As DataSet = New DataSet
14  ODataAdapter_0.Fill(ODataSet_0, "Table01")
15
16  ODataSet_0.Tables("Table01").Rows(0).Delete()
17  ODataSet_0.Tables("Table01").AcceptChanges()
18  DataGridView1.DataSource = ODataSet_0.Tables("Table01")
```

OleDbConnection 物件建立之後，使用 Open 方法即可打通連接管道。隨後使用 OleDbDataAdapter 資料轉接器，將讀取的資料存入資料集，括號內為 SQL 命令及連接物件（表 4-17 第 12 行），無需使用 OleDbCommand 物件，因為資料轉接器就可下達 SQL 指令，指令如表 4-17 第 11 行，該指令可讀出工作表的所有資料，請注意，工作表名稱須以中括號括住，且需加上 $ 符號。然後再使用資料轉接器的 Fill 方法，將讀出的資料存入資料集，括號內為資料集及資料表的名稱（表 4-17 第 14 行）。另外工作表內會有表頭及其他非資料庫的資料，故使 DataTable 的 Rows.Delete 方法刪除無需的資料列，Rows 屬性之括號內為資料列的索引順序，刪除後需使用 AcceptChanges 方法認可資料表所做的變更（表 4-17 第 16 ～ 17 行）。本範例可將 Excel 工作表的資料存入 DataGridView 資料網格控制項，供 User 使用，詳細程式碼及其解說請見 F_EXCEL01.vb 的 B_IMPORT01_Click 事件程序。

「匯入 2」仍然使用 OleDbConnection 物件及 OleDbDataAdapter 資料轉接器，將 Excel 檔的資料存入資料集，再顯示於 DataGridView，不過這次允許 User 自行指定欲匯入的檔案（xls 或 xlsx 皆可）。為了達成此一目的，另外增加了一張表單 F_SheetChoice.vb（如圖 4-7），讓 User 指定檔案及工作表，該表單使用 OpenFileDialog 檔案對話方塊控制項讓 User 選取欲匯入的 Excel 檔，此控制項的 FileName 屬性可傳回所選檔案的名稱。因為一個 Excel 檔含有多張工作表，故還需將其名稱顯示於 ListBox 清單控制項，讓 User 指出哪一張工作表的資料要匯入，這該如何達成呢？

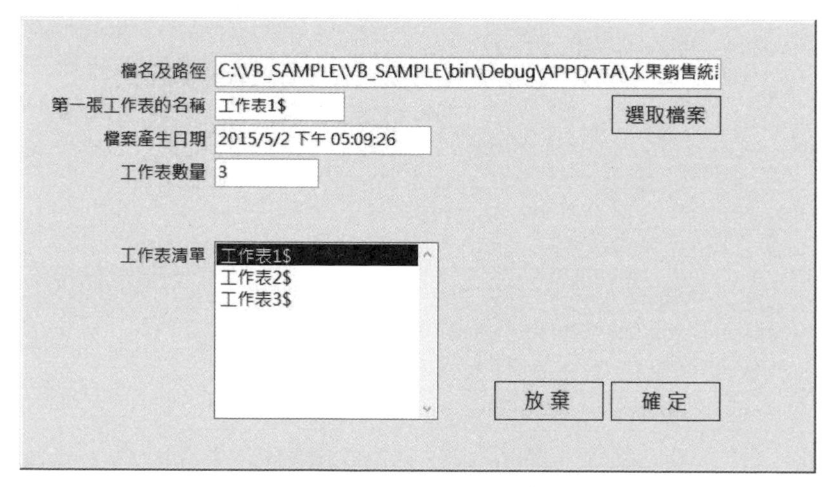

▲ 圖 4-7 選取欲匯入的 Excel 檔案及其工作表

OleDbConnection 物件的 GetSchema 方法可讀出檔案結構的描述資訊，它是一個資訊集合，其內就有所需的工作表名稱，這些資訊可存入資料表。表 4-18 第 1 ～ 6 行列示了它的用法，GetSchema 的括號內為結構描述的對象，例如 Tables、Columns、Indexes 等（表 4-18 第 2 行），若不指定，則傳回一般摘要資訊，若為 Tables，則其傳回資訊的第 3 欄為工作表名稱，第 8 欄為檔案產生日期，故使用 DataTable 的 Rows 屬性即可取回該等資訊，例如表 4-18 第 3 行的 O_Information.Rows(0)(2)，表示要取回第一列第三行的資料（亦即第一張工作表的名稱）。表 4-18 第 8 ～ 13 行使用 For 迴圈，搭配 ListBox 的 Items.Add 方法將所有工作表的名稱加入清單控制項，供 User 點選。使用此種方式可克服新舊版 Excel 內定工作表名稱不同的困擾，而且無論 User 將工作表名稱如何修都可抓出。須注意的是，GetSchema 所讀出的資料表名稱是排序過的，故若程式要固定讀取第一張工作表的資料，則須要求 User 將欲處理的工作表名稱命名為筆劃最少的，或刪除其他無關的工作表。

表 4-18. 程式碼 __Excel 檔處理之二（匯入 2）

```
01    Dim O_Information As DataTable
02    O_Information = Oconn_1.GetSchema("Tables")
03    T_SheetName.Text = O_Information.Rows(0)(2)
04    T_CreateDate.Text = O_Information.Rows(0)(7)
05    Dim MSheetNo As Integer = O_Information.Rows.Count
06    T_Count.Text = MSheetNo
07
08    ListBox1.Items.Clear()
09    Dim Mstop As Integer = Val(T_Count.Text) - 1
10    For Mcount = 0 To Mstop Step 1
11        ListBox1.Items.Add(O_Information.Rows(Mcount)(2))
12        Next
13    ListBox1.SetSelected(0, True)
14
15    ASendList(0) = T_Path.Text
16    ASendList(1) = ListBox1.SelectedItem
17
18    Private Sub F_Input_1_VisibleChanged(sender As Object, _
19                    e As EventArgs) Handles Me.VisibleChanged
20        T_FileName.Text = F_SheetChoice.ASendList(0)
21        T_SheetName.Text = F_SheetChoice.ASendList(1)
22    End Sub
```

User 在 F_SheetChoice.vb 表單（圖 4-7）中所點選的 Excel 檔案名稱及工作表名稱必須傳遞給 F_EXCEL01.vb 表單，以便該表單的程式可據以匯入相關的資料。這種跨表單傳值的需求可用表單的 Tag 屬性達成，但因本例所需傳遞的資料有兩個，故改用陣列傳遞（表 4-18 第 15 ~ 16 行），ListBox1 的 SelectedItem 屬性可傳回清單控制項被選取項目之名稱（即工作表名稱），再將其指定給陣列 ASendList。然後在接收表單 F_EXCEL01.vb 的可見變動事件中將陣列之值存入相關的文字盒（表 4-18 第 18 ~ 22 行），陣列名稱之前需列出宣告該陣列的表單名稱，中間以句點分隔，本例為 F_SheetChoice.ASendList(1)。

F_EXCEL01.vb 表單接收了 User 所指定的 Excel 檔案名稱及工作表名稱之後，即可使用 OleDbConnection 物件及 OleDbDataAdapter 資料轉接器，將 Excel 檔的資料存入資料集，然後顯示於 DataGridView。但使用 OleDbConnection 物件打通連接管道時，需指定適當版本的 provider（如表 4-17 第 3 ~ 4 行），本例使用自動判斷的方式來決定正確的連結字串，而且在表單載入時即先偵測 User 的電腦是否已安裝 Office 及其版本編號，範例如表 4-19 第 1 ~ 12 行。首先宣告應用程式物件 OLEAPP，並啟動 Excel 應用程式，然後以 Version 屬性取回其版本編號。若未安裝則會發生錯誤，程式改執行 ErrorHandler_01 段。雖然本方法可偵測出 Excel 的版本編號，但如果同時安裝了新舊兩種版本，則前述指令會傳回舊版編號，後續程式會使用 OLEDB.4.0，以致無法讀取新版 xlsx 檔，故本範例改用 User 所選 Excel 檔的副檔名來判斷，詳細程式碼及其解說請見 F_EXCEL01.vb 的 B_IMPORT02_Click 事件程序。

表 4-19. 程式碼 __Excel 檔處理之三（匯入 2）

```
01  Private Sub F_EXCEL01_Load(sender As Object, _
02                      e As EventArgs) Handles MyBase.Load
03      On Error GoTo ErrorHandler_01
04      Dim OLEAPP As Object = CreateObject("Excel.Application")
05      MExcel_Ver = Val(OLEAPP.Version)
06      OLEAPP.Quit()
07      Exit Sub
08
09  ErrorHandler_01:
10      MsgBox("Sorry, 您未安裝 Excel!", 0 + 16, "Error")
```

```
11        Environment.Exit(0)
12    End Sub
13
14    Dim O_RemoveTable As DataTable = ODataSet_1.Tables("Table01")
15        If ODataSet_1.Tables.CanRemove(O_RemoveTable) Then
16            ODataSet_1.Tables.Remove(O_RemoveTable)
17    End If
18
19    Dim O_ChkBox As New DataGridViewCheckBoxColumn
20    With O_ChkBox
21        .FlatStyle = FlatStyle.Standard
22        .HeaderText = "請點選"
23        .Name = "Delete_chk"
24        .ThreeState = False
25        .ValueType = GetType(String)
26        .FalseValue = "No"
27        .TrueValue = "Yes"
28    End With
29    DataGridView1.Columns.Insert(0, O_ChkBox)
30
31    Dim MStop As Integer = DataGridView1.Columns.Count - 1
32    DataGridView1.ReadOnly = False
33    For Mcou = 1 To MStop Step 1
34        DataGridView1.Columns(Mcou).ReadOnly = True
35    Next
```

程式所讀取的 Excel 資料需先存入資料集（本例取名 ODataSet_1），因為這個資料集的資料表使用 Public 宣告（不同程序會使用），當第二次使用本程序時，Fill 方法會將讀出的資料附加於原資料的末尾（前次資料仍存在），故 Fill 之前必須先移除該資料表。移除資料表的方法有兩種，使用 Tables.Clear 方法將資料集內所有的資料表都清除，例如 ODataSet_1.Tables.Clear()。第二種方法是使用 Remove 方法移除特定資料表，但移除前必須先使用 CanRemove 方法偵測該資料表是否可移除，否則在資料表產生之前使用 Remove 會發生錯誤（使用 Fill 方法才會產生資料表），範例如表 4-19 第 14 ～ 17 行。

因為匯入的資料含有表頭及空白列，故需在 DataGridView 資料網格控制項中增加核取清單方塊欄（如圖 4-6 的 DataGridView 第一欄），供 User 勾選不需要的資料列，程式再據以刪除，其方法是先根據 DataGridViewCheckBoxColumn 類別建立新物件（核取清單方塊欄，本例取名 O_ChkBox，表 4-19 第 19 行），然後再使用 DataGridView 的 Columns.Insert 方法將新增欄位加入資料網格控制項（表 4-19 第 29 行），括號內兩個參數，前者為行號，後者為新增的核取清單方塊欄之物件名稱。新增的核取清單方塊欄之特徵可用下列屬性設定：FlatStyle 核取方塊儲存格的平面樣式外觀、HeaderText 欄位標題、Name 欄位名稱、ValueType 資料型別、FalseValue 未核取之值、TrueValue 已核取之值。後三項屬性值之設定方式會影響程式對核取清單方塊欄是否已勾選之判斷方式，表 4-19 第 25 ～ 27 行將資料型別設為字串，若已核取，則傳回 Yes，否則傳回 No，亦可將資料型別設為布林值，ValueType = GetType(Boolean) ，那麼已核取，則傳回 True，否則傳回 False。

刪除 DataGridView 中已勾選的項目有兩種方法，第一種方法如表 4-20 第 1 ～ 18 行，先將需要刪除的資料列之編號存入陣列 Adelete，然後再使用資料表的 Rows.Delete 方法刪除。因為資料有多筆，故使用 For Each 迴圈，逐筆判斷核取清單方塊欄之狀態，若為 Yes 或 True，則將其列編號存入陣列，隨後再刪除資料表中對應的資料列。首先根據 DataGridViewRow 類別建立資料列物件（本例取名 O_row），代表資料網格控制項的某一資料列，其次根據 DataGridViewCheckBoxCell 類別建立核取清單方塊物件（本例取名 O_check），並於迴圈中將 O_row.Cells("Delete_chk") 指定給 O_check（表 4-20 第 6 行），Delete_chk 是核取清單方塊欄之名稱（表 4-19 第 23 行訂定），如此，O_check 即代表資料網格控制項的某一資料列的核取清單方塊格位。判斷核取清單方塊格位的狀態需使用 Value 屬性（表 4-20 第 7 行），不能使用 If O_check.TrueValue = True，因為 TrueValue 屬性是核取時系統給予之值，而非指 User 核取與否。如果核取清單方塊欄的資料型別設為布林值，那麼此處就需使用 If O_check.Value = True 來判斷其核取狀態。DataGridViewRow 的 Index 屬性可傳回資料列的索引（亦即列號，如表 4-20 第 8 行），並將其存入陣列 Adelete，以供後續程式據以刪除資料表中相同列號的資料（表 4-20 第 16 行）。

本例陣列的大小由 DataGridView 的資料數決定，最後再使用陣列的 Resize 方法調整大小（刪除無資料的元素），以便加快刪除速度（表 4-20 第 12 行），此處不能使用 Array.Clear 方法，因為 Clear 只清除陣列值，未移除陣列元素。

表 4-20. 程式碼 __Excel 檔處理之四（匯入 2）

```
01  Dim O_row As DataGridViewRow
02  Dim O_check As DataGridViewCheckBoxCell
03  Dim Adelete(MTotalRecordNo) As Integer
04  Dim MDeleteNo As Integer = 0
05  For Each O_row In DataGridView1.Rows
06      O_check = O_row.Cells("Delete_chk")
07      If O_check.Value = "Yes" Then
08          Adelete(MDeleteNo) = O_row.Index
09          MDeleteNo = MDeleteNo + 1
10      End If
11  Next
12  Array.Resize(Adelete, MDeleteNo)
13
14  Dim Mstop As Integer = Adelete.Length - 1
15  For Mcou = 0 To Mstop Step 1
16      ODataSet_1.Tables("Table01").Rows(Adelete(Mcou)).Delete()
17  Next
18  ODataSet_1.Tables("Table01").AcceptChanges()
19
20  Dim MTotalRecords As Int32 = DataGridView1.Rows.Count
21  For Mcou = MTotalRecords - 1 To 0 Step -1
22      If DataGridView1.Rows(Mcou).Cells(0).Value = True Then
23          If DataGridView1(0, Mcou).Value = True Then
24              ODataSet_1.Tables("Table01").Rows(Mcou).Delete()
25          End If
26  Next
27  ODataSet_1.Tables("Table01").AcceptChanges()
28  DataGridView1.Refresh()
```

前述核取清單方塊欄必須設為非唯讀，User 才能勾選，但 DataGridView 的其他欄不允許 User 更動，故須設為唯讀。為達此目的，先使用 ReadOnly 屬性將 DataGridView 的全部欄位都設為非唯讀，再使用 For 迴圈，將第一欄之外的欄位都設為唯讀， 程式如表 4-19 第 31 ～ 35 行。

刪除 DataGridView 中已勾選項目的第二種方法如表 4-20 第 20 ～ 28 行，程式逐列判斷 DataGridView 第一欄（核取清單方塊欄）的資料是否為 True，若是，則刪除資料表中對應的資料。但請注意，必須反向判斷（由最後一筆逐漸往前判斷），否則執行過半時，會因列號大於 DataGridView 的總筆數而發生錯誤（DataGridView 的總筆數會因 Delete 而逐漸減少）。資料網格控制項的格位可由 Rows 列集合（括號內為列數）之 Cells 屬性決定（括號內為行數），如表 4-20 第 22 行，亦可於 DataGridView 之後以括號指定行數及列數（括號內兩個引數，前者為行，前者為列，切莫顛倒），最後使用 AcceptChanges 方法（表 4-20 第 27 行），才能實際移除資料表中的資料。詳細程式碼及其解說請見 F_EXCEL01.vb 的 B_Remove_Click 事件程序。

「匯入 3」使用 COM 物件將 Excel 檔的資料存入資料集，再顯示於 DataGridView。程式先建立資料表（本例取名 O_TempTable），以便儲存從 Excel 檔讀取的資料，最後將此資料表指定給 DataGridView 的 DataSource。程式摘要如表 4-21 第 1 ～ 3 行，程式依據 DataTable 類別建立資料表物件，括號內為資料表的名稱，隨後使用 Columns.Add 方法加入欄位，括號內第一個引數為欄位名稱（需加雙引號），第二個引數為資料型態，使用 Type 類別的 GetType 方法可設定資料型別，.NET Framework 的基本資料型別有：Boolean、Byte、Char、DateTime、Decimal、Double、Guid、Int16、Int32、Int64、SByte、Single、String、TimeSpan、UInt16、UInt32、UInt64 等，沒有 System.Binary 這個型別，二進位圖片資料須使用 System.Byte[]，中括號不能省略。

資料表建立之後，啟動 Excel 應用程式，並宣告其物件名稱為 OLEAPP，然後關閉可見及警告視窗，以加快處理速度（表 4-21 第 5 ～ 7 行），隨後使用 Workbooks.Open 方法開啟活頁簿（括號內為欲開啟的檔案及其路徑），並將該活頁簿物件取名為 Mybook，以利後續之處理。因為活頁簿內有多張工作表，所以需使用 Activate 方法指定某一張工作表為作用中工作表（註：作用中工作表為程式處理的對象），本例為第一張工作表（Mybook.Worksheets 之括號內可指定工作表索引或工作表名稱），並將其命名為 MySheet，以利後續之處理（表 4-21 第 9 ～ 14 行）。

表 4-21. 程式碼 __Excel 檔處理之五（匯入 3）

```
01  Dim O_TempTable As DataTable = New DataTable("TempTable01")
02  O_TempTable.Columns.Add("price", _
03          System.Type.GetType("System.Int32"))
04
05  Dim OLEAPP As Object = CreateObject("Excel.Application")
06  OLEAPP.Visible = False
07  OLEAPP.DisplayAlerts = False
08
09  Dim MSourceDir As String = ""
10  MSourceDir = Directory.GetCurrentDirectory() + "\APPDATA\"
11  Dim MSourceFile As String = MSourceDir + "範例A_銷售基本檔.xls"
12  Dim Mybook As Object = OLEAPP.Workbooks.Open(MSourceFile)
13  Dim MySheet As Object = Mybook.Worksheets("Sheet1")
14  MySheet.Activate()
15
16  Dim O_NewRow As DataRow
17  Dim MRowNo As Int32 = 2
18  Do
19      If MySheet.Cells(MRowNo, 1).Value = Nothing Then
20          Exit Do
21      Else
22          O_NewRow = O_TempTable.NewRow()
23          O_NewRow("itemcode") = MySheet.Cells(MRowNo, 1).Value
24          .....................
25          O_TempTable.Rows.Add(O_NewRow)
26          MRowNo = MRowNo + 1
27      End If
28  Loop
29  O_TempTable.AcceptChanges()
30  DataGridView1.DataSource = O_TempTable
```

```
31
32  MySheet = Nothing
33  Mybook = Nothing
34  OLEAPP.ActiveWorkbook.Close()
35  OLEAPP.Workbooks.Close()
36  OLEAPP.Quit()
```

開啟 Excel 的工作表之後，使用 Do Loop 無限迴圈，逐列讀出 Excel 工作表的資料，直到關鍵欄（本例為第一欄產品編號）無資料為止（使用 Nothing 判斷），程式摘要如表 4-21 第 16 ～ 30 行。工作表的 Cell.Value 屬性可讀取或設定 Excel 工作表某一格位的資料，Cell 括號內有兩個引數，前者為列號，後者為行號（註：Excel 工作表的欄列編號均由 1 起算）。因為 Excel 工作表的資料含有多列，故先將讀出的資料暫存於資料列物件（本例取名為 O_NewRow），該物件使用 DataTable 的 NewRow 方法產生（表 4-21 第 22 行），隨後再使用 DataTable 的 Rows.Add 方法將其併入 O_TempTable 資料表，最後使用 AcceptChanges 方法認可資料列所作之變更。資料顯示於 DataGridView 之後，使用 Close 等方法關閉相關物件及釋放資源（表 4-21 第 32 ～ 36 行）。詳細程式碼及其解說 F_EXCEL01.vb 的 B_IMPORT03_Click 事件程序。

4-5.2 Excel 資料匯出

範例 F_EXCEL01.vb 示範了三種匯出方式，「匯出 1」使用 ADO 物件建立全新的 Excel 檔案，然後將資料插入其工作表。「匯出 2」使用 ADO 物件將 DataGridView 的資料匯出至 Excel 檔的工作表。「匯出 3」則是使用 COM 物件將 DataGridView 的資料匯出至 Excel 檔的工作表。分別說明其處理方式如下。

欲使用 ADO 物件建立全新的 Excel 檔案，仍先使用 OleDbConnection 物件打開連接管道（表 4-22 第 1 ～ 5 行），然後使用 OleDbCommand 物件的 ExecuteNonQuery 方法執行 SQL 指令即可。請注意，連接字串中不能使用 IMEX=1，讀取已存在的檔案才能使用，另外以 Create Table 產生新的工作表（本例為 Sheet1，表 4-22 第 7 ～ 8 行），工作表名稱之後為欄位名稱及資料型別（不能空白），欄名以中括號括住，其後為資料型別，各欄名之間以逗號分隔。

表 4-22. 程式碼 __Excel 檔處理之六（匯出 1、2）

```
01  Dim MFN_0 As String = "D:\TEST02\Book_01.xls"
02  Dim Mstrconn_0 As String = "Provider=Microsoft.Jet.OLEDB.4.0; _
03         Data Source=" + MFN_0 + ";Extended Properties='Excel 8.0;HDR=No';"
04  Dim Oconn_0 As New OleDbConnection(Mstrconn_0)
05  Oconn_0.Open()
06
07  Dim Msqlstr_0 As String = "Create Table Sheet1 ([ItemCode] Text(6), _
08        [ItemName] Text(10), [Qty] Integer, [Price] double, ……….)"
09  Dim Ocmd_0 As New OleDbCommand(Msqlstr_0, Oconn_0)
10  Ocmd_0.ExecuteNonQuery()
11
12  Dim MSheetName As String = "Sheet1"
13  Dim Msqlstr_1 As String
14  Msqlstr_1 = "Insert Into [" + MSheetName + "] _
15              Values('A00001','西瓜',1,100.5,'2015/03/27')"
16  Dim Ocmd_1 As New OleDbCommand
17  Ocmd_1.Connection = Oconn_0
18  Ocmd_1.CommandText = Msqlstr_1
19  Ocmd_1.ExecuteNonQuery()
20
21  For Mcou = 0 To MRowNo Step 1
22      MItemName = DataGridView1.Rows(Mcou).Cells(0).Value
23      .....................
24      MDataTime = DataGridView1.Rows(Mcou).Cells(3).Value
25
26      Msqlstr_1 = "Insert Into [" + MSheetName + "] Values(@t1,@t2,@t3,@t4)"
27      Ocmd_1.Parameters.Clear()
28      Ocmd_1.Parameters.AddWithValue("@t1", DbType.String).Value _
29                                                  = MItemName
30      .....................
31      Ocmd_1.CommandText = Msqlstr_1
32      Ocmd_1.ExecuteNonQuery()
33  Next
```

工作表建立之後，就可使用 Insert Into 指令插入資料，Insert Into 之後接工作表名稱，再以 Values 指定插入值，插入值與欄位必須對應。表 4-22 第 9 行使用 OleDbCommand 建構函式，建立新的命令物件 Ocmd_0，並予初始化（下達 SQL 指令並打通連接管道），一個陳述式就搞定，程式碼極簡。但插入資料則使用了不同方式（不用建構函式，而用相關屬性），表 4-22 第 17 ～ 18 行使用 OleDbCommand 物件的 Connection 屬性及 CommandText 屬性，分別設定連接管道及下達 SQL 指令，這種方式可讓命令物件 Ocmd_0 重複使用，以便執行不同的 SQL 指令。詳細程式碼及其解說請見 F_EXCEL01.vb 的 B_EXPORT1_Click 事件程序。

「匯出 2」使用 ADO 物件將 DataGridView 的資料匯出至 Excel 檔的工作表，同樣使用 OleDbConnection 物件打開連接管道，然後使用 OleDbCommand 物件的 ExecuteNonQuery 方法建立工作表，並將資料插入其中，所不同的是使用了 For 迴圈，逐列將 DataGridView 的資料匯出至 Excel 檔，迴圈中的 Insert 指令無需指定欄名，Values 之後接 @ 具名參數，以降低 SQL 指令的複雜度（表 4-22 第 21 ～ 33 行），詳細程式碼及其解說請見 F_EXCEL01.vb 的 B_EXPORT2_Click 事件程序。

「匯出 3」則是使用 COM 物件將 DataGridView 的資料匯出至 Excel 檔。其方法與資料匯入類似，首先啟動 Excel 應用程式，並宣告其物件名稱為 OLEAPP，然後關閉可見及警告視窗，以加快處理速度（表 4-23 第 1 ～ 3 行），隨後使用 Workbooks.Add 方法建立新的活頁簿，並將該活頁簿物件取名為 Mybook，以利後續之處理。然後使用 Activate 方法指定第一張工作表為作用中工作表（註：資料匯出之所在），並命名為 MySheet，以利後續之處理（表 4-23 第 5 ～ 7 行）。因為資料有多筆，故使用 For 迴圈，逐列將 DataGridView 的資料匯出至 Excel 檔。在 Excel 的儲存格置入資料需使用 Value 屬性指定並標示其儲存格位置，位置標示有兩種方法，方法一使用 Cells 屬性指定位置，例如 MySheet.Cells(1, 1).Value = "abc"，可將字串 abc 置入儲存格 A1，括號內為列號及行號，均由 1 起算，方法二使用 Range 屬性指定位置，例如 MySheet.Range("C1").Value = 123，可將字串 123 置入儲存格 C1，括號內為儲存格標示，須加雙引號。本例採用方法一，以便列號可隨迴圈的計數器遞增（表 4-23

第 22 ～ 24 行）。資料匯出之後，記得要存檔，因為表 4-23 第 5 行的程式只是在記憶體中新增了活頁簿，故還需使用 SaveAS 方法將資料存入硬碟檔案（表 4-23 第 27 行），括號內為檔名及其路徑，前後需加雙引號。詳細程式碼及其解說請見 F_EXCEL01.vb 的 B_EXPORT3_Click 事件程序。

表 4-23. 程式碼 __Excel 檔處理之七（匯出 3）

```
01  Dim OLEAPP As Object = CreateObject("Excel.Application")
02  OLEAPP.Visible = False
03  OLEAPP.DisplayAlerts = False
04
05  Dim MyBook = OLEAPP.Workbooks.Add()
06  Dim MySheet As Object = MyBook.Worksheets(1)
07  MySheet.Activate()
08
09  Dim MStop As Int32 = DataGridView1.Rows.Count - 1
10  Dim MItemName As String = ""
11  Dim MQty As Int32 = 0
12  Dim MAmt As Double = 0
13  Dim MDataTime As String = ""
14
15  For Mrow = 0 To MStop Step 1
16      If IsDBNull(DataGridView1.Rows(Mrow).Cells(0).Value) = True Then
17          MItemName = ""
18      Else
19          MItemName = DataGridView1.Rows(Mrow).Cells(0).Value
20      End If
21      .....................
22      MySheet.Cells(Mrow + 5, 1).Value = MItemName
23      .....................
24      MySheet.Cells(Mrow + 5, 4).Value = MDataTime
25  Next
26
27  MyBook.SaveAs("D:\TEST02\Test_Excel.xls")
28
```

```
29    MyBook.Close()
30    MyBook = Nothing
31    MySheet = Nothing
32    OLEAPP.Quit()
```

使用 ADO 處理 Excel 檔會有較佳的速度，但是要作較細部的控制，恐怕還是需賴 COM 物件，例如置入計算公式及格式化（包括字體大小、顏色、畫線、對齊、欄寬、列高、千分號及版面設定等），為節省篇幅，故不於此詳述，請讀者逕行參考 F_EXCEL01.vb 的 B_EXPORT3_Click 事件程序之實例與說明。

4-5.3 轉檔

將 SQL Server 或是 Access 等資料庫的部分資料匯出為 Excel 檔，供 User 加工運用，可能是最常見的需求之一，故本書提供兩個範例來說明此需求的達成方法。

圖 4-6 的「轉檔 1」可自 Access 資料庫 StampCollection.mdb 抓出資料至 DataTable，再匯出為 Excel 檔。自 Access 資料庫抓取資料至 DataTable 的方法如 4-2 節所述，此處不贅言，請讀者逕行參考範例檔 F_EXCEL01.vb 的 B_EXPORT4_Click 事件程序之說明。隨後將 DataTable 的資料匯出為 Excel 檔，可利用前述的方法，以 ADO 物件下達 Create Table 指令建立一個新的活頁簿，再將資料置入其工作表即可，但本範例使用另一種方式。請先使用 Excel 設計一個活頁簿，該活頁簿的工作表只有兩列，第一列為欄名，第二列為格式化之後的儲存格（包括千分號及日期格式等），範例如圖 4-8 的前兩列，隨後程式將資料插入此工作表時會依據第二列的樣式自動格式化，非常快速方便（xls 檔非常完美，xlsx 檔的輸出效果稍差些）。另外建議不要從 DataGridView 匯出，而要從 DataTable 匯出，因為前者資料為文字格式，置入 Excel 之後要轉換格式或格式化都非常麻煩。

Microsoft Excel - Test_Stamp.xls

	A	B	C	D	E	F	G
1	編號	國家	郵票名稱	專題類別	數量	購入價格	購入時間
2							
3	A001	中華民國	1964年台灣水果郵票	水果	1	1,500	2012/01/01
4	A002	泰國	泰國蜻蜓郵票	昆蟲	1	120	2012/01/15
5	A003	中共	1963年黃山風景郵票	風景	1	15,000	2012/02/19
6	A004	肯亞	肯亞水果郵票	水果	1	150	2012/03/15
7	A005	肯亞	肯亞動物郵票	動物	1	120	2012/03/15
8	A006	中共	1993年長白山風景郵票	風景	1	50	2012/05/16
9	A007	中華民國	1963年亞洲郵盟紀念郵票	鳥類	1	600	2012/07/12
10	A008	越南	民間故事郵票	民俗	1	100	2012/12/01
11	A009	日本	日本花卉郵票	花卉	1	150	2012/12/01
12	A010	中華民國	桃園機場落成紀念郵票	飛機	4	180	2012/12/01
13	A011	西班牙	吉他大師塞哥維亞紀念郵票	人物	4	200	2012/12/01
14	A012	英國	英國昆蟲郵票	昆蟲	1	200	2013/06/30
15	A013	日本	1948年仕女圖名畫郵票	名畫	1	5,000	2013/07/24
16	A014	日本	1949年夜雁圖名畫郵票	名畫	1	6,000	2013/07/24
17	A015	英國	英國首相邱吉爾爵士郵票	人物	1	150	2013/08/19
18	A016	英國	電影明星郵票	人物	1	180	2013/08/19
19	A017	越南	越南鳥類郵票	鳥類	1	180	2013/09/05

▲ 圖 4-8 SQL Server 轉檔至 Excel

轉檔程序稍微複雜些，故請先見圖 4-9 的流程，本程序使用兩個資料轉接器，第一個轉接器 ODataAdapter_1 控制 Access 檔，第二個轉接器 ODataAdapter_2 控制 Excel 檔，但只使用一個資料集 ODataSet_1，資料集內有兩個資料表，Table01 儲存 Access 取出的資料，然後經由 DataRow 資料列轉入 Table02，Table02 的檔案結構取自 Excel，最後再使用第二個轉接器的 Update 方法將 Table02 的資料更新至 Excel 檔。

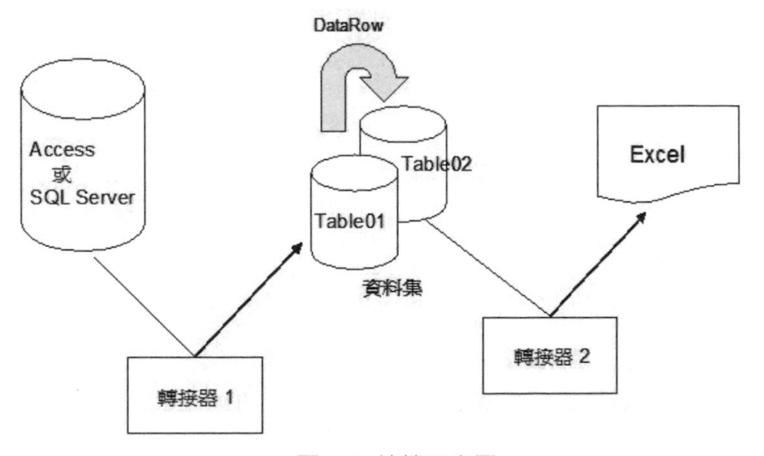

▲ 圖 4-9 轉檔示意圖

表 4-24 第 1 ～ 4 行的程式將設計好的活頁簿複製至目標資料夾，然後使用 OleDbConnection 物件打開此活頁簿（表 4-24 第 6 ～ 10 行），隨後建立 OleDbDataAdapter 資料轉接器物件，以便作為 Excel 活頁簿與 DataTable 資料表的溝通橋梁，因為要先建立一個名為 Table02 的資料表，以便暫存 Access 轉來的資料，這個資料表的結構必須與 Excel 活頁簿相同，故所下的 SQL 指令不會抓出任何資料（實際上也沒資料可抓），但會產生相同的檔案結構。表 4-24 第 16 ～ 23 行的程式使用 For 迴圈，逐筆將 Table01 的資料（儲存了 Access 取出的資料）轉入 Table02，迴圈內先使用 NewRow 方法根據 Table02 建立一個資料列物件 O_NewRow，以便暫存 Table01 的某列資料，隨後再使用 Rows.Add 方法將資料列物件 O_NewRow 併入 Table02，請注意 NewRow 及 Rows.Add 兩列指令都需置於迴圈內，否則會發生錯誤。

表 4-24. 程式碼 __Excel 檔處理之八（轉檔）

```
01  Dim MSourceDir As String = Directory.GetCurrentDirectory() + "\APPDATA\"
02  Dim MSOUFN As String = MSourceDir + "Test_Stamp_BK.xls"
03  Dim MDESFN As String = "D:\TEST02\Test_Stamp.xls"
04  My.Computer.FileSystem.CopyFile(MSOUFN, MDESFN)
05
06  Dim MFN_2 As String = "D:\TEST02\Test_Stamp.xls"
07  Dim Mstrconn_2 As String = "Provider=Microsoft.Jet.OLEDB.4.0; _
08      Data Source=" + MFN_2 + ";Extended Properties='Excel 8.0;HDR=Yes';"
09  Dim Oconn_2 As New OleDbConnection(Mstrconn_2)
10  Oconn_2.Open()
11
12  Dim Msqlstr_2 As String = "Select * From [Sheet1$] Where 編號='Z'"
13  Dim ODataAdapter_2 As New OleDbDataAdapter(Msqlstr_2, Oconn_2)
14  ODataAdapter_2.Fill(ODataSet_1, "Table02")
15
16  Dim O_NewRow As DataRow
17  Dim Mstop As Integer = ODataSet_1.Tables("Table01").Rows.Count - 1
18  For Mcou = 0 To Mstop Step 1
19      O_NewRow = ODataSet_1.Tables("Table02").NewRow()
20      O_NewRow("編號") = ODataSet_1.Tables("Table01").Rows(Mcou)(0)
21      ....................
```

```
22      ODataSet_1.Tables("Table02").Rows.Add(O_NewRow)
23  Next
24
25  ODataAdapter_2.InsertCommand = New OleDbCommand(" _
26         Insert Into [Sheet1$] (編號, …….) Values (@t1,…….)", Oconn_2)
27  ODataAdapter_2.InsertCommand.Parameters.Add(" _
28          @t1", OleDbType.Char, 4).SourceColumn = "編號"
29  …………………
30  ODataAdapter_2.Update(ODataSet_1, "Table02")
```

Access 取出的資料轉入 Table02 之後，要將其資料插入 Excel 檔，故需使用資料轉接器的 InsertCommand 屬性來指定適當的 SQL 指令，這個 SQL 指令可用 OleDbCommand 建構函式來構築，範例如表 4-24 第 25 ～ 26 行，Insert Into 之後接工作表名稱，然後以括號標明欄位名稱，最後以 Values 指定插入值，因為此處使用具名參數，故隨後需使用資料轉接器的 InsertCommand.Parameters.Add 方法來指定這些資料值的型別及來源，範例如表 4-24 第 27 ～ 28 行，括號內的引數為具名參數及資料型別，其後以 SourceColumn 屬性指出參數值的來源欄位（註：以本例而言，第二個資料轉接器 ODataAdapter_2 負責溝通 Excel 檔與 Table02，故 SourceColumn 屬性所指的來源欄位就是 Table02 的欄位）。亦可省略 SourceColumn 屬性，而將來源欄置入 Add 括號內，例如表 4-24 第 27 ～ 28 行可寫為：

```
ODataAdapter_2.InsertCommand.Parameters.Add("@t1", OleDbType.Char, 4, "編號")
```

最後再使用資料轉接器的 Update 方法，即可將 Table02 的資料存入 Excel 檔（表 4-24 第 30 行）。「轉檔 2」除了處理對象不同外（註：Access 資料庫換成 SQL Server 資料庫，xls 檔換成 xlsx 檔），其處理架構與「轉檔 1」完全相同，請讀者逕行參考 F_EXCEL01.vb 的 B_EXPORT5_Click 事件程序之程式碼及其解說。

4-5.4 Excel 資料的增刪修

將 Excel 工作表當作一個資料庫，然後進行資料的新增、修改及刪除，雖然在實務上不常見，但如有需要仍可達成。

在 Excel 工作表新增一筆資料的方法與前述的「轉檔」相同，都是使用資料轉接器的 InsertCommand 屬性來指定適當的 SQL 指令，並以其 Update 方法更新 Excel 檔，範例如表 4-25 第 16 ～ 21 行。但在插入資料前必須先檢查關鍵欄（本例為編號欄）是否重複，可用 DataView 資料檢視表的 RowFilter 屬性來達成，若該方法篩出相同的的編號，則表示編號重複，範例如表 4-25 第 1 ～ 8 行。請先用 DefaultView 屬性建立預設的資料檢視表（本例取名 O_DataView），然後再使用 RowFilter 屬性篩選，等號之後為比較式，其中的比較值之前後要加單引號（表 4-25 第 4 行）。詳細程式碼及其解說請見 F_EXCEL01.vb 的 B_ADD_Click 事件程序。

表 4-25. 程式碼 _Excel 檔處理之九（增刪修）

```
01  Dim O_DataView As DataView
02  O_DataView = ODataSet_1.Tables("Table02").DefaultView
03
04  O_DataView.RowFilter = "編號='" + T_sno.Text + "'"
05  If O_DataView.Count >= 1 Then
06      MsgBox("Sorry,『編號』重複了!", 0 + 16, "Error")
07      Exit Sub
08  End If
09
10  Dim O_NewRow As DataRow
11  O_NewRow = ODataSet_1.Tables("Table02").NewRow()
12  O_NewRow("編號") = T_sno.Text
13  ......................
14  ODataSet_1.Tables("Table02").Rows.Add(O_NewRow)
15
16  ODataAdapter_2.InsertCommand = New OleDbCommand(" _
17          Insert Into [Sheet1$] (編號,…….) Values (@t1,…….)", Oconn_2)
18  ODataAdapter_2.InsertCommand.Parameters.Add(" _
```

```
19            @t1", OleDbType.Char, 4).SourceColumn = "編號"
20      ....................
21      ODataAdapter_2.Update(ODataSet_1, "Table02")
22
23      ODataAdapter_2.InsertCommand = New OleDbCommand(" _
24            Update [Sheet1$] Set 國家=@t1,郵票名稱=@t2, ……. _
25            Where 編號='" + T_sno.Text + "'", Oconn_2)
26
27      Dim MDeleteRowNo As Int32 = 0
28      Dim Mstop As Int32 = ODataSet_1.Tables("Table02").Rows.Count
29      For Mrow = 1 To Mstop - 1 Step 1
30         If ODataSet_1.Tables("Table02").Rows(Mrow)(0) = T_sno.Text Then
31            MDeleteRowNo = Mrow + 2
32            Exit For
33         End If
34      Next
35
36      OLEAPP.Rows(MDeleteRowNo).Select()
37      OLEAPP.Selection.Delete()
```

至於 Excel 檔中資料的修改方式與前述「新增」類似，同樣使用 ADO 物件來處理，所不同的是其 SQL 指令，範例如表 4-25 第 23 ～ 25 行，Update 之後為工作表名稱，然後以 Set 指定要更新的欄位及其更新值，最後以 Where 指定條件式，請注意此處仍使用轉接器的 InsertCommand 屬性來指定 SQL 指令，而非 UpdateCommand 屬性。詳細程式碼及其解說請見 F_EXCEL01.vb 的 B_Modify_Click 事件程序。

至於刪除 Excel 檔中的資料是無法使用 ADO 物件來達成的（The Jet OleDb provider does not allow Delete operations），故改用 COM 物件。其方法是先找出 User 欲刪除資料在 Excel 檔中的列號，然後由 COM 物件刪除該列資料。找出列號的程式如表 4-25 第 27 ～ 34 行，因資料有多筆，故使用 For 迴圈，逐筆判斷 Excel 檔中的編號是否與 User 所指定的相同，若是，則以迴圈計數 +2 作為所需刪除的列號，並存入變數 MDeleteRowNo，供後續刪除指令使用（註：因資料從第三列開始，故目標列數需加 2），DataTable 的 Rows 屬性後加列號及行號可取出資料表中某格位之值（表 4-25 第 30 行）。列號找出後，COM 物件先選定該列，然後使用 Delete 方法刪除（表 4-25 第 36 ～ 37 行）。詳細程式碼及其解說請見 F_EXCEL01.vb 的 B_Delete_Click 事件程序。

4-6 應用程式組態檔與資料繫結

前述表單資料的增刪修都是透過程式來控制，此法的優點是可做精細之處理，以滿足特殊需求。其實，建構簡易是 Windows Form 的優點之一，一般需求根本不用撰寫任何程式，只要經過幾個簡單的步驟就可達成。舉例來說，如果要將資料從 SQL Server 中取出，然後顯示於 DataGridView，其步驟如下。

在表單上點選 DataGridView，點選其右上角的小三角形，展開智慧標籤頁（圖 4-10），然後點選「選擇資料來源」右方的向下箭頭，展開如圖 4-11 的小視窗，請點選「加入專案資料來源」，螢幕會開啟如圖 4-12 的精靈，導引完成 Data Binding「資料繫結」的工作，請點選「資料庫」，再按「下一步」鈕。螢幕開啟如圖 4-13 的畫面，請點選「資料集」，再按「下一步」鈕。螢幕開啟如圖 4-14 的畫面，請點選「新增連接」，螢幕開啟如圖 4-15 的畫面，請按「變更」鈕，然後在開啟的視窗中點選 Microsoft SQL Server。回到如圖 4-15 的畫面，請在「伺服器名稱欄」輸入 SQL Server 之所在（例如 Localhost\SqlExpress），然後輸入使用者名稱及密碼（如果使用 SQL Server 驗證），再選取或輸入資料庫名稱（例如 VBSQLDB），再按「測試連接」鈕，若連結成功，請按「確定」鈕。回到如圖 4-14 的畫面，點選「是，在連接字串中包含敏感性資料」，會將密碼寫入連接字串之中，點選「將儲存在應用程式中的連接字串」前方的＋號，可看見完整的連接資訊，查看之後請按「下一步」鈕。螢幕開啟如圖 4-16 的畫面，詢問是否要將連接字串儲存於 App.Config 應用程式組態檔（名稱可自行修改），請勾選「是」，以便其他表單可使用，再按「下一步」鈕。螢幕開啟如圖 4-17 的畫面，請勾選所需資料表及其欄位，再按「完成」鈕即可。執行該表單之後，就可看見資料表的資料顯示於 DataGridView 之中。

DataGridView 工作
選擇資料來源: (無)
編輯資料行...
加入資料行...
啟用加入
啟用編輯
啟用刪除
啟用資料行重新調整順序
停駐於父容器中

▲ 圖 4-10 選擇資料來源

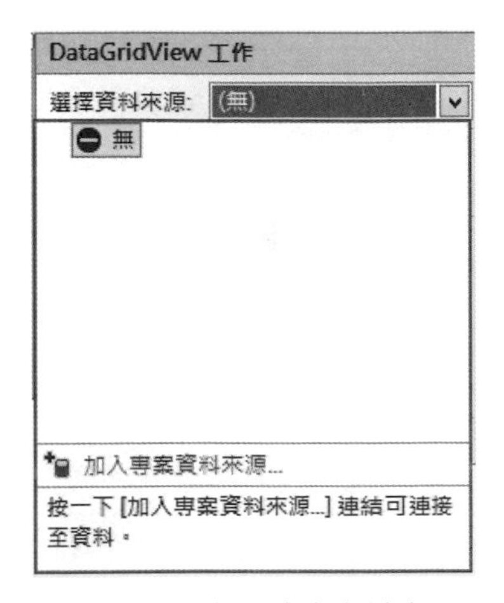

▲ 圖 4-11 加入專案資料來源

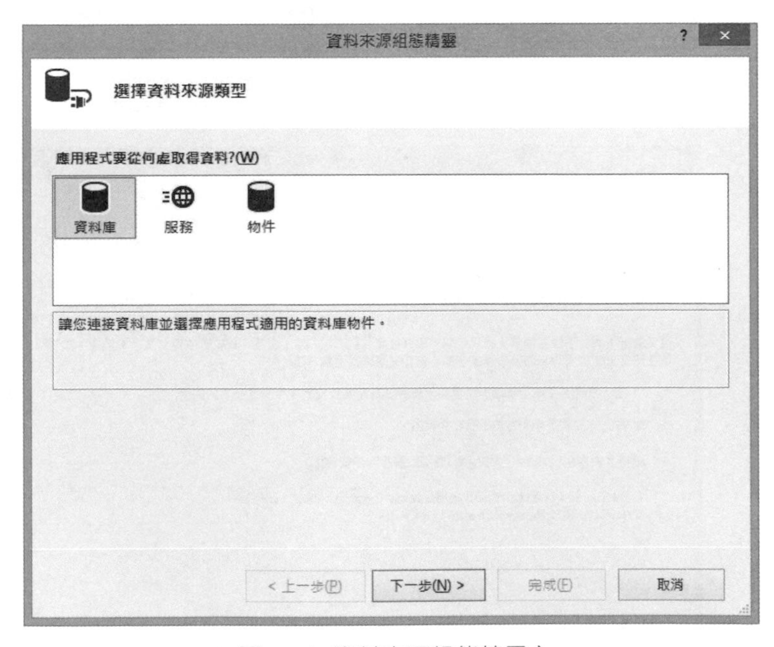

▲ 圖 4-12 資料來源組態精靈之一

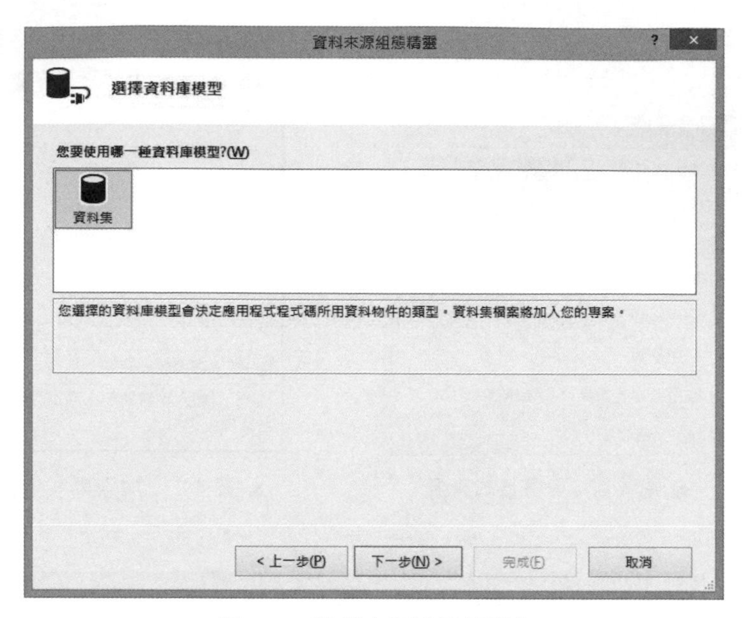

▲ 圖 4-13 資料來源組態精靈之二

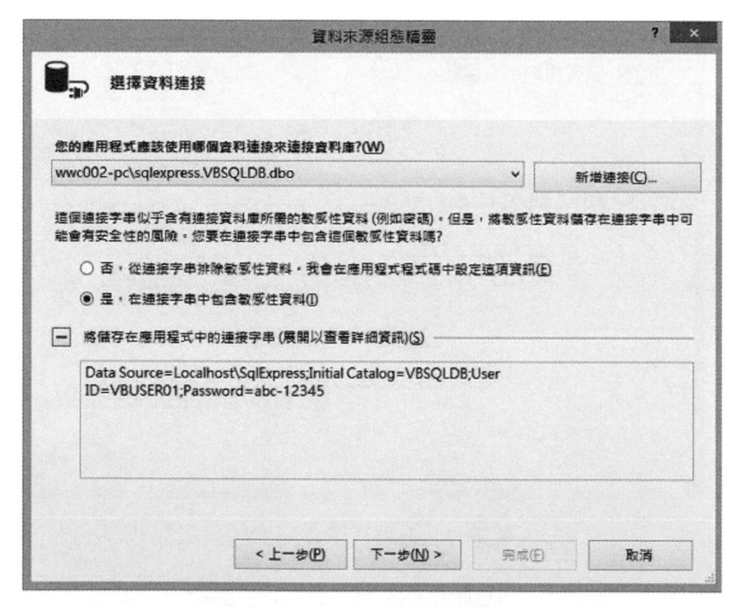

▲ 圖 4-14 資料來源組態精靈之三

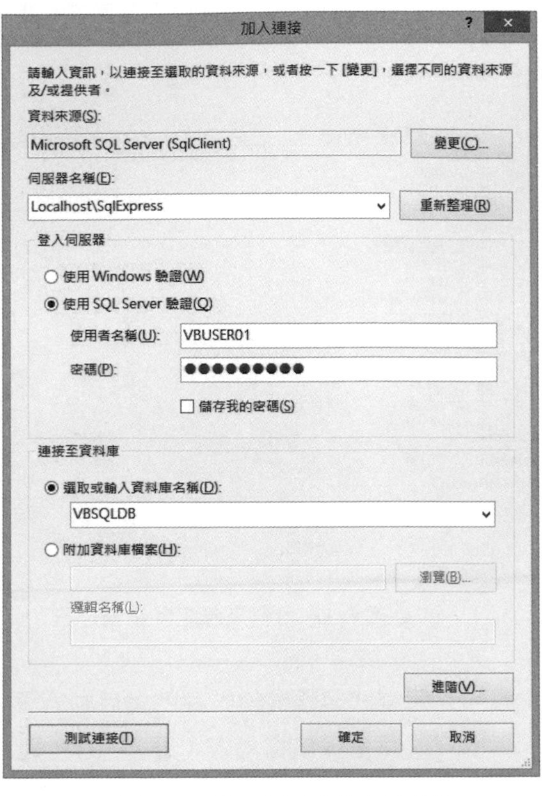

▲ 圖 4-15 指定資料庫的連結資訊

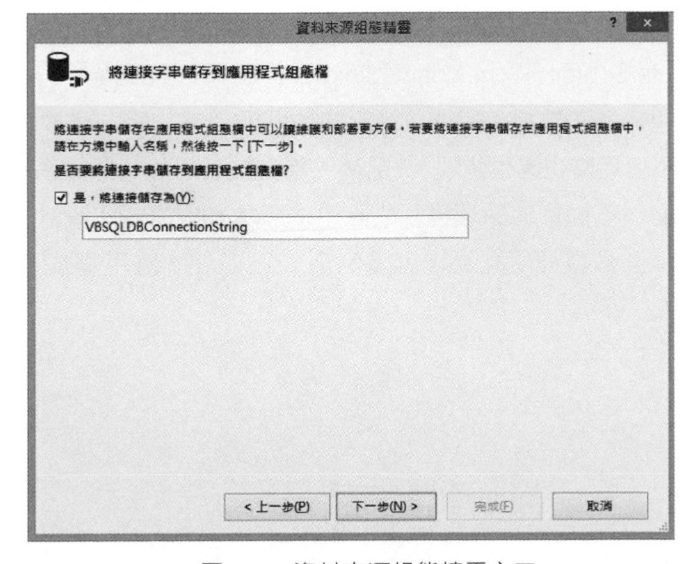

▲ 圖 4-16 資料來源組態精靈之四

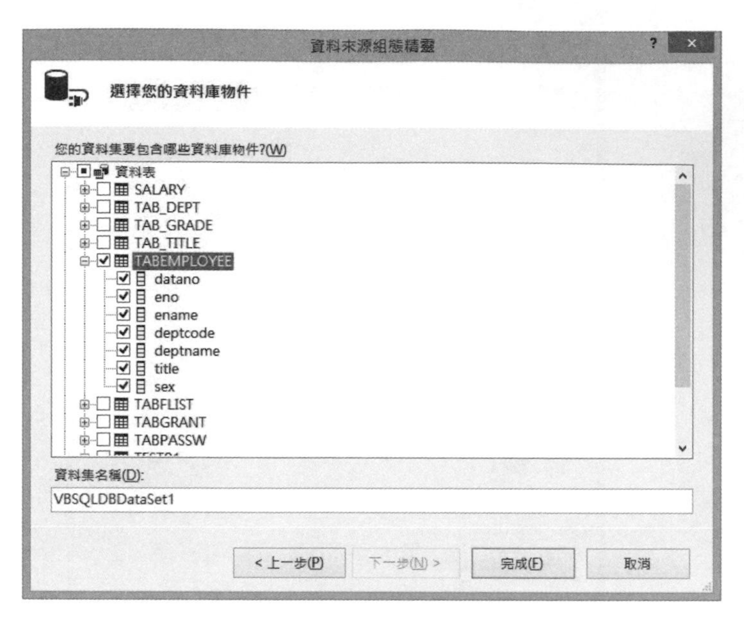

▲ 圖 4-17 資料來源組態精靈之五

完成前述動作之後，應用程式組態檔的內容就會自動調整，請在「方案總管」視窗內雙擊 App.Config，可看見該檔內容（圖 4-18），連結資料庫的字串位於 <connectionStrings> 與 </connectionStrings> 之間，包括連接字串的名稱、伺服器名稱、使用者名稱及密碼等。當資料庫環境變動時，可逕行修改，而無需修改表單中的程式，例如 SQL Server 資料庫改裝於 SV01 這台伺服器上，那麼請將 Data Source=Localhost\SqlExpress 改為 Data Source=SV01 即可。此舉尤其適用於多表單都使用同一資料庫的狀況（註：逐一修改表單程式中的連接資料，不但耗時也易生錯誤）；另外，當您為客戶設計應用系統時，客戶的資料庫環境必然不同於您的環境，故除了仿照本章的方式（設計一個如圖 4-2 的 SQL Server 登入畫面）之外，就是利用 App.Config 應用程式組態檔中的連接字串。

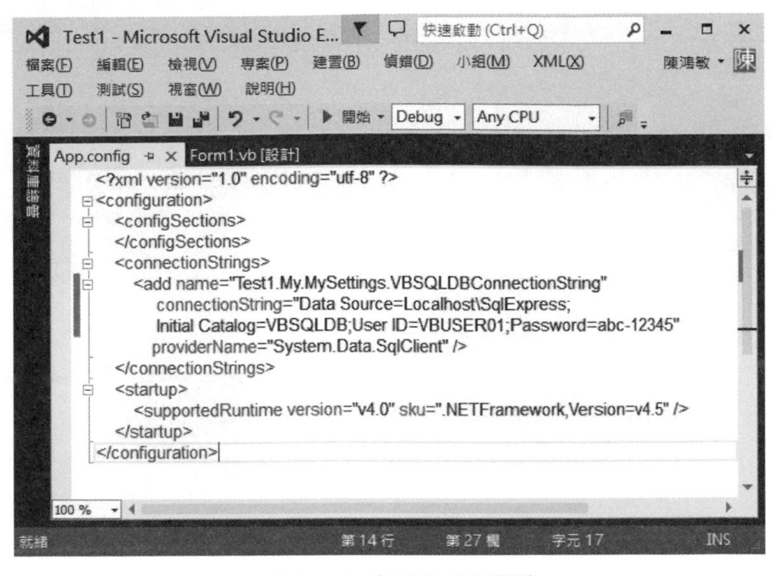

▲ 圖 4-18 應用程式組態檔

不同表單使用同一資料庫（可能使用其中不同的資料表），並無需重複操作前述的動作，只需在表單之程式中引用 App.Config 中的連接字串即可，其程式碼如表 4-26。首先依據 SqlConnection 類別建立新的連接物件（本例為 Ocn_1，表 4-26 第 5 行），然後使用 ConfigurationManager 類別的 ConnectionStrings 屬性來設定 SQL 連接字串，括號內為 App.Config 中的連接字串，此字串必須為該檔中「add name=」之後的字串（如圖 4-18），而且需用雙引號括住（表 4-26 第 6 ~ 7 行），然後將此字串指定給 SqlConnection 類別的 ConnectionString 屬性，最後再使用 SqlConnection 的 Open 方法就可開啟資料庫的連線（表 4-26 第 8 ~ 9 行）。打通連結管道之後，就可下達 SQL 指令，進行資料的讀取或增刪修。使用 ConfigurationManager 類別，必須先 Add Reference「加入參考」，然後在表單程式中引用命名空間 System.Configuration（表 4-26 第 1 行）。加入參考的方法是先在「方案總管」視窗內點選專案名稱，然後在功能表上點選「專案」、「加入參考」，螢幕開啟如圖 4-19 的「參考管理員」視窗，請展開「組件」，點選其下的「架構」，然後於視窗右方勾選「System.Configuration」，再按「確定」鈕即可。

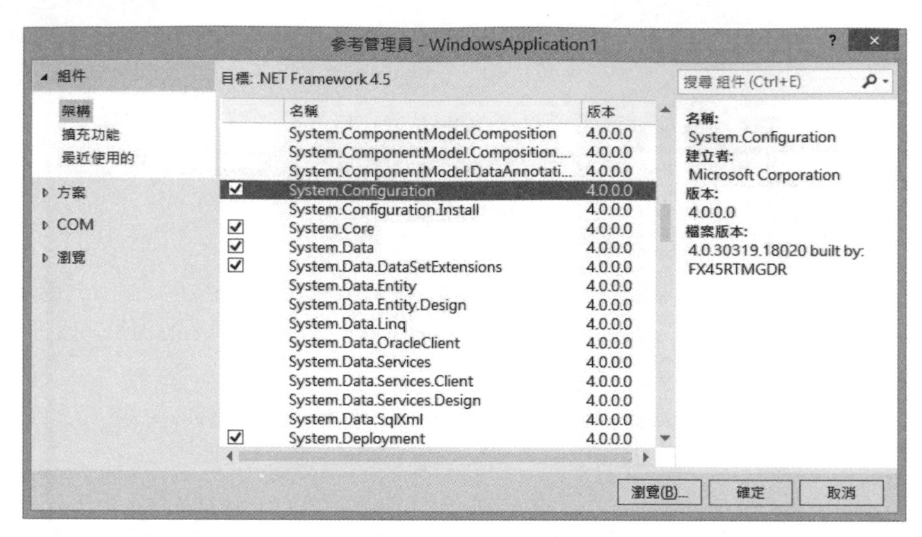

▲ 圖 4-19 參考管理員

表 4-26 . 程式碼 __ 引用組態檔的連接字串

```
01  Imports System.Configuration
02
03  Public Class Form2
04      Private Sub Form1_Load( ………………… ) Handles MyBase.Load
05          Dim Ocn_1 As New SqlConnection
06          Dim Mcnstr_1 As String = ConfigurationManager.ConnectionStrings( _
07              "Test1.My.MySettings.VBSQLDBConnectionString").ConnectionString
08          Ocn_1.ConnectionString = Mcnstr_1
09          Ocn_1.Open()
10
11          Dim Msqlstr_1 As String = "Select * From TABEMPLOYEE"
12          Dim ODataAdapter_1 As New SqlDataAdapter(Msqlstr_1, Ocn_1)
13          Dim ODataSet_1 As DataSet = New DataSet
14          ODataAdapter_1.Fill(ODataSet_1, "Table01")
15          DataGridView1.DataSource = ODataSet_1.Tables("Table01")
16
17          Ocn_1.Close()
18          Ocn_1.Dispose()
19      End Sub
20  End Class
```

Visual Basic

5 chapter

查詢及處理

當在 Access 或 SQL Server 等資料庫建立了龐大的數據後，接著就是需設計一個查詢介面，讓 User 容易地從這些龐大的數據中找到想要的資料。

5-1 資料查詢介面

範例 F_Query.vb（主目錄的「E1 查詢及處理」）示範了一個非常實用的查詢介面，請見圖 5-1，在該表單的左上、右上、左下、右下等四個區塊可指定不同的查詢條件。左上角可指定資料日期（可多選），右上角可指定資料屬性，例如某部門或某一職稱等（可同時指定多個屬性），右下角可指定資料匯總方式（例如部門小計，內定為明細資料），左下角可指定資料比對方式，例如比對員工號（比對數量無限）。

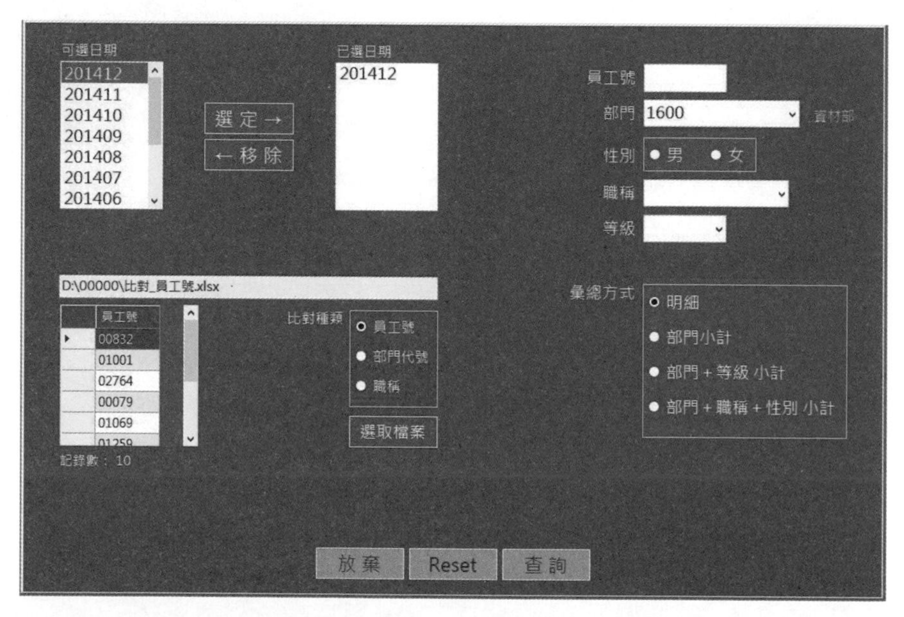

▲ 圖 5-1 查詢介面

條件指定之後，按「查詢」鈕，其結果會呈現在如圖 5-2 或 5-3 的畫面上（範例檔為 F_QueryResult.vb）。本範例的資料儲存於 SQL Server 上，資料庫名稱為 VBSQLDB，資料表名稱為 SALSRY，內含 2 萬 8 千多筆的人事薪津資料。這個查詢功能由兩張表單合力完成，第一張表單 F_Query.vb 負責匯集 User

所指定的查詢條件，並組成 SQL 指令，然後傳送給第二張表單 F_QueryResult.vb，該表單再據以抓出符合條件的資料，並呈現於 DataGridView 中。

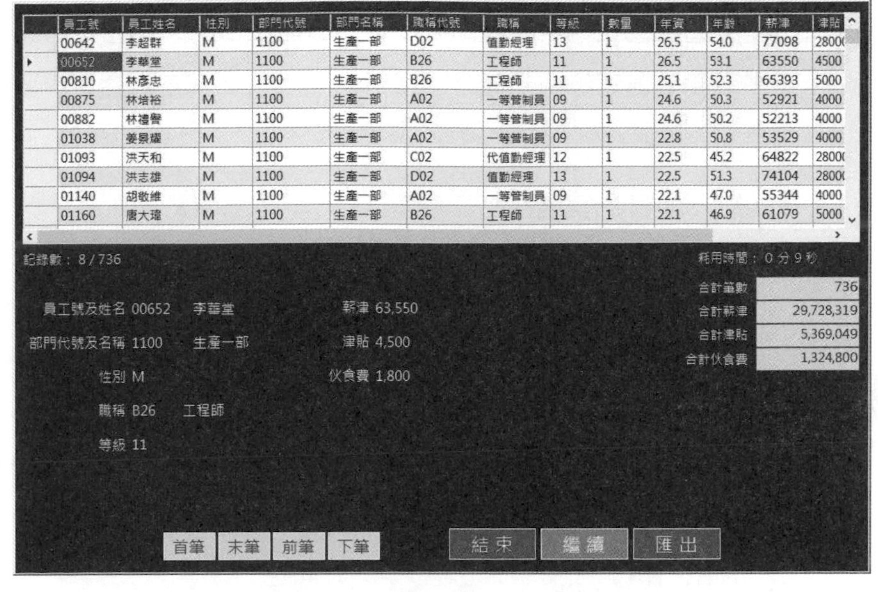

員工號	員工姓名	性別	部門代號	部門名稱	職稱代號	職稱	等級	數量	年資	年齡	薪津	津貼
00642	李超群	M	1100	生產一部	D02	值勤經理	13	1	26.5	54.0	77098	2800(
00652	李華堂	M	1100	生產一部	B26	工程師	11	1	26.5	53.1	63550	4500
00810	林彥忠	M	1100	生產一部	B26	工程師	11	1	25.1	52.3	65393	5000
00875	林培裕	M	1100	生產一部	A02	一等管制員	09	1	24.6	50.3	52921	4000
00882	林禮譽	M	1100	生產一部	A02	一等管制員	09	1	24.6	50.2	52213	4000
01038	姜景耀	M	1100	生產一部	A02	一等管制員	09	1	22.8	50.8	53529	4000
01093	洪天和	M	1100	生產一部	C02	代值勤經理	12	1	22.5	45.2	64822	2800(
01094	洪志雄	M	1100	生產一部	D02	值勤經理	13	1	22.5	51.3	74104	2800(
01140	胡敬維	M	1100	生產一部	A02	一等管制員	09	1	22.1	47.0	55344	4000
01160	唐大瑋	M	1100	生產一部	B26	工程師	11	1	22.1	46.9	61079	5000

▲ 圖 5-2 查詢結果之一（明細表）

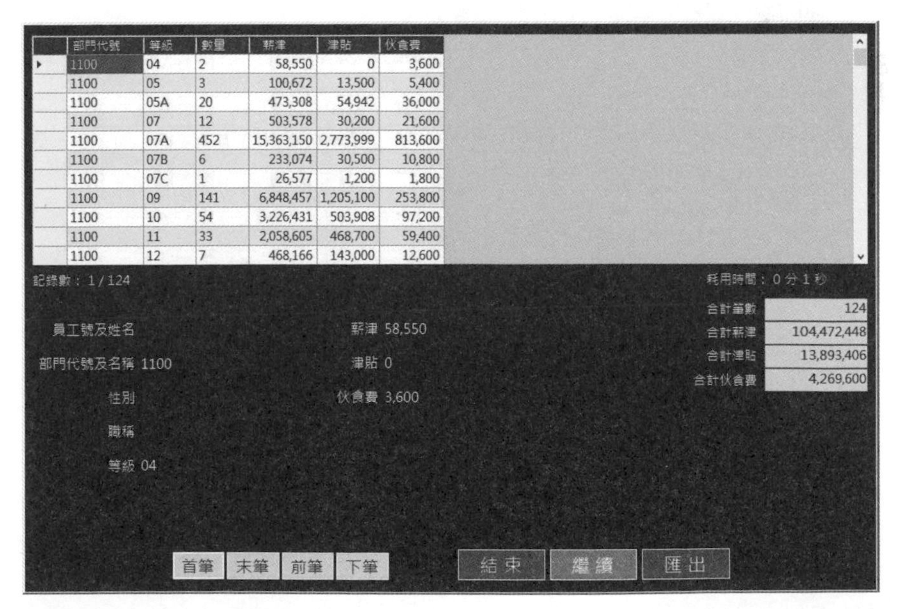

部門代號	等級	數量	薪津	津貼	伙食費
1100	04	2	58,550	0	3,600
1100	05	3	100,672	13,500	5,400
1100	05A	20	473,308	54,942	36,000
1100	07	12	503,578	30,200	21,600
1100	07A	452	15,363,150	2,773,999	813,600
1100	07B	6	233,074	30,500	10,800
1100	07C	1	26,577	1,200	1,800
1100	09	141	6,848,457	1,205,100	253,800
1100	10	54	3,226,431	503,908	97,200
1100	11	33	2,058,605	468,700	59,400
1100	12	7	468,166	143,000	12,600

▲ 圖 5-3 查詢結果之二（小計表）

表 5-1 程式碼示範了如何將 User 所指定的查詢條件組成 SQL 指令，首先判斷 User 在表單右上角（如圖 5-1）指定了哪些條件，並這些條件存放於變數 MMM 之中，以便作為 Where 子句的一部分。User 可指定的條件包括員工號、部門、性別、職稱及等級等。User 可能指定了其中的一個或多個，但也可能都不指定（註：允許使用者隨意組合）。如果指定了多個條件，那麼條件之間要用 and 連接，條件值的前後要加單引號（程式碼如表 5-1 第 1 ～ 11 行）。

表 5-1. 程式碼 __SQL 指令的組合

```
01  Dim MMM As String = ""
02  If T_ENO.Text <> "" Then
03      MMM = "staff_no='" + T_ENO.Text + "'"
04  End If
05  If T_DEPTCODE.Text <> "" Then
06      If MMM = "" Then
07          MMM = "dept_code='" + T_DEPTCODE.Text + "'"
08      Else
09          MMM = MMM + " and dept_code='" + T_DEPTCODE.Text + "'"
10      End If
11  End If
12  ......................
13  Dim MTempDate As String = ""
14  For Each Itemname As String In ListBox2.Items
15      If MTempDate = "" Then
16          MTempDate = "'" + Itemname + "'"
17      Else
18          MTempDate = MTempDate + "," + "'" + Itemname + "'"
19      End If
20  Next
21  If MMM = "" Then
22      MMM = "filedate IN(" + MTempDate + ")"
23  Else
24      MMM = MMM + " and filedate IN(" + MTempDate + ")"
25  End If
26  ......................
```

```
27    Dim Msql As String = "Select * From SALARY Where " + MMM
28    ......................
29    Dim Msql As String = "Select dept_code,Sum(qty) as qty, _
30                        Sum(wages) as wages ……. From SALARY Where " + MMM + _
31                        " Group by dept_code Order by dept_code"
32    ......................
33     ASendList(0) = Msql
34    ......................
35    Me.Hide()
36    F_QueryResult.Show()
```

其次，要判斷 User 在表單左上角指定了哪些日期，左邊的清單控制項是 User 可點選的日期，右邊的清單控制項是 User 已點選的日期，故需取回右邊清單控制項的所有項目名稱，作為 SQL 指令的一部分。因為 ListBox 的 Items 屬性可取得清單控制項的所有項目名稱，故使用 For Each 迴圈來逐一取出其項目名稱（表 5-1 第 14 行）。這些日期字串置入 IN 關鍵字之後，就可成為 SQL 指令的一部分，例如 filedate IN(‘201412’,201411’)，filedate 是 SALARY 資料表中的日期欄之欄位名稱（表 5-1 第 22 行），如果 User 同時指定了表單右上角的條件，則需在 filedate 之前置入 and，以便連接兩組條件（表 5-1 第 24 行）。

表 5-1 第 27 行為組合後的 SQL 指令，MMM 置於 Where 之後，該變數存放了 User 所指定的查詢條件，Select 之後的星號代表要抓出所有欄位的資料，如果只要抓出部分欄位，則以欄名取代星號，不同欄名之間以逗號分隔。如果所抓出的資料要以匯總方式呈現，例如「部門小計」，亦即相同部門的資料加總為一筆，或是「部門＋等級」，亦即同一部門之內再區分等級，相同部門及相同等級的資料加總為一筆，則需使用 Group by 子句（表 5-1 第 29 ～ 31 行），Group by 之後接匯總關鍵欄的欄位名稱，如果是多層次的匯總，例如「部門＋等級」或是「部門＋職稱＋性別」，則需接多個欄位名稱，各欄位名稱之間以逗號分隔。Select 之後為欲抓出欄的欄位名稱，這些欄位分為兩種，一種是 Group by 之後所指定的關鍵欄，另一種是運算欄，例如本例的 wages「薪津」、allowance「津貼」、meal「伙食費」，這些欄位必須置於計算函數之中，例如 Sum(wages) as wages，表示關鍵欄（例如同一部門）的多筆薪津資料要加總，

as 之後接輸出欄的欄名（可自訂）。其他可用的函數有 Avg、Count、Max 或 Min 等。除了關鍵欄及運算欄之外，其他欄位不可出現於 Select 之後。

表單右上角（如圖 5-1）的查詢條件一次只能指定一個，例如某一部門或某一職稱，如果要查出多個部門或多個職稱的資料，就必須反覆執行多次，這是非常不方便的，故本範例提供了比對查詢的功能，讓 User 一次可查出多個員工號或多個部門或多個職稱的資料。User 先點選「比對種類」，然後按「選取檔案」鈕，螢幕會出現檔案對話方塊，讓 User 點選已準備好的比對資料檔，此檔為 Excel 檔，內含要比對的員工號或部門或職稱，資料固定輸入於 A 行（由 A1 格位往下輸），D:\TestQuery 資料夾內含 3 個範例檔，讀者可點選它們來測試，亦可自行建立相關檔案（xls 或 xlsx 皆可）。

這種比對需求在實務上是很常見的，例如要找出某一產品的材料是否還有庫存，這時需要在庫存檔中比對材料編號，一項產品通常由多種不同的材料合成（或組裝），故其材料編號可能有數十個，亦可能有數百個，如果逐一查詢，不但耗時且易生錯誤。在正常情況下，產品的材料編號都會有現成的電子檔（來自供應商或自行建檔），故只要將該等檔案匯入系統，再執行比對，就可輕鬆找出所需資訊。這種需求在實務上雖然非常殷切，但筆者接觸過多套 ERP 系統（耗資上億元，據悉是全球最大廠家的產品），竟然無此功能，故筆者強烈建議您在設計系統時加入此項功能，必定會讓您的產品大受歡迎，以下介紹其設計方法。

實際的比對工作是在第二張表單 F_QueryResult.vb 中進行（請見後述），第一張表單 F_Query.vb 只負責記錄 User 所點選的比對檔，並將該資訊傳送給第二張表單。第一張表單使用 OpenFileDialog 檔案對話方塊控制項讓 User 選取欲匯入的 Excel 檔，檔名及其路徑會顯示於 T_Path 文字盒，並存入陣列 ASendList 之中，供第二張表單接收（註：因為要在表單之間傳遞多個參數，故不使用 Tag，而改用陣列），範例如表 5-1 第 33 ～ 36 行，詳細程式碼及其解說請見 F_Query.vb 的 B_Query_Click 及 B_PickUp_Click 事件程序。

5-2 資料處理

在如圖 5-1 的畫面中指定查詢條件之後，按「查詢」鈕，其結果會呈現在如圖 5-2 或 5-3 的畫面上，這個查詢結果在第二張表單 F_QueryResult.vb 的 Load 載入事件中產生。因為本範例允許 User 重複執行查詢（可指定不同條件），故在查詢結束後，需使用 Dispose 釋放第二張表單，以便第一張表單再次以 Show 呼叫該表單時，仍會 Load 該表單而再度執行相關程式，如果未釋放，則相關程式不會再次執行。相關處理程式若寫於表單的 VisibleChanged 可見變動事件中，雖可重複執行，但表單的 Show 及 Hide 事件都會執行一次相同程式，導致時間的浪費。相關程式若寫於表單的 Shown 顯示事件中，亦無法重複執行，且螢幕所顯示的表單畫面不完整，徒增 User 的困惑。

該程序先接收第一張表單所產生的 SQL 指令、匯總方式、比對類別、比對檔名及其路徑等資料，並存入變數供後續程式使用（表 5-2 第 1 ～ 4 行）。隨後以 SqlConnection 物件連接 SQL Server 資料庫，並以 SqlDataAdapter 資料轉接器將合於條件的資料存入 Table01 資料表，SqlDataAdapter 括號內第一個參數 Msqlstr，儲存了第一張表單所產生的 SQL 指令，故若不比對資料，那麼 Table01 所儲存的資料就是最終的查詢結果，只要將其指定給 DataGridView 即可（表 5-2 第 6 ～ 9 行）。在本範例中，無論是抓取 SQL Server 的薪津資料，或是匯入比對檔，都需使用 ADO 物件連接及下達讀取指令，其程式的寫法請讀者逕行參考 F_Query.vb 及 F_QueryResult.vb 內的事件程序（有詳細說明），或是參考第 4 章的說明，本章就不再重複。

表 5-2. 程式碼 __ 資料處理之一

```
01    Msqlstr_1 = F_Query.ASendList(0)
02    MSubTotalKind = F_Query.ASendList(1)
03    MMatchKind = F_Query.ASendList(2)
04    MSourceFile = F_Query.ASendList(3)
05
06    Dim Ocn_1 As New SqlConnection(Mcnstr_1)
07    Dim ODataAdapter_1 As New SqlDataAdapter(Msqlstr_1, Ocn_1)
```

```
08  Dim ODataSet_1 As DataSet = New DataSet
09  ODataAdapter_1.Fill(ODataSet_1, "Table01")
10
11  Dim Msqlstr_1 As String = "Select * From [" + MSheet1Name + "]"
12  Dim ODataAdapter_2 As New OleDbDataAdapter(Msqlstr_1, Ocn_2)
13  ODataAdapter_2.Fill(ODataSet_1, "TabMatch")
14  Dim O_DataView As DataView
15  O_DataView = ODataSet_1.Tables("TabMatch").DefaultView
16
17  Dim Mstop As Int32 = ODataSet_1.Tables("Table01").Rows.Count - 1
18  Dim Mcheck As String = ""
19  For Mcou = Mstop To 0 Step -1
20      Mcheck = ODataSet_1.Tables("Table01").Rows(Mcou)(0)
21      O_DataView.RowFilter = "F1='" + Mcheck + "'"
22      If O_DataView.Count = 0 Then
23          ODataSet_1.Tables("Table01").Rows(Mcou).Delete()
24      End If
25  Next
```

如果 User 指定了比對查詢，那麼還需將 User 指定的比對檔匯入本系統的資料表（陣列或清單集合亦可），然後與前述的 Table01 資料表進行比對，並將 Table01 中不符合的資料刪除。本範例示範了員工號、部門代號及職稱三種比對，每一種比對的方式及程式都不相同。因其處理過程較複雜，故使用示意圖來說明。圖 5-4 是員工號的比對流程，圖左使用資料轉接器將合於查詢條件的薪津資料存入 Table01 資料表，圖右使用另一個資料轉接器將比對檔匯入 TabMatch 資料表（與 Table01 同屬一個資料集），然後將其資料轉入資料檢視表（表 5-2 第 11 ～ 15 行），以便使用其 RowFilter 屬性來檢測 Table01 的員工號是否為比對檔的員工號，如果不是，就使用 Delete 方法刪除。

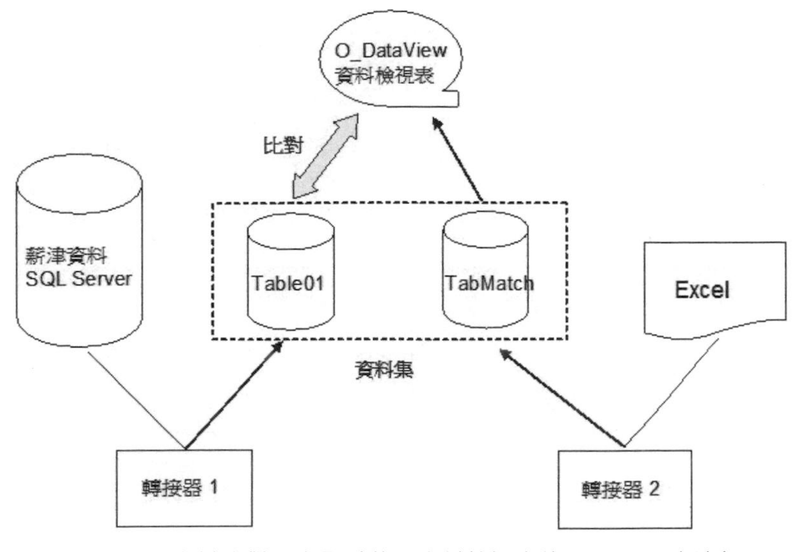

▲ 圖 5-4 資料比對示意圖（使用資料檢視表的 RowFilter 方法）

使用 For 迴圈逐一檢測 Table01 的員工號是否為比對檔的員工號，因為在比對過程中要刪除不符合的資料，Table01 的資料筆數會逐漸減少，故需反向比對（由最後一筆資料往前比對），否則執行過半後會發生錯誤（表 5-2 第 19 行）。如果 DataTable 第一欄（即員工號）的資料不存於 DataView 之中，則 Count 傳回 0，此時應使用 Detele 方法刪除 DataTable 之中的該筆資料（表 5-2 第 20 ～ 25 行）。另因為比對資料（取自 Excel 檔）沒有欄名，故 DataView 資料檢視表的內定欄名為 F1（若有第二欄，則為 F2，以此類推），比較值（本例為 Mcheck）的前後要加單引號（表 5-2 第 21 行）。

圖 5-5 是部門代號的比對流程，圖左使用資料轉接器將合於查詢條件的薪津資料存入 Table01 資料表，圖右先使用 OleDbCommand 將比對檔匯入 OleDbDataReader 資料讀取物件（表 5-3 第 1 ～ 3 行），然後將其轉入 List 清單集合，最後再使用 List 的 IndexOf 方法來檢測 Table01 的部門代號是否為比對檔的部門代號，如果不是，就使用 Delete 方法刪除。

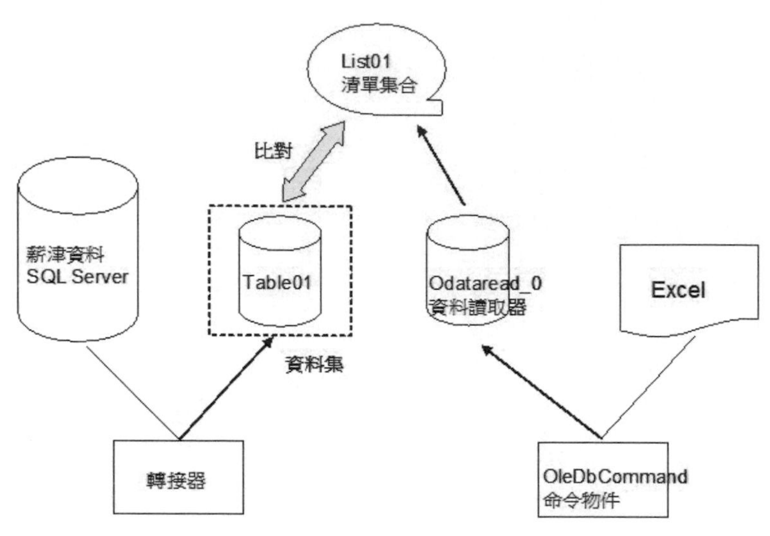

▲ 圖 5-5 資料比對示意圖（使用清單集合的 IndexOf 方法）

表 5-3. 程式碼 __ 資料處理之二

```
01  Dim Ocmd_2 As New OleDbCommand(Msqlstr_1, Ocn_2)
02  Dim Odataread_0 As OleDbDataReader
03  Odataread_0 = Ocmd_2.ExecuteReader()
04
05  Dim List01 As New List(Of String)
06  Do While Odataread_0.Read() = True
07      If IsDBNull(Odataread_0.Item(0)) = False Then
08          List01.Add(Odataread_0.Item(0))
09      End If
10  Loop
11
12  Dim Mstop As Int32 = ODataSet_1.Tables("Table01").Rows.Count - 1
13  Dim Mcheck As String = ""
14  For Mcou = Mstop To 0 Step -1
15      Mcheck = ODataSet_1.Tables("Table01").Rows(Mcou)(3)
16      If List01.IndexOf(Mcheck) = -1 Then
17          ODataSet_1.Tables("Table01").Rows(Mcou).Delete()
18      End If
19  Next
20
```

```
21  Dim ODataAdapter_2 As New OleDbDataAdapter(Msqlstr_1, Ocn_2)
22  ODataAdapter_2.Fill(ODataSet_1, "TabMatch")
23
24  Dim List01 As New List(Of String)
25  Dim Mstop As Int32 = ODataSet_1.Tables("TabMatch").Rows.Count - 1
26  For Mcou = 0 To Mstop Step 1
27      List01.Add(Trim(ODataSet_1.Tables("TabMatch").Rows(Mcou)(0)))
28  Next
29
30  Dim Mstop1 As Int32 = ODataSet_1.Tables("Table01").Rows.Count - 1
31  Dim Mcheck As String = ""
32  For Mcou = Mstop1 To 0 Step -1
33      Mcheck = ODataSet_1.Tables("Table01").Rows(Mcou)(6)
34      If List01.IndexOf(Mcheck) = -1 Then
35          ODataSet_1.Tables("Table01").Rows(Mcou).Delete()
36      End If
37  Next
```

使用清單集合類別需引用 System.Collections.Generic 泛型集合命名空間，首先使用 List 建構函式建立新的清單集合物件 List01，括號內以 Of 關鍵字指出其型別，然後使用 Add 方法，將比對資料逐一插入清單集合物件（表 5-3 第 5 ～ 10 行）。

使用 For 迴圈逐一檢測 Table01 的部門代號是否為比對檔的部門代號，因為在比對過程中要刪除不符合的資料，Table01 的資料筆數會逐漸減少，故需反向比對（由最後一筆資料往前比對），否則執行過半後會發生錯誤（表 5-3 第 14 行）。如果 DataTable 第 4 欄（即部門代號）的資料不存於 List 清單集合之中，則 IndexOf 會傳回 -1，此時應使用 Detele 方法刪除 DataTable 之中的該筆資料（表 5-3 第 12 ～ 19 行）。

圖 5-6 是職稱的比對流程，圖左使用資料轉接器將合於查詢條件的薪津資料存入 Table01 資料表，圖右使用另一個資料轉接器將比對檔匯入 TabMatch 資料表（與 Table01 同屬一個資料集），然後將其轉入 List「清單」集合（或 Array「陣列」），最後再使用 List（或 Array「陣列」）的 IndexOf 方法來檢測 Tab01 的職稱是否為比對檔的職稱，如果不是，就使用 Delete 方法刪除。

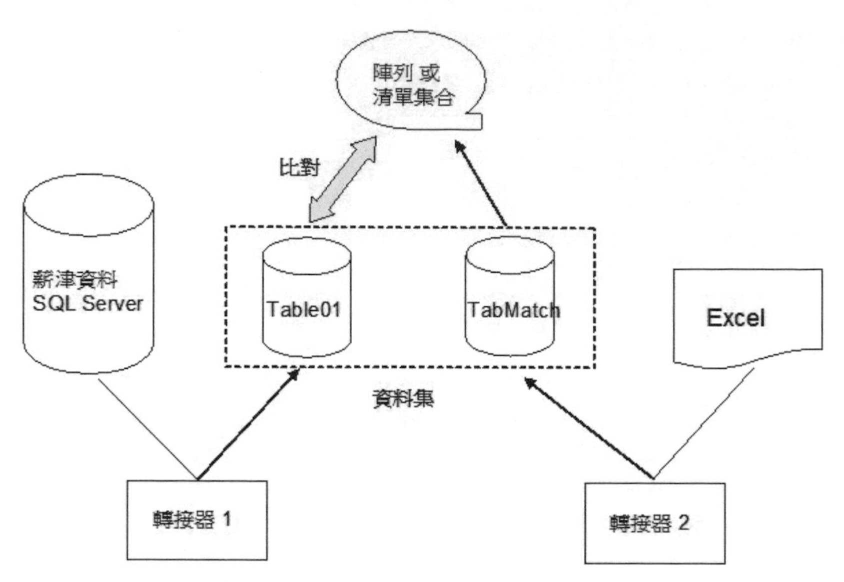

▲ 圖 5-6 資料比對示意圖（使用清單集合或陣列的 IndexOf 法）

使用 For 迴圈逐一檢測 Table01 的職稱是否為比對檔的職稱，因為在比對過程中要刪除不符合的資料，Table01 的資料筆數會逐漸減少，故需反向比對（由最後一筆資料往前比對），否則執行過半後會發生錯誤（表 5-3 第 32 行）。如果 DataTable 第 7 欄（即職稱）的資料不存於 List（或 Array「陣列」）之中，則 IndexOf 會傳回 -1，此時應使用 Detele 方法刪除 DataTable 之中的該筆資料（表 5-3 第 30 ～ 37 行）。

List「清單」集合是 Array「陣列」的進化類別，其優點是無需宣告元素大小，也無需調整集合之大小，程式較簡潔，效能亦較佳，F_QueryResult.vb 的 F_QueryResult_Load 事件程序中列示了兩種方法，請讀者逕行比較即可得知其優劣（在 Case 3 區塊）。另外，在附錄 E 的表 E-10 詳列了該 List 類別的屬性及方法，請讀者參考運用。

5-3 計時與等待

當資料量大時，程式處理需要一些時間，此時畫面呈靜止狀態，故需提供一些訊息（如圖 5-7 的 Please Waiting），以免 User 產生疑慮。可在程式的適當處以 Show 呼叫訊息表單，如範例檔 F_wait.vb，該表單以 BackgroundImage 屬性指定訊息圖，並將其 TopMost 屬性指定為 True，以免被其他表單遮掩，處理完成之後，再於程式的適當處以 Hide 隱藏該表單。

▲ 圖 5-7 等待畫面

提供耗用時間的訊息是個貼心的服務，如圖 5-2 的右方中央處，每次查詢之後，系統都會算出其所耗用的時間，此訊息有助於 User 的工作規劃。耗用時間的計算程式如表 5-4 第 1 ～ 7 行，工作開始時使用 DateTime 結構的 Now 屬性取回當時的系統時間，工作完成後使用 DateDiff 函式計算耗用時間，括號內有 3 個參數，第一個為計算單位（s 秒、m 分、h 時），第二個為起始時間，第三個為終止時間。本例先計算總耗用秒數，再換算為分鐘及秒數。

表 5-4. 程式碼 __ 資料處理之三

```
01  Dim MTempTime As Date = DateTime.Now
02  ......................
03  Dim MTempSec As Integer = DateDiff("s", MTempTime, DateTime.Now)
04  Dim MResSec As Integer = MTempSec Mod 60
05  Dim MResMin As Integer = Int(MTempSec / 60)
06  L_ElapsedTime.Text = "耗用時間： " + _
07                  MResMin.ToString + " 分 " + MResSec.ToString + " 秒"
08
09  DataGridView1.ClearSelection()
10  Dim O_DataRow As DataGridViewRow
11  O_DataRow = DataGridView1.Rows(0)
```

```
12    DataGridView1.CurrentCell = O_DataRow.Cells(0)
13    O_DataRow.Selected = True
14
15    MTotalRecordNo = ODataSet_1.Tables("Table01").Rows.Count
16    Dim O_DataRow As DataGridViewRow
17    O_DataRow = DataGridView1.Rows(MTotalRecordNo - 1)
18    DataGridView1.CurrentCell = O_DataRow.Cells(0)
19    O_DataRow.Selected = True
20
21    Dim MRowNo As Int32 = DataGridView1.CurrentRow.Index - 1
22    If MRowNo < 0 Then
23        MRowNo = 0
24    End If
25    Dim O_DataRow As DataGridViewRow
26    O_DataRow = DataGridView1.Rows(MRowNo)
27    DataGridView1.CurrentCell = O_DataRow.Cells(0)
28    O_DataRow.Selected = True
29
30    Dim MRowNo As Int32 = DataGridView1.CurrentRow.Index + 1
31    If MRowNo > MTotalRecordNo - 1 Then
32        MRowNo = MTotalRecordNo - 1
33    End If
34    Dim O_DataRow As DataGridViewRow
35    O_DataRow = DataGridView1.Rows(MRowNo)
36    DataGridView1.CurrentCell = O_DataRow.Cells(0)
37    O_DataRow.Selected = True
```

5-4 以程式移動 DataGridView 之中的游標

圖 5-2 及圖 5-3 是查詢結果的畫面，畫面上方的 DataGridView 顯示了符合該次查詢條件的全部資料，當在其內移動游標時，游標所在列的各欄資料會顯示於螢幕左下方。這種設計可方便 User 瀏覽資料，因為同一筆資料有多個欄時，右方的欄位無法同時呈現在螢幕上，而必須捲動 DataGridView 下方的 ScrollBar，故若能將單筆資料顯示於同一個畫面，就會使 User 方便許多（註：如果欄位實

在太多，而無法同時呈現於一個畫面，可擇要顯示，以減少 User 捲動的頻率)。以移動游標來切換資料顯示之程式是寫於 DataGridView 的選取變動事件中，請讀者逕行參考 F_QueryResult.vb 的 DataGridView1_SelectionChanged 事件程序。

另外，為了方便 User 瀏覽資料，本範例在螢幕的左下方提供了四個按鈕(圖 5-2)，讓 User 可在 DataGridView 之中快速移動游標，其程式摘要如表 5-4 第 9 ~ 37 行。使用 Select 方法可移動游標，例如下列兩種方式都可將游標置於資料網格控制項左上角的第一個格位。

- DataGridView1.Rows(0).Cells(0).Selected = True
- DataGridView1(0, 0).Selected = True

但這樣的方式無法達到預期效果，第一，若目標儲存格(例如最後一筆)不在顯示範圍內，則不會自動捲動到顯示範圍內(游標雖可置於期望的位置，但可能無法看見)；第二，不會引發 DataGridView 的 SelectionChanged「選取變動」事件，故無法傳回游標所在列的資料。改進辦法就是使用 DataGridViewRow「資料網格檢視列」物件，將目標儲存格(例如最後一筆)宣告為 DataGridViewRow「資料網格檢視列」物件，然後使用 DataGridView「資料網格檢視」物件的 CurrentCell 屬性，指定 DataGridViewRow「資料網格檢視列」物件的第一格位為作用格位，最後再使用 DataGridViewRow「資料網格檢視列」物件的 Selected 屬性選取目標列即可，詳細說明如下。

表 5-4 第 9 ~ 13 行的程式可將游標移往第一筆，首先使用 DataGridView 的 ClearSelection 方法清除目前的選取狀態，然後依據 DataGridViewRow 類別建立新的資料網格檢視列物件(取名 O_DataRow)，並將 DataGridView 的第一列指定為新物件(初始化)，表 5-4 第 10 ~ 11 的程式可合寫為如下的一行。

```
Dim O_DataRow As DataGridViewRow = DataGridView1.Rows(0)
```

隨後將其第一個格位指定為 DataGridView「資料網格檢視」物件的目前格位，因為 DataGridView 的 CurrentCell 屬性可解決前述兩大問題，如果目前儲存格不在顯示範圍內，它會自動捲動到顯示範圍內，並引發 SelectionChanged 事件。

表 5-4 第 15 ～ 19 行的程式可將游標移往最後一筆，其原理與前述相同，其差異在第 17 行，該行程式將 DataGridView 的最後一列指定為新的資料網格檢視列物件。

表 5-4 第 21 ～ 28 行的程式可將游標移往前一筆，其原理與前述相同，其差異在第 26 行，該行程式將 DataGridView 的前一列指定為新的資料網格檢視列物件。前一列的列號是使用 DataGridView 的 CurrentRow.Index 屬性產生，並存入變數 MRowNo，亦即目前游標所在之列號減 1（表 5-4 第 21 行）。因為列號不能小於 1，故需增加一段列號調整的程式（表 5-4 第 22 ～ 24 行）。

表 5-4 第 30 ～ 37 行的程式可將游標移往下一筆，其原理與前述相同，其差異在第 35 行，該行程式將 DataGridView 的下一列指定為新的資料網格檢視列物件。下一列的列號是使用 DataGridView 的 CurrentRow.Index 屬性產生，並存入變數 MRowNo，亦即目前游標所在之列號加 1（表 5-4 第 30 行）。因為列號不能大於總筆數減一，故需增加一段列號調整的程式（表 5-4 第 31 ～ 33 行）。

5-5 多執行緒

雖然現今電腦的處理速度飛快（例如由 1+2+3…. 累加至 10 億只需 3 秒鐘），但在處理大型資料檔時仍可能耗時甚久（數分鐘至數小時都有可能），此時畫面呈現靜止狀態，User 非但無法執行其他工作，而且會產生是否當機的疑惑。碰到這種狀況，最簡單的處理方式就是如本章第 3 節所述，顯示等待訊息，讓 User 知道系統正在 Run 程式，但仍然不夠理想。

5-5.1 背景工作的意義

最好的方式是能夠呈現動態的畫面，讓 User 知道系統處理之進度，並且在等待的同時還可執行其他工作。例如 Windows 作業系統在清理磁碟機、檢查網路連線狀態，或是複製檔案時都會呈現如圖 5-8 的小視窗，它不但顯示了進行程度，而且視窗中央的光棒還會隨著處理進度而不斷前進，這種效果是如何辦到的？在 VB 應用系統中要如何加入此種功能呢？

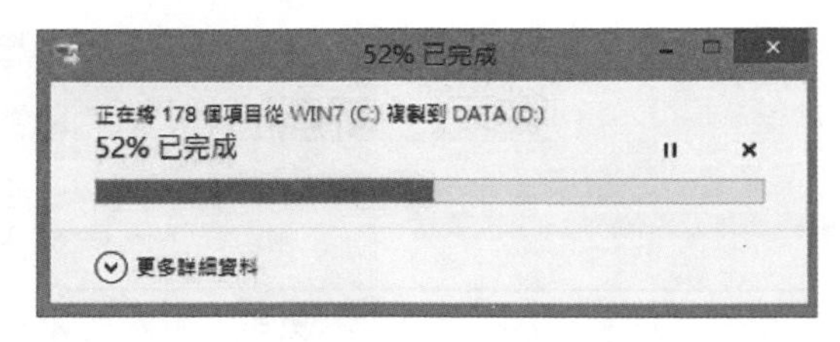

▲ 圖 5-8 正在複製的畫面 .

在主目錄中按「E2 背景處理」鈕，可進入如圖 5-9 的畫面（範例檔為 F_Backgroundwork.vb），該程式可自「狗仔銷售記錄檔」抓出想要的資料，並匯出為 Excel 檔供您利用。該檔非常龐大，它詳細記錄了某公司各分店最近 15 年來各種小狗的銷售資料，可在畫面右上角指定查詢條件，其中「分店」及「品種」有下拉式選單可點選，「銷售日期」需指定起訖時間，例如 2014/01/01 ～ 2014/12/31，這三個查詢條件可隨意組合，也無需全部都指定，可指定其中一項或兩項，若全部都不指定而直接按「查詢」鈕，則系統會抓出全部資料，並顯示於畫面的左上角（如圖 5-10）。系統處理時，畫面中央會呈現前進中的光棒，光棒下方會顯示處理進度，例如「正在讀取資料」、「正在篩選資料」、「正在匯出檔案」等（如圖 5-9 的中央）。

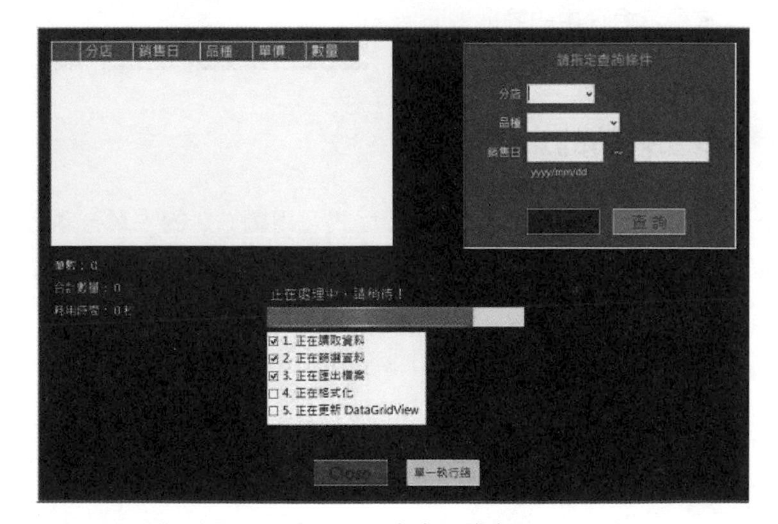

▲ 圖 5-9 正在處理的畫面

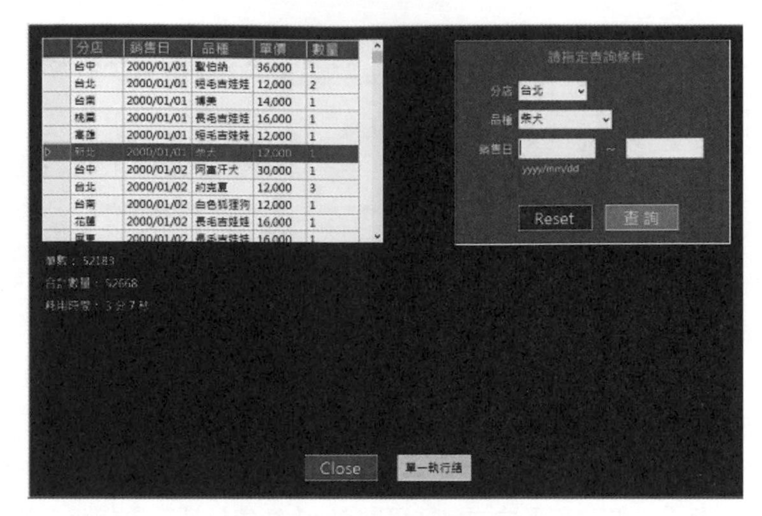

▲ 圖 5-10 處理完成的畫面

要達到這樣的效果，必須在表單中加入幾個重要的元件。第 1 個是 Timer「計時器」控制項，第 2 個是 Progressbar「進度條」控制項，請先將它們從「工具箱」視窗拖曳至表單，因為它們是 Invisible controls「非視覺化的控制項，故不會呈現在表單上，僅於螢幕下方顯示小圖示。加入此等控制項之後，就可開始撰寫相關程式來顯示處理中的動態畫面。

5-5.2 多執行緒的意義

先看一個簡單的程式（表 5-5），這個程式可用圖 5-9 的「單一執行緒」來執行（請讀者先按該鈕，以便了解其效果）。為了縮減篇幅，讓讀者容易抓到重點，故表 5-5 只列出部分程式碼，詳細程式碼及其解說請見 F_Backgroundwork.vb 的 B_OneThread_Click 及 Timer1_Tick 事件程序。

表 5-5. 程式碼_單一執行緒

```
01  Private Sub B_OneThread_Click(sender As Object, e As EventArgs) _
02                                     Handles B_OneThread.Click
03          ProgressBar1.Visible = True
04          Timer1.Enabled = True
05          Dim MResult As Double = 0
```

```
06            For Mcou = 1 To 1500000000 Step 1
07                MResult = MResult + 1
08            Next
09    End Sub
10            `
11    Private Sub Timer1_Tick(sender As Object, e As EventArgs) _
12                                            Handles Timer1.Tick
13        If ProgressBar1.Value < 100 Then
14            ProgressBar1.Value = ProgressBar1.Value + ProgressBar1.Step
15        Else
16            ProgressBar1.Value = 0
17        End If
18    End Sub
```

當 User 按「單一執行緒」鈕時，系統會執行 B_OneThread_Click 的程式，開始累加數字，由 1 累加至 15 億（表 5-5 第 6 ～ 8 行），因為這個計算過程需要一段時間，所以希望在計算時，ProgressBar1 進度條能夠每一秒前進一個單位，以便呈現動態畫面及進展狀況，在表 5-5 的程式中加入 ProgressBar1.Visible = True（顯示進度條，表 5-5 第 3 行）、Timer1.Enabled = True（啟動計時器，表 5-5 第 4 行）。可是當按圖 5-9 的「單一執行緒」鈕時，看不見進度條，而是當數字累加完成後，才看見進度條在前進中，這樣的效果當然不是我們想要的，為什麼會發生這樣的狀況呢？

表 5-5 第 4 行的程式 Timer1.Enabled = True，會觸發 Timer1_Tick 事件程序（表 5-5 第 11 ～ 18 行），其中第 14 行的程式會使進度條前進一個單位（Value 屬性可決定進度條目前進度值、Step 屬性可決定前進一次的大小），但因為計時器的 Tick 事件需等一秒之後才觸發（註：請在表單下方點選 Timer1，然後在「屬性」視窗內點選 Interval，可見其值為 1000，表示間隔時間為 1000 毫秒，亦即每 1 秒鐘執行一次 Timer1_Tick 程序），故未觸發前會先執行加總工作。這是因為將不同工作放在同一「執行緒」中執行之故，如果想將不同工作（以本例而言就是加總及顯示進度）同時執行，則必須將該等工作置入不同的執行緒。

Thread「執行緒」是電腦中最小的執行單位（它是程式碼的一段，亦稱為 Process），早期作業系統一次只能處理一個 Process，前一個 Process 未處理完，無法處理下一個 Process。現在的作業系統則可將載入記憶體的程式分為多個執行緒來同時處理，利用這種機制就可達成前述我們期望的效果。但 Multi-threaded「多執行緒」的管控並非易事，故 .Net Framework 提供了一個 BackgroundWorker「背景工作」控制項來達成相同的結果。可將程式的部分工作丟到背景去執行（相當於另開一個 Thread），程式的其他工作則留在前景（主執行緒）執行。

5-5.3 背景工作的使用方法

欲使用背景執行工作，需先將 BackgroundWorker 控制項從「工具箱」視窗拖曳至表單，它亦為非視覺化的類別，先說明這個控制項的使用方法。表 5-6 及表 5-7 是 BackgroundWorker「背景工作」控制項的使用程式，為了縮減篇幅，讓讀者容易抓到重點，故只列出部分程式碼，詳細程式碼及其解說請見 F_Backgroundwork.vb 的下列 5 個事件程序：

- New()
- B_GO_Click
- BackgroundWorker1_DoWork
- BackgroundWorker1_ProgressChanged
- BackgroundWorker1_RunWorkerCompleted

為啟動 BackgroundWorker「背景工作」控制項的相關功能，必須在表單載入時或於建構函式中將下列兩個屬性設為 True（表 5-6 第 3 ～ 4 行）：

- BackgroundWorker1.WorkerReportsProgress = True
- BackgroundWorker1.WorkerSupportsCancellation = True

WorkerReportsProgress 屬性可引發 ProgressChanged 進度變更事件，WorkerSupportsCancellation 屬性可支援作業的取消（亦即使該類別可呼叫 CancelAsync 方法，以便取消背景作業）。

表 5-6. 程式碼__背景工作控制項的使用方法之一

```
01  Public Sub New()
02          InitializeComponent()
03          BackgroundWorker1.WorkerReportsProgress = True
04          BackgroundWorker1.WorkerSupportsCancellation = True
05  End Sub
06
07  Private Sub B_GO_Click(sender As System.Object,  _
08                          e As System.EventArgs) Handles B_GO.Click
09      If BackgroundWorker1.IsBusy <> True Then
10          Timer1.Enabled = True
11          BackgroundWorker1.RunWorkerAsync()
12      End If
13  End Sub
14
15  Private Sub BackgroundWorker1_DoWork(sender As Object,  _
16                  e As System.ComponentModel.DoWorkEventArgs) _
17                  Handles BackgroundWorker1.DoWork
18      ………………………………
19      BackgroundWorker1.ReportProgress(1)
20      讀取資料的程式 …….
21      ………………………………
22      BackgroundWorker1.CancelAsync()
23  End Sub
```

所謂 Constructor「建構函式」是一種建構物件的特別函式，每當建立新物件就會自動呼叫此函式，它的執行順序會先於 Load 事件，可在此函式內作物件的初始化工作，例如表 5-6 第 3 ～ 4 行的程式就是作新物件 BackgroundWorker1 的初始化設定。建構函式的宣告語法為 Public Sub New()，函式首列必須先啟動 InitializeComponent() 方法（表 5-6 第 2 行），否則會發生「並未將物件參考設定為物件的執行個體」之錯誤訊息。因為建立新物件必須經過宣告的程序，例如：

```
Dim BackgroundWorker1 As New BackgroundWorker
```

就是根據背景工作控制項來建立新的物件 BackgroundWorker1。因為在表單的宣告區未有前述的宣告程序，故需使用 InitializeComponent() 元件來引用設計者程式（附檔名為 Designer.vb）中的宣告，以本範例而言，請在「方案總管」內點選 F_Backgroundwork.Designer.vb，進入設計者程式頁面即可看見如下的宣告：

```
Me.BackgroundWorker1 = New System.ComponentModel.BackgroundWorker()
```

（註：Designer.vb 存放了宣告的程式碼，都是由系統根據 User 在設計頁面拖放物件自動產生的（User 不宜自行修改），而 User 自行撰寫的程式碼則是存放於 vb 檔）。

當 User 在如圖 5-9 的畫面按「查詢」鈕時，會啟動 B_GO_Click 事件程序，該事件程序之主要工作有兩項：處理狗仔資料檔及動態顯示處理的進度，如果將這兩項工作的程式都寫在此事件內，則其狀況就如同前述的「單一執行緒」，兩項工作會先後處理，而非同時執行，所以此處將狗仔資料檔的處理工作丟到背景去執行，而動態顯示處理進度的工作留在前景執行。表 5-6 第 10 行的程式 Timer1.Enabled = True，會啟動 Tick 事件，該事件程式會讓 ProgressBar 進度條每一秒鐘前進一個單位（表 5-5 第 11 ～ 18 行）。表 5-6 第 11 行的程式 BackgroundWorker1.RunWorkerAsync()，則會啟動 BackgroundWorker1_DoWork 事件，該事件內的程式（表 5-6 第 15 ～ 23 行）會處理狗仔資料檔，而且是在背景作業，如此這兩項工作就可同時進行。

表 5-6 第 9 行利用 BackgroundWorker「背景工作」控制項的 IsBusy 屬性來偵測背景工作是否正在進行，若為 False，才啟動前景及背景工作，其目的在防止工作執行中，User 又再按「查詢」鈕而重複啟動工作。但也可在工作啟動後，將「查詢」等鈕的 Enabled 屬性設為 False，即可達到防止誤按的效果。BackgroundWorker「背景工作」控制項不但可讓您將工作丟到背景去執行，還可在背景執行中不斷傳回工作的狀況，讓 User 了解工作的進度，這項功能是利用其 ReprotProgress 方法及 ProgressChanged 事件來達成。

表 5-6 第 19 行利用 BackgroundWorker「背景工作」控制項的 ReprotProgress 方法來報告工作進度，並引發 ProgressChanged 進度變更事件，以便反映背景工作的進度。因本案例所處理的工作包括讀取資料、篩選資料、匯出檔案、格式化及更新 DataGridView 等，每一階段所耗用的時間都不相同，故使用一個 ListBox 清單控制項來顯示背景工作的進度，當程式處理某一項工作時，就在清單控制項的該項目前顯示勾號，這樣 User 就可了解工作的進展程度。

ReprotProgress 的括號內為進度值，它必須是數字，當程式處理第一項工作時，將括號內的數字設為 1（表 5-6 第 19 行），ReprotProgress 會將此參數傳遞給 ProgressChanged 事件，該事件的 e.ProgressPercentage 會接收此參數（表 5-7 第 4 行），接著該事件的程式就可判斷要勾選 ListBox 清單控制項的哪一個項目，例如 CheckedListBox1.SetItemChecked(0, True) 會勾選清單的第一項（表 5-7 第 6 行）。

表 5-7. 程式碼__背景工作控制項的使用方法之二

```
01  Private Sub BackgroundWorker1_ProgressChanged(sender As Object, _
02                  e As System.ComponentModel.ProgressChangedEventArgs) _
03                  Handles BackgroundWorker1.ProgressChanged
04      Select Case e.ProgressPercentage
05          Case 1
06              CheckedListBox1.SetItemChecked(0, True)
07          ..................................
08      End Select
09  End Sub
10
11  Private Sub BackgroundWorker1_RunWorkerCompleted( _
12          sender As Object, e As System.ComponentModel. _
13          RunWorkerCompletedEventArgs)  Handles _
14          BackgroundWorker1.RunWorkerCompleted
15      ..................................
16      Timer1.Enabled = False
17      ..................................
18  End Sub
```

當主要工作（即狗仔資料之處理）完成後，使用 BackgroundWorker 控制項的 CancelAsync 方法來停止背景工作（表 5-6 第 22 行），這個方法會引發 RunWorkerCompleted 事件，在該事件內可撰寫背景工作結束後要處理工作的程式，例如停止計時器的工作（表 5-7 第 16 行）。

5-5.4 背景工作的其他說明

範例檔 F_Backgroundwork.vb 的程式會根據 User 所指定的查詢條件自銷售記錄檔抓出合於條件的資料，然後顯示於畫面左上角的 DataGridView「資料網格檢視」控制項（如圖 5-10），這項功能只要使用該控制項的 DataSource 屬性來指定即可達成，例如：

```
DataGridView1.DataSource = O_dv_01
```

等號右方為資料來源 DataView 物件。但請注意，此程式碼不能撰寫於 BackgroundWorker「背景工作」控制項的 DoWork 事件中，該事件雖然撰寫了主要工作的程式碼，但背景工作無法更新表單上的控制項，因為表單元件的異動都需在主執行緒（亦即 Foreground Thread「前景執行緒」）執行，如果相關程式撰寫於 DoWork 事件中，則會出現「跨執行緒作業無效」的錯誤訊息。改進方法之一是將有關表單控制項的程式撰寫於 RunWorkerCompleted 背景工作完成事件中。DoWork 事件的程式是在 Background Thread「背景執行緒」中執行，如果想要操控表單上的使用者介面，必須在 ProgressChanged「進度變更」事件或 RunWorkerCompleted「背景工作完成」事件中處理。因為資料處理物件（例如 DataView「資料檢視」物件，範例中的名稱為 O_dv_01）需在不同程序中使用，故都使用 Public 來宣告。

ProgressBar「進度條」內定的前景色（亦即光棒的顏色）為綠色，如果表單的背景色亦為綠色系列或其他較深的底色，則光棒可能不夠醒目，這時可將進度條的 ForeColor 屬性設為其他顏色，但是只改變這項設定是無法生效的，必須取消「啟用 XP 視覺化樣式」，方法如下：

請於功能表上點選「專案」、「XXX 屬性」(註：XXX 代表專案名稱)，進入專案發行頁面(註：或稱為專案屬性頁面)，點選左上方的「應用程式」，然後取消「啟用 XP 視覺化樣式」前方的勾號即可(如圖 5-11 的紅框)。另一種方式是使用 API 函數，程式碼如表 5-8，宣告區的程式如第 1 ～ 3 行，然後在表單載入事件或預設建構函式中撰寫如第 5 行的程式，SendMessage 括號內倒數第二個參數為顏色代碼，1 為綠色、2 為紅色、3 為黃色。

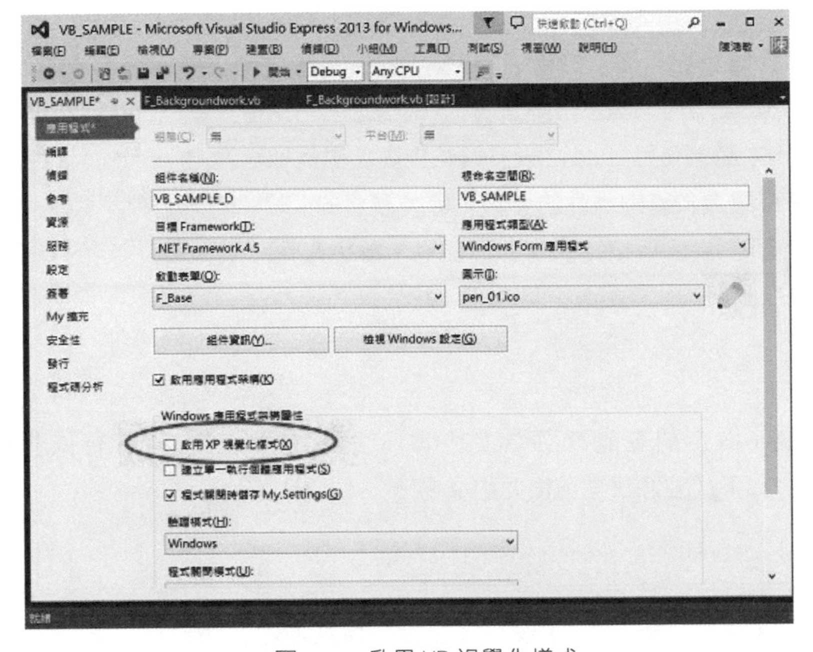

▲ 圖 5-11　啟用 XP 視覺化樣式

表 5-8 . 程式碼__改變進度條的前景色

```
01  Declare Function SendMessage Lib "user32" Alias "SendMessageA" _
02              (ByVal hwnd As Integer, ByVal wMsg As Integer, _
03              ByVal wParam As Integer, ByVal lParam As Integer) As Integer
04
05  SendMessage(ProgressBar1.Handle, 1040, 2, 0)
```

範例檔 F_Backgroundwork.vb 所讀取的「狗仔銷售記錄檔」共計有 5 萬多筆的資料，它是 CSV 檔（註：以逗號分隔的文字檔），故以 OleDb 開頭的物件來存取其資料（註：Excel、Text、Access 等類型的檔案都可使用此類物件存取）。詳細程式碼及其解說請見 F_Backgroundwork.vb 的下列事件程序：

- BackgroundWorker1_DoWork
- BackgroundWorker1_RunWorkerCompleted

「狗仔銷售記錄檔」的檔名為 DogSale.csv，共計 5 欄，欄名由左至右依序為 branch「分店」、sdate「銷售日」、dogtypes「品種」、unitprice「單價」、qty「數量」。本範例使用 DataView 資料檢視表（本例取名為 O_dv_01）的 RowFilter 屬性來篩選合於查詢條件的資料，等號右邊的 MMM 變數儲存了 SQL 指令，這個指令會隨 User 所指定的條件而變動。舉例來說，若 User 指定的查詢條件為台北分店的所有銷售紀錄，則 MMM 為

```
branch='台北'
```

若 User 指定的查詢條件為 2014/01/01 至 2014/12/31 的所有銷售紀錄，則 MMM 如下（注意日期前後要加 # 號）

```
sdate>=#2014/01/01# and sdate<=#2014/12/31#
```

若 User 要抓出全部銷售紀錄（不指定任何查詢條），則 MMM 為

```
branch like '%'
```

RowFilter= 之後直接書寫條件式即可，詳細組合方法請參考範例檔 F_Backgroundwork.vb 的 BackgroundWorker1_DoWork 事件程序。

最後使用 COM（Component Object Model「元件物件模型」）將 DataView「資料檢視」中的資料存入 Excel 工作表。

Visual Basic

chapter

進階處理設計

本章延續前一章的主題「查詢及處理」，但將討論更為深入的議題，包括選單內容的產生、資料匯出、資料計算比對及統計圖之繪製等，其目的在讓 User 更為方便，當然，程式之設計會較為複雜。

6-1 自動產生選單項目

如同前一章所述，資料查詢功能需有一個查詢條件指定畫面，在這個畫面上通常會佈置「ListBox」清單及 ComboBox「下拉式選單」，以方便 User 指定查詢條件（點選替代輸入）。例如圖 6-1 左上角的日期選單就是由 ListBox 構成，右上角的部門選單就是由 ComboBox 構成。這些選單的項目可用手動輸入方式產生，先點選該等控制項，再點選其右上方的小三角形，展開智慧標籤頁，然後點選「編輯項目」，即可於「項目集合編輯器」中輸入或貼入選單項目，但是這種方式太過死板，一旦選單項目變動，就需修改系統。

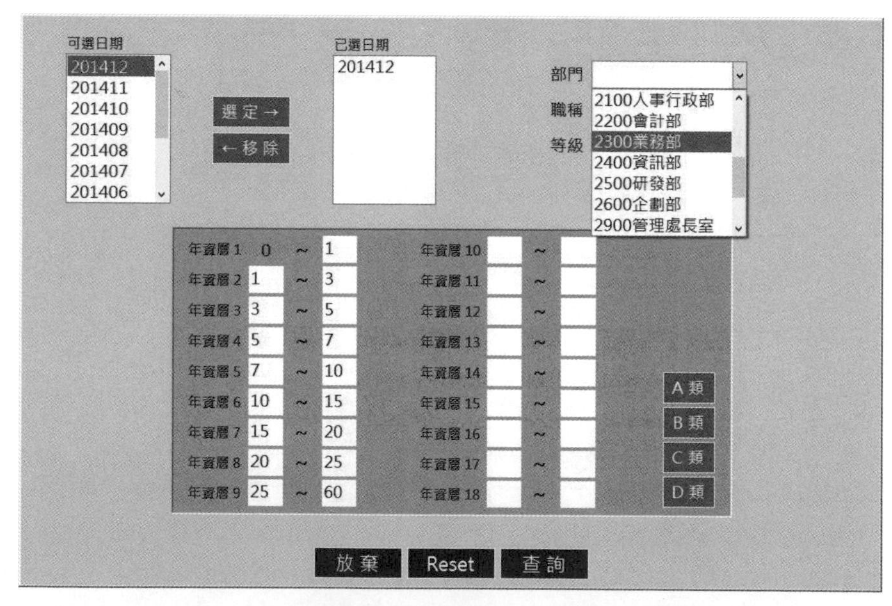

▲ 圖 6-1 查詢條件指定畫面

改進辦法就是由手動改為自動，讓程式根據對照表或資料內容來產生選單項目。範例 F_QueryAdvanced.vb（主目錄「E3 進階設計」）是在表單 Load 事件中撰寫相關程式，程式摘要如表 6-1，每次載入該表單時，程式就會根據最新狀況自動產生選單項目，對照表或資料內容變動時，選單項目也會自行改變。圖 6-1 左上角是日期選單，在實務上這種選單的項目會隨資料量的膨脹而增加，故最好的辦法就是從資料庫篩選出唯一的日期作為選單項目。以本例而言，其來源在資料庫 VBSQLDB 中的 SALARY 薪津資料表，每一筆資料都有 filedate 日期欄，故使用 Select distinct filedate 指令篩選出唯一的日期，並存入 SqlDataReader 資料讀取器（表 6-1 第 1 ～ 4 行）。

表 6-1. 程式碼 __ 自動產生選單內容

```
01  Dim Msqlstr_1 As String = "Select distinct filedate From SALARY"
02  Dim Ocmd_1 As New SqlCommand(Msqlstr_1, Ocn_1)
03  Dim Odataread_1 As SqlDataReader
04  Odataread_1 = Ocmd_1.ExecuteReader()
05
06  Dim List01 As New List(Of String)
07  Do While Odataread_1.Read() = True
08      List01.Add(Odataread_1.Item(0))
09  Loop
10  List01.Sort()
11  List01.Reverse()
12
13  ListBox1.Items.Clear()
14  Dim MTotalItems As Integer = List01.Count
15  For Mcou = 0 To MTotalItems - 1 Step 1
16      ListBox1.Items.Add(List01.Item(Mcou))
17  Next
18
19  Dim Msqlstr_2 As String = "Select * From TAB_DEPT"
20  Dim Ocmd_2 As New SqlCommand(Msqlstr_2, Ocn_1)
21  Dim Odataread_2 As SqlDataReader
22  Odataread_2 = Ocmd_2.ExecuteReader()
23
```

```
24  List01.Clear()
25  Do While Odataread_2.Read() = True
26      List01.Add(Strings.Trim(Odataread_2.Item(0)) + _
27                      Strings.Trim(Odataread_2.Item(1)))
28  Loop
29  List01.Sort()
30
31  T_DEPTCODE.Items.Clear()
32  MTotalItems = List01.Count
33  For Mcou = 0 To MTotalItems - 1 Step 1
34      T_DEPTCODE.Items.Add(List01.Item(Mcou))
35  Next
```

然後將資料讀取器的資料存入 List「清單集合」，再執行遞減排序（註：最近資料較常使用，故將最近日期排於選單上方，以方便 User 點選），程式如表 6-1 第 6 ～ 11 行。雖然陣列亦可排序，但以清單集合取代陣列，會有較佳的效能，程式亦較簡潔（無需宣告大小）。最後再使用清單控制項的 Items.Add 方法將清單集合的資料併入 ListBox 即可，程式如表 6-1 第 13 ～ 17 行。

圖 6-1 右上角有三個下拉式選單（部門、職稱、等級），這類選單的項目較少需要修改，通常在組織或人事制度變更時才有需要，但也不宜用手動輸入的方式來建立。應將此等資料建為對照表，然後由程式據以建立選單的項目，當資料有異動時由 User 負責維護（維護方法詳後述），完全無需程式設計師經手。

本範例已於 VBSQLDB 資料庫中建立了三個對照表，TAB_DEPT 部門對照表、TAB_TITLE 職稱對照表、TAB_GRADE 等級對照表。當載入 F_QueryAdvanced.vb 表單時，程式就會將前述三個對照表的資料抓出，作為下拉式選單的項目。本程式與前述日期選單的程式類似，都是先將相關資料從資料庫抓出之後存入讀取器，然後轉入 List「清單集合」以便排序，最後再使用控制項的 Items.Add 方法將清單集合的資料併入 ComboBox「下拉式選單」即可，程式摘要如表 6-1 第 19 ～ 35 行，詳細程式碼及其解說請見 F_QueryAdvanced.vb 的 F_QueryAdvanced_Load 事件程序。

6-2 複雜運算之處理

年資分析是實務上常用的分析手法，其目的在了解生產力狀況，例如年資 1 ～ 5 年的員工有多少人？他們的平均薪津是多少元等？這種分析工作並不困難，使用 Excel 就可達成，但卻非常耗時，尤其是人數較多或是需從不同年資層來分析時。範例 F_QueryAdvanced.vb（主目錄「E3 進階設計」）即提供了此項功能，它允許 User 自行定義年資的分類方法（如圖 6-1），並可快速地獲得分析結果（如圖 6-2），該畫面最上方的 DataGridView 是每一員工的明細資料，包括其所屬年資層（亦即屬於 1 ～ 3 年或 3 ～ 5 年等之分類），中間的 DataGridView 顯示了各個年資層的資訊，例如 1 ～ 3 年的員工有 162 人、合計薪津 420 萬零 123 元、平均每人薪津 2 萬 5927 元等。

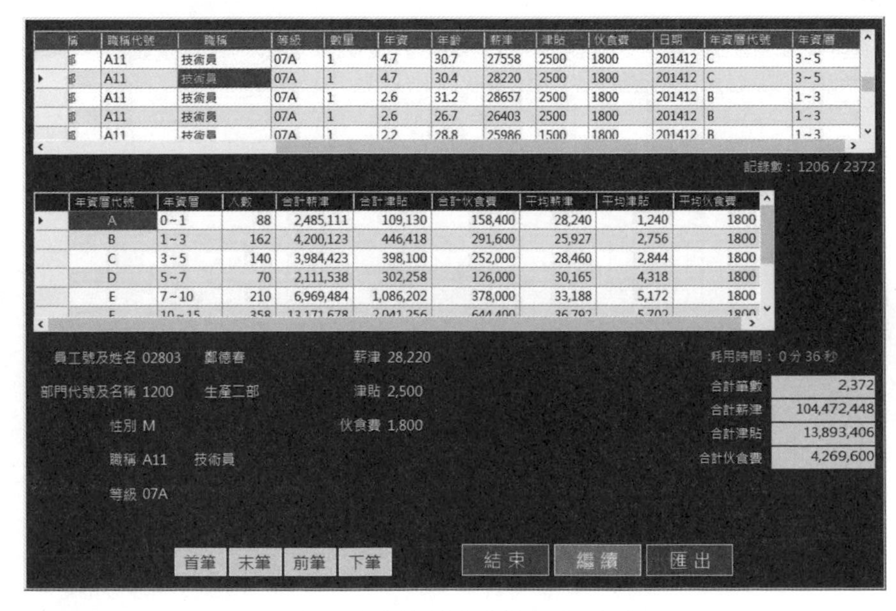

▲ 圖 6-2 查詢結果（年資層分析）

User 可在圖 6-1 畫面的左上角選擇資料日期，右上角點選所需的部門、職稱及等級（註：若不指定，則以所選日期的全部資料為分析對象），畫面下方可定義年資的分類方法，例如 0 ～ 1 年為一類，1 ～ 3 年為另一類。畫面右下角有 4 個按鈕，按該等按鈕可產生四種不同的內定分類法，若非所需，User 可據以修改，或按 Reset 鈕清除內定分類，再逐一自行定義。若遺漏了某一年資（例如

35 年），而人事薪津檔中確有該年資者，程式就自動將其歸為「未分類」。在圖 6-2 的畫面可看到分析結果，可將其匯出為 Excel 檔，以便進一步應用，或按「繼續」鈕，回到如圖 6-1 的畫面，從不同的年資分類進行分析。

這項工作的處理過程較為複雜，故以示意圖來說明（如圖 6-3），圖左是人事薪津資料（儲存於 VBSQLDB 資料庫的 SALARY 資料表），程式先根據 User 所下的條件（例如哪一個月份及哪一個部門），將相關資料轉入資料表 Table01，然後增加新的欄位，以便儲存每一員工所屬的年資層（例如 1 ～ 3 年）。圖右是將 User 所定義的年資分類方法（例如 1 ～ 3 年為一類或 3 ～ 5 年為一類，亦即圖 6-1 的定義）存入陣列 Alevel，然後與 Table01 比對，以便判斷每一員工所屬的年資層，最後再求算各個年資層的合計數及平均數，並存入資料表 O_TableTotal。

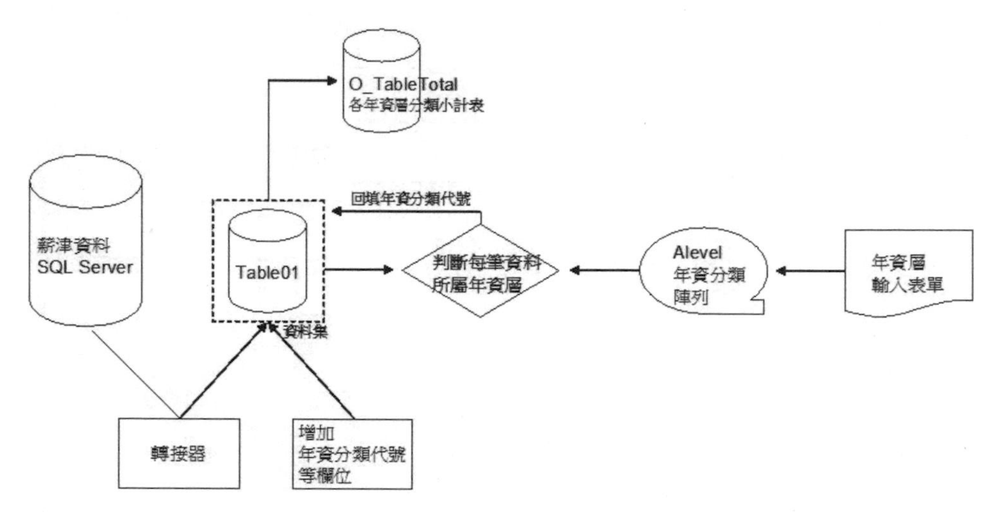

▲ 圖 6-3 年資分析示意圖

資料處理免不了會有許多計算及比對的過程，本書以年資分析作為範例之目的就是要讓讀者了解如何運用 VB 的類別來完成計算工作，當然，完成此等工作的方式不會只有一種，但如何提高速度並使程式易於維護是首要考量的。較複雜的資料處理或計算過程中會產生一些臨時性的資料，這些資料可存入磁碟檔案，但速度較慢，最好還是暫存在記憶體之中，例如 DataTable 及 Array 等，但因沒有實體資料可檢視，故設計者需有較好的抽象能力。

本範例有兩個資料表，F_QueryAdvanced.vb 為查詢條件的指定表單，F_QueryAdvancedResult.vb 則根據查詢條件計算各個年資層的合計數及平均數，並顯示於 DataGridView，計算及處理程式撰寫於 F_QueryAdvancedResult.vb 的載入事件中。表 6-2 ～ 6-4 是計算及處理工作的摘要程式，程式先使用資料轉接器將合於查詢條件的人事薪津資料（明細資料）存入資料表 Table01，接著要在 Table01 增加兩個新的欄位，以便儲存每一員工所屬的年資層代號（例如 A）及年資層説明（例如 1 ～ 3），其程式如表 6-2 第 1 ～ 8 行，首先依據 DataColumn 類別宣告新的資料欄物件，然後利用該類別的相關屬性定義新物件的資料型別及欄位名稱等，最後再使用 Columns.Add 方法將新的資料欄併入資料表 Table01。

表 6-2. 程式碼 __ 年資分析之一

```
01  Dim O_col01 As New DataColumn
02  O_col01.DataType = System.Type.GetType("System.String")
03  With O_col01
04          .Caption = "LevelCode"
05          .ColumnName = "LevelCode"
06          .....................
07  End With
08  ODataSet_1.Tables("Table01").Columns.Add(O_col01)
09
10  Dim MlevA As Integer = 0
11  Dim MlevB As Integer = 0
12  Dim MlevNo As String = "Z"
13  Dim Mlev As String = "未分類"
14  Dim Mstop = ODataSet_1.Tables("Table01").Rows.Count - 1
15  Dim Mseniority As Double = 0
16  For mrow = 0 To Mstop Step 1
17          Mseniority = ODataSet_1.Tables("Table01").Rows(mrow)(9)
18          MlevA = 0
19          MlevB = 0
20          MlevNo = "Z"
21          Mlev = "未分類"
22          For mcou = 0 To 17 Step 1
```

```
23            If F_QueryAdvanced.Alevel(mcou, 2) = "" Then
24                Exit For
25            End If
26            MlevA = Convert.ToInt16(F_QueryAdvanced.Alevel(mcou, 2))
27            MlevB = Convert.ToInt16(F_QueryAdvanced.Alevel(mcou, 3))
28            If Mseniority > MlevA And Mseniority <= MlevB Then
29                MlevNo = F_QueryAdvanced.Alevel(mcou, 0)
30                 Mlev = F_QueryAdvanced.Alevel(mcou, 1)
31                Exit For
32            End If
33        Next
34            ODataSet_1.Tables("Table01").Rows(mrow)(15) = MlevNo
35            ODataSet_1.Tables("Table01").Rows(mrow)(16) = Mlev
36    Next
```

隨後使用雙迴圈逐筆判斷 Table01 每一員工的年資層（程式如表 6-2 第 10～36 行），外迴圈逐一取出每一員工的年資（變數 Mseniority），內迴圈將前述的年資逐一比對 F_QueryAdvance.vb 傳遞過來的年資層，該年資層資訊儲存於陣列 Alevel，它是一個二維陣列，共有 18 列 4 行，第 1 行是起始年資，第 2 行是終止年資，第 3 行是年資層代碼，第 4 行是年資層說明。若某一員工的年資大於某一層的「起始年資」且小於等於該層的「終止年資」（表 6-2 第 28 行），則取出該層的「年資層代碼」及「年資層說明」，然後存入 Table01 資料表的新增欄位（LevelCode「年資層代碼」、LevelDescription「年資層說明」）。若年資不屬於陣列中任一年資層，則年資層代碼設為 Z、年資層說明設為「未分類」。本範例之年資分類採用「去頭算尾」法，例如 1～3 年為大於 1 年且小於等於 3 年者，亦即年資正好為 1 年者不屬於這一層，年資正好為 3 年者則納入此一層。

有了每一員工的所屬年資層之後，就可計算各個年資層的合計數及平均數，這些合計數及平均數需存入記憶體中的資料表，以便顯示於 DataGridView 及匯出為 Excel 檔，先在宣告區以 Public 宣告 O_TableTotal 為新的資料表物件（註：載入及匯出程序中都會使用，故以 Public 宣告）。這個資料表需記錄年資層代碼及合計數等資料，故需建立 9 個欄位（程式摘要如表 6-3 第 1～8 行）。隨後使用 DataTable 的 Compute 方法計算每一年資層的合計人數、合計薪津、合計津貼及合計伙食費，其方法是先依據 Table01 建立新的資料表物件 O_TempTable（表 6-3 第 10 行），然後再使用 Compute 方法來計算（表 6-3 第 22 行），括號內有兩個參數，第一個參數為運算式，例如 Sum(wages)，表示要加總 wages 薪津欄，第二個參數為條件式，例如 LevelCode='A'，表示年資層代碼為 A 者才符合條件（以本例而言就是年資層代碼為 A 者才是加總的對象）。若無符合的條件，則計算結果會傳回 Null，故先將計算結果存入物件變數 MTempTotal，然後再判斷其結果是否為 Null，最後才存入相關變數（例如 Mtotwages）。

表 6-3. 程式碼 __ 年資分析之二

```
01  Dim O_colA As New DataColumn
02  O_colA.DataType = System.Type.GetType("System.String")
03  With O_colA
04      .Caption = "年資層代碼"
05      .ColumnName = "LevelNo"
06      ....................
07  End With
08  O_TableTotal.Columns.Add(O_colA)
09
10  Dim O_TempTable As DataTable = ODataSet_1.Tables("Table01")
11  Dim MstrA1 As String = "count(Staff_no)"
12  Dim MstrB1 As String = "Sum(wages)"
13  ....................
14  Dim MTempTotal As Object
15
16  Dim Mstop_2 As Integer = F_QueryAdvanced.Acount(0) - 1
17  For mcoub = 0 To Mstop_2 Step 1
18      Mcode = F_QueryAdvanced.Alevel(mcoub, 0)
19      Mdescription = F_QueryAdvanced.Alevel(mcoub, 1)
20      MstrA2 = "LevelCode='" + Mcode + "'"
21      Mtotqty = O_TempTable.Compute(MstrA1, MstrA2)
22      MTempTotal = O_TempTable.Compute(MstrB1, MstrA2)
23      If IsDBNull(MTempTotal) Then
24          Mtotwages = 0
25      Else
```

```
26            Mtotwages = MTempTotal
27        End If
28        …………………
29        Dim O_NewRow As DataRow
30        O_NewRow = O_TableTotal.NewRow()
31        …………………
32        O_NewRow.Item(3) = Mtotwages
33        O_TableTotal.Rows.Add(O_NewRow)
34        O_TableTotal.AcceptChanges()
35    Next
```

每一年資層的合計數算出後需併入資料表 O_TableTotal，其方法是先建立資料列物件（表 6-3 第 29 ～ 30 行），然後將前述計算結果（Mtotwages 等變數之值）存入資料列物件，最後使用資料表的 Rows.Add 方法加入資料表，並以資料表的 AcceptChanges 方法認可此項變動（表 6-3 第 33 ～ 34 行）。

每一年資層的合計數算出後，需求算其平均數（例如每人平均薪津），為了儲存此等計算結果，需在資料表 O_TableTotal 增加新的欄位，程式摘要如表 6-4 第 1 ～ 9 行。因為平均數是以合計數除以人數，故在新增資料欄的同時，使用 DataColumn 資料欄的 Expression 屬性定義運算方法即可產生欄位之值，例如 Expression = "Wages/Qty"。這種方式簡單快速，但較無彈性，例如當分母為零時，會出現「 不是一個數字」的訊息，故改用表 6-4 第 11 ～ 21 行的程式來計算平均數，該程式以 For 迴圈逐筆計算資料表 O_TableTotal 的平均薪津、平均津貼及平均伙食費。程式先判斷第 3 欄人數是否大於零，若是，則以第 4 欄合計薪津除以第 3 欄人數，並將計算結果存入第 7 欄平均薪津，若第 3 欄人數小於等於零，則置入 0。

表 6-4. 程式碼 __ 年資分析之三

```
01    Dim O_colG As New DataColumn
02    O_colG.DataType = System.Type.GetType("System.Double")
03    With O_colG
04        .Caption = "平均薪津"
05        .ColumnName = "AvgWages"
```

```
06          .AllowDBNull = True
07          .ReadOnly = False
08      End With
09      O_TableTotal.Columns.Add(O_colG)
10      ......................
11      Dim Mstop_3 As Integer = O_TableTotal.Rows.Count - 1
12      For Mcouc = 0 To Mstop_3 Step 1
13          If O_TableTotal.Rows(Mcouc)(2) > 0 Then
14              O_TableTotal.Rows(Mcouc)(6) = Math.Round( _
15              O_TableTotal.Rows(Mcouc)(3) / O_TableTotal.Rows(Mcouc)(2), 0)
16              ......................
17          Else
18              O_TableTotal.Rows(Mcouc)(6) = 0
19              ......................
20          End If
21      Next
```

6-3 自訂匯出檔

前一章的範例提供了資料匯出的功能，以便 User 能進一步運用查詢結果，不過該功能是以固定的檔名將資料匯出於固定的資料夾，而本章的範例 F_QueryAdvancedResult.vb 則允許 User 自訂檔名及路徑，並允許選擇檔案類型。當 User 在如圖 6-2 的畫面中按「匯出」鈕之後，螢幕顯示如圖 6-4 的小視窗（範例 F_Save01.vb），視窗中央顯示了內定匯出檔的檔名、路徑及檔案類型，若要變更檔案類型，可點選不同的 RadioButton「選項按鈕」控制項，若要變更檔名及路徑，可按「重設」鈕，螢幕會開啟存檔視窗，讓 User 指定路徑及修改檔名。

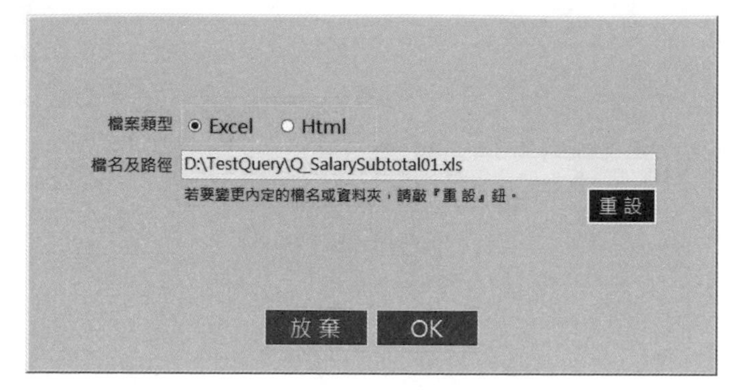

▲ 圖 6-4 自訂匯出檔

為了讓 User 能夠自行設定檔名及存檔路徑，必須先將 SaveFileDialog 存檔對話方塊控制項從工具箱拖曳至表單。該控制項為 Invisible controls「非視覺化」的控制項，故不會呈現在表單上，僅於表單下方顯示小圖示。撰寫如表 6-5 第 14 ～ 15 行的程式可開啟存檔對話方塊，讓 User 設定存檔的路徑及檔名，但在啟動之前應設定該控制項的相關屬性，以便 User 操作時更為方便。例如 InitialDirectory 屬性可設定預設目錄、Filter 屬性可設定存檔對話方塊中篩選器的預設副檔名、FileName 屬性可設定或傳回檔案對話方塊中之檔名及路徑等。更詳細的說明請見範例檔 F_Save01.vb 的 B_Save_Click 事件程序或附錄 D 中有關 SaveFileDialog 控制項的說明。User 設定檔名、存檔路徑及檔案類型之後，需將該等資訊存入陣列 Asavefile，以便另一張表單 F_QueryAdvancedResult.vb 接收使用（程式摘要如表 6-5 第 21 ～ 27 行）。

表 6-5. 程式碼 __ 自訂匯出檔之一

```
01  SaveFileDialog1.Title = "請點選或輸入檔名及路徑"
02  SaveFileDialog1.InitialDirectory = "D:\TestQuery"
03  SaveFileDialog1.RestoreDirectory = False
04  SaveFileDialog1.ShowHelp = False
05  SaveFileDialog1.FileName = "Q_SalarySubtotal01"
06  If T_File01.Checked = True Then
07      SaveFileDialog1.DefaultExt = "xls"
08      SaveFileDialog1.FilterIndex = 1
09      SaveFileDialog1.Filter = "Excel files|*.xls"
```

```
10  End If
11  ......................
12  SaveFileDialog1.AddExtension = True
13  SaveFileDialog1.CheckPathExists = True
14  If SaveFileDialog1.ShowDialog() = Windows.Forms. _
15                                DialogResult.OK Then
16      T_Path.Text = SaveFileDialog1.FileName
17  Else
18      T_Path.Text = ""
19  End If
20
21  If T_File01.Checked = True Then
22      Asavefile(0) = "xls"
23  End If
24  If T_File02.Checked = True Then
25      Asavefile(0) = "htm"
26  End If
27  Asavefile(1) = T_Path.Text
```

當螢幕顯示如圖 6-4 的小視窗（範例檔 F_save.vb），讓 User 設定匯出檔之檔名及路徑時，圖 6-2 的畫面（範例檔 F_QueryAdvanceResult.vb）仍顯示於螢幕上，但必須將其反致能（表單的 Enabled 屬性設為 False），以免 User 誤觸，而使得如圖 6-4 的小視窗被遮掩。圖 6-4 的小視窗（範例檔 F_save.vb）只是記錄 User 所設定之匯出檔的檔名、路徑及檔案類型等資訊，實際的存檔工作仍回到圖 6-2 的畫面（範例檔 F_QueryAdvanceResult.vb）執行，而存檔工作的相關程式是在表單的 EnabledChanged「致能變動」事件中撰寫，因為當 User 在如圖 6-4 的畫面中設定匯出檔的資訊之後，程式將 F_QueryAdvanceResult.vb 表單（圖 6-2）的 Enabled 屬性設為 True，亦即會觸發致能變動事件。但需注意，表單的 Enabled 屬性無論設為 False 或 True，都會觸發 EnabledChanged 事件，故在該事件中需先檢查表單之 Enabled 狀況，若為 False，則應立即離開該事件程序，以免該事件之相關程式又再執行一次（註：浪費時間並疑惑 User）。

本範例允許 User 將查詢結果匯出為 Excel 檔或 HTML 網頁檔，前者的方法請見範例檔 F_QueryAdvanceResult.vb 的 EnabledChanged「致能變動」事件程序，或參考第 4 章的相關說明。至於匯出為 HTML 網頁檔（如圖 6-5），則是使用 StreamWriter 物件的 WriteLine 方法將資料及適當的 Tag（標籤）寫入檔案。

年資層薪津統計表

年資層代號	年資層說明	人數	合計薪津	合計津貼	合計伙食費	平均薪津	平均津貼	平均伙食費
A	0~1	32	812,990	74,630	57,600	25,406	2,332	1,800
B	1~2	41	1,048,644	138,500	73,800	25,577	3,378	1,800
C	2~3	29	754,621	140,768	52,200	26,021	4,854	1,800
D	3~4	17	451,698	78,000	30,600	26,570	4,588	1,800
E	4~5	12	348,576	60,200	21,600	29,048	5,017	1,800
F	5~6	20	592,961	111,000	36,000	29,648	5,550	1,800
G	6~7	0	0	0	0	0	0	0
H	7~8	8	237,432	40,000	14,400	29,679	5,000	1,800
I	8~9	9	281,649	54,500	16,200	31,294	6,056	1,800
J	9~10	58	1,883,200	374,158	104,400	32,469	6,451	1,800
K	10~11	23	760,801	170,454	41,400	33,078	7,411	1,800
L	11~12	11	374,828	82,000	19,800	34,075	7,455	1,800
M	12~13	14	496,233	100,000	25,200	35,445	7,143	1,800
N	13~14	65	2,309,202	488,310	117,000	35,526	7,512	1,800
O	14~15	17	622,897	132,000	30,600	36,641	7,765	1,800
P	15~60	380	18,752,587	3,324,529	684,000	49,349	8,749	1,800

▲ 圖 6-5 匯出為 HTML 檔

程式摘要請見表 6-6，首先接收 User 在表單 F_Save01.vb 中所設定的匯出檔之檔名及路徑，然後使用 My.Computer.FileSystem 的 OpenTextFileWriter 方法來開啟 StreamWriter 物件，以便將資料寫入檔案（表 6-6 第 2 ~ 3 行），括號內第一個參數為檔案名稱及其路徑，第二個參數為附加與否，True 表示要附加，False 表示要覆蓋，第三個參數為編碼，編碼方式有 ASCII、UTF-8 等。

表 6-6. 程式碼 __ 匯出 HTML 檔

```
01    Dim MSaveFileName As String = F_Save01.Asavefile(1)
02    Dim O_file = My.Computer.FileSystem.OpenTextFileWriter( _
03                                     MSaveFileName, False, Encoding.UTF8)
```

```
04  O_file.WriteLine("<!DOCTYPE HTML PUBLIC '-//W3C// _
05                                    DTD HTML 4.01
06   O_file.WriteLine("<html>")
07  O_file.WriteLine("<head>")
08  O_file.WriteLine("<meta http-equiv='Content-Type' _
09                              content='text/html; charset=utf-8'>")
10  O_file.WriteLine("<title>年資層薪津統計表</title>")
11  O_file.WriteLine("</head>")
12
13  O_file.WriteLine("<body bgcolor='#006600' text='#FFFFFF' style=' _
14                    font-family: Arial; font-size: 16pt' link='#FFFFFF' vlink= _
15                   '#FFFFFF' alink='#FFFFFF'>")
16  ......................
17  O_file.WriteLine("<center><table border=1 cellpadding=0 cellspacing=0 _
18                   width=900 height=36 bgcolor=FFFFFF bordercolor=#808080 _
19                   bordercolorlight=#808080 bordercolordark=#808080>")
20  O_file.WriteLine("<TR>")
21  O_file.WriteLine("<TD style=font-size:12pt;color:#003300 _
22                       width=100 height=36 bgcolor=rgb(204,255,204) _
23                       align=center>" + "年資層代號" + "</TD>")
24  ......................
25  O_file.WriteLine("</TR>")
26
27  For Mcou = 0 To Mstop Step 1
28      MLevelNo = O_TableTotal.Rows(Mcou)(0)
29      ......................
30      O_file.WriteLine("<TR>")
31      O_file.WriteLine("<TD style=font-size:12pt;color:#000000 width=100 _
32                               height=36 bgcolor=rgb(255,255,255) align=center>" _
33                               + MLevelNo + "</TD>")
34      ......................
35      O_file.WriteLine("</TR>")
36  Next
37  O_file.WriteLine("</table></center>")
```

建立網頁檔，首先要宣告文檔類型，以便讓瀏覽器知道要使用哪一種語法規格來解譯 HTML 標籤（表 6-6 第 4 ～ 5 行），其次要定義網頁表頭（置於 <head> ... </head> 之間），其中 title 元素可指定文件標題，charset 屬性可定義文件的字元編碼（表 6-6 第 7 ～ 11 行）。網頁的主體內容則需置於 <body> ... </body> 之間，例如表 6-6 第 13 ～ 15 行的程式定義了網頁背景色及字型等要素。

因為要將年資分析的結果以表格呈現（如圖 6-5），故需將欄位名稱及欄位值置於 <table> ... </table> 之間，表 6-6 第 17 ～ 19 行的程式定義了表格的大小、前景色、背景色及格線樣式等元素，表格中每一列的定義置於 <TR> ... </TR> 標籤之間，每一儲存格之定義則是置於 <TD> ... </TD> 標籤之間。表 6-6 第 21 ～ 23 行的程式定義了「年資層代號」這個欄位名稱的顯示方式，包括 bgcolor「指定背景色」、width「指定寬度」、align「指定對齊方式」等。

隨後使用 For 迴圈逐一將 O_TableTotal 資料表的資料讀出，先存入變數（例如 MLevelNo），然後搭配適當的標籤以 WriteLine 方法寫入檔案即可，程式摘要如表 6-6 第 27 ～ 36 行，詳細程式碼及其解說請見 F_QueryAdvanceResult.vb 的 EnabledChanged「致能變動」事件程序。

6-4 對照表的維護

本章第一節已指出，為了讓 ListBox「清單」及 ComboBox「下拉式選單」的項目能夠自動調節，而無需由系統設計者修改的方法之一，是將選單項目列入對照表，然後由 User 自行維護。對照表在資料處理上扮演著非常重要的角色，它常作為資料統計的準則或是資料轉換的依據，善用對照表可簡化輸入、減少錯誤並提升資料處理的速度。本節將說明如何設計一個良好的介面，以方便 User 維護對照表。

因為同一系統中需要維護的對照表可能不只一個，故需要設計一個如圖 6-6 的選單，讓 User 點選所需維護的對照表。在主目錄上按「E4 對照表維護」鈕就可看見該選單（範例檔 T_TableMaintMenu.vb），當 User 點選所需的對照表（註：

以 RadioButton「選項按鈕」控制項設計），再按「GO」鈕，螢幕就會切換至如圖 6-7 的對照表維護畫面。該畫面左方以 DataGridView 顯示對照表內容（例如 TAB_DEPT 部門對照表），右方的 4 個三角按鈕可快速移動游標至首筆、前一筆、下一筆、末筆，X 按鈕可清空文字盒。文字盒會顯示游標所在列的各欄資料，User 需要新增或修改資料時，亦需先在文字盒處理。

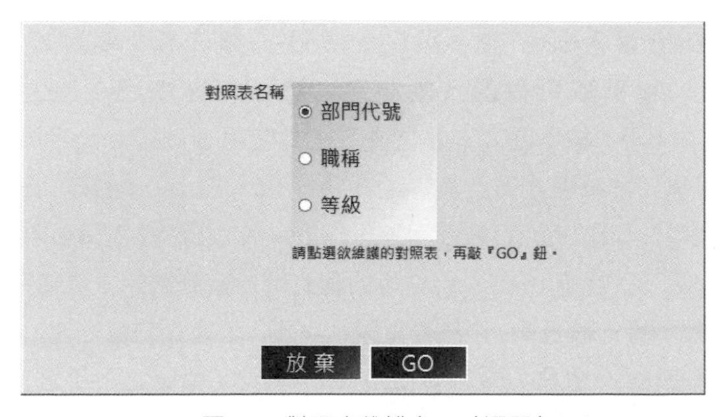

▲ 圖 6-6 對照表維護之一（選單）

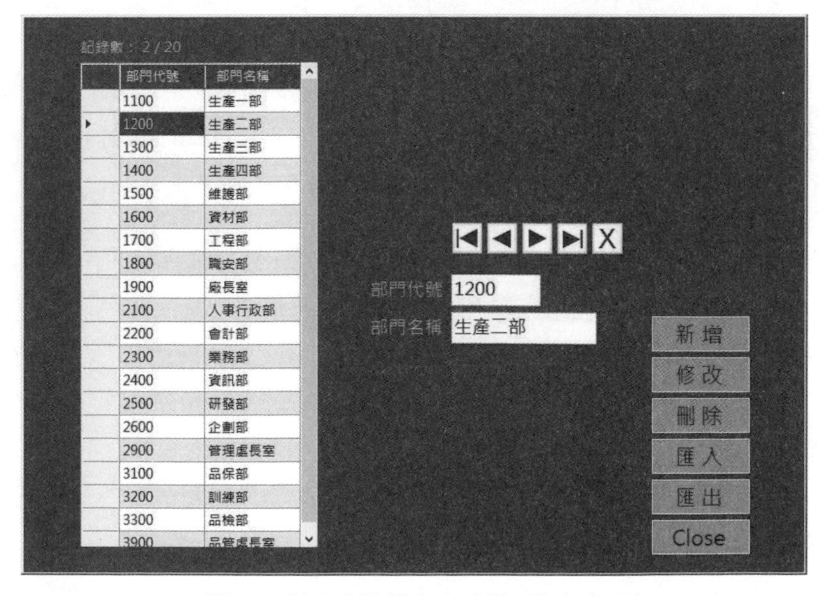

▲ 圖 6-7 對照表維護之二（增刪修主畫面）

畫面右下角的按鈕內分別撰寫了資料新增、修改及刪除的程式，請讀者逕行參考 F_TableDept.vb 的相關事件程序（註：F_TableGrade.vb 或 F_TableTitle.vb 亦可）。另外，為方便大量資料的異動或順應 User 的操作習慣，本範例提供了匯入及匯出的功能，以便 User 可將對照表資料匯出為 Excel 檔，或是將 Excel 建立的對照表資料匯入系統。

為了讓 User 匯入 Excel 檔，需設計一個選檔表單（範例檔 F_TableImport.vb），讓 User 選取所需匯入的檔案，當 User 在如圖 6-7 的畫面（範例檔 F_TableDept.vb）按「匯入」鈕之後，程式使用 ShowDialog 而非 Show 來顯示該選檔表單（詳細程式碼及其解說請見 F_TableDept.vb 的 B_Import_Click 事件程序），其主因是 ShowDialog 可將 F_TableImport 選檔表單設為強制回應對話方塊，以便不執行 ShowDialog 之後的程式碼，直到對話方塊關閉（註：若使用 Show 來顯示另一張表單，則該表單顯示之後，就會立刻執行 Show 之下的程式，而不會等待 User 處理，故若要使用 Show，則 Show 之下不宜有程式碼）。因為將匯入處理程式也寫於同一事件程序中，而非如前一節的 EnabledChanged「致能變動」事件程序中，故使用 ShowDialog 來顯示另一表單。使用 ShowDialog 的另外一個好處是，本系統共有 F_TableDept.vb、F_TableGrade.vb 及 F_TableTitle.vb 等 3 張對照表維護表單要呼叫 F_TableImport.vb 檔案選取表單，故當 User 結束選檔對話方塊時，程式會回到原呼叫表單的呼叫處，繼續下一行的指令，不會搞錯，故無需另增傳遞參數來識別。

資料匯入後，顯示於 DataGridView 供 User 確認，確認無誤後，再由 User 按「更新」鈕，以便更換 SQL Server 中相關資料表的全部資料。應先將「更新」鈕設為不可見，待資料匯入後再顯示，以免擾亂 User。另外需注意，在 User 未按「更新」鈕之前，應將「新增」、「修改」、「刪除」等三個按鈕設為不可見，因為在更新前，若執行了增刪修，可能會發生錯誤，例如新增資料在 DataGridView 中不存在，但在 SQL Server 中已存在，就會發生資料重複的錯誤，故此時應隱藏增刪修按鈕，直到 User 按下「更新」鈕為止。

6-5 例外處理

程式撰寫錯誤可在編譯的過程中發現，但有些錯誤是在執行時期才會發現，例如前述匯入資料時，若 User 匯入了不正確的資料又無適當的程式來處理，就會導致程式中斷而讓 User 不知所措。處理這類例外狀況最簡單的方式，就是在程式碼開始處置入 On Error Resume Next 陳述式，讓程式忽略錯誤而跳至下一行繼續執行。這種方式雖然簡單，但卻因某些工作未執行，而導致處理結果不完整或誤導 User。

另一種方式是使用 On Error Goto 陳述式，當錯誤發生時，讓程式執行某區段的程式。表 6-7 的程式可將資料寫入 Tab 分隔的文字檔 TestA.txt，若該檔已開啟，則會導致程式中斷，故在第 3 行加入 On Error Goto Err_1 的陳述式。Goto 之後接程式碼標籤（本例為 Err_1，名稱可自訂），程式碼標籤代表一個程式區段，當錯誤發生時，執行該區段的程式。區段程式置於程序尾端（表 6-7 第 13～17 行），亦即撰寫於 End Sub 之前與 Exit Sub 之後，以免沒有錯誤也執行該段程式，區段程式之開頭為程式碼標籤加冒號（本例為 Err_1:）。

表 6-7. 程式碼 __ 例外處理

```
01  Private Sub B_TEXT_Click(sender As Object, e As EventArgs) _
02                                      Handles B_TEXT.Click
03      On Error GoTo Err_1
04      Dim O_SW = My.Computer.FileSystem.OpenTextFileWriter _
05                        ("D:\TestA.txt", False, Encoding.Default)
06      O_SW.Write("A001" + vbTab)
07      O_SW.Write("B001" + vbTab)
08      O_SW.Write("C001" + vbCrLf)
09      O_SW.Close()
10      MsgBox("資料已寫入 D:\TestA.txt!", 0 + 64, "OK")
11      Exit Sub
12
13  Err_1:
14      MsgBox(Err.Description)
```

```
15        If Err.Number = 57 Then
16            MsgBox("請先關閉 D:\TestA.txt，再執行本程式！", 0 + 16, "錯誤")
17        End If
18    End Sub
```

範例中的區段程式使用了 Err 物件的兩個屬性來處理例外狀況，Description 屬性可傳回錯誤的說明，本例為「由於另一個處理序正在使用檔案 'D:\TestA.txt'，所以無法存取該檔案」。Number 屬性則可傳回錯誤代碼，本例為 57。

另外一個更具彈性的處理方式是使用 Try 陳述式，可將受監控的程式（可能發生例外狀況的程式）置於 Try 之下，以表 6-7 的程式而言，受監控的程式就是第 4 ～ 5 行的程式。當錯誤發生時要執行的程式則置於 Catch ex As Exception 之下，一個 Try 敘述中可以置入多個 Catch，以捕捉不同的例外（異常狀況），並以不同程式來處理。實際的範例及更詳細的說明，請參考附錄 B-11。

6-6 繪製統計圖

圖表是資訊管理中非常重要的元素，因為看圖絕對要比閱讀文字輕鬆，也更容易讓人留下深刻之印象而有助於記憶，故有「一圖勝千言」的說法。因此在應用系統中提供圖表能力，讓重點資訊以圖形呈現，已是現代化系統必備之功能。

VB 設計圖表主要是靠 Chart 控制項，它的使用並不困難，但因其屬性超多，而且是多層的，亦即屬性視窗內還有屬性視窗（有些屬性需開 4 個視窗才能找到）。User 尋找所需屬性如同走迷宮，相當不易，故摘要重點如下，以便讀者能夠快速建構所需圖表。圖表的建構可分為手動及自動（以程式產生）兩種方式，各有其適用的場合，本書將分別介紹。

6-6.1 以手動方式建立圖表

在説明如何建立圖表之前，先介紹圖表的構成要素及相關名詞，以利後續之溝通。圖表範例如圖 6-8，可分為 ChartArea「圖表區」、Title「標題」、Legend「圖例」等區域。ChartArea「圖表區」為圖表中央的區塊，此區為圖表的重心，包括圖形、X 軸及 Y 軸。Title「標題區」顯示了圖表名稱及其他資訊，如圖 6-8 的「銷售統計圖」及「2015 年」。Legend「圖例」是各個資料點的圖形説明，例如圖 6-9 右上角有兩個圖例，分別指出深綠色長條圖為今年的數據，淺綠色長條圖為去年的數據。

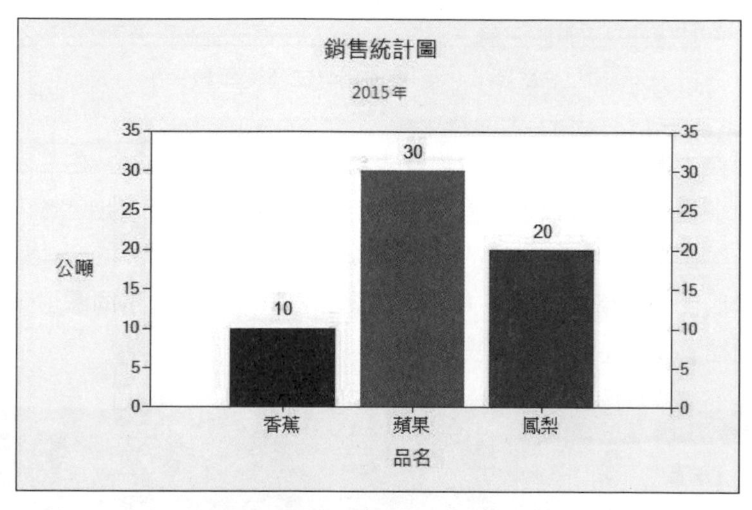

▲ 圖 6-8 圖表範例之一（一組數列）

Series 數列是指組成圖表的一系列數據資料，例如圖 6-10 左上角的 DataGridView 中的資料，該控制項第二行為今年數量，它是一個數列，該控制項第三行為去年數量，則是另一個數列。圖表至少需要一個數列，但也可有多個數列，例如圖 6-9 要繪製今年銷售量與去年銷售量的比較圖，就需兩個數列。Series 是一系列的數據資料，其中的每一項資料稱為 DataPoint「資料點」，例如圖 6-8 中的香蕉、蘋果及鳳梨，每一資料點都有名稱（標籤）及數據，例如第一個資料點的名稱（標籤）為香蕉，其銷售數量為 10 公噸。

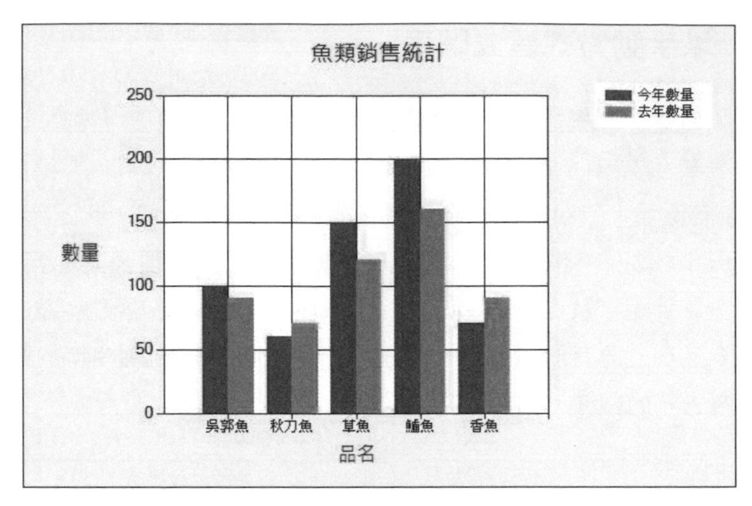

▲ 圖 6-9 圖表範例之二（兩組數列）

請先操作本書隨附的範例，會對圖表功能有較深刻的印象。在主目錄中按「E5 統計圖」鈕，可進入如圖 6-10 的畫面，範例檔為 F_Chart.vb，載入該表單時會將「魚類銷售統計.xlsx」檔的資料存入畫面左上角的 DataGridView，以供後續程式繪製圖表。請按畫面下方的 5 個按鈕，可分別繪製不同圖形，或是將圖表存成圖檔，或是將圖表從印表機印出。

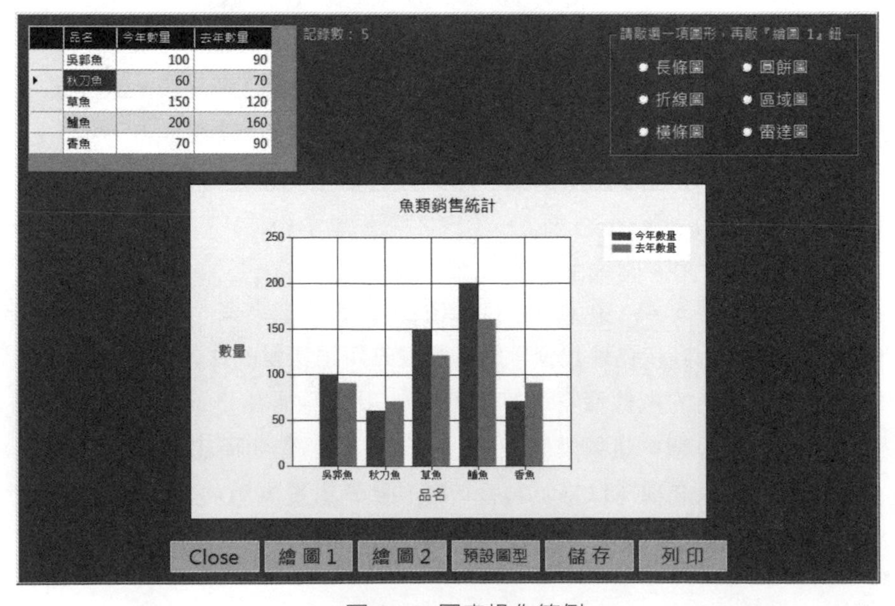

▲ 圖 6-10 圖表操作範例

以下說明圖表建立的重點程序。實際操作時可參閱表 6-8 之速查表，以便加快建構速度，若需更精細的設定可參閱附錄 D 有關 Chart 控制項的說明。

表 6-8. 常用圖表屬性速查表

項目	第一層屬性	第二層屬性	第三層屬性
定義資料點的標籤	Series	Points	AxisLabel
定義資料點的數據（Y 值）	Series	Points	YValue
設定圖表類型	Series	ChartType	
使用色盤設定圖型顏色	Palette		
自訂圖型顏色（資料點顏色）	Series	Points	Color
圖上顯示資料點的數據	Series	Points	IsValueShownAsLabel
圖表垂直格線	ChartAreas	Axes	Xasis.Majorid.Enabled
圖表水平格線	ChartAreas	Axes	Y(Value)axis.Majorid.Enabled
增加一個 Y 軸	ChartAreas	Axes	Secondary Y(Value)axis.Enabled
圖表區的背景色	ChartAreas	BaclColor	
設定標題文字	Titles	Text	
設定 X 軸標題	ChartAreas	Axes	Xasis.Text
設定 Y 軸標題	ChartAreas	Axes	Y(Value)axis.Text
變更 Y 軸刻度的顯示方式	ChartAreas	Axes	Y(Value)axis.Interval
變更 X 軸標記的顯示方式	ChartAreas	Axes	Xasis.Interval 及 Xasis.IntervalOffset
設定圖例的文字標記	Series	LegendText	
設定圖例的文字屬性	Legends	Font	

1. 如何加入資料？

將 Chart 控制項從工具箱拖入表單，會產生一個圖表樣式，但因無資料，所以執行階段看不見任何統計圖，只有一個方框。請在「屬性」視窗內點選「Series」欄右方的小方塊（註：請將滑鼠游標置於該欄，該欄右方即會顯示含有 3 個小點的小方塊），螢幕會顯示如圖 6-11 的「Series 集合編輯器」，左方框內為現有數列名稱，若需要兩個數列（例如繪製今年銷售數量與去年銷售數量的比較圖），則請按下方的「加入」鈕，左方框內就會增加一個數列 Series2。因為 Series 是指一系列的數據資料，故需定義其中的每一項數據（DataPoint 資料點），例如圖 6-8 有三個長條圖，每一個長條圖由不同的資料點所定義。請先在圖 6-11 左方框內點選 Series1，然後在右方框內點選「Points」欄右方的小方塊，螢幕會顯示如圖 6-12 的「DataPoint 集合編輯器」。請先點選左下方的「加入」鈕，左方框內就會增加一個資料點 [0]DataPoint，然後在右方框的「AxisLabel」欄輸入該資料點的標籤（會顯示於該圖的下方，例如圖 6-8 的香蕉），另外需在「YValues」欄輸入該資料點的數據（亦即 Y 值，例如圖 6-8 的香蕉之銷售數量為 10）。反覆前述動作，完成所有資料點的標籤及數據之定義，例如圖 6-8 有三個資料點需要定義。

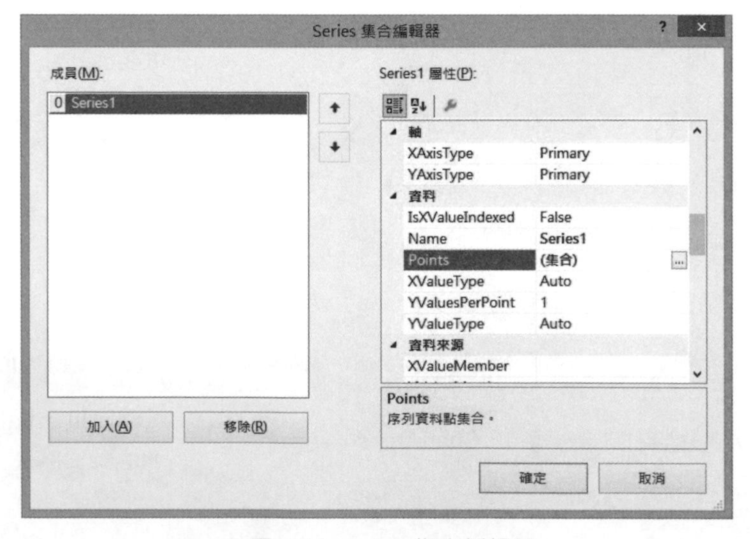

▲ 圖 6-11 Series 集合編輯器

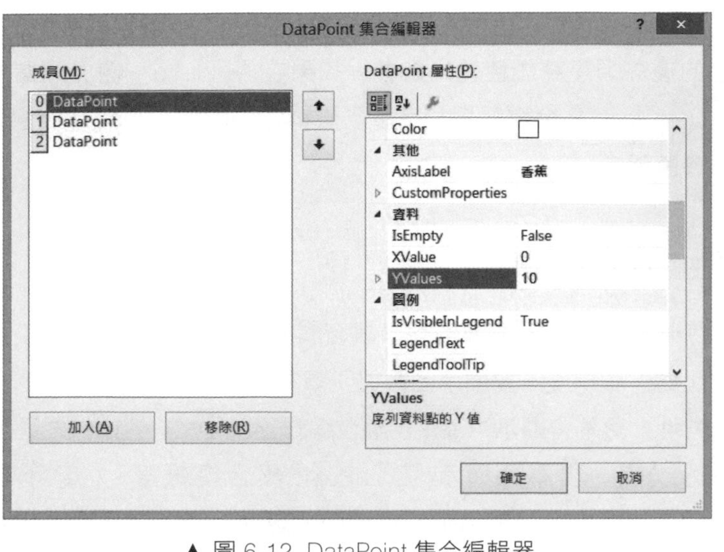

▲ 圖 6-12 DataPoint 集合編輯器

2. 如何設定圖表類型？

請在「屬性」視窗內點選「Series」欄右方的小方塊，螢幕會顯示「Series 集合編輯器」，即可於右方框內的「ChartType」欄點選所需圖形，該欄為下拉式選單，其內有 Column「長條圖」、Bar「橫條圖」、Pie「圓餅圖」、Line「折線圖」等 20 多種類型供選擇。

3. 如何設定圖形顏色？

請在「屬性」視窗內的「Palette」欄點選色盤，該欄為下拉式選單，其內有 Bright、Fire、SeaGreen 等 10 多種類型供選擇。所謂色盤就是 VB 預先搭配的顏色組合，每一種色盤各有不同的顏色組合，可讓 User 省去配色的麻煩。如果您的 Series 數列只有一組，那麼色盤會為每一個資料點配置不同的顏色（例如圖 6-8 三個長條圖的顏色都不相同），如果您的 Series 數列有多組，那麼色盤會為每一數列配置不同的顏色，同一數列不同資料點之顏色則是相同的（如圖 6-9）。如果不喜歡 VB 的配色，則可自行定義。請在「屬性」視窗內點選「Series」欄右方的小方塊，螢幕會顯示「Series 集合編輯器」，然後在右方框內的「Points」欄點選小方塊，螢幕會顯示「DataPoint 集合編輯器」，請逐一點選左方框內的資料點，就可在右方框內的「Color」欄點選該資料點的顏色。自訂顏色的優先順序高於色盤之定義，如果在「Palette」欄已點選了某一色盤，又在「DataPoint 集合編輯器」定義了資料點的顏色，那麼系統會以後者為準，而不理會色盤。

4. 如何在圖形上顯示數據？

圖 6-8 每一個長條圖上方都增列了該資料點的銷售數量，讓閱表人一目了然，而無需比對 Y 軸刻度。要顯示此數據，請在「屬性」視窗內點選「Series」欄右方的小方塊，螢幕會顯示「Series 集合編輯器」，然後在其右方框內的「Points」欄點選小方塊，螢幕會顯示「DataPoint 集合編輯器」，請將其右方框內的 IsValueShownAsLabel（將數值當作標籤）屬性設為 True 即可。若每一個資料點都要顯示此數據，則每一資料點的 IsValueShownAsLabel 屬性都要設為 True。

5. 如何取消格線？

預設的 VB 圖表是有格線的（如圖 6-9），如果每一資料點的上方都列示了相關數據（如圖 6-8），則格線是多餘的（有礙美觀），此時可用下列方法取消。請在「屬性」視窗內點選「ChartAreas」欄右方的小方塊，螢幕會顯示「ChartArea 集合編輯器」，然後在其右方框內的「Axes」欄點選小方塊，螢幕會顯示「Axis 集合編輯器」，請先點選左方框內的 Xaxis，然後將右方框內的 MajorGrid 之下的 Enabled 屬性設為 False，即可取消垂直格線。隨後點選左方框內的 Y(Value) axis，再將右方框內的 MajorGrid 之下的 Enabled 屬性設為 False，即可取消水平格線。

6. 如何增加一個 Y 軸？

預設的 VB 圖表只有一個 Y 軸（顯示於圖表左方具有刻度的垂直線），如果能在圖表右方增加另一個 Y 軸（如圖 6-8），則閱讀者更容易看出資料量（如果資料點的上方不適宜顯示數據），此時可用下列方法增加。請在「屬性」視窗內點選「ChartAreas」欄右方的小方塊，螢幕會顯示「ChartArea 集合編輯器」，然後在其右方框內點選「Axes」欄右方的小方塊，螢幕會顯示「Axis 集合編輯器」

（如圖 6-13），請先點選左方框內的 Secondary Y(Value)axis，然後將右方框內的 Enabled 屬性設為 True 即可。

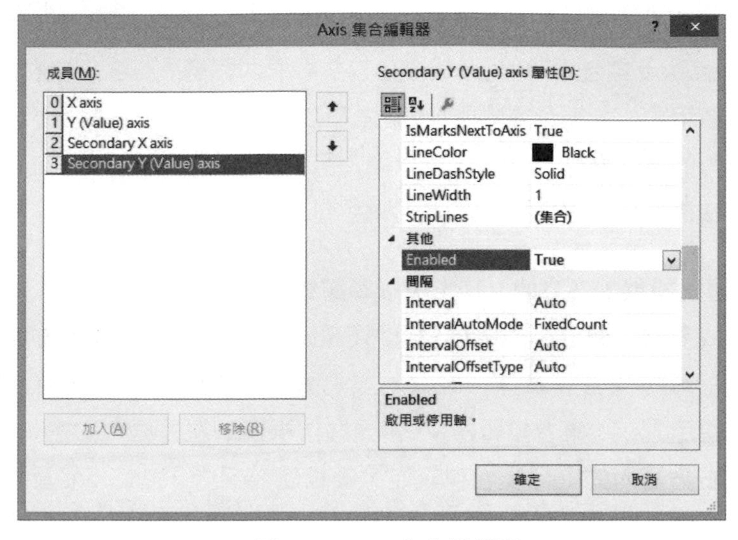

▲ 圖 6-13 Axis 集合編輯器

7. 如何設定圖表區的背景色？

請在「屬性」視窗內點選「ChartAreas」欄右方的小方塊，螢幕會顯示「ChartArea 集合編輯器」，該視窗右方框內的 BackColor 屬性可設定圖表區的背景色。另外，Boder 開頭的屬性可設定圖表區的邊框（包括顏色、樣式及寬度）。

8. 如何設定表頭（圖表標題）？

請在「屬性」視窗內點選「Titles」欄右方的小方塊，螢幕會顯示「Title 集合編輯器」，該視窗右方框內的 Text 屬性可設定表頭名稱（標題文字）。另外，Font 及 ForeColor 屬性可設定標題文字的字型、大小及顏色。Alignemnt 屬性可設定標題文字的位置，計有 TopCenter 等 9 種選擇。若有需要，可增加表頭名稱（標題文字）的數量，例如圖 6-8 有兩個標題，其方法是在「Title 集合編輯器」的左下角按「加入」鈕，左方框內就會增加一個標題（例如 Title2），然後在右方框內設定的其屬性（如前述）即可。

9. 如何設定 X 軸及 Y 軸標題？

X 軸標題是指橫軸下方的文字，用以彰顯橫軸的意義（例如圖 6-8 的品名），其設定方式是在「屬性」視窗內點選「ChartAreas」欄右方的小方塊，螢幕會顯示「ChartArea 集合編輯器」，然後在其右方框內點選「Axes」欄右方的小方塊，螢幕會顯示「Axis 集合編輯器」，請先在該視窗的左方框內點選 X axis，即可在右方框內的 Text 屬性欄設定 X 軸標題。另外，TitleFont 及 TitleForeColor 屬性可設定 X 軸標題文字的字型、大小及顏色。

Y 軸標題是指縱軸左方的文字，用以彰顯縱軸的意義（例如圖 6-8 的公噸），其設定方式是在「屬性」視窗內點選「ChartAreas」欄右方的小方塊，螢幕會顯示「ChartArea 集合編輯器」，然後在其右方框內點選「Axes」欄右方的小方塊，螢幕會顯示「Axis 集合編輯器」，請先在該視窗的左方框內點選 Y(Value) axis，即可在右方框內的 Text 屬性欄設定 Y 軸標題。另外，TitleFont 及 TitleForeColor 屬性可設定 X 軸標題文字的字型、大小及顏色。

10. 如何變更 X 軸及 Y 軸標記的顯示方式？

圖 6-8 縱軸（Y 軸）的刻度是每 5 個單位顯示一個，若要改為每 10 個單位顯示一個刻度（0、10、20、30 等），則可用下列方法變更。請在「屬性」視窗內點選「ChartAreas」欄右方的小方塊，螢幕會顯示「ChartArea 集合編輯器」，然後在其右方框內點選「Axes」欄右方的小方塊，螢幕會顯示「Axis 集合編輯器」，請先在該視窗的左方框內點選 Y(Value) axis，即可在右方框內的 Interval 屬性欄設定 Y 軸刻度的間隔（例如 10）。

通常每一個資料點的 X 軸標記（例如圖 6-8 的香蕉、蘋果、鳳梨）都要顯示，以利閱讀，但某些情況則無需要，例如 X 軸標記為月份時（例如 January ～ December），如果每個資料點的 X 軸標記都要顯示，則會擠成一團而有礙閱讀，此時可間隔顯示 X 軸標記（例如只顯示單數月），其方法如下。請在「屬性」視窗內點選「ChartAreas」欄右方的小方塊，螢幕會顯示「ChartArea 集合編輯器」，然後在其右方框內點選「Axes」欄右方的小方塊，螢幕會顯示「Axis 集合編輯器」，請先在該視窗的左方框內點選 X axis，即可在右方框內的 Interval 屬性欄設定 X 軸標記的間隔（例如 2），另外，可用 IntervalOffset 屬性指定第幾個標記開始顯示（例如 1）。

11. 如何格式化 Y 軸數據？

若要格式化 Y 軸數據（例如加上千分號，1200 以 1,200 顯示），請在「屬性」視窗內點選「ChartAreas」欄右方的小方塊，螢幕會顯示「ChartArea 集合編輯器」，然後在其右方框內點選「Axes」欄右方的小方塊，螢幕會顯示「Axis 集合編輯器」，請先在該視窗的左方框內點選 Y(Value) axis，然後在右方框內展開 LabelStyle，再於 Format 欄輸入格式化符號，例如 #,0 即可。

12. 如何設定圖例？

Legend「圖例」是各個資料點的圖形説明，例如圖 6-9 右上角有兩個圖例，分別指出深綠色長條圖為今年的數據，淺綠色長條圖為去年的數據。單一數列的圖形多數無需圖例（圖 6-8 無需圖例，圖 6-10 長條圖則有需要），多數列的圖形則需有圖例（讓閱讀者易於識別）。若無需圖例，請在「屬性」視窗內點選「Legends」欄右方的小方塊，螢幕會顯示「Legend 集合編輯器」，請點選該視窗左方框內的 Legend，再按下方的「移除」鈕即可。若要在多數列的圖表加上各數列的圖例，請在「屬性」視窗內點選「Series」欄右方的小方塊，螢幕會顯示「Series 集合編輯器」，請先在左方框內點選數列（例如 Series1），即可於右方框的 LegendText 屬性欄輸入該圖例的文字（例如今年數量）。重複前述動作，即可設定各數列的圖例文字。另請注意，若要調整圖例文字的屬性，請在「屬性」視窗內點選「Legends」欄右方的小方塊，螢幕會顯示「Legend 集合編輯器」，然後在該視窗右方框內的 Font 及 ForeColor 屬性欄設定即可。無論是單一數列或是多數列的圖形，要增減圖例都是在「Series 集合編輯器」內設定，圖例文字標記的屬性則是在「Legend 集合編輯器」內設定。

6-6.2 以自動方式建立圖表

以程式自動產生圖表較具彈性，程式可根據 User 的要求變化圖型種類或配色，資料來源變動時，圖表也會自動調整，設計者無需做任何修改。在主目錄中按「E5 統計圖」鈕，可看見如圖 6-8 的圖表，該圖表是以手工建立的，如果要以程式自動產生，則請按如圖 6-10 畫面中的「預設圖型」鈕即可，其程式摘要如表 6-9 及表 6-10。

程式首先將 Chart 控制項的 DataSource「資料來源」屬性設為 Nothing，以便清除原圖表的資料，然後以 Clear 方法清除原有的數列、標題文字（表頭）及圖例（表 6-9 第 1 ～ 4 行）。隨後使用 BackColor 屬性設定圖表的背景色，並以 BorderLine 開頭的屬性設定框線之樣式、寬度及顏色（表 6-9 第 6 ～ 9 行）。

表 6-9. 程式碼 __ 繪製圖表之一

```
01  Chart1.DataSource = Nothing
02  Chart1.Series.Clear()
03  Chart1.Titles.Clear()
04  Chart1.Legends.Clear()
05
06  Chart1.BackColor = Color.OldLace
07  Chart1.BorderlineDashStyle = ChartDashStyle.Solid
08  Chart1.BorderlineWidth = 1
09  Chart1.BorderlineColor = Color.Black
10
11  Dim Series1 As Series = New Series()
12  Chart1.Series.Add(Series1)
13  Chart1.Series("Series1").Points.AddXY("香蕉", 10)
14  Chart1.Series("Series1").Points.AddXY("蘋果", 30)
15  Chart1.Series("Series1").Points.AddXY("鳳梨", 20)
16
17  Series1.ChartType = SeriesChartType.Column
18
19  Chart1.Series("Series1").Points(0).Color = Color.Purple
20  ....................
```

```
21  Chart1.Series("Series1").Points(0).BorderDashStyle = _
22                                          ChartDashStyle.NotSet
23  ......................
24  Chart1.Series("Series1").Points(0).IsValueShownAsLabel = True
25  Chart1.Series("Series1").Points(0).LabelForeColor = Color.Black
26  Chart1.Series("Series1").Points(0).Font = New Font("Arial", 11)
27  ......................
28  Chart1.ChartAreas(0).AxisX.MajorGrid.Enabled = False
29  Chart1.ChartAreas(0).AxisY.MajorGrid.Enabled = False
30
31  Chart1.ChartAreas(0).AxisY2.Enabled = AxisEnabled.True
```

繪製圖表最重要的工作就是指定數據，而承載數據的物件為 Series 數列，故需要宣告數列物件並將其加入圖表控制項（表 6-9 第 11 ～ 12 行），隨後使用 Series 物件的 Points.AddXY 方法加入資料點（表 6-9 第 13 ～ 15 行），該方法有兩個參數，前者為資料點的標籤，後者為資料點的數據。最後再使用 Series 物件的 ChartType 屬性設定圖形種類，例如 Column 為直條圖、Bar 為橫條圖、FastLine 為折線圖、Pie 為圓餅圖等，這樣就可產生圖形了。

圖形產生後需要指定其顏色，如前所述，其方法有兩種，如果要使用色盤，其程式寫法如下：

```
Chart1.Palette = ChartColorPalette.BrightPastel
```

在程式撰寫頁面輸入 Chart1.Palette = 之後，螢幕會顯示色盤代碼供選擇，無需逐字輸入。若要自訂各個資料點的顏色，可撰寫如表 6-9 第 19 行的程式，該程式將第一個資料點的顏色指定為紫色，Points 括號內為資料點索引順序，由 0 起算，第一個資料點為 0，第二個資料點為 1，以此類推。

若要為數列各個圖形（資料點）設定框線，可撰寫如下程式：

```
Chart1.Series("Series1").BorderDashStyle = ChartDashStyle.Solid
Chart1.Series("Series1").BorderColor = Color.Black
Chart1.Series("Series1").BorderWidth = 1
```

BorderDashStyle 屬性可指定框線樣式，BorderColor 屬性可指定框線顏色，BorderWidth 屬性可指定框線寬度。若不要框線，可撰寫如下程式：

```
Chart1.Series("Series1").BorderDashStyle = ChartDashStyle.NotSet
```

若單獨取消某一資料點的框線，可撰寫如表 6-9 第 21 ～ 22 行的程式。

若要在各個資料點之上顯示數據（例如圖 6-8 每一個長條圖上方都顯示了該資料點的銷售數量），則須將 IsValueShownAsLabel 屬性設為 True（表 6-9 第 24 行），設定該數據的字型顏色及大小，需撰寫如表 6-9 第 25 ～ 26 行的程式。取消格線（例如圖 6-8 無格線）或顯示格線（例如圖 6-9 有網狀格線），需撰寫如表 6-9 第 28 ～ 29 行的程式，AxisX.MajorGrid.Enabled 屬性設為 False 可取消垂直格線，設為 True 可顯示垂直格線，AxisY.MajorGrid.Enabled 屬性設為 False 可取消水平格線，設為 True 則可顯示水平格線。若要在圖表區右邊增加另一個 Y 軸（如圖 6-8），需撰寫如表 6-9 第 31 行的程式。

若要設定圖表區的背景及框線（包括樣式、顏色及寬度），需撰寫如表 6-10 第 1 ～ 4 行的程式。ChartAreas 屬性之括號內為圖表區索引順序，0 表示第一個圖表區，1 表示第二個圖表區，但為什麼要如此定義呢？通常一張圖表只有一組圖形，故只需一個圖表區，但如有需要，VB 允許多組圖形，例如圖 6-8 的銷售統計除了以直條圖呈現外，可另增折線圖（或圓餅圖）等，讓 User 同時以不同角度檢視資料，此時就需要增加圖表區。假設要增加一個圖表區，以便顯示另一組圖形，其操作方法如下述。

表 6-10. 程式碼 __ 繪製圖表之二

```
01    Chart1.ChartAreas(0).BorderColor = Color.White
02    Chart1.ChartAreas(0).BorderDashStyle = ChartDashStyle.Solid
03    Chart1.ChartAreas(0).BorderColor = Color.Navy
04    Chart1.ChartAreas(0).BorderWidth = 1
05
06    Dim Title1 As Title = New Title
07    Chart1.Titles.Add(Title1)
08    Chart1.Titles(0).Text = "銷售統計圖"
09    Chart1.Titles(0).Font = New Font("微軟正黑體", 14)
```

```
10  Chart1.Titles(0).ForeColor = Color.Navy
11
12  Chart1.ChartAreas(0).AxisX.Title = "品名"
13  Chart1.ChartAreas(0).AxisX.TitleFont = New Font("微軟正黑體", 12)
14  Chart1.ChartAreas(0).AxisX.TitleForeColor = Color.Navy
15
16  Chart1.ChartAreas(0).AxisY.Title = "公噸"
17  Chart1.ChartAreas(0).AxisY.TitleFont = New Font("微軟正黑體", 12)
18  Chart1.ChartAreas(0).AxisY.TitleForeColor = Color.Navy
19
20  Chart1.ChartAreas(0).AxisX.Interval = AutoSize
21  Chart1.ChartAreas(0).AxisX.IntervalOffset = 1
22
23  Chart1.ChartAreas(0).AxisY.Interval = AutoSize
```

請在「屬性」視窗內點選「ChartAreas」欄右方的小方塊，進入「ChartArea 集合編輯器」，然後按左下角的「加入」鈕，即可增加一個圖表區。隨後請在「屬性」視窗內點選「Series」欄右方的小方塊的，進入「Series 集合編輯器」，然後按左下角的「加入」鈕，左方框內就會增加一個數列 Series2，再於右方框內的「ChartArea」欄指定該數列的所屬圖表區（圖 6-14），因為已增列了一個圖表區，所以在「ChartArea」欄的下拉式選單可看見 ChartArea1 及 ChartArea2，另外可利用「ChartType」欄指定該數列的圖形種類。

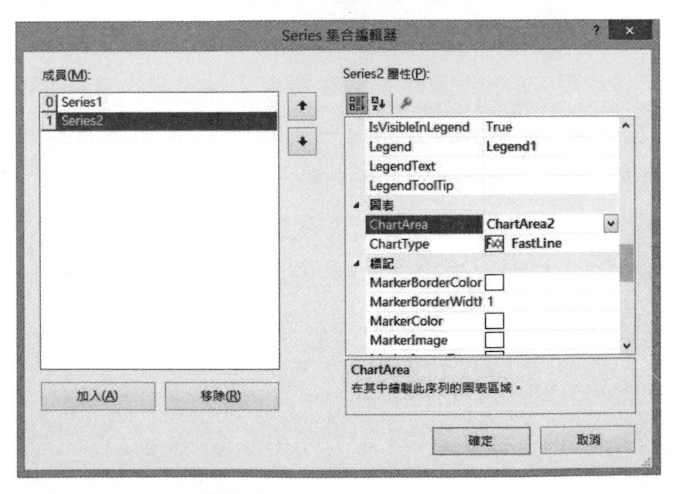

▲ 圖 6-14 使用不同的圖表區

若要設定標題文字及其字型之屬性，需先宣告 Title 物件，並將其加入 Chart 控制項，然後使用 Title 物件的 Text、Font 及 ForeColor 屬性來設定（表 6-10 第 6 ～ 10 行）。若要設定 X 軸標題（例如圖 6-8 的品名）及其字型之屬性，需撰寫如表 6-10 第 12 ～ 14 行的程式。若要設定 Y 軸標題（例如圖 6-8 的公噸）及其字型之屬性，需撰寫如表 6-10 第 16 ～ 18 行的程式。

設定 X 軸標記的顯示方式，需撰寫如表 6-10 第 20 ～ 21 行的程式，該程式會將 X 軸標記（香蕉、蘋果、鳳梨）以自動尺寸顯示，若要使 X 軸標記間隔顯示（每兩個標記只顯示一個），而且從第一個標記開始顯示，則需撰寫如下的程式：

```
Chart1.ChartAreas(0).AxisX.Interval = 2
Chart1.ChartAreas(0).AxisX.IntervalOffset = 1
```

設定 Y 軸刻度的顯示方式，需撰寫如表 6-10 第 23 行的程式，該程式會將 Y 軸刻度以自動尺寸顯示（VB 依據數據自行安排），若要使 Y 軸以每 10 個單位顯示一個刻度，則需撰寫如下的程式：

```
Chart1.ChartAreas(0).AxisY.Interval = 10
```

上述詳細程式碼及其解說請見範例檔 F_Chart.vb 的 B_Reset_Click 事件程序。

圖 6-10 中的「繪圖 1」也是以程式自動產生圖形，但其資料來源為 Excel 檔，另外可讓 User 指定圖形種類。因為資料來源為 DataTable 資料表，所以無需如前述那樣麻煩（逐一設定資料點）。程式先以 Chart 的 DataSource 屬性指定資料來源，然後使用 XValueMember 屬性指定 X 軸標記的來源欄位，本例為 F1 欄（圖 6-10 左上角 DataGridView 的第一欄），其次使用 YValueMember 屬性指定 Y 軸數據的來源欄位，本例為 F2 欄（圖 6-10 左上角 DataGridView 的第二欄），程式如表 6-11 第 1 ～ 3 行。圖表資料來源亦可為 Access 或 SQL Server 等中大型資料庫的資料，只要是使用本書第 4 章所介紹的方法，將所需資料從資料庫取出，並存入 DataTable，再指定給 Chart 即可。圖形種類的設定可用常數，例如：

```
Series1.ChartType = SeriesChartType.Pie
```

但亦可使用代碼，例如：

```
Series1.ChartType = 18
```

另外，預設折線圖的線條較細，可使用下列程式設定其框線，使其較為厚實，以強化視覺效果。

```
Series1.ChartType = SeriesChartType.FastLine
Chart1.Series("Series1").BorderDashStyle = ChartDashStyle.Solid
Chart1.Series("Series1").BorderColor = Color.Black
Chart1.Series("Series1").BorderWidth = 3
```

詳細程式碼及其解說請見 F_Chart.vb 的 B_Chart1_Click 事件程序。

表 6-11. 程式碼 __ 繪製圖表之三

```
01  Chart1.DataSource = ODataSet_0.Tables("Table01")
02  Chart1.Series("Series1").XValueMember = "F1"
03  Chart1.Series("Series1").YValueMembers = "F2"
04
05  Chart1.DataSource = ODataSet_0.Tables("Table01")
06  Chart1.Series("Series1").XValueMember = "F1"
07  Chart1.Series("Series1").YValueMembers = "F2"
08  Chart1.Series("Series2").XValueMember = "F1"
09  Chart1.Series("Series2").YValueMembers = "F3"
10
11  Dim MName As String = "D:\TestQuery\TestChart01.jpg"
12  Chart1.SaveImage(MName, System.Drawing.Imaging.ImageFormat.Jpeg)
13
14  Private Sub B_Print_Click(sender As Object, e As EventArgs) _
15                                              Handles B_Print.Click
16      Dim O_PD1 As New Printing.PrintDocument
17      Dim O_PPV1 As New PrintPreviewDialog
18      ......................
19      O_PD1.DefaultPageSettings.Landscape = False
20
21      AddHandler O_PD1.PrintPage, AddressOf O_PD1_PrintPage
22
```

```
23        Me.TopMost = False
24        O_PPV1.Document = O_PD1
25        O_PPV1.ShowDialog()
26        Me.TopMost = True
27
28        O_PD1.Dispose()
29    End Sub
30
31    Private Sub O_PD1_PrintPage(ByVal sender As Object, _
32                                ByVal ev As PrintPageEventArgs)
33        Dim O_Rectangle As New System.Drawing.Rectangle(10, 30, 600, 500)
34        Chart1.Printing.PrintPaint(ev.Graphics, O_Rectangle)
35    End Sub
```

圖 6-10 中的「繪圖 2」也是以程式自動產生圖形，所不同的是 Series 數列有兩個，故兩個數列的 XValueMember 屬性及 YValueMember 屬性都要指定，程式如表 6-11 第 5 ～ 9 行。詳細程式碼及其解說請見 F_Chart.vb 的 B_Chart2_Click 事件程序。

6-6.3 圖表的存檔及列印

圖表產生後，可將其存成 Jpg 等類型的圖檔，供 User 進一步使用，例如將其插入 MS Word 或 MS PowerPoint，以便製作分析報告或業務簡報。欲存成圖檔，需使用 Chart 類別的 SaveImage 方法，程式如表 6-11 第 11 ～ 12 行。SaveImage 方法有兩個參數，前者為圖檔之檔名及其路徑，後者為圖檔類型，圖檔類型有 Gif、Bmp、Jpeg、Png、Wmf 等，詳細程式碼及其解說請見 F_Chart.vb 的 B_Save_Click 事件程序。

圖表產生後，也可以直接將其從印表機印出。列印程式分散在兩個事件程序中，程式摘要如表 6-11 第 14 ～ 35 行。第一個事件程序為 B_Print_Click，在該事件中先設定列印方向（橫印或直印）、列印邊界及紙張大小等，然後以 AddHandler 陳述式觸發 PrintPage 事件程序，該事件中設定了圖表列印位置及其大小（表 6-11 第 31 ～ 35 行）。雖然使用 Chart1.Printing.Print(True) 指令就可印出圖表，但缺少圖表大小及位置之設定（會印在紙張的中間），故需在 PrintPage 事件程序做相關的設定，該程序主要使用 Chart.Printing 屬性的 PrintPaint 方法印出圖表，括號內兩個參數，第一個為列印頁事件參數，第二個為圖表在紙張上的區域（位置及大小），它由 Rectangle 結構所定義，括號內有 4 個參數，第一個參數為長方形左上角的 X 座標（數值越大離紙張左邊越遠），第二個參數為長方形左上角的 Y 座標（數值越大離紙張上邊越遠），第三個參數為長方形的寬度，第四個參數為長方形的高度。

前述觸發 PrintPage 事件程序，因為需傳遞相關列印參數，故列印程式不能寫於一般副程序，而須寫於 PrintPage 列印頁事件程序中，而該事件程序需使用 AddHandler 陳述式呼叫（表 6-11 第 21 行），AddHandler 後接所要繫結的事件（本例為 O_PD1 的 PrintPage 事件，亦即列印文件的列印事件），AddressOf 後接欲處理的程序名稱（本例為 O_PD1 _PrintPage）。

相關參數（列印位置等）設定之後，使用 PrintDocument 類別的 Print 方法就可印出圖表，但想先讓 User 預覽再列印，故多寫了如表 6-11 第 23～26 行的程式，User 在預覽視窗中點選印表機圖示就可印出圖表。詳細程式碼及其解說請見 F_Chart.vb 的 B_Print_Click 事件程序及 F_Chart.vb 的 O_PD1_PrintPage 事件程序。列印的程序較為複雜，第 7 章會有較詳細的說明，如果您對列印較陌生，可先閱讀該章，再回頭了解本段有關圖表列印的方法。

memo

Visual Basic

7

chapter

轉檔及列印

轉檔及列印是資料處理的最後步驟，當從 Access 或 SQL Server 等資料庫中找出所需資料後，常需匯出為 Excel 檔，以便進一步處理運用或是直接從印表機印出。本書第 4 章及第 6 章介紹了如何將資料匯出為 Excel、Text 及 HTML 等類型的檔案，本章將更深入討論相關的議題，並介紹更具威力的處理工具。

因為本範例需安裝 Third Party 的函式庫，若未安裝將影響程式的執行，為了避免影響不使用本範例的讀者，故將本範例置入不同的專案，並以不同的資料夾 VB_CONVERT 儲存相關檔案。若要執行其程式，請先安裝或加入參考下列檔案：

- NPOI 函式庫（詳本章第 7-1 節）
- EPPlus 函式庫（詳本章第 7-2 節）
- GemBox 函式庫（詳本章第 7-3 節）
- Code 39 條碼字型（詳本章第 7-6 節）

7-1 NPOI 的使用方法

NPOI 是開放原始碼的函式庫，經由它可在沒有安裝 Microsoft Office 的環境下讀取和操作 xls、doc 及 ppt 等類型的檔案。請先從官網 http://npoi.codeplex.com/ 下載 NPOI 2.1.3 binary.zip，並予解壓縮。然後將 dll 檔加入參考 Add Reference，其方法如下述。

在 VB 功能表上點選「專案」、「加入參考」，螢幕顯示「參考管理員」視窗（如圖 7-1），然後按「瀏覽」鈕，找出 NPOI.dll 檔（在 dotnet4 資料夾），再按「加入」鈕即可（註：在「方案總管」視窗內點選專案名稱，然後按滑鼠右鍵，在快顯功能表上點選「加入」、「參考」，亦可開啟「參考管理員」）。

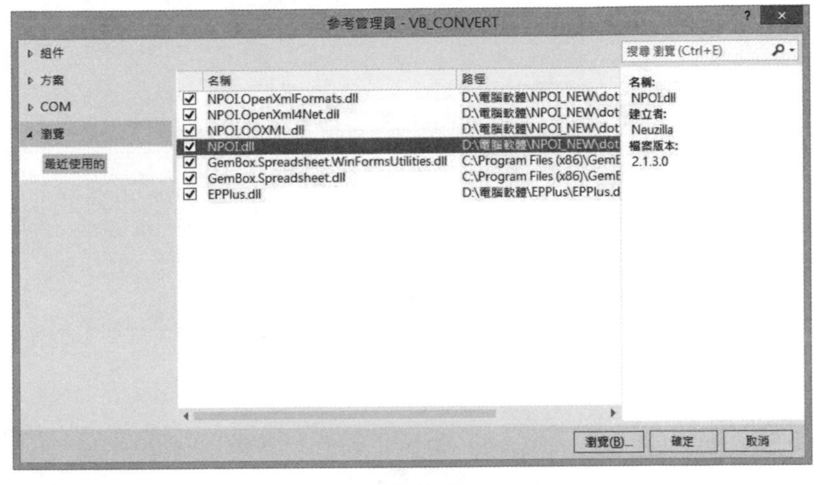

▲ 圖 7-1 加入參考 NPOI

編寫程式時，請於程式碼頁面最上方引用下列命名空間：

- Imports NPOI.HSSF.UserModel
- Imports NPOI.HPSF
- Imports NPOI.POIFS.FileSystem
- Imports NPOI.SS.UserModel
- Imports NPOI.XSSF.UserModel

因為本章範例程式會使用 SQL Server 的資料庫，故在執行 VB_CONVERT 專案時會先顯示如圖 7-2 的畫面，如果您的 SQL Server 不是安裝於本機，則可在該畫面修改。登入之後可看見如圖 7-3 的畫面，該畫面左下角有三個按鈕，分別示範了如何使用 NPOI 來存取 Excel 檔。表 7-1 第 1 ～ 25 行是讀取 Excel 檔的程式摘要，該程式可讀出「範例 A_ 銷售基本檔.xls」的資料，並顯示於 DataGridView。首先使用 NPOI 的 HSSFWorkbook 建構函式建立新的活頁簿物件（表 7-1 第 1 ～ 3 行），括號內使用 FileStream 建構函式建立新的檔案流物件，FileStream 括號內有三個參數，第一個參數為欲讀取之檔案名稱及其路徑，第二個參數為檔案啟動模式（FileMode.Open「開啟」、FileMode.Create「建立」、FileMode.Append「附加資料至檔尾」），第三個參數為存取模式（FileAccess.Read「讀取」、FileAccess.Write「寫入」、FileAccess.ReadWrite「讀取及寫入」）。

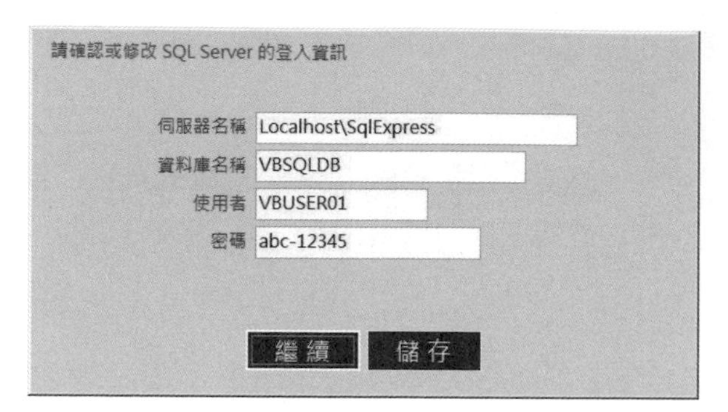

▲ 圖 7-2 設定 SQL Server 登入資訊

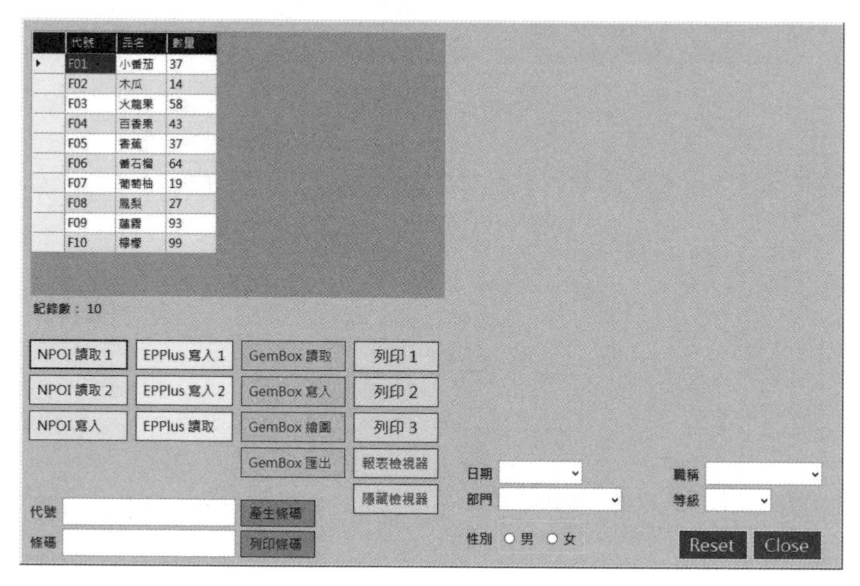

▲ 圖 7-3 轉檔及列印主畫面

表 7-1. 程式碼 __NPOI 讀取 Excel 檔

```
01    Dim MFN_O As String = "APPDATA\範例A_銷售基本檔.xls"
02    Dim O_WorkBook = New HSSFWorkbook(New FileStream( _
03                                       MFN_O, FileMode.Open, FileAccess.Read))
04    Dim MSheetName As String = O_WorkBook.GetSheetName(0)
05    Dim O_Sheet As HSSFSheet = O_WorkBook.GetSheet(MSheetName)
06    Dim MItemCode As String = ""
07    Dim MItemName As String = ""
08    Dim MQty As Int32 = 0
```

```
09  Dim MTotalRecordNo As Int32 = 0
10  Dim mtprow As Object
11  Dim Mstop As Int32 = Convert.ToInt32( _
12                          O_Sheet.PhysicalNumberOfRows)
13  For Mrow = 1 To Mstop Step 1
14      On Error GoTo Err01
15      MItemCode = O_Sheet.GetRow(Mrow).GetCell(0).StringCellValue
16      MItemName = O_Sheet.GetRow(Mrow).GetCell(1).StringCellValue
17      MQty = O_Sheet.GetRow(Mrow).GetCell(2).NumericCellValue
18      Dim O_NewRow As DataRow
19      O_NewRow = O_TempTable.NewRow()
20      O_NewRow.Item(0) = MItemCode
21      O_NewRow.Item(1) = MItemName
22      O_NewRow.Item(2) = MQty
23      O_TempTable.Rows.Add(O_NewRow)
24       O_TempTable.AcceptChanges()
25  Next
26
27  Dim MFN_0 As String = "APPDATA\水果銷售統計.xlsx"
28  Dim O_Filel As New FileStream(MFN_0, FileMode.Open, _
29                                              FileAccess.Read)
30  Dim O_WorkBook As XSSFWorkbook = New XSSFWorkbook(O_Filel)
31  Dim MSheetName As String = O_WorkBook.GetSheetName(0)
32  Dim O_Sheet As XSSFSheet = O_WorkBook.GetSheet(MSheetName)
```

然後使用活頁簿物件的 GetSheetName 屬性取回工作表名稱，括號內為工作表索引順序，由 0 起算（表 7-1 第 4 行），接著使用 NPOI 的 XSSFSheet 建構函式建立新的工作表物件，括號內為工作表名稱（表 7-1 第 5 行）。

最後使用 For 迴圈逐一讀取儲存格的資料，在啟動迴圈之前先使用 HSSFSheet 工作表物件的 PhysicalNumberOfRows 屬性傳回列數（亦即工作表內資料的筆數），以便作為迴圈的終止值（表 7-1 第 11 ～ 12 行），另一個屬性 PhysicalNumberOfCells 則可傳回行數。

NPOI 取得某儲存格資料是使用工作表物件的 GetRow 屬性及 GetCell 屬性，GetRow 括號內為列號（由 0 起算），GetCell 括號內為行號（由 0 起算），GetRow 及 GetCell 之後接資料型別，例如 StringCellValue 字串、NumericCellValue 數字、DateCellValue 日期時間（表 7-1 第 15 ～ 17 行）。

For 迴圈內程式先將工作表資料存入 MItemCode 等變數，然後轉入 DataRow，再將該 DataRow 併入 DataTable 資料表（本例取名 O_TempTable），最後再將其指定給 DataGridView。詳細程式碼及其解說請見 F_CONVERT.vb 的 B_NPOI_READ_Click 事件程序。

前述使用 NPOI 的 HSSFWorkbook 及 HSSFSheet 物件可讀取 xls 檔的資料，若要讀取 xlsx 檔，則應使用 XSSFWorkbook 及 XSSFSheet 物件，程式摘要如表 7-1 第 27 ～ 32 行，詳細程式碼及其解說請見 F_CONVERT.vb 的 B_NPOI_READ2_Click 事件程序。

表 7-2 是使用 NPOI 寫入 Excel 檔的摘要程式，首先使用 HSSFWorkbook 物件建立活頁簿，再以活頁簿物件的 CreateSheet 方法建立工作表（表 7-2 第 1 ～ 2 行）。隨後使用工作表物件的 SetCellValue 方法將資料存入工作表的儲存格，儲存格位址使用 CreateRow 屬性及 CreateCell 屬性共同指定，前者指定列號（由 0 起算），後者指定行號（由 0 起算），請見表 7-2 第 4 ～ 7 行。若要存入計算公式，則應使用 SetCellFormula 方法（表 7-2 第 8 行）。

表 7-2. 程式碼 __NPOI 寫入 Excel 檔

```
01    Dim O_WorkBook As HSSFWorkbook = New HSSFWorkbook()
02    Dim O_Sheet As HSSFSheet = O_WorkBook.CreateSheet("Sheet1")
03
04    O_Sheet.CreateRow(0).CreateCell(0).SetCellValue("測試資料")
05    O_Sheet.CreateRow(1).CreateCell(0).SetCellValue(100)
06    O_Sheet.CreateRow(2).CreateCell(0).SetCellValue(200)
07    O_Sheet.CreateRow(3).CreateCell(0).SetCellValue(300)
08    O_Sheet.CreateRow(4).CreateCell(0).SetCellFormula("Sum(A2:A4)")
09
10    Dim O_File As FileStream = New FileStream(" _
```

```
11        D:\TestQuery\NPOI_01.xls", FileMode.Create, FileAccess.Write)
12    O_WorkBook.Write(O_File)
```

資料建立後使用 FileStream 建構函式建立新的檔案流物件，FileStream 括號內有三個參數，第一個參數為存檔名稱及其路徑，第二個參數為檔案啟動模式，第三個參數為存取模式。最後再使用活頁簿物件的 Write 方法來儲存檔案，Write 括號內為檔案流物件（表 7-2 第 10 ～ 12 行）。詳細程式碼及其解說請見 F_CONVERT.vb 的 B_NPOI01_Write_Click 事件程序。

根據官網的說法，NPOI2.0 以上版本可支援 xlsx 檔，但經實測，XSSFWorkbook 及 XSSFSheet 物件雖可順利建立 xlsx 檔，但可能無法讀取，故欲建立 xlsx 檔，本書建議您使用 EPPlus 函式庫（請見下一節）。

7-2 EPPlus 的使用方法

EPPlus 同樣是開放原始碼的函式庫，但專門為新版 Excel 檔所設計，它可在未安裝 MS Office 的環境下存取 xlsx 檔，但無法處理 xls 檔，故若要存取舊版 Excel 檔，請使用前一節介紹的 NPOI。

您可自 http://epplus.codeplex.com/ 免費下載 EPPlus 4.0.4.zip，並將其解壓縮，然後使用前一節的方法，將 EPPlus.dll 加入參考（加入結果如圖 7-1）。其命名空間為 OfficeOpenXml、OfficeOpenXml.Drawing、OfficeOpenXml.Drawing.Chart、OfficeOpenXml.Style。

7-2.1 EPPlus 寫入 Excel 檔

對 VB 使用者而言，EPPlus 的語法比 NPOI 更易接受。在圖 7-3 的左下角有三個按鈕，分別示範了如何使用 EPPlus 來存取 xlsx 檔。表 7-3 是將 DataGridView 的資料存入 Excel 檔之摘要程式，首先使用 My.Computer.FileSystem 的 GetFileInfo 方法設定 Excel 檔之檔名及路徑，以便作為 ExcelPackage 的參數，ExcelPackage 是 EPPlus 的主要物件之一，用以建立活頁簿。隨後使用

ExcelPackage 建構函式建立新的 ExcelPackage 物件，括號內為目標檔之檔名及路徑（表 7-3 第 1 ～ 3 行）。

表 7-3. 程式碼 __EPPlus 寫入 Excel 檔

```
01  Dim O_information = My.Computer.FileSystem. _
02                      GetFileInfo("D:\TestQuery\EPPlus01.xlsx")
03  Dim O_EP As ExcelPackage = New ExcelPackage(O_information)
04  Dim O_WS As OfficeOpenXml.ExcelWorksheet = _
05                              O_EP.Workbook.Worksheets.Add("工作表1")
06  Dim MRowsNo As Int32 = DataGridView1.Rows.Count
07  Dim MColumnsNo As Integer = DataGridView1.ColumnCount
08  For Mcount = 0 To MColumnsNo - 1 Step 1
09      O_WS.Cells(1, Mcount + 1).Value = _
10                DataGridView1.Columns(Mcount).HeaderText
11  Next
12
13  For Mrow = 1 To MRowsNo Step 1
14      For Mcol = 1 To MColumnsNo Step 1
15          On Error Resume Next
16          O_WS.Cells(Mrow + 1, Mcol).Value = _
17                          DataGridView1(Mcol - 1, Mrow - 1).Value
18      Next
19  Next
20  O_EP.Save()
```

活頁簿建立之後，使用 Workbook.Worksheets.Add 方法建立新的工作表 ExcelWorksheet，括號內為工作表名稱（可自訂），因為 ExcelWorksheet 會與其他函式庫的物件衝突（例如後述之 GemBox），故需標明其命名空間 OfficeOpenXml（表 7-3 第 4 ～ 5 行）。

工作表建立之後，先將 DataGridView 的 HeaderText 寫入工作表的第一列作為欄位名稱。因為 DataGridView 有多欄，故以 For 迴圈來逐一寫入（表 7-3 第 8 ～ 11 行），迴圈內以 ExcelWorksheet 的 Cells 屬性來指定儲存格位址，Cells 括號內有兩個參數，第一個參數是列號，第二個參數是行號，均由 1 起算。

欄位名稱寫入工作表之後，開始寫入欄位資料，因為有多欄及多列，故使用雙迴圈將 DataGridView 各個格位之值寫入工作表（表 7-3 第 13 ～ 19 行），從工作表第二列開始往下寫入，外迴圈控制列數，內迴圈控制行數。請注意行號及列號之寫法，EPPlus 是先列後行（由 1 起算），DataGridView 則是先行後列（由 0 起算）。

迴圈開始之前，先使用 Rows.Count 及 ColumnCount 計算 DataGridView 的列數及行數，以便作為迴圈之終值。迴圈結束之後，使用 ExcelPackage 的 Save 方法存檔。詳細程式碼及其解說請見 F_CONVERT.vb 的 B_EPPlus_Write_Click 事件程序。

7-2.2 EPPlus 格式化 Excel 檔

EPPlus 不但可建立新版 Excel 檔，且可快速格式化及產生各類統計圖（範例如圖 7-4）。程式摘要如表 7-4，EPPlus 使用 ExcelWorksheet 的 Cells.Value 屬性在工作表之特定格位置入文數字，若要置入計算公式則需使用 Cells.Formula 屬性，Cell 括號內為行列索引，前者為列，後者為行，均由 1 起算，例如 Cells(7, 4) 代表第 7 列第 4 行，亦即格位 D7（表 7-4 第 1 ～ 2 行）。

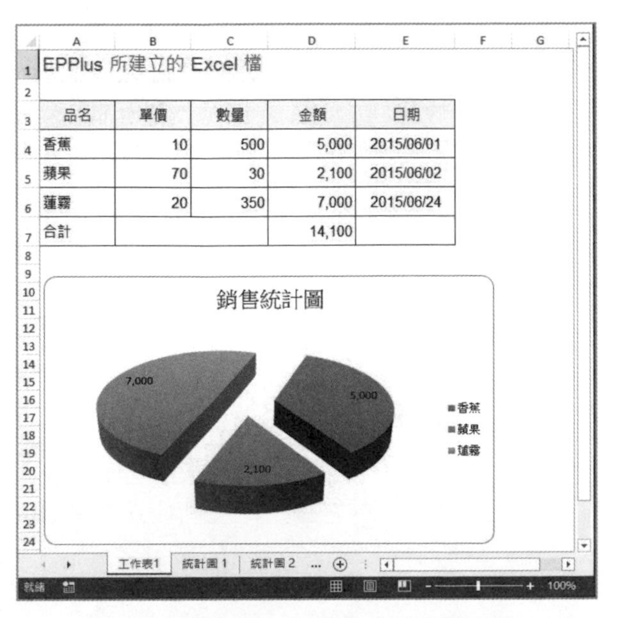

▲ 圖 7-4 EPPlus 建立工作表及統計圖

表 7-4. 程式碼 __EPPlus 之格式化

```
01  O_WS.Cells(7, 1).Value = "合計"
02  O_WS.Cells(7, 4).Formula = "Sum(D4:D6)"
03
04  Dim O_Range1 As OfficeOpenXml.ExcelRange = O_WS.Cells(3, 1, 7, 5)
05  O_Range1.Style.Border.Left.Style = ExcelBorderStyle.Thin
06  O_Range1.Style.Border.Right.Style = ExcelBorderStyle.Thin
07  O_Range1.Style.Border.Top.Style = ExcelBorderStyle.Thin
08  O_Range1.Style.Border.Bottom.Style = ExcelBorderStyle.Thin
09
10  O_Range1.Style.Font.Name = "Arial"
11  O_Range1.Style.Font.Color.SetColor(Color.Navy)
12  O_Range1.Style.Font.Size = 12
13
14  O_Range2.Style.Numberformat.Format = "#,##0"
15  O_Range3.Style.HorizontalAlignment = ExcelHorizontalAlignment.Center
16  O_Range4.Style.VerticalAlignment = ExcelVerticalAlignment.Center
17  O_WS.Cells("E4:E6").Style.Numberformat.Format = "yyyy/mm/dd"
18
19  O_Range4.Style.Fill.PatternType = ExcelFillStyle.Solid
20  O_Range4.Style.Fill.BackgroundColor.SetColor(Color.White)
21
22  O_WS.Column(1).Width = 12
23  O_WS.Row(1).Height = 24
24  O_WS.Cells("B7:C7").Merge = True
25  O_WS.View.ShowGridLines = False
26  O_WS.PrinterSettings.TopMargin = 1 / 2.5
27  O_WS.PrinterSettings.LeftMargin = 1 / 2.5
28  O_WS.PrinterSettings.RightMargin = 0
29  O_WS.PrinterSettings.BottomMargin = 0
30  O_WS.PrinterSettings.HeaderMargin = 0
31  O_WS.PrinterSettings.FooterMargin = 0
32  O_WS.PrinterSettings.PageOrder = ePageOrder.OverThenDown
33  O_WS.PrinterSettings.PaperSize = ePaperSize.A4
34  O_WS.PrinterSettings.Orientation = eOrientation.Portrait
```

資料格式化需指定範圍，如果這個範圍會被重複使用，則可使用 ExcelRange 屬性來定義其區域，並給予名稱，例如表 7-4 第 4 行定義了一個名為 O_Range1 的範圍。Cells 括號內有 4 個引數，由左至右分別為起始列、起始行、終止列、終止行，前兩個參數為範圍左上角格位的列數及行數，後兩個參數為範圍右下角格位的列數及行數。本例 Cells(3, 1, 7, 5) 就是指 A3 ～ E7，亦可直接寫為 Cells("A3:E7")，這種語法是 Excel 使用者較為熟悉的寫法。

範圍指定後，可使用 Style.Border 屬性在指定範圍畫出框線，使用 Style.Font 屬性設定範圍內各字體的顏色、名稱及大小（表 7-4 第 5 ～ 12 行）。

Style.Numberformat.Format= "#,##0" 可使數字格式化（千分號），Style.HorizontalAlignment 屬性可指定水平對齊方式，Style.VerticalAlignment 屬性可指定垂直對齊方式，Style.Numberformat.Format = "yyyy/mm/dd" 可使日期格式化（表 7-4 第 14 ～ 17 行）。

Fill.BackgroundColor.SetColor(Color.White) 可設定背景色為白色，但在設定之前要使用 Style.Fill.PatternType 指定顏色的填充方式，例如 DarkGrid「對角線斜紋」、DarkHorizontal「水平條紋」、DarkDown「反對角線條紋」、Gray「125 百分之 12.5 灰色」、Gray0625「百分之 6.25 灰色」、Solid「實心」等（表 7-4 第 19 ～ 20 行）。

Column.Width 可設定欄寬，Row.Height 可設定列高，Cells.Merge = True 可合併儲存格，View.ShowGridLines = False 可隱藏格線（表 7-4 第 22 ～ 25 行）。PrinterSettings.TopMargin 等屬性可設定邊界的距離，PrinterSettings.PageOrder = ePageOrder.OverThenDown 可設定列印順序為循列列印（先橫後直），PrinterSettings.PageOrder = ePageOrder.DownThenOver 則為循欄列印（先直後橫），PrinterSettings.PaperSize 可設定紙張大小，PrinterSettings.Orientation = eOrientation.Portrait 為直印，PrinterSettings.Orientation = eOrientation.Landscape 為橫印（表 7-4 第 22 ～ 34 行）。詳細程式碼及其解說請見 F_CONVERT.vb 的 B_EPPlus_Write2_Click 事件程序。

7-2.3 EPPlus 繪製統計圖

EPPlus 可快速繪出各種統計圖，且方法簡易。表 7-5 的程式可在 Excel 工作表上繪出立體圓餅圖，首先使用 ExcelWorksheet 工作表物件的 Drawings.AddChart 建構函式建立新的圓餅圖物件 O_chart1，並予初始化，括號內有兩個參數，第一個為圖表名稱，第二個為圖形種類（表 7-5 第 1～3 行）。主要圖形種類有：Pie「圓餅圖」、PieExploded「破裂圓餅圖」、PieExploded3D「立體破裂圓餅圖」、Line「折線圖」、ColumnClustered「直條圖」、ColumnClustered3D「立體直條圖」、BarClustered3D「立體橫條圖」。

表 7-5. 程式碼 __EPPlus 繪製統計圖

```
01  Dim O_chart1 As OfficeOpenXml.Drawing.Chart.ExcelPieChart = _
02                                O_WS.Drawings.AddChart("銷售統計圖之一", _
03                  OfficeOpenXml.Drawing.Chart.eChartType.PieExploded3D)
04  O_chart1.Legend.Position = _
05                  OfficeOpenXml.Drawing.Chart.eLegendPosition.Right
06  O_chart1.Legend.Add()
07  O_chart1.SetPosition(250, 5)
08  O_chart1.SetSize(500, 300)
09  O_chart1.DataLabel.ShowValue = True
10  Dim O_ChartRange1A As OfficeOpenXml.ExcelRange = _
11                                       O_WS.Cells("D4:D6")
12  Dim O_ChartRange1B As OfficeOpenXml.ExcelRange = _
13                                       O_WS.Cells("A4:A6")
14  O_chart1.Series.Add(O_ChartRange1A, O_ChartRange1B)
15  O_chart1.Style = OfficeOpenXml.Drawing.Chart.eChartStyle.Style18
16  O_chart1.Title.Text = "銷售統計圖"
17
18  Dim O_WS2 As OfficeOpenXml.ExcelWorksheet = _
19                           O_EP.Workbook.Worksheets.Add("統計圖1")
20  Dim O_chart2 As OfficeOpenXml.Drawing.Chart.ExcelLineChart = _
21                                O_WS2.Drawings.AddChart("銷售統計圖之二", _
22                                   OfficeOpenXml.Drawing.Chart.eChartType.Line)
23  O_chart2.XAxis.Title.Text = "品名"
24  O_chart2.YAxis.Title.Text = "金額"
```

然後指定圖形物件的屬性值，Legend.Position 可指定圖例的位置（Top、Bottom、Right、Left、TopRight 等）；SetPosition 可指定圖片位置，括號內第一個參數為圖形左上角距離工作表上邊的距離（像素），第二個參數為圖形左上角距離工作表左邊的距離（像素）；SetSize 可指定圖片大小，括號內第一個參數為寬度（像素），第二個參數為高度（像素）；DataLabel.ShowValue 是否指定資料標籤，亦即在各個圖形上是否加上數值（表 7-5 第 4 ～ 9 行）。

最後使用 Series.Add 方法指定資料範圍，括號內第一個參數為資料數值的範圍，第二個參數為資料標籤的範圍，範圍可用 ExcelRange 屬性指定（表 7-5 第 10 ～ 14 行）。另外使用 Style 屬性指定圖表之樣式，共有 48 種樣式（Style1 ～ Style48）可指定。Title.Text 屬性可指定圖片的標題（表 7-5 第 15 ～ 16 行）。

如果統計圖要繪製於另一張工作表，可先使用 Workbook.Worksheets.Add 方法新增一張 Sheet（表 7-5 第 18 ～ 19 行，本例取名為 O_WS2），然後使用 Drawings.AddChart 在該工作表上新增統計圖（表 7-5 第 20 ～ 22 行，本例新增 Line「折線圖」）。圓餅圖以外的圖形，例如折線圖及長條圖，可用 XAxis.Title.Text 指定橫軸（X 軸）的標題，YAxis.Title.Text 指定縱軸（Y 軸）標題（表 7-5 第 23 ～ 24 行）。詳細程式碼及其解說請見 F_CONVERT.vb 的 B_EPPlus_Write2_Click 事件程序，該範例在同一個 Excel 活頁簿繪製了三種不同的統計圖。

7-3 GemBox.Spreadsheet 的使用方法

市面上有許多 Third Party 所提供的函式庫可強化 VB 所設計的應用系統，例如 GemBox 不但可處理 Excel 檔，還可處理 HTML、PDF 及 CSV 等類型的檔案，功能強大且易於使用，唯一的缺點是要支付費用。您可自 http://www.gemboxsoftware.com/ 下載試用版（有 150 筆資料的限制）。

下載後，點擊 SetupGemBoxSpreadsheet39.msi 即可安裝，安裝之後請使用本章第一節所介紹的方法將 GemBox.Spreadsheet.dll 及 GemBox.Spreadsheet.WinFormsUtilities.dll 加入參考，此兩檔的內定位置為 Program Files(x86)\GemBox Software\Bin\GemBox.Spreadsheet 3.9\NET3X4X\，加入結果如圖 7-1。

隨後在專案之啟動表單的載入事件中輸入 SpreadsheetInfo.SetLicense("FREE-LIMITED-KEY")，以便設定執照關鍵碼，正式版則需於括號內輸入序號 Professional serial key。本函式庫所需引用的命名空間有 GemBox.Spreadsheet、GemBox.Spreadsheet.WinFormsUtilities、GemBox.Spreadsheet.Charts。

在圖 7-3 的左下角有四個按鈕（綠色底），分別示範 GemBox 的各種用法。表 7-6 程式示範 GemBox 讀取 Excel、ODS、CSV、HTML 等類型的檔案，並顯示於 DataGridView，其程式相當簡潔，只有兩行，首先使用 ExcelFile.Load 方法載入欲讀取的檔案（表 7-6 第 9 行），然後使用 DataGridViewConverter.ExportToDataGridView 將前述檔案匯入 DataGridView（表 7-6 第 10 ～ 12 行），括號內有三個參數，第一個為欲讀取的檔案，第二個為 DataGridView 的名稱，第三個為是否有欄位名稱，ColumnHeaders = False 代表沒有。本範例為了讓 User 自由選取所需匯入的檔案，故加入了 OpenFileDialog 檔案選取對話方塊控制項，並限定選檔類型為 Excel、ODS、CSV、HTML 等。詳細程式碼及其解說請見 F_CONVERT.vb 的 B_01_Click 事件程序。

表 7-6. 程式碼 __GeMBox 之用法之一

```
01  OpenFileDialog1.FileName = ""
02  OpenFileDialog1.Filter = "XLS files (*.xls, *.xlt)|*.xls;*.xlt| _
03          XLSX files (*.xlsx, *.xlsm, *.xltx, *.xltm)|*.xlsx;*.xlsm;*.xltx;*.xltm| _
04          ODS files (*.ods, *.ots)|*.ods;*.ots| _
05          CSV files (*.csv, *.tsv)|*.csv;*.tsv| _
06          HTML files (*.html, *.htm)|*.html;*.htm"
07  OpenFileDialog1.FilterIndex = 2
08  If OpenFileDialog1.ShowDialog() = Windows.Forms.DialogResult.OK Then
09      Dim O_ExcelFile = ExcelFile.Load(OpenFileDialog1.FileName)
10      DataGridViewConverter.ExportToDataGridView( _
11          O_ExcelFile.Worksheets.ActiveWorksheet, Me.DataGridView1, _
12          New ExportToDataGridViewOptions() With {.ColumnHeaders = False})
13  End If
14
15  SaveFileDialog1.FileName = ""
16  SaveFileDialog1.Filter = "XLS files (*.xls)|*.xls| ....................
```

```
17   SaveFileDialog1.FilterIndex = 3
18   If SaveFileDialog1.ShowDialog() = Windows.Forms.DialogResult.OK Then
19       Dim O_ExcelFile = New ExcelFile
20       Dim O_WS = O_ExcelFile.Worksheets.Add("Sheet1")
21       DataGridViewConverter.ImportFromDataGridView( _
22                                       O_WS, Me.DataGridView1, _
23           New ImportFromDataGridViewOptions() With {.ColumnHeaders = False})
24       O_ExcelFile.Save(SaveFileDialog1.FileName)
25   End If
```

表 7-6 第 15 ～ 25 行的程式可將 DataGridView 的資料存成檔案，檔案類型有 Excel、ODS、CSV、HTML、PDF 及 BMP 等 20 種。其用法也相當簡易，首先使用 New ExcelFile 建立活頁簿，然後使用 Worksheets.Add 新增工作表（表 7-6 第 19 ～ 20 行），接著使用 DataGridViewConverter.ImportFromDataGridView 將 DataGridView 的資料匯出為指定的檔案（表 7-6 第 21 ～ 23 行），括號內有三個參數，第一個為欲儲存的工作表，第二個為 DataGridView 的名稱，第三個為是否有欄位名稱，ColumnHeaders = False 代表沒有。最後再使用 Save 方法存檔。本範例為了讓 User 自由設定存檔名稱及其路徑，故加入了 SaveFileDialog 存檔對話方塊控制項，並限定選檔類型為 Excel 等 20 種。詳細程式碼及其解說請見 F_CONVERT.vb 的 B_02_Click 事件程序。

表 7-7 的程式示範如何使用 GemBox 將資料寫入 Excel 工作表並予格式化，然後再產生統計圖。程式先使用 ExcelFile 類別建立新的活頁簿，然後使用 ExcelWorksheet.Add 建立新的工作表（本例取名 O_WS），括號內為工作表之名稱（表 7-7 第 1 ～ 3 行）。在工作表的特定格位寫入資料的方式是使用 Cells.Value 屬性（表 7-7 第 19 ～ 20 行），括號內為儲存格的行列索引，前者為列，後者為行，均由 0 起算。

表 7-7. 程式碼 __GeMBox 之用法之二

```
01   Dim O_ExcelFile As ExcelFile = New ExcelFile
02   Dim O_WS As GemBox.Spreadsheet.ExcelWorksheet = _
03                                   O_ExcelFile.Worksheets.Add("統計圖")
04   Dim O_chart = O_WS.Charts.Add(ChartType.Column, "B7", "I24")
05   O_chart.SelectData(O_WS.Cells.GetSubrangeAbsolute(0, 0, 4, 1), True)
```

```
06  O_WS.Cells(1, 0).Value = "香蕉"
07  O_WS.Cells(1, 1).Value = 2000
08  O_WS.Cells.GetSubrangeAbsolute(1, 1, 4, 1).Style.Font.Name = "Arila"
09  O_WS.Cells.GetSubrangeAbsolute(1, 0, 4, 1).Style.Font.Size = 12 * 20
10  O_WS.Cells.GetSubrangeAbsolute(1, 1, 4, 1).Style.NumberFormat = _
11                                                       "#,##0"
12  O_WS.Columns(0).SetWidth(72 * 0.9, LengthUnit.Point)
13  O_WS.Rows(0).SetHeight(24 * 20, LengthUnit.Twip)
14  O_WS.PrintOptions.FitWorksheetWidthToPages = 1
15  O_WS.PrintOptions.FitWorksheetHeightToPages = 1
16  O_ExcelFile.Save("D:\TestQuery\Chart_01.xlsx")
17
18  Dim O_ExcelFile As ExcelFile = New ExcelFile
19  Dim O_WS As GemBox.Spreadsheet.ExcelWorksheet = _
20                                O_ExcelFile.Worksheets.Add("工作表1")
21  O_WS.Cells(0, 0).Value = "水果銷售統計表"
22  O_WS.InsertDataTable(O_TempTable, _
23                   New InsertDataTableOptions() With _
24                   {.ColumnHeaders = True, .StartRow = 2})
25  O_ExcelFile.Save("D:\TestQuery\GemBox_01.xlsx")
```

產生統計圖的方法是先使用工作表物件的 Charts.Add 方法加入圖形，括號內有 3 個參數，第一個參數為圖表種類，Column「直條圖」、Bar「橫條圖」、Pie「圓餅圖」、Line 「折線圖」；第二個參數為圖表左上角位置，第三個參數為圖表右下角位置，後兩個參數可決定圖表的大小。然後使用 Charts 物件的 SelectData 方法指定圖表資料區（表 7-7 第 4 ～ 5 行），Cells.GetSubrangeAbsolute 方法可指定儲存格範圍，括號內有 4 個參數，第一個為起始列，第二個為起始行，第三個為終止列，第四個為終止行，亦即範圍左上角格位之行列代號及右下角格位的行列代號，行列代號均由 0 起算，本例 (0, 0, 4, 1) 就是指 A1 ～ B5。

工作表格式化需使用相關屬性，且需使用 Cells.GetSubrangeAbsolute 指定其範圍，Style.Font.Name 設定字型名稱，Style.Font.Size 設定字型大小（單位為 20 分之 1 點），Style.NumberFormat ="#,##0" 設定數字之千分號（表 7-7 第 8 ～ 11 行）。

Columns.SetWidth 可設定欄寬，括號內有兩個參數，第一個為大小，第二個為單位，單位有 Centimeter「公分」、Millimeter「公厘」、Pixel「像素」、Point「點」及 Twip 等，1 Twip= 20 分之 1 點，1 英吋 =72 點。Rows.SetHeight 可設定列高，括號內有兩個參數，第一個為大小，第二個為單位。PrintOptions.FitWorksheetWidthToPages 及 FitWorksheetHeightToPages 屬性可將資料內容列印於一張紙的範圍（表 7-7 第 12 ～ 15 行）。詳細程式碼及其解說請見 F_CONVERT.vb 的 B_03_Click 事件程序。

若要將 DataTable 資料表的資料匯出為檔案，則需使用 InsertDataTable 方法，括號內有兩個參數，第一個為 DataTable 的名稱，第二個為欄位名稱及資料起始列資訊，列示於大括號之內，.ColumnHeaders = True 代表有欄名，.StartRow = 2 表示資料要從工作表的第三列開始寫入，列數由 0 起算（表 7-7 第 22 ～ 24 行）。詳細程式碼及其解說請見 F_CONVERT.vb 的 B_05_Click 事件程序。

7-4 資料列印

前面三節介紹了各種轉檔的方式，接下來要說明資料列印的方式，資料列印分為資料設計（亦即報表設計）及資料印出兩部分。印出是從印表機印出資料，而印出的資料要以何種樣式呈現（例如明細表或分類統計表）則需要經過設計。設計報表需有承載的平台及相關工具，如同書法或繪畫需有宣紙、畫布、油彩及筆墨等，VB Express 沒有足夠的設計工具，故需借助 Crystal Report 及 SSDT 等報表設計器，另外可借助繪圖類別將資料繪出，或是將 Excel 工作表當作設計平台，然後使用 ActiveSheet.PrintOut 方法將報表從印表機印出，請見 F_EXCEL01.vb 的 B_EXPORT3_Click 事件程序。

7-4.1 印表機圖形功能

VB 的印表機圖形功能可繪製線條、矩形、橢圓形、曲線及文字等，當然也可以用來「繪製」報表，雖然比較麻煩，卻可作十分精細的控制。在圖 7-3 的左下角「列印 1」～「列印 3」三個按鈕，分別示範了圖形功能的應用方法。

表 7-8 是基本繪圖的摘要程式，它可繪出如圖 7-5 的文字及圖形。列印工作需要 PrintDialog 列印對話方塊控制項，故請先將它從工具箱拖入表單，並請引用命名空間 System.Drawing.Printing。繪圖功能之達成主要是靠 PrintDocument 列印文件類別，它的相關屬性可作印表機之設定，包括邊界及列印方向等，它的 Print 方法可觸發 PrintPage 事件程序，然後將資料從印表機印出，而欲列印的文字或圖形就是寫在 PrintPage 事件中。表 7-8 第 1 ～ 14 行是 PrintDocument 的相關設定，第 16 ～ 33 行則是 PrintPage 事件的程序。

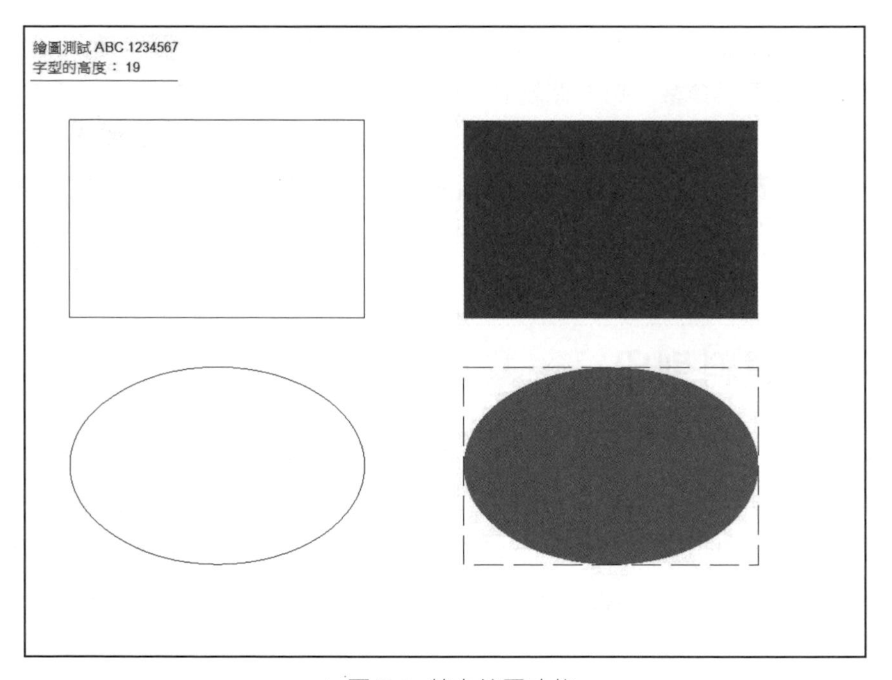

▲ 圖 7-5 基本繪圖功能

表 7-8. 程式碼 __ 基本繪圖功能

```
01    O_PrintDocument = New Printing.PrintDocument
02    O_PrintDocument.DefaultPageSettings.Margins.Top = 50
03    O_PrintDocument.DefaultPageSettings.Margins.Bottom = 50
04    O_PrintDocument.DefaultPageSettings.Margins.Left = 50
05    O_PrintDocument.DefaultPageSettings.Margins.Right = 50
06    O_PrintDocument.DefaultPageSettings.Landscape = True
07    O_PrintDocument.Print()
```

```
08
09  If PrintDialog1.ShowDialog = Windows.Forms.DialogResult.Cancel Then
10      O_PrintDocument.Dispose()
11      Exit Sub
12  End If
13  O_PrintPreview.Document = O_PrintDocument
14  O_PrintPreview.ShowDialog()
15
16  Dim O_Font As Font = New Font("Arial", 12, FontStyle.Regular)
17  Dim O_Pen As Pen = New Pen(Color.Black, 0.1)
18  Dim O_Brash As SolidBrush = New SolidBrush(Color.Black)
19  Dim O_Point1 As Point = New Point(1, 2)
20  e.Graphics.DrawString("繪圖測試", O_Font, O_Brash, O_Point1)
21
22  Dim O_Point3 As Point = New Point(1, 6)
23  Dim O_Point4 As Point = New Point(16, 6)
24  e.Graphics.DrawLine(O_Pen, O_Point3, O_Point4)
25  e.Graphics.DrawRectangle(O_Pen, 5, 10, 30, 20)
26  e.Graphics.DrawEllipse(O_Pen, 5, 35, 30, 20)
27  Dim O_Brash2 As SolidBrush = New SolidBrush(Color.DarkGreen)
28  e.Graphics.FillRectangle(O_Brash2, 45, 10, 30, 20)
29  Dim O_Brash3 As SolidBrush = New SolidBrush(Color.OrangeRed)
30  e.Graphics.FillEllipse(O_Brash3, 45, 35, 30, 20)
31  Dim O_Pen1 As Pen = New Pen(Color.Black, 0.1)
32  O_Pen1.DashStyle = Drawing2D.DashStyle.Dash
33  e.Graphics.DrawRectangle(O_Pen1, 45, 35, 30, 20)
```

首先宣告 PrintDocument 物件（本例取名為 O_PrintDocument），然後使用其 DefaultPageSettings.Margins 屬性設定頁面上、下、左、右邊界的大小，並使用 DefaultPageSettings.Landscape 屬性設定直印或橫印（True 為橫印、False 為直印），再使用 Print 方法就可觸發 PrintPage 事件，將資料從印表機印出（表 7-8 第 1 ～ 7 行），至於要印出哪些資料，則是在 PrintPage 事件程序中定義。

如前述，列印的資料（或圖形）是在 PrintDocument 的 PrintPage 事件中定義，PrintDocument 的 Print 方法會觸發 PrintPage 事件，但 PrintDocument 物件必須使用 WithEvents 關鍵字宣告，Handles 關鍵字才能處理 PrintPage 事件，範例如下：

```
Public WithEvents O_PD As Printing.PrintDocument
```

使用 WithEvents 宣告該物件變數，後續程式才可使用 Handles 關鍵字處理該物件變數的事件，亦即才能處理如下的 PrintPage 列印頁事件，若省略了 WithEvents 關鍵字，則會發生錯誤：

```
Private Sub O_PD_PrintPage(.....) Handles O_PrintDocument.PrintPage
```

在列印之前，若要啟動列印對話方塊，讓 User 作些調整或預覽，則應取消 Print 方法之使用（取消表 7-8 第 7 行），改用表 7-8 第 9 ～ 14 行的程式，該程式會先顯示列印對話方塊，讓User作些喜好設定。若User在對話方塊中按了「取消」鈕，則離開程序，若 User 按了「列印」鈕，則顯示預覽列印對話方塊，在預覽畫面中可決定是否要將資料從印表機印出。預覽列印是使用 PrintPreviewDialog 類別（本例取名為 O_PrintPreview），它的 Document 屬性可設定預覽的文件（本例為 O_PrintDocument），它的 ShowDialog 方法則可顯示預覽對話方塊。

表 7-8 第 16 ～ 33 行是 PrintPage 事件的程序，該程序定義了需要列印的資料及其樣式。首先使用 Font、Pen、SolidBrush、Point 等 4 個建構函式宣告新的字形、筆、刷、點等物件，並予初始化，以供後續繪圖物件使用。Pen 括號內有兩個參數，分別為畫筆的顏色及寬度。Point 括號內有兩個參數，分別為 X 軸座標及 Y 軸座標，頁面左上角為原點 (0,0)，X 軸之值越大，則離左邊界越遠，Y 軸之值越大，則離上邊界越遠。接著使用 Graphics 繪圖物件的 DrawString 方法繪出字串，括號內有 4 個參數，第一個為欲繪出的字串，第二個為字型，由 Font 物件定義，第三個為字串的樣式及顏色，由 SolidBrash 物件定義，本例定義為黑色實心筆刷，第四個為字串的左上角座標，由 Point 物件定義（表 7-8 第 16 ～ 20 行）。

Graphics 繪圖物件的 DrawLine 方法可繪出直線，括號內有 3 個參數，第一個為直線的色彩及寬度，由 Pen 物件定義，第二個為直線起點之座標，第三個為直線終點之座標（表 7-8 第 24 行）。Graphics 繪圖物件的 DrawRectangle 方法可繪出長方形，括號內有 5 個參數，第一個為線條的色彩及寬度，由 Pen 物件定義，第二個為長方形左上角之 X 座標，第三個為長方形左上角之 Y 座標，第四個為長方形之寬度，第五個為長方形之高度（表 7-8 第 25 行）。Graphics 繪圖物件的 DrawEllipse 方法可繪出橢圓形，橢圓形之大小由其周圍的長方形邊框所決定，請見圖 7-5 的虛線框，DrawEllipse 的括號內有 5 個參數，第一個為線條的色彩及寬度，由 Pen 物件定義，第二個為長方形邊框左上角的 X 座標，第三個為長方形邊框左上角的 Y 座標，第四個為長方形邊框的寬度，第五個長方形邊框的高度（表 7-8 第 26 行）。

若要繪出實心的長方形（長方形內填滿顏色），則需使用 Graphics 繪圖物件的 FillRectangle 方法，括號內有 5 個參數，第一個為線條的色彩及寬度，由 SolidBrush 物件定義，第二個為長方形左上角之 X 座標，第三個為長方形左上角之 Y 座標，第四個為長方形之寬度，第五個為長方形之高度（表 7-8 第 28 行）。若要繪出實心的橢圓形（橢圓形內填滿顏色），則需使用 Graphics 繪圖物件的 FillEllipse 方法，括號內有 5 個參數，第一個為線條的色彩及寬度，由 SolidBrush 物件定義，第二個為長方形邊框左上角的 X 座標，第三個為長方形邊框左上角的 Y 座標，第四個為長方形邊框的寬度，第五個長方形邊框的高度（表 7-8 第 30 行）。

若要劃出虛線，可用 Pen 物件的 DashStyle 屬性定義畫筆的樣式，Solid 實線、Dash 虛線、DashDot 虛點線、DashDotDot 虛兩點線（表 7-8 第 32 行）。詳細程式碼及其解說請見 F_CONVERT.vb 的 B_Print1_Click 事件程序。

7-4.2 報表繪製

了解 VB 的繪圖原理之後，我們開始設計及列印正式的報表，按圖 7-3 的「列印 2」鈕可印出如圖 7-6 的薪津資料統計表。繪製報表仍須借助 PrintDocument 列印文件類別，經由其屬性設定邊界及列印方向，再經由它的

Print 方法觸發 PrintPage 事件程序，然後將資料從印表機印出，而欲列印的薪津資料就是在 PrintPage 事件中定義。表 7-9 是程式摘要，該程式先自 SQL Server 抓出薪津資料，並呈現於 DataGridView，然後再將 DataGridView 的資料繪製為報表。

薪津資料統計表

列印時間：2015/06/26 11:29:15　　　　頁次：1

員工號	員工姓名	性別	部門名稱	薪津
00739	周超倫	M	生產三部	97,782
00257	江春光	M	生產三部	82,393
00328	吳坤松	M	生產三部	82,393
00540	李總菁	M	生產三部	73,214
00545	王馨子	F	生產三部	62,173
00570	李騰鴻	M	生產三部	84,611
00616	李學文	M	生產三部	72,169
00785	林維中	M	生產三部	55,282
00836	林自興	M	生產三部	64,654
00848	林歐晃	M	生產三部	64,023
01331	崔家宏	M	生產三部	53,699
01370	張春生	M	生產三部	54,441
02601	曾淑美	F	生產三部	35,232
00519	李蔡郎	M	生產三部	73,838
00764	易憲君	M	生產三部	59,572
00850	林清萬	M	生產三部	57,740
00923	林奕均	M	生產三部	69,619
01028	侯雪梯	M	生產三部	49,955
01059	施景杰	M	生產三部	45,385
01162	夏豪	M	生產三部	57,781
01163	夏明哲	M	生產三部	48,544

▲ 圖 7-6 繪製統計表

表 7-9. 程式碼 __ 報表繪製

```
01    MPrintNO = 0
02    O_PrintDocument2.Print()
03
04    Dim MleftMargin As Integer = _
05                  O_PrintDocument2.DefaultPageSettings.Margins.Left
06    Dim MTopMargin As Integer = _
07                  O_PrintDocument2.DefaultPageSettings.Margins.Top
08
09    Dim Mx02 As Integer = MleftMargin
10    Dim My02 As Integer = MTopMargin + 60 + 16
11    Dim MTempString As String = ""
12    Dim MTotalRecords As Int32 = DataGridView1.Rows.Count - 1
13    MStartNo = 43 * MPrintNO
14    MStopNo = MStartNo + 42
```

```
15  For Mrow = MStartNo To MStopNo Step 1
16      If Mrow > MTotalRecords Then
17          Exit For
18      End If
19      For Mcol = 0 To 4 Step 1
20          MTempString = DataGridView1.Rows(Mrow).Cells(Mcol).Value
21          If Mcol = 4 Then
22              MTempString = Strings.Format(Convert.ToInt32(MTempString), "#,0")
23          End If
24          e.Graphics.DrawString(MTempString, O_Font, O_Brash, Mx02, My02)
25          Mx02 = Mx02 + 90
26      Next
27      Mx02 = MTopMargin
28      My02 = My02 + 16
29  Next
30
31  Dim MPrintTotalNo As Integer = Math.Ceiling(DataGridView1.Rows.Count / 43)
32  If MPrintNO < MPrintTotalNo - 1 Then
33      MPrintNO = MPrintNO + 1
34      e.HasMorePages = True
35  End If
```

該表的表頭包括報表名稱、雙橫線、列印時間及頁次（請見圖 7-6），這些資料都是使用 Graphics 繪圖物件的 DrawString 方法或 DrawLine 方法繪出。表頭之下為欄位名稱，它是使用 Graphics 繪圖物件的 DrawString 方法將 DataGridView 的 HeaderText 繪出。為節省篇幅，此處不作詳細的介紹，請讀者逕行參考 F_CONVERT.vb 的 B_Print2_Click 及 O_PrintDocument2_PrintPage 事件程序。

欄位資料的編製及列印也是借助 Graphics 繪圖物件的 DrawString 方法，但需注意列距、欄距及頁次的控制。因為資料有多筆，故使用雙迴圈控制欄位資料的列印，外迴圈控制列數，內迴圈控制行數（表 7-9 第 15 ～ 29 行）。資料共計 5 欄，前 4 欄為文字，最後一欄為數字，數字欄資料需格式化（加千分號），無論是文字欄或數字欄的資料都是使用 Graphics 的 DrawString 方法繪出（表 7-9 第 24 行）。

第一筆第一欄資料的 X 座標為左邊界之值（亦即 DefaultPageSettings.Margins.Left 屬性所設定之值，本例為 30）。因為本例將每一欄的距離訂為 90 點，故內迴圈的 X 座標之值（變數名 Mx02），在每執行一圈之後需遞增 90（表 7-9 第 25 行）。內迴圈結束時（某一筆資料的每一欄都印出後），X 座標之值需歸回初始值（本例為 30），以便下一筆資料能列印於正確位置（表 7-9 第 27 行）。

第一筆第一欄資料的 Y 座標為上邊界之值加 76 點，上邊界之值由 DefaultPageSettings.Margins.Top 屬性設定（本例為 30），因為本例的表頭區需佔據 60 點（高度），欄位名稱佔據 16 點，故第一筆欄位資料的 Y 座標為上邊界之值加 76 點。因為本例將每一筆的上下距離訂為 16 點，故外迴圈的 Y 座標之值（變數名 My02），在每執行一圈之後需遞增 16（表 7-9 第 28 行）。

當資料量大的時候需要分頁列印，分頁列印主要是靠 PrintPageEventArgs 類別的 HasMorePages 屬性來達成，只要將 HasMorePages 設為 True，就可使 PrintPage 事件程序再執行一次。本例使用變數 MPrintNO 來記錄已列印的頁數，總頁數可使用 Ceiling 方法算出（表 7-9 第 31 行），括號內以 DataGridView 的列數除以 43，因為本例每一頁需列印 43 筆資料。當 MPrintNO 已列印頁數小於總頁數減 1 時（註：MPrintNO 由 0 開始），需將 HasMorePages 設為 True，以便告訴 PrintDocument 物件還要再次回呼 PrintPage 事件，亦即再執行該程序一次，以便列印後續資料（表 7-9 第 32 ～ 35 行）。

當資料有多頁時，每一頁的起始筆數及終止筆數都是不同的，亦即每一次觸發 PrintPage 事件時，其外迴圈的起始值及終止值必須變更，才能從 DataGridView 中抓出正確的資料來列印。本例外迴圈的起始值變數取名為 MStartNo，終止值變數取名為 MStopNo，MStartNo 每一頁的起始筆數＝ 43 X MPrintNO 已列印頁數（由 0 起算），第一頁起始筆數為 0，第二頁起始筆數為 43，以此類推，MStopNo 每一頁的終止筆數＝ MStartNo 起始筆數＋ 42，第一頁終止筆數為 42，第二頁終止筆數為 85，以此類推（表 7-9 第 13 ～ 14 行）。

當資料有多頁時，使用 PrintDocument 的 Print 方法可觸發 PrintDocument 的 PrintPage 事件程序，將資料從印表機連續印出，若使用預覽對話方塊中的列印圖示，則每按一次只能印出一頁。

按圖 7-3 的「列印 3」鈕可印出如圖 7-7 的請款單。這類單據的結構雖然較複雜，但其設計及列印原理與前述完全相同，故不贅述，請讀者逕行參考 F_CONVERT.vb 的 B_Print3_Click 及 O_PrintDocument3_PrintPage 事件程序。

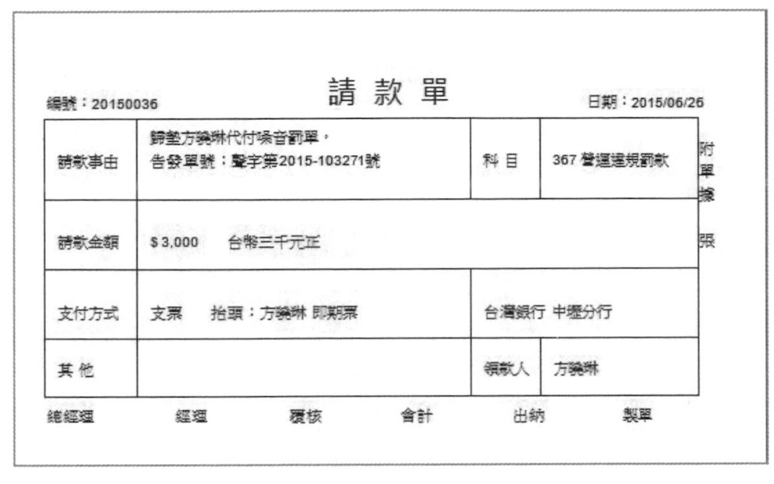

請 款 單

編號：20150036　　日期：2015/06/26

請款事由	歸墊方翊琳代付噪音罰單， 告發單號：鑿字第2015-103271號	科 目	367 營運違規罰款
請款金額	$ 3,000　台幣三千元正		
支付方式	支票　抬頭：方翊琳 即期票	台灣銀行 中壢分行	
其 他		領款人	方翊琳

附單據　張

總經理　經理　覆核　會計　出納　製單

▲ 圖 7-7　繪製請款單

7-5 報表設計工具

前述以繪圖功能來設計及列印報表，雖可作精細的控制，但較麻煩，設計者需要有較佳的抽象能力。本節介紹的 SSDT 則是一種視覺化的工具，設計者只需以拖放的方式就可快速完成報表的設計。

7-5.1 SSDT 使用方法

Microsoft SQL Server Data Tools（簡稱 SSDT），是一個開發商業智慧的整合式環境，包括 Analysis Services 資料採礦及 Reporting Services 報表服務等專案，其中的報表服務不但可快速設計報表，還可將報表從印表機印出，或是匯出為 Excel、Word 及 PDF 等不同類型的檔案。請先自「微軟」網站下載：

- Microsoft SQL Server Data Tools - Business Intelligence for Visual Studio 2013

檔名為 SSDTBI_x86_CHT.exe，下載後雙擊該檔可解壓縮及安裝。

安裝完成後，進入 SSDT，點選「檔案」、「新增」、「專案」，可看見如圖 7-8 的畫面，在視窗中央點選「報表伺服器專案」，並於視窗下方輸入專案名稱，例如「報表專案 1」，然後按「瀏覽」鈕，點選專案存放的資料夾，再按「確定」鈕即可。

▲ 圖 7-8 新增報表專案

在「方案總管」內點選「報表」，按滑鼠右鍵，再於快顯功能表上點選「加入新的報表」，可開啟報表精靈，引導設計報表。第一步需設定報表的資料來源，請於如圖 7-9 的視窗中按「編輯」鈕，螢幕開啟如圖 7-10 的視窗，請於其內指定伺服器名稱（SQL Server 執行個體）、驗證方式、使用者名稱、密碼及資料庫名稱等，按「確定」鈕之後，回到如圖 7-9 的視窗，可勾選左下角的「將此做為共用資料來源」（圖 7-11），以便作為其他報表的資料來源（可節省重複設定的時間），如有需要亦可更改資料來源名稱（內定為 DataSource1 等）。

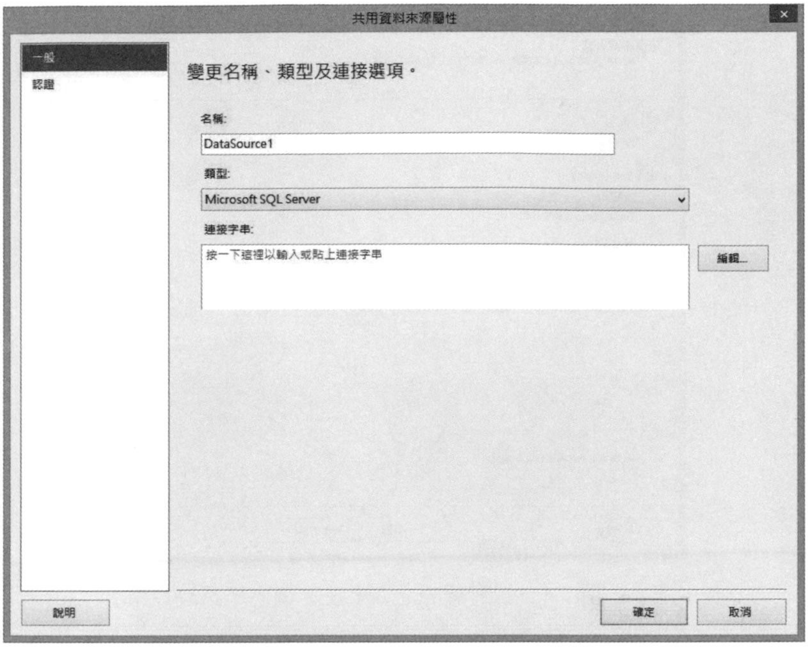

共用資料來源屬性

一般
認證

變更名稱、類型及連接選項。

名稱:
DataSource1
類型:
Microsoft SQL Server
連接字串:
按一下這裡以輸入或貼上連接字串
編輯...

說明　確定　取消

▲ 圖 7-9 設計報表之 1（設定資料來源）

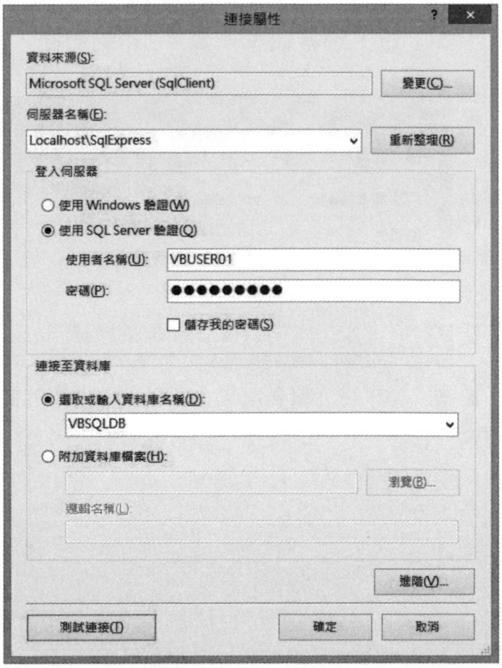

連接屬性

資料來源(S):
Microsoft SQL Server (SqlClient)　變更(C)...
伺服器名稱(E):
Localhost\SqlExpress　重新整理(R)
登入伺服器
○ 使用 Windows 驗證(W)
◉ 使用 SQL Server 驗證(Q)
使用者名稱(U): VBUSER01
密碼(P): ●●●●●●●●●●
☐ 儲存我的密碼(S)
連接至資料庫
◉ 選取或輸入資料庫名稱(D):
VBSQLDB
○ 附加資料庫檔案(H):
瀏覽(B)...
邏輯名稱(L):
進階(V)...
測試連接(T)　確定　取消

▲ 圖 7-10 設計報表之 2（設定 SQL Server 資料來源）

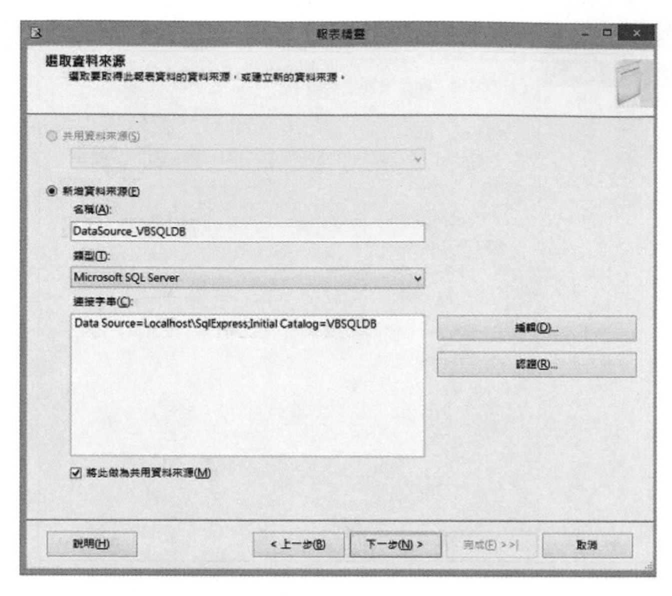

▲ 圖 7-11　設計報表之 3（設定資料來源為共用）

按「下一步」鈕系統會先要求輸入資料來源的認證 ID 及密碼（圖 7-12），然後顯示如圖 7-13 的畫面，請於畫面中央輸入 SQL 指令，例如 Select * From SALARY。按「下一步」鈕，螢幕顯示如圖 7-14 的畫面，請選擇報表類型。

▲ 圖 7-12　設計報表之 4（設定資料來源的認證）

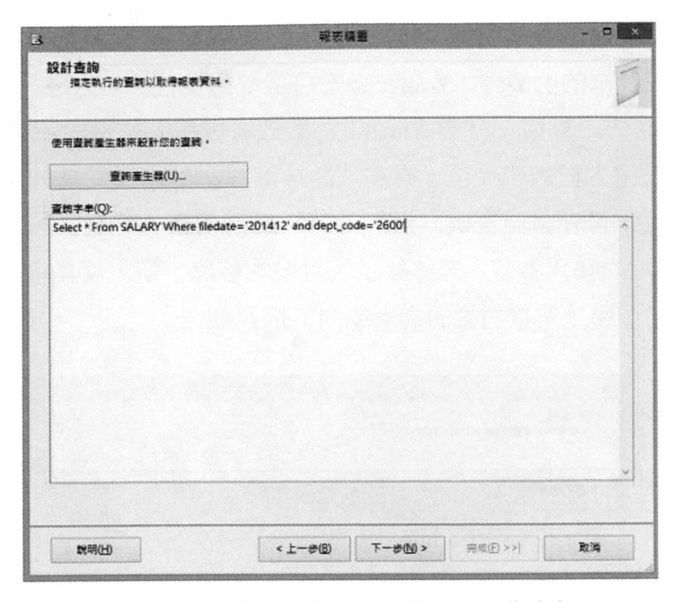

▲ 圖 7-13 設計報表之 5（輸入 SQL 指令）

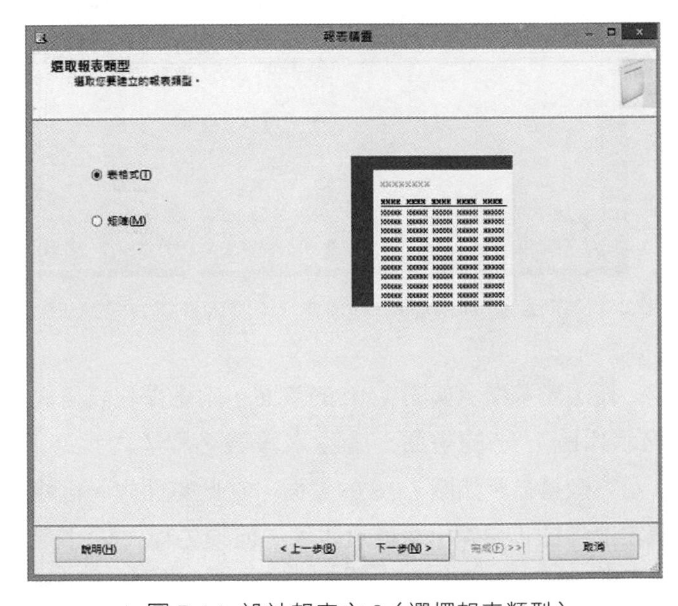

▲ 圖 7-14 設計報表之 6（選擇報表類型）

按「下一步」鈕，螢幕顯示如圖 7-15 的畫面，請設定資料分群的方式，我們先設計一種最簡單的明細表。畫面左方是可選取的欄位，右方是已被選取的欄位，中央有「頁」、「群組」、「詳細資料」等三個按鈕，本例先不使用前兩個，請點選畫面左邊方框內的欄位，再按「詳細資料」鈕，被點選的欄位名稱會移入右邊的方框。可在畫面左邊方框內同時點選多個欄位名稱（先按住 Shift 或 Ctrl 鍵），以便一次移入多個。若移錯了，可按「移除」鈕，將其移回左邊方框。若要調整欄位順序，可按右方的向上或向下箭頭鈕。

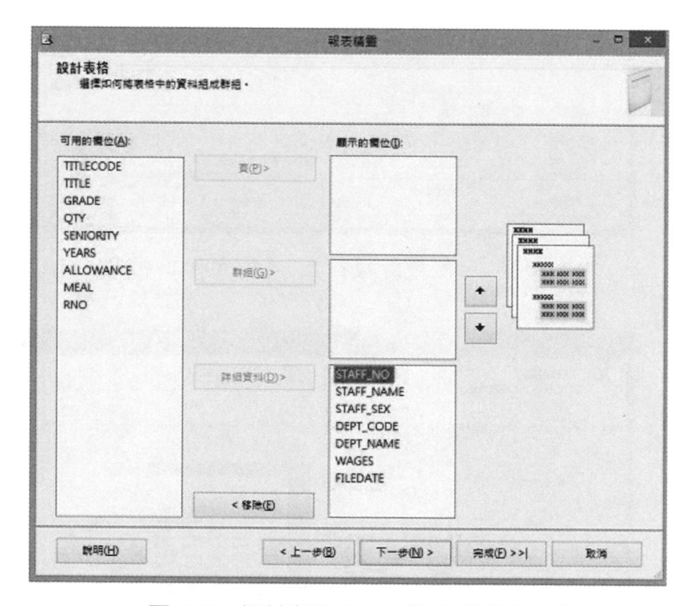

▲ 圖 7-15 設計報表之 7（設定群組方式）

按「下一步」鈕，螢幕顯示如圖 7-16 的畫面，請選擇報表格式。按「下一步」鈕，螢幕顯示如圖 7-17 的畫面，請輸入報表名稱（內定為 Report1 等）。按「下一步」鈕，螢幕顯示如圖 7-18 的畫面，在此畫面內，可修改或做更細部的設計。點選左上角的「預覽」可顯示報表，但須先輸入 ID 及密碼（圖 7-19），再按右方的「檢視報表」鈕，即可看見如圖 7-20 的結果。這種報表很陽春，欄名沒有中文、數字沒有千分號、表頭也沒甚麼意義，接下來說明要如何修改報表格式。

報表精靈
選擇表格樣式
選擇表格的樣式。
石板
森林
公司
粗體
海洋
一般
XXXXXX
說明(H)
< 上一步(B)
下一步(N) >
完成(F) >>|
取消

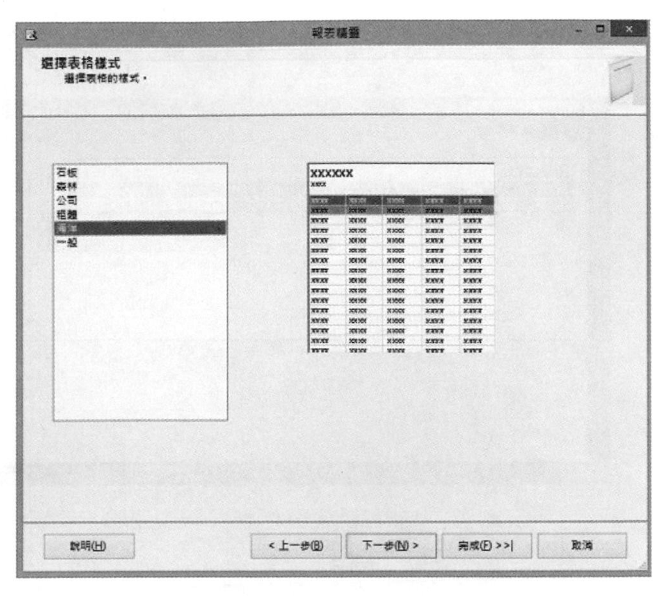

▲ 圖 7-16 設計報表之 8（選擇報表格式）

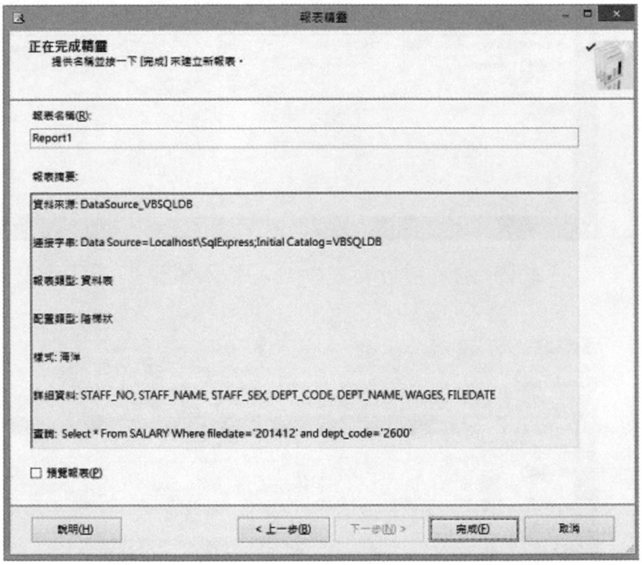

報表精靈
正在完成精靈
提供名稱並按一下 [完成] 來建立新報表。
報表名稱(R):
Report1
報表摘要:
資料來源: DataSource_VBSQLDB
連接字串: Data Source=Localhost\SqlExpress;Initial Catalog=VBSQLDB
報表類型: 資料表
配置類型: 階梯狀
樣式: 海洋
詳細資料: STAFF_NO, STAFF_NAME, STAFF_SEX, DEPT_CODE, DEPT_NAME, WAGES, FILEDATE
查詢: Select * From SALARY Where filedate='201412' and dept_code='2600'
預覽報表(P)
說明(H)
< 上一步(B)
下一步(N) >
完成(F)
取消

▲ 圖 7-17 設計報表之 9（輸入報表名稱）

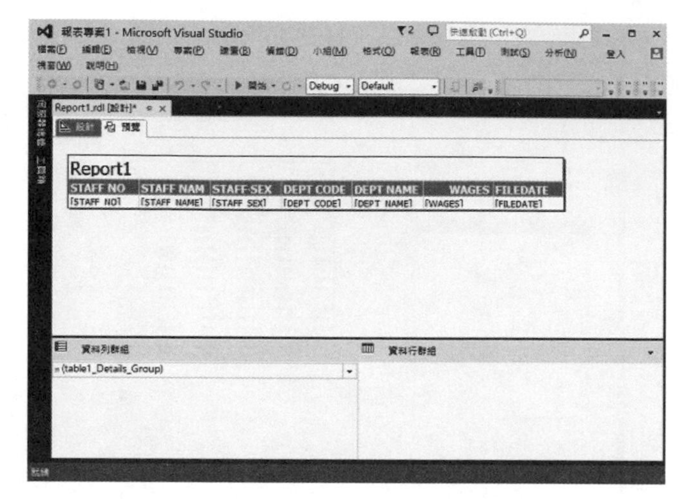

▲ 圖 7-18 設計報表之 10（報表完成）

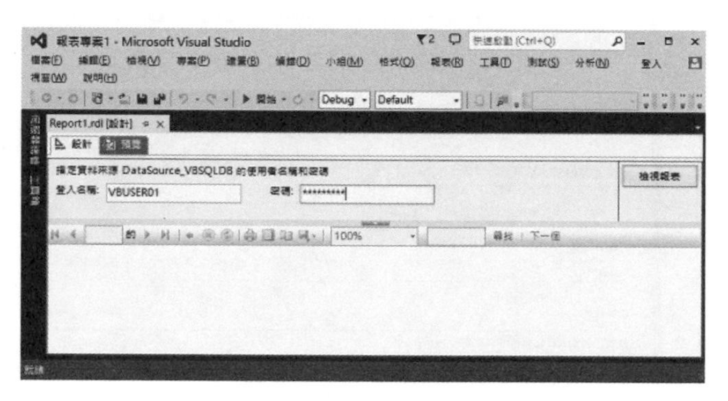

▲ 圖 7-19 設計報表之 11（輸入預覽 ID 及密碼）

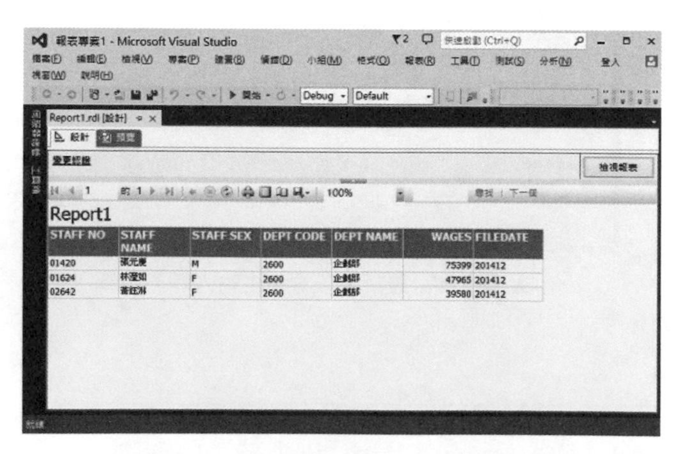

▲ 圖 7-20 設計報表之 12（預覽報表）

請在如圖 7-20 的畫面左上角點選「設計」標籤，以便修改報表格式。如果檔案已關閉，請在「方案總管」內雙擊報表名稱（例如 Report1.rdl），即可開啟設計及預覽畫面。如欲修改表頭（內定為 Report1 等字樣），請先點選表頭字串，再將其修改為新字串（例如薪津明細表）。若要做更多的調整，請先選取該等字串，然後在「屬性」視窗內更改屬性值，例如 Color「字型顏色」、Font「字型種類及大小」、TextAlign「字串對齊方式」（例如 Center「置中」）。

如欲修改欄位名稱（來源資料表的欄名為內定值），請點選欄名即可直接修改。若要做更多的調整，請先選取欄名，然後在「屬性」視窗內更改屬性值，例如 Color「字型顏色」、Font「字型種類及大小」、TextAlign「字串對齊方式。

如欲修改欄位名稱的背景色，請先選取該欄位的文字盒，然後在「屬性」視窗內更改 BackgroundColor 屬性值。在報表設計頁面中，每一個元素（表頭、欄名或欄位資料）都有一個不同的文字盒來承載（例如 Textbox1），若要修改某一元素的屬性（例如某一欄名的背景色），必須先選取其文字盒，選取方式可使用 Tab 鍵或在「屬性」視窗內點選右上角的向下箭頭，會展開選單供您選擇。

若要調整表頭的高度（加大其與下方欄名的距離），請先選取 Textbox1 文字盒，再將文字盒下方中央的端點往下拖即可，或是在「屬性」視窗內修改 Size 屬性值。

若要調整欄名的高度（加大其與下方欄位資料的距離），請先點選任一欄名或任一欄位資料，欄名上方會出現灰色的 ColumnHeader「行首」，欄名左方會出現灰色的 RowHeader「列首」（如圖 7-21），然後點選欄名左方的「列首」，此時全部欄名會被框住，請拖曳「列首」下方的框線，即可加大或縮小欄名的高度。如果要一次修改全部欄名的屬性（例如字型），也可使用此種方式來框住全部欄名，再修改屬性值，以節省操作時間。

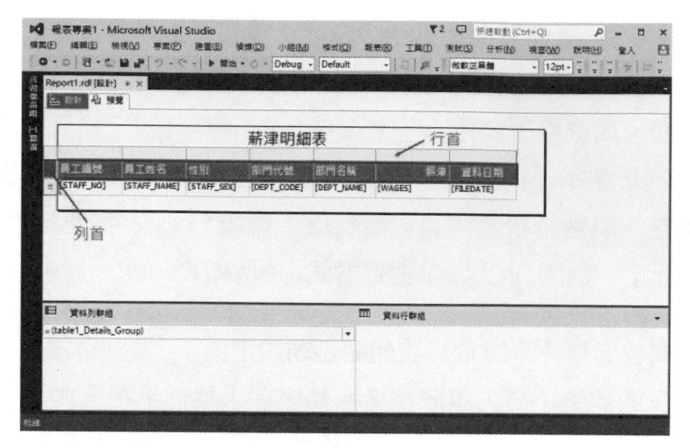

▲ 圖 7-21 設計報表之 13（列首及行首）

若要調整欄位資料的高度（加大或縮小每一筆資料的上下間距），請先點選任一欄名或任一欄位資料，欄名上方會出現灰色的 ColumnHeader「行首」，欄名左方會出現灰色的 RowHeader「列首」，然後點選欄位資料左方的「列首」，此時全部欄位資料會被框住，請拖曳「列首」下方的框線，即可加大或縮小欄位資料的高度。

若要調整欄位的寬度（加大或縮小每一欄的左右距離），請先點選任一欄名或任一欄位資料，欄名上方會出現灰色的 ColumnHeader「行首」，欄名左方會出現灰色的 RowHeader「列首」，然後點選欄位上方的「行首」，再拖曳「行首」右方的框線，即可加大或縮小欄位的寬度。

如欲修改欄位資料的屬性，請先點選欄位資料（非文字盒），然後在「屬性」視窗內更改屬性值，例如 Color「字型顏色」、Font「字型種類及大小」、TextAlign「對齊方式」、Format「格式化」（#,000 會加上千分號）。若要修改某一欄的資料來源（例如性別欄改為職稱欄），請先點選欄位文字盒，然後將滑鼠游標移入其內，文字盒右上角會出現小方塊，點選該小方塊，螢幕會出現欄位名稱的下拉式選單，供您選擇新的資料來源。若要加入新欄位，請先點選任一欄名或任一欄位資料，欄名上方會出現灰色的 ColumnHeader「行首」，然後點選欄位上方的「行首」，按滑鼠右鍵，然後在快顯功能表上點選「插入資料行」、再點選「左方」或「右方」，即可在點選欄位的左方或右方新增一欄。隨後可利用前述的方式來定義資料來源及欄位名稱。

若要移除欄位，請點選目標欄位上方的「行首」，按滑鼠右鍵，然後在快顯功能表上點選「刪除資料行」即可。

如欲修改 SQL 指令，請先在「方案總管」內點選報表名稱，例如 Report1.rdl，按滑鼠右鍵，然後在快顯功能表上點選「檢視程式碼」，然後在程式碼頁面找到 <CommandText> 區段，即可修改其內的指令。如欲在報表加入線條或統計圖，請點選「檢視」、「工具箱」，然後將其內的相關控制項拖入報表即可。

如欲設計分群統計表，例如按部門分群，每一部門都有一個小計數，則應在報表設計精靈的步驟 7 選定群組的對象（亦即以哪一欄作分群的標準）。在圖 7-22 中，將 DEPT_NAME 部門名稱的欄位移入「群組」鈕右邊的方框內，然後在如圖 7-23 的視窗內勾選「包含小計」。另外，若勾選「啟用向下鑽研」，則詳細資料會被折疊起來（方便查看每一部門的小計），待 User 點選部門前面的＋號，才展開該部門的明細資料。圖 7-24 是分群統計表的設計頁面，在該畫面下方點選「資料列群組」的向下三角形，可顯示如圖 7-25 的「群組屬性」視窗，在該視窗內可修改分群對象及排序方式，若每一群組要分頁列印（本例為不同部門要分開列印），則應在圖 7-25 的視窗左方點選「分頁符號」，然後在視窗中央勾選「在群組的每個執行個體之間」。

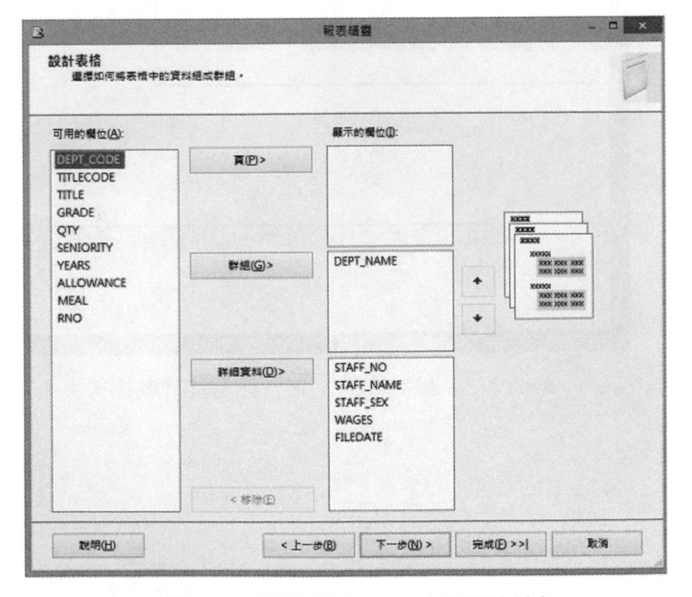

▲ 圖 7-22 設計報表之 14（分群統計）

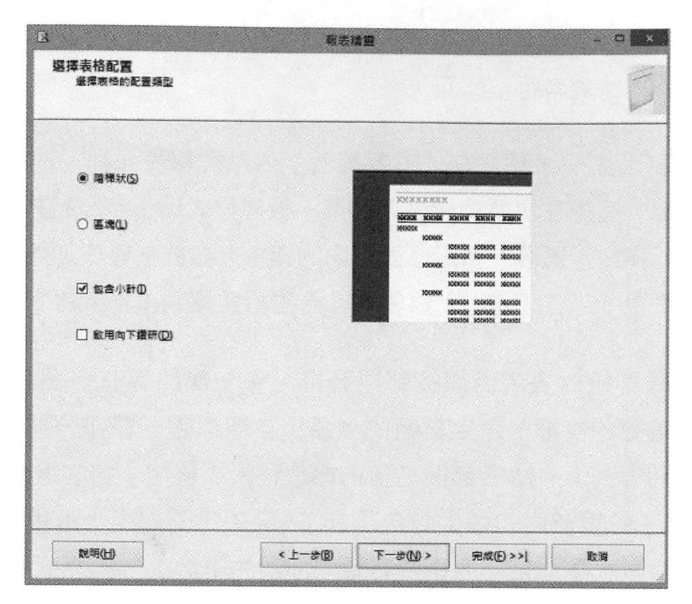

▲ 圖 7-23 設計報表之 15（配置類型）

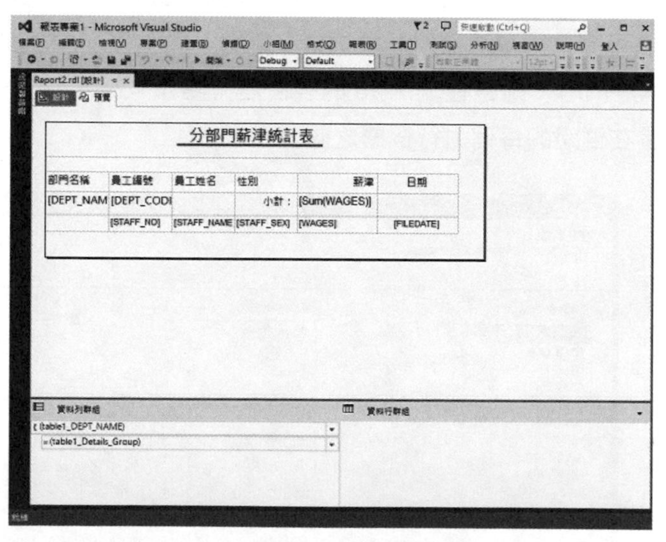

▲ 圖 7-24 設計報表之 16（分群統計表樣式）

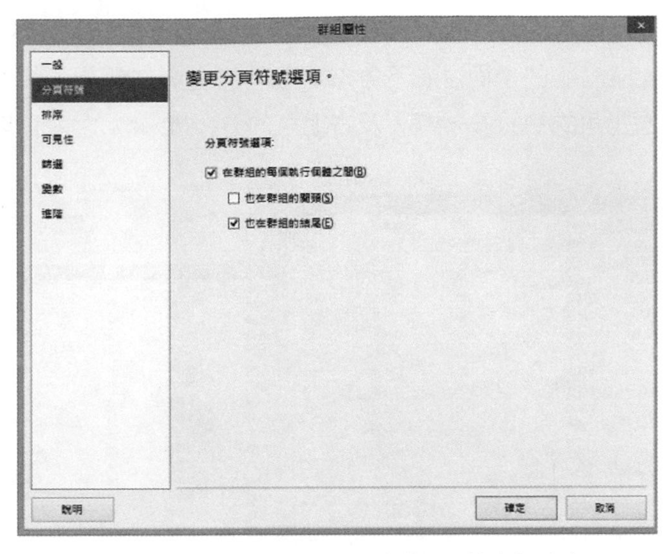

▲ 圖 7-25 設計報表之 17（群組屬性之設定）

若要做更多層次的分群，例如按日期分群，再按部門分群，則應在如圖 7-22 的畫面中將 FILEDATE 日期欄移入「頁」鈕右邊的方框內，然後將 DEPT_NAME 部門名稱的欄位移入「群組」鈕右邊的方框內，其餘操作方式與前述相同。

7-5.2 ReportViewer 使用方法

報表設計完成後（rdl 檔已產生），接著說明在 VB 專案中如何使用該檔，以便列印或匯出所需資料。在 VB 專案中需靠 ReportViewer「報表檢視器」來列印報表，可將已設計好的 rdl 檔指定給 ReportViewer，作為報表之格式，同時另外指定資料來源（例如資料集的資料表）給 ReportViewer，這樣就可依據 User 所下的條件來產生報表（同一格式的報表有不同的內容）。

請先在如圖 7-3 的畫面之右下角指定查詢條件，例如「日期」為 201412，「部門」為 1600。「日期」、「部門」、「職稱」、「等級」等欄都有下拉式選單供您點選，可指定一個或多個查詢條件，然後按「報表檢視器」鈕，即可看見如圖 7-26 的查詢結果。該畫面左上角是 DataGridView，顯示從 SQL Server 所抓出的薪津資料，畫面右上角則是 ReportView，是根據 SSDT 所設計的報表格式（即 rdl 檔）來顯示合於條件的資料。點擊 ReportView 的印表機圖示，可將資料從印表機印出，點擊磁片圖示，則可將資料匯出為 Excel、Word 或 PDF 等不同類型的檔案。可試著在如圖 7-3 的畫面之右下角指定不同的查詢條件，再按「報表檢視器」鈕，畫面左上角的 DataGridView 及右上角的 ReportView 之內容都會隨之更換。

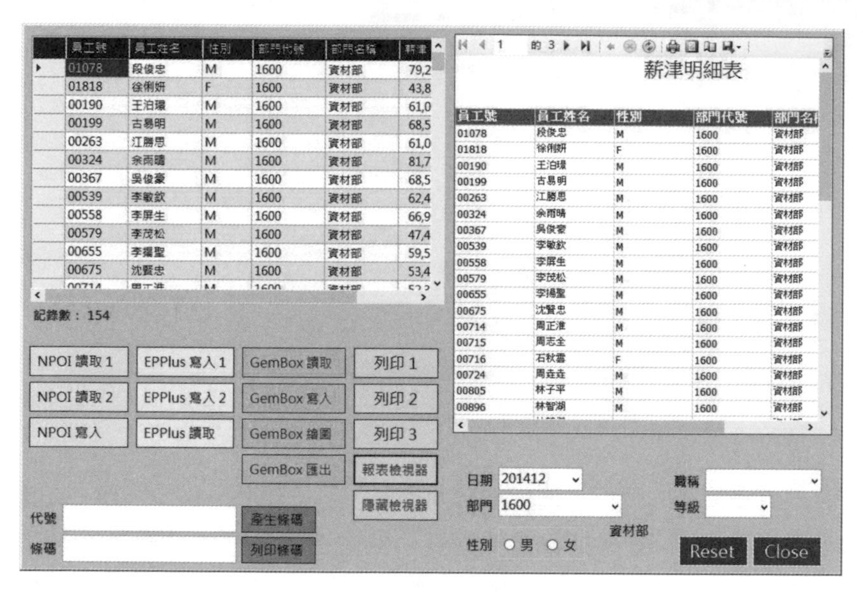

▲ 圖 7-26 報表檢視器

欲使用 ReportViewer「報表檢視器」，需將該控制項從工具箱中拖入表單，並引用命名空間 Microsoft.Reporting.WinForms。如果工具箱內沒有 ReportViewer，請點選工具箱中的某一分類項目，例如「列印」或「分類」，然後按滑鼠右鍵，再於快顯功能表上點選「選擇項目」，螢幕會開啟「選擇工具箱項目」視窗，請於視窗上方點選「.NET Framework」標籤，然後勾選 ReportViewer（視窗內的項目皆按英文字母排列，請拖曳視窗右方捲動軸即可找到），請注意 ReportViewer 有兩個，應勾選命名空間為 Miscorsoft.Reporting.WinForms 者，再按「確定」鈕，ReportViewer 就會出現在先前所點選的分類項目之下。

當將 ReportViewer 從工具箱內拖入表單之後為什麼看不見，難道該控制項為 Invisible Controls「非視覺化控制項」？當然不是。看不見該控制項，就無法利用其上的圖示來列印報表或將報表資料匯出為檔案。主因是在 Visual Studio 2012、2013 及 2015 之中，將該控制項拖曳至表單時不會自動產生對應的程式碼（註：VS 2010 版無此問題），故需以手動方式將 Me.Controls.Add(ReportViewer1) 這段程式碼加入「表單設計程式檔」，茲說明如下。

請先在「方案總管」視窗內點選專案名稱，然後在其功能表上點選「顯示所有檔案」圖示（視窗內功能表倒數第 3 個圖示），即可看見副檔名為 Design.vb 的表單設計程式檔，例如 F_CONVERT.Design.vb。當在表單設計頁面經由拖放產生某一控制項，並設定其屬性時，Visual Studio 就會自動於 Design.vb 內產生對應的程式碼。切換至該頁面，可看到如下的警語：「以下為 Windows Form 設計工具所需的程序。可以使用 Windows Form 設計工具進行修改。請不要使用程式碼編輯器進行修改」。所以要以手動方式修改其程式時，必須非常小心。

請在 Design.vb 表單設計程式檔最下方（End Sub 之前），輸入 Me.Controls.Add(ReportViewer1) 即可。在該頁面的其他地方輸入亦可，系統會自動調整於表單設計段，以本例而言，會列入 F_Convert 段。

輸入 Me.Controls.Add(ReportViewer1) 之後，切換至表單設計頁面就可看見 ReportViewer 控制項，但其位置是在表單左上角。如欲更換其位置，可在表單設計程式檔，修改 Me.ReportViewer1.Location = New System.Drawing.Point(520, 7) 中括號內的數字，第一個參數為其左上角的 Y 座標（行數），第二個參數為其左上角的 X 座標（列數）。修改 Me.ReportViewer1.Size = New System.Drawing.Size(460, 480) 中括號內的數字，可改變報表檢視器的大小，第一個參數為寬度，第二個參數為高度。亦可在表單下方點選 ReportViewer1，然後在「屬性」視窗內修改 Location 及 Size 之值。

如有需要，可自「微軟」網站下載最新版的 ReportViewer，並予安裝。安裝之後，請在工具箱內按滑鼠右鍵，然後在快顯功能表上點選「選擇項目」，隨後在開啟的「選擇工具箱項目」視窗中按「瀏覽」鈕，以便找出 Microsoft.ReportViewer.WinForms.DLL 函式庫，其內定位置為：

C:\Windows\assembly\GAC_MSIL\Microsoft.ReportViewer.WinForms\12.0.0.0__89845dcd8080cc91\

ReportViewer 控制項拖入表單後，就可撰寫相關的程式。本範例需依照 User 所指定的查詢條件抓出薪津資料，故程式先以 SqlDataAdapter 資料轉接器將合於條件的資料自 SQL Server 抓出，然後顯示於 DataGridView 及 ReportViewer，為節省篇幅，此處僅列出關鍵程式（如表 7-10），詳細程式碼及其解說請見 F_CONVERT.vb 的 B_RV_Click 事件程序。

表 7-10. 程式碼 __ 報表檢視器

```
01  ReportViewer1.BackColor = Color.White
02  ReportViewer1.Font = New Font("Arila", 11)
03  ReportViewer1.ForeColor = Color.Black
04  Dim O_pg = New System.Drawing.Printing.PageSettings
05  O_pg.Margins.Top = 39.5
06  O_pg.Margins.Bottom = 0
07  O_pg.Margins.Left = 39.5
08  O_pg.Margins.Right = 0
09  O_pg.Landscape = False
10  Dim O_size As New System.Drawing.Printing.PaperSize
11  O_size.RawKind = PaperKind.A4
12  O_pg.PaperSize = O_size
13  ReportViewer1.SetPageSettings(O_pg)
14
15  ReportViewer1.LocalReport.DataSources.Clear()
16  Dim O_rds As Microsoft.Reporting.WinForms.ReportDataSource = _
17                          New Microsoft.Reporting.WinForms.ReportDataSource
18  O_rds.Name = "DataSet1"
19  O_rds.Value = ODataSet_1.Tables("Table01")
20  ReportViewer1.LocalReport.DataSources.Add(O_rds)
21
22  ReportViewer1.LocalReport.DataSources.Clear()
23  BindingSource1.DataSource = ODataSet_1.Tables("Table01")
24  Dim O_rds As New ReportDataSource("DataSet1", Me.BindingSource1)
25  ReportViewer1.LocalReport.DataSources.Add(O_rds)
26
27  ReportViewer1.ProcessingMode = _
28  Microsoft.Reporting.WinForms.ProcessingMode.Local
```

```
29    ReportViewer1.LocalReport.ReportPath = "APPDATA\Salary_01.rdl"
30    Me.ReportViewer1.RefreshReport()
31    ReportViewer1.Visible = True
```

資料顯示於 ReportViewer 之前，可先調整其屬性值，以方便 User（註：可省去 User 在 ReportViewer 中調整的麻煩）。報表檢視器的背景色、字型種類及大小、字型顏色等屬性分別可用 BackColor、Font、ForeColor 來調整（表 7-10 第 1 ～ 3 行）。列印頁面的設定需使用 ReportViewer 之 SetPageSettings 方法（表 7-10 第 13 行），括號內的參數為 PageSettings 頁面設定物件，該物件的屬性可定義邊界大小、紙張大小及列印方向。其用法如表 7-10 第 4 ～ 12 行所示。首先依據 PageSettings 類別宣告新的物件（本例取名 O_pg），該物件的 Margins 屬性可設定上、下、左、右邊的邊界大小（以百分之一英吋為單位），本例上邊界為 0.395 英吋，約等於 1 公分。Landscape 屬性可設定列印方向，False 直印，True 橫印。紙張大小之設定需先使用 PaperSize 類別的 RawKind 屬性，其值有 Letter、A4、B4 等 117 種，然後將其指定給 PageSettings 類別的 PaperSize 屬性。最後將 PageSettings 的設定作為 ReportViewer 之 SetPageSettings 方法之參數。

屬性設定之後，需使用報表檢視器的 DataSources.Add 方法來指定資料來源（表 7-10 第 20 行），括號內為資料來源物件，該物件是依據 ReportDataSource 類別所建立，其 Name 屬性指定資料來源名稱（表 7-10 第 18 行），此名稱需為報表定義檔（rdl 檔）中內定的資料集名稱，若此處要使用其他的名稱，則必須先在 rdl 檔中修改其程式碼，亦即 vb 檔及 rdl 檔的資料集名稱必須相同。其次，使用 ReportDataSource 類別的 Value 屬性指定實際要在 ReportViewer 報表檢視器中顯示的資料（註：表 7-10 第 19 行，本例為 ODataSet_1 資料集的 Table01 資料表，該資料表儲存了合於查詢條件的資料）。

另一種設定報表資料來源的方法是使用 BindingSource 資料來源繫結控制項（表 7-10 第 23 ～ 25 行），必須先將該控制項從工具箱拖入表單，然後使用其 DataSource 屬性指定要在 ReportViewer「報表檢視器」中顯示的資料（本例為 ODataSet_1 資料集的 Table01 資料表）。並使用 ReportDataSource 建構函式建立報表資料來源物件（本例取名 O_rds），括號內有兩個參數，第一個為報表定義檔（rdl 檔）中所內定的資料集名稱，第二個為前述已定義的資料來源繫結物件。最後將資料來源物件（本例為 O_rds）指定為 ReportViewer 的 DataSources.Add 方法之參數。

資料來源設定之後，再使用報表檢視器的 ReportPath 屬性指定報表格式檔（rdl 檔）之來源（表 7-10 第 29 行），即可在 ReportViewer 中檢視所需報表。

7-6 BarCode 讀取及產生

條碼 Barcode 是非常普及的圖形識別元件，它存在於我們生活周遭，無論是日常用品、書籍，或是每月收到的帳單，或是個人的駕照及身分證件等，都可看見它的蹤影。只要用掃描器讀取這種黑白相間的線條，就可快速獲得相關的資訊（例如 ISBN 國際標準書號），對於簡化輸入及識別產品有非常大的助益。

條碼的應用可分為讀取及產生兩部分，條碼讀取的設計很簡單，只需在表單上拉出一個 TextBox「文字盒」即可，使用時先將游標置入文字盒，再以條碼掃描器掃描 Barcode，這些黑白相間之線條所代表的數據就會出現在文字盒內，如圖 7-27 左下角的「代號」欄。

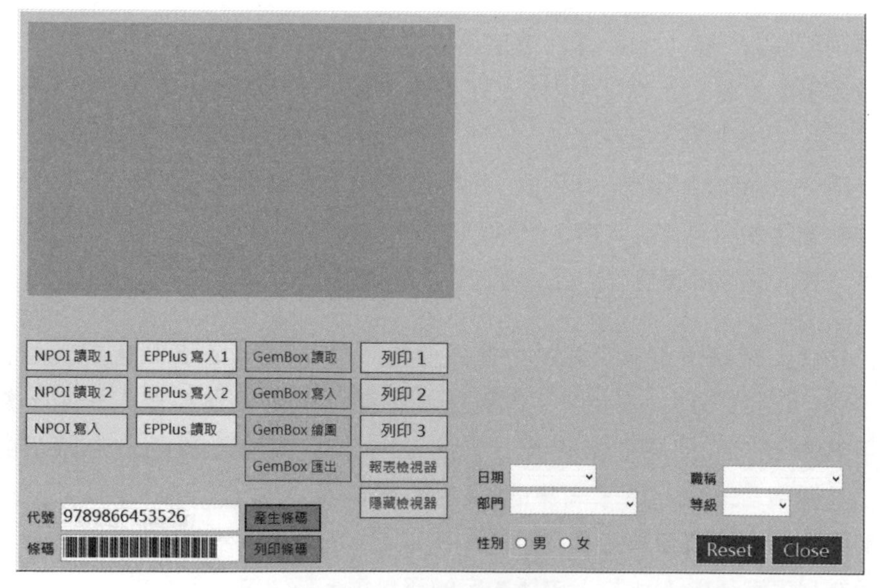

▲ 圖 7-27 條碼讀取及產生

至於條碼的產生，則需有條碼字型，安裝此種字型之後，就可將英數字及特殊符號所代表的數據轉換成黑白相間的線條。Code 39 是一種非常普及的條碼字型，可免費下載，網址為 http://www.squaregear.net/fonts/。下載 free3of9.zip 之後，將其解壓縮（兩個字型檔及兩個說明文字檔）。解壓後點選 fre3of9x.ttf，按滑鼠右鍵，然後在快顯功能表上點選「安裝」，再重複前述動作，安裝 free3of9.ttf，即可使用。

Code 39 允許使用 A ～ Z 大寫英文字母、0 ～ 9 阿拉伯數字及特殊符號（包括 $ % + - . / 等）組成條碼內容，但內容前後要加 * 號，以便掃描器能夠讀取完整資料而不遺漏。我們可用程式來簡化條碼的產生。

請在如圖 7-27 左下角的「代號」欄輸入條碼內容，例如 abc123（前後無需加 * 號），然後按「產生條碼」鈕，黑白相間的線條就會呈現於「條碼」欄，其程式摘要如表 7-11 第 1 ～ 3 行。首先使用 Strings 類別的 UCase 方法將 TextBox1 文字盒的資料轉換成大寫，並在其前號加上星號，然後暫存於變數 Mtemp，其次使用 Font 建構函式指定 TextBox2 文字盒的字型及其大小，括號內有兩個參數，第一個參數為字型種類，此處需指定為 Free 3 of 9（即前述下載的字型），第二個參數為字型大小，最後再將轉換後的資料（即變數 Mtemp 之值）指定給 TextBox2 文字盒即可。

至於條碼的列印，同樣須將列印字型指定為 Free 3 of 9（表 7-11 第 5 行），然後使用 Graphics 類別的 DrawString 方法即可印出（表 7-11 第 10 行），列印結果如圖 7-28。詳細程式碼及其解說請見 F_CONVERT.vb 的 B_PrintBarCode_Click 及 O_PrintDocument5_PrintPage 事件程序。

▲ 圖 7-28 條碼列印

表 7-11. 程式碼 __ 條碼產生及列印

```
01  Dim Mtemp As String = "*" + Strings.UCase(TextBox1.Text) + "*"
02  TextBox2.Font = New Font("Free 3 of 9", 24)
03  TextBox2.Text = Mtemp
04
05  Dim O_Font01 As Font = New Font("Free 3 of 9", 24, FontStyle.Regular)
06  Dim O_Font02 As Font = New Font("Arial", 10, FontStyle.Regular)
07  Dim O_Pen As Pen = New Pen(Color.Black, 0.1)
08  Dim O_Brash As SolidBrush = New SolidBrush(Color.Black)
09  Dim O_Point1 As Point = New Point(1, 2)
10  e.Graphics.DrawString(TextBox2.Text, O_Font01, O_Brash, O_Point1)
11  Dim O_Point2 As Point = New Point(1, 5)
12  e.Graphics.DrawString(TextBox1.Text, O_Font02, O_Brash, O_Point2)
```

chapter

Visual Basic

自訂類別及外部控制項

本章將討論一些進階的議題，包括自訂類別、外部控制項、DLL 函式庫等。自訂類別及 DLL 函式庫可提高應用系統的設計效率，外部控制項則可彌補 VB 控制項的不足，故這些議題值得我們花些時間來探究。

8-1 自訂類別

什麼是自訂類別？坊間電腦書籍都有論述，但大多數讀者閱讀之後可能仍是一頭霧水、不知所云，故本書不講理論，從實務著手，給大家一個實用的例子，讓讀者在最短時間內獲得啟示，進而強化自訂類別的運用。

8-1.1 為何要自訂類別？

Visual Studio 提供了許多控制項，例如 Button「按鈕」控制項、TextBox「文字方塊」控制項、Label「標籤」控制項、PictureBox「圖片方塊」控制項、DateTimePicker「日期時間挑選」控制項、DataGridView「資料網格檢視」控制項等，當需要使用這些控制項時，只需將其從工具箱中拖曳至表單上即可，非常方便。可是這些控制項的內定屬性往往不是我們需要的，所以設計者還需花時間去逐一調整，包括控制項的尺寸、顏色、字體等。有些控制項需調整的屬性不多，可是有些控制項必須調整許多屬性才能符合需求，例如 DataGridView「資料網格檢視」控制項，這些調整工作雖然不難，卻很花時間。

如果控制項不多，倒還無所謂，可是實務上，一個應用系統設計下來，往往多達數十個甚或數百個控制項，如果逐一以人工調整，就太沒效率，而且極易發生外觀不一致的情況，進而降低了系統的親和性及外在美。另外，不同應用系統中所使用的控制項可能是相同的，如果每開發一個應用系統，都要重新設計控制項，那就無法達到現代職場中的效率標準。那麼該如何解決呢？解決之道就是自訂類別。

以 Visual Studio 所提供的控制項為藍本，將其屬性、事件及方法調整為我們的需求，然後產生新的控制項，當需要使用時，將其從工具箱中拖曳至表單上即可，這些控制項可重複使用，而不需重新設計或重新調整，頂多做些微調即可，如此不但大大提高了工作效率，也避免了外觀不一致的困擾，這是自訂類別最實用的一個範例。

8-1.2 如何建立類別？

在「方案總管」視窗內點選專案名稱，然後在功能表點選「專案」、「加入類別」，螢幕會顯示如圖 8-1 的「加入新項目」加入新項目視窗，請於視窗下方的名稱欄輸入自訂類別的名稱，例如 MyClass_Button.vb，然後按「新增」鈕，螢幕會切換至類別程式撰寫頁面，請將程式寫於 Public Class 與 End Class 之間。程式撰寫之後，將其儲存起來即可完成自訂類別之建立。

▲ 圖 8-1 建立類別

新類別建立之後，請於功能表上點選「建置」、「重建方案」，即可於「工具箱」視窗內看見新增的類別（如圖 8-2，在元件項目之下，假設專案名稱為 VB_SAMPLE，點選 VB_SAMPLE 元件，即可看見自訂的類別），將該控制項拖曳至表單上即可使用。若要刪除類別，請於「方案總管」視窗內點選欲刪除的類別，然後按滑鼠右鍵，再於快顯功能表上點選「刪除」、「確定」即可（註：請於功能表上再點選一次「建置」、「重建方案」，「工具箱」視窗內相關類別即會消失）。若要修改類別，請於「方案總管」視窗內點選欲修改的類別（如圖 8-3），同一個類別有兩個選項，請點選類別左方的三角形，展開該類別，然後點選下方的項目即可切換至程式撰寫頁面，供您修改。

▲ 圖 8-2 工具箱內的自訂類別

▲ 圖 8-3 自訂類別之程式

當需要新類別時，並不需要從零開始設計，可從 Visual Studio 所提供的類別衍生出新的類別，也就是繼承現有類別的屬性、事件及方法，然後調整為我們的需求，這是最實用的設計方式。若要繼承現有類別，需使用 Inherits 關鍵字，其後接所要繼承的類別名稱，例如：

- Inherits Button
- Inherits DateTimePicker
- Inherits DataGridView

舉一個簡單而實用的例子，「離開」按鈕是每一個應用系統都需要的控制項，讓 User 按該按鈕，就可離開系統。當我們設計了這個類別之後，只要將其拖曳至表單即可完成設計，無需調整尺寸、顏色、字體等屬性，也無需撰寫相關的程式，程式範例如表 8-1。

表 8-1. 自訂類別 MyClass_ButtonExit 的程式碼

```
01  Public Class MyClass_ButtonExit
02      Inherits Button
03
04      Private Sub Me_Click(sender As Object, e As EventArgs) _
05                                              Handles Me.Click
06          Dim MANS As Integer
07          MANS = MsgBox("您確定要離開嗎？", 4 + 32 + 256, "Confirm")
08          If MANS = 6 Then
09              Application.Exit()
10          Else
11              Return
12          End If
13      End Sub
14
15      Protected Overrides Sub InitLayout()
16          Font = New Font("微軟正黑體", 16)
17          Text = "Exit"
18          ForeColor = Color.White
19          BackColor = Color.FromArgb(255, 0, 128)
20          Me.Width = 102
21          Me.Height = 36
22          FlatStyle = Windows.Forms.FlatStyle.Flat
23          FlatAppearance.BorderColor = Color.White
24          FlatAppearance.BorderSize = 1
25          FlatAppearance.MouseDownBackColor = Color.Black
26          FlatAppearance.MouseOverBackColor = Color.Black
27          TextAlign = ContentAlignment.MiddleCenter
28          MyBase.InitLayout()
29      End Sub
30
31  End Class
```

類別程式碼以 Public Class 起始，其後為自訂類別的名稱，本例為 MyClass_ButtonExit。第 2 行 Inherits Button，表示要以 Button 為範本，繼承其屬性、事件及方法，Button 稱之為 Parent class「父類別」或 Base class「基底類別」，MyClass_ButtonExit 為 Child class「子類別」或 Derived class「衍生類別」。

第 4 ～ 13 行為 Click 事件的程序，當 User 按下此按鈕時，螢幕會彈出對話方塊，請 User 確認是否要離開系統，其撰寫方式與一般程序無異。第 15 ～ 29 行為該按鈕的屬性，包括字體、按鈕上的文字、前景色、背景色、尺寸、樣式、邊框大小、滑鼠按下及掠過時之背景色、文字對齊方式等。

當要撰寫按鈕的 Click 事件程序時，只要雙擊該按鈕，系統就會切換到程式撰寫頁面，並自動產生如下的程序名稱，供我們在其內撰寫所需程式。

```
Private Sub Button1_Click(sender As Object, e As EventArgs) Handles Button1.Click
```

此處可撰寫所需程式

```
End Sub
```

Button1 是按鈕的名稱，其後接 _Click，就成了事件程序的名稱，但在表 8-1 第 4 行的事件名稱為 Me_Click，也可用類別名稱來取代 Me，本例為 MyClass_ButtonExit_Click，但最好還是使用 Me 關鍵字，以保持系統設計的彈性，如果使用固定名稱，則移植到不同專案中使用時就可能需要修改名稱，會增加維護的困難度及錯誤發生的機率。Me 是指目前使用中的物件，以本例而言就是指按鈕。如果將該按鈕置入某一表單上，則 Me.Parent 就是指該表單，如果要隱藏該表單，則只需寫 Me.Parent.Hide() 即可，而無需寫出表單的名稱。

表 8-1 第 15 行使用 InitLayout 方法來設定控制項的初始配置（包括尺寸、顏色及字體等）。在子類別中覆寫父類別的配置並設定初始值，需要呼叫父類別的 InitLayout 方法，才能正確顯示控制項，故第 28 行需撰寫 MyBase.InitLayout()。MyBase 是基底類別（父類別）之意。

第 15 行程序開始處，使用了 Overrides 關鍵字，Override 是覆蓋的意思，它會在子類別中重新定義原先從父類別繼承而來的屬性和方法。使用此關鍵字所設定的屬性無法被修改，設計者將該按鈕從工具箱拖入表單之後，雖可利用「屬性」視窗來調整，但其效用僅限於設計階段（方便設計者參考而已），一旦執行時，仍以自訂類別中所設定的屬性為準。舉例來說，本範例 MyClass_ButtonExit 類別的按鈕名稱設為 Exit（表 8-1 第 17 行），您可在設計階段利用「屬性」視窗將其改為 Quit，但執行時仍會顯示 Exit。如果要讓設計者修改，則需使用 New 關鍵字而非 Overrides，確定屬性無需修改，才使用 Overrides 關鍵字。如果在不同表單或不同系統中要做些微調，使用 New 來定義初始屬性是較適當的，範例如表 8-2。該程序內設定了按鈕的顏色、字型及大小等屬性，但可於設計階段利用「屬性」視窗來調整，而且執行時會依照修改後的屬性來呈現。

表 8-2. 自訂類別 MyClass_ButtonGeneral 的程式碼

```
01  Public Class MyClass_ButtonGeneral
02      Inherits Button
03
04      Public Sub New()
05          Font = New Font("微軟正黑體", 16)
06          Text = "按鈕"
07          ForeColor = Color.White
08          BackColor = Color.FromArgb(0, 128, 0)
09          Me.Width = 102
10          Me.Height = 36
11          FlatStyle = Windows.Forms.FlatStyle.Flat
12          FlatAppearance.BorderColor = Color.White
13          FlatAppearance.BorderSize = 1
14          FlatAppearance.MouseDownBackColor = Color.Black
15          FlatAppearance.MouseOverBackColor = Color.Black
16          TextAlign = ContentAlignment.MiddleCenter
17          AutoSize = False
18      End Sub
19
20  End Class
```

以 Private 所宣告的程序，只能在其類別內使用。以 Public 所宣告的程序，可在其類別及其子類別或所宣告的物件中使用。Protected 的使用限制則是居於前兩者之間，比 Private 寬鬆一些，但又沒有 Public 那麼自由，只能在同一個類別內或是繼承它的子類別中取用。

8-1.3 如何加入自訂類別？

某一專案中所建立的類別可移植到其他專案使用，而無需重新建立，其方法如下：

先將類別檔（副檔名 vb）複製到新專案所在的資料夾，然後進入 Visual Studio，在「方案總管」視窗內點選專案名稱，按滑鼠右鍵，再於快顯功能表上點選「加入」、「現有項目」，然後選取類別檔，例如 MyClass_ButtonClose.vb。或在「方案總管」視窗內點選專案名稱，再於功能表列上點選「建置」、「加入現有項目」，然後選取類別檔，例如 MyClass_ButtonClose.vb 亦可。

類別加入之後，在功能表上點選「建置」、「重建方案」，即可於「工具箱」視窗內看見新增的類別，將其拖曳至表單即可建立新的控制項。需注意的是，若類別程式中所指定的表單或模組不存在於新專案中，則會顯示錯誤訊息，此時應先切換至類別程式頁面，修改表單或模組的名稱，或新增該等表單或模組，再重建方案，才可於「工具箱」視窗內看見新增的類別。本書已隨附 MyClass_ButtonClose、MyClass_ButtonExit、MyClass_ButtonGeneral、MyClass_Calendar、MyClass_DataGridView 等自訂類別，請讀者逕行參考使用。

8-1.4 進階自訂類別

前面數節已介紹了一些簡單而實用的自訂類別，接下來說明如何建構基底類別，此等類別非繼承而來，其屬性、事件及方法完全由我們自行建構。

本書第 4 章已介紹了資料庫讀取的方式，它的程序不少，例如讀取 Access 的資料需先使用 Connection 物件連結資料庫，且需定義資料提供者及資料來源，以便作為連接物件的參數，其次使用 DataAdapter 物件將讀取的資料轉入資料表，使用該物件之前需先宣告資料表，並定義 SQL 指令以便作為資料轉接器的參數。讀取 SQL Server 資料的過程與前述類似，但所用的物件卻不相同（前者為 OleDb 開頭的物件，後者為 Sql 開頭的物件）。在一個應用系統中，必定會多次存取資料庫，故前述程序需一再反覆撰寫，那麼有沒有辦法簡化呢？答案是肯定的。

讀取 Access 資料的程式只需指定資料庫名稱及 Select 指令，讀取 SQL Server 資料的程式只需指定 Select 指令即可，其他的程序都交由自訂類別去處理。在主目錄上按「F1 自訂類別應用」鈕，可進入如圖 8-4 的畫面，請在「Access 資料庫名稱及其路徑」與「讀取 Access 資料的指令」兩個文字盒內輸入相關資料（註：文字盒右方有下拉式選單提供了若干範例供選擇），再按「匯入 Access」鈕，讀取的資料就會顯示在上方的 DataGridView。請切換到 F_Class01.vb 的程式頁面，可看見如表 8-3 的程式，它的程式碼相當簡潔，沒有繁瑣的程式碼。

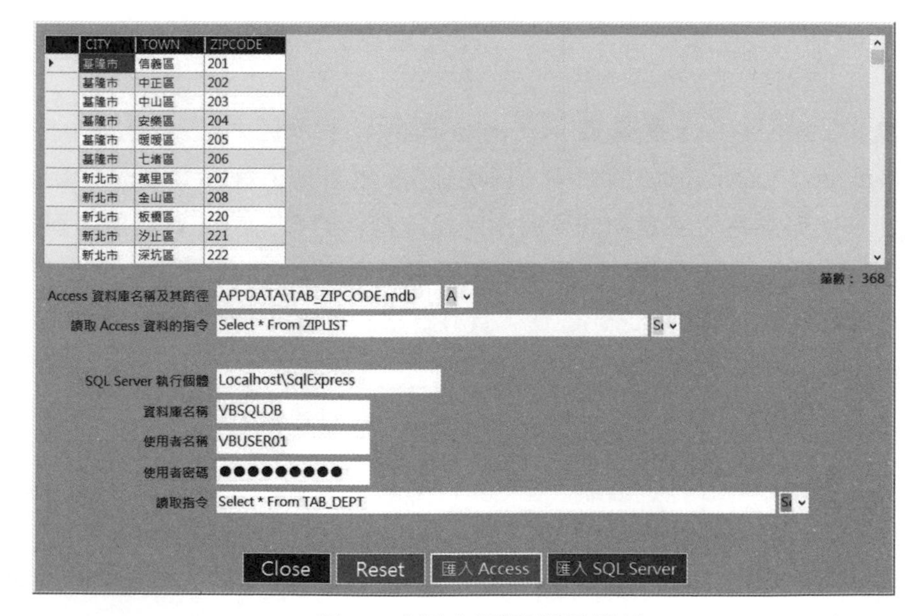

▲ 圖 8-4 利用自訂類別讀取資料

表 8-3. 自訂類別應用的程式碼

```
01  Dim O_01 As New MyClass_AccessRead
02  O_01.DBName = T_AccessDB.Text
03  O_01.SQLCommand = T_AccessSQL.Text
04  O_01.GetData()
05  DataGridView1.DataSource = Nothing
06  DataGridView1.DataSource = O_01.O_AccessTable_0
07  O_01.Dispose()
08
09  Dim O_02 As New MyClass_SqlServerRead
10  O_02.ServerName = T_SQLServerName.Text
11  O_02.DBName = T_SQLDBName.Text
12  O_02.UserName = T_UserName.Text
13  O_02.Password = T_Password.Text
14  O_02.SQLCommand = T_SqlSelect.Text
15  O_02.GetData()
16  DataGridView1.DataSource = Nothing
17  DataGridView1.DataSource = O_02.O_SqlTable_0
18  O_02.Dispose()
```

表 8-3 第 1 ～ 7 行是讀取 Access 資料的程式，因為已建立了一個名為 MyClass_AccessRead 的類別（詳後述），故首先依據該類別建立新的物件 O_01，然後將文字盒內的資料指定給該物件的 DBName 資料庫名稱屬性及 SQLCommand 命令屬性，最後再使用該物件的 GetData 方法，就可將合於條件的資料儲存在 O_AccessTable_0 資料表（註:此資料表已在自訂類別中宣告）。將該資料表指定給 DataGridView 的 DataSource 屬性，Access 資料即顯示於螢幕上。詳細程式碼及其解說請見 F_Class01.vb 的 B_Import01_Clic 事件程序。

表 8-3 第 9 ～ 18 行是讀取 SQL Server 資料的程式，因為已建立了一個名為 MyClass_SqlServerRead 的類別，故首先依據該類別建立新的物件 O_02，然後將文字盒內的資料指定給該物件的 ServerName「執行個體（或伺服器）」屬性、DBName「資料庫名稱」屬性、UserName「使用者」屬性、Password「密碼」屬性及 SQLCommand 「命令」屬性，最後再使用該物件的 GetData 方法，就可將合於條件的資料儲存在 O_SqlTable_0 資料表（註：此資料表已在自訂類別

中宣告)。詳細程式碼及其解說請見F_Class01.vb的B_Import02_Clic事件程序。在實務上,同一應用系統中的執行個體、使用者名稱及密碼很少變動,甚至連資料庫都是相同的,故如有需要,可減少該類別的屬性(註:將相關資料儲存於自訂類別中),以簡化應用系統的設計。

如前述範例,當有了自訂類別後可大幅簡化系統的設計,但這些類別是如何設計出來的?請依照8-1.2節所述的方法建立一個新類別,並切換至類別程式撰寫頁面,相關程式寫於Public Class與End Class之間,Public Class之後為類別的名稱,表8-4為程式摘要。

表 8-4. 自訂類別 MyClass_AccessRead

```
01  Public Class MyClass_AccessRead
02      Implements IDisposable
03      Public O_AccessTable_O As DataTable
04      Private MDBName As String = ""
05      Private MSQLCommand As String = ""
06
07      Public WriteOnly Property DBName As String
08          Set(ByVal InputDBName As String)
09              MDBName = InputDBName
10          End Set
11      End Property
12      Public WriteOnly Property SQLCommand As String
13          Set(ByVal InputSQLCommand As String)
14              MSQLCommand = InputSQLCommand
15          End Set
16      End Property
17
18      Public Sub GetData()
19          Dim MSTRconn_O As String = "provider= _
20                  Microsoft.ACE.Oledb.12.0;data source=" + MDBName
21          Dim Oconn_O As New OleDbConnection(MSTRconn_O)
22          Try
23              Oconn_O.Open()
24              Dim Msqlstr_O As String = MSQLCommand
```

```
25              Dim ODataAdapter_0 As New OleDbDataAdapter(Msqlstr_0, Oconn_0)
26              O_AccessTable_0 = New DataTable
27              ODataAdapter_0.Fill(O_AccessTable_0)
28              Oconn_0.Close()
29              Oconn_0.Dispose()
30          Catch ex As Exception
31              MsgBox(ex.ToString, 0 + 16, "Error")
32              Exit Sub
33          End Try
34      End Sub
35  End Class
```

要建立類別的屬性需使用 Property 關鍵字，相關程式碼寫於 Property 與 End Property 之間（請見表 8-4 第 7 ～ 11 行），Property 之後接屬性名稱及其資料型別，屬性名稱可自訂，本例為 DBName As String。屬性值分成兩種，一種是由 User 設定，另一種是由類別設定，然後供 User 取用，前者需使用 Set 關鍵字建立相關程序，後者則使用 Get 關鍵字來建立。

本例屬性值需由 User 設定資料庫名稱及其路徑，故使用 Set 關鍵字建立相關程序（表 8-4 第 8 行），括號內的參數 InputDBName 負責接收 User 所輸入的資料庫名稱及其路徑，參數名稱可自訂，隨後將其指定給變數 MDBName，該變數將於本類別的 GetData 方法中使用。因為本屬性僅供 User 設定，故使用 WriteOnly 關鍵字來宣告該屬性（唯寫屬性，表 8-4 第 7 行）。如果屬性值要供 User 取用，則需取消 WriteOnly 關鍵字，並可撰寫如下的程式碼（Return 之後接傳回的屬性值）：

```
Get
    Return MDBName
End Get
```

表 8-4 第 12 ～ 16 行是另一個屬性的相關程式碼，該屬性接收 User 所輸入的 SQL 指令，再供本類別的 GetData 方法使用。建立類別的方法需使用 Sub 關鍵字，相關程式碼寫於 Sub 與 End Sub 之間（註：與一般程序之建立相同，請見表 8-4 第 18 ～ 34 行），Sub 之後接方法的名稱，名稱可自訂，本例為

GetData。本方法的程式碼就是讀取 Access 資料庫的標準程序，所不同的是使用了兩個變數，即 User 所指定的資料庫名稱及 SQL 指令，以便作為相關物件的參數。另外，為了避免因 User 輸錯資料庫名稱或 SQL 指令，故使用 Try 陳述式來捕捉例外狀況，該段程式會將錯誤原因顯示於訊息對話方塊，供 User 參考。

在類別的程式撰寫頁面最上方需引用相關的命名空間，例如 System.Data.OleDb 及 System.Data.SqlClient 等，而使用該類別的相關表單則無需重複引用（除非有特殊需求）。類別使用之後，通常需使用 Dispose 方法來釋放資源，為了達成此目的，必須在類別程式開始處使用 Implements 陳述式引入 IDisposable 介面（亦即所謂的實作），以便本類別的執行個體（據以宣告的物件）可支援 Dispose 方法（表 8-4 第 2 行）。請注意，本敘述必須在宣告欄位、屬性、方法之前使用，輸入 Implements IDisposable 之後，VB 會自動產生相關程式碼於 #Region 區段（請勿修改或移除）。

在類別中所產生的物件若需供其他表單使用，例如本類別的 GetData 方法所讀出的資料是先儲存於 O_AccessTable_0 資料表，再供其他表單使用，則此等物件需於類別中使用 Public 宣告欄位（亦即公用變數）供外部程式讀取（表 8-4 第 3 行），其他表單使用該物件時需註明其所屬類別，例如 O_01.O_AccessTable_0（表 8-3 第 6 行），其中 O_01 為依據自訂類別所建立的物件。詳細程式碼及其解說請於「方案總管」視窗內點選 MyClass_AccessRead.vb 及 MyClass_SqlServerRead.vb 即可看見。

在圖 8-4 中，為了方便 User，同一條件提供了文字盒及下拉式選單兩種指定方式，「Access 資料庫名稱及其路徑」、「讀取 Access 資料的指令」及「讀取指令」等三個文字盒的右方都有下拉式選單，供您選擇範例之檔名或範例 SQL 指令，也可在文字盒內自行輸入範例以外的檔名或 SQL 指令。設計下拉式選單沒有甚麼困難，只要將 ComboBox 從工具箱拖至表單，再於 Items 屬性輸入選項即可，但是當選項內容的字數較多時，需要較大的 Size 來容納，此時會佔用較大的版面，進而影響美觀並增加 User 的困擾。改進辦法就是設計階段先縮小下拉式選單的尺寸，在執行階段，當 User 點選單之向下鍵時，選單長度加大，以便顯示完整的內容；當 User 離開（關閉）選單時，選單長度恢復原設計的大小。

為達成此目的，需在選單的 DropDown 事件中撰寫加大尺寸的程式，並在選單的 DropDownClosed 事件中撰寫縮小尺寸的程式，範例如下：

```
L_AccessSQL.Size = New System.Drawing.Size(500, 28)
```

控制項尺寸的變更無法直接設定，例如 L_AccessSQL.Size.Width = 35 或 L_AccessSQL.Size.Height = 27 都是不合法的。必須先建立 Size 物件，並給予尺寸，再將此物件指定給控制項的 Size 屬性，範例如下：

```
Dim O_size As Size
O_size = New Size(500, 28)
L_AccessSQL.Size = O_size
```

或是使用 Size 建構函式，以簡化程式，該建構函式的括號內有兩個參數，前者為寬度，後者為高度。除了調整選單的尺寸外，還需調整選單的位置，才會有較佳的視覺效果，範例程式如下：

```
L_SQLSelect.Location = New System.Drawing.Point(10, 500)
```

控制項的 Location 屬性值之指定可使用 Point 建構函式，括號內有兩個參數，前者為水平位置（X 軸座標），水平值越大，則距離左邊界越遠，後者為垂直位置（Y 軸座標），垂直值越大，則距離上邊界越遠。詳細程式碼及其解說請見 F_Class01.vb 的 L_SQLSelect_DropDown 及 L_SQLSelect_DropDownClosed 等事件程序。

8-2 外部控制項

Visual Studio 提供了許多控制項，例如 Button、TextBox、Label、Panel 及 DataGridView 等，只要將它從「工具箱」視窗內拖至表單上就可使用。如果這些控制項還不敷所需，則可使用外部軟體所提供的控制項，例如 Windows Media Player 影音播放器及 MS Barcode 條碼控制項等，其使用方法如下述。

因為本範例需安裝 Windows Media Player，若未安裝將影響程式的執行，故為了避免影響不使用本範例的讀者，特將本範例置入不同的專案，並以不同的資料夾 VB_VIDEO 儲存相關檔案。

8-2.1 加入其他控制項

在「工具箱」視窗內點選任一分類項目，例如「通用控制項」、「一般」或專案的「元件」(例如為 VB_VIDEO 元件)，按滑鼠右鍵，再於快顯功能表上點選「選擇項目」，然後在「選擇工具箱項目」視窗中點選「COM 元件」標籤，再勾選所需的控制項，例如 Windows Media Player (如圖 8-5)，再按「確定」鈕，該控制項就會出現在「工具箱」視窗內的某一分類項目之下。若前述點選之分類項目為「通用控制項」，則 Windows Media Player 會出現在「通用控制項」之下；若前述點選之分類項目為「一般」，則 Windows Media Player 會出現在「一般」之下，您可自行選擇分類的方式。

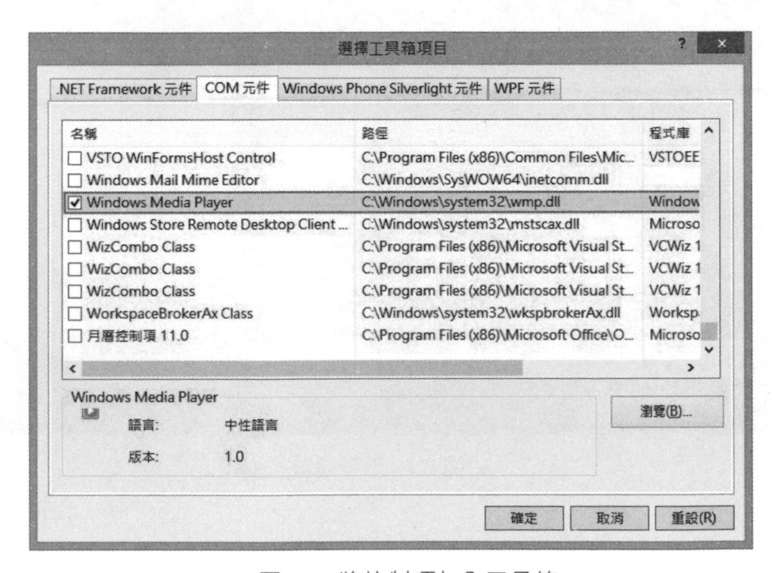

▲ 圖 8-5 將控制項加入工具箱

若前述「選擇工具箱項目」視窗內沒有該項目，請按「瀏覽」鈕，再於 C:\Windows\System32 之內選取 msdxm.ocx (或 wmp.dll) 即可。完成加入動作之後，將「工具箱」視窗內的 Windows Media Player 拖曳至表單上，就可在應用系統內操控影音播放工具。

8-2.2 其他控制項的使用範例

本節將示範 Windows Media Player 影音播放控制項的使用方法(如圖 8-6,範例檔為 F_VIDEO.vb),同時說明 OpenFileDialog「檔案選取對話方塊」控制項的使用(註:與 Button 等通用控制項稍有不同),另外會介紹如何使用 ListBox「清單方塊」控制項來建立播放清單,並說明文字檔的存取方式,以便將播放清單的內容儲存起來或將先前儲存的播放清單寫入 ListBox。

▲ 圖 8-6 影音播放控制項

在表單上點選 Windows Media Player,即可於「屬性」視窗內調整其設定,其主要屬性為 URL,在其後指定影音檔的路徑及其檔名就可播放。若是在程式內指定,則寫法如下:

```
AxWindowsMediaPlayer1.URL =" D:\MyPuppy.mp4"
```

單一影片或單一音樂的播放可能沒什麼實用性,F_VIDEO.vb 則示範如何讓 User 依據個人的需求或嗜好來建立播放清單,並可選定連續播放或單點播放。使用 ListBox「清單方塊」控制項來建立播放清單,當 User 在如圖 8-6 的畫面上按「增加」鈕時,螢幕會顯示檔案選取對話方塊,讓 User 選取所需的影音檔,然後顯示於其上方的 ListBox。

使用「檔案選取對話方塊」的方法是將「工具箱」視窗內的 OpenFileDialog（在對話方塊項下）拖曳至表單，它不會像 Button 等控制項在表單形成一個可見的物件（它是無形體的），而是在表單下方顯示該控制項的名稱，例如 OpenFileDialog1，經過這個加入的動作，才能在程序頁面撰寫相關的程式。

建立播放清單的範例程式如表 8-5，首先使用 ShowDialog 方法開啟檔案選取對話方塊（表 8-5 第 5 行），在開啟檔案選取對話方塊之前，有兩個動作要執行。首先使用 Reset 方法，清除前一次的選取結果，否則第二次選檔時，檔名欄會以前一次所選檔案為預設值，此時 User 若按「取消」鈕，系統會將前一次所選檔案帶入 ListBox，而導致資料重複。第 2 個動作是使用 Filter 屬性來限制選檔類別，使用 | 符號將 Filter 屬性之值分為 4 段，第 1 段的字串會顯示於選檔類型欄，以提醒 User 可選取的檔案類型；第 2 段是可選取檔案的副檔名；第 3 段的字串亦會顯示於選檔類型欄，讓 User 可選取其他類型的檔案；第 4 段是所有類型檔的萬用字元。系統就是根據第 2 段或第 4 段的敘述來過濾檔案，假設在第 2 段的字串為「*.mp4;*.avi」，則在選檔視窗中只顯示副檔名為 mp4 及 avi 的檔案，其他類型的檔案都不會顯示。

表 8-5. 程式碼 __ 影音播放

```
01  OpenFileDialog1.Reset()
02  OpenFileDialog1.Filter = "Video & Music Files (mp4,avi,wmv, _
03                     mov,swf,mp3,midi)|*.mp4;*.avi;*.wmv;*.mov; _
04                     *.swf;*.mp3;*.mid|All Files (*.*)|*.*"
05  OpenFileDialog1.ShowDialog()
06  Dim MFileName As String = OpenFileDialog1.FileName
07  If MFileName <> "" Then
08      If ListBox1.FindString(MFileName) = -1 Then
09          ListBox1.Items.Add(OpenFileDialog1.FileName)
10      End If
11  End If
12
13  Dim MSelectItem As String = ListBox1.SelectedItem
14  ListBox1.Items.Remove(MSelectItem)
15
16  Dim MTotalItemsNo As Integer = ListBox1.Items.Count
```

```
17  Dim MVideoName As String
18  For Mcou As Integer = 0 To MTotalItemsNo - 1 Step 1
19      MVideoName = ListBox1.Items(Mcou)
20      Dim MTempMVideoName = _
21                  AxWindowsMediaPlayer1.newMedia(MVideoName)
22      AxWindowsMediaPlayer1.currentPlaylist. _
23                         appendItem(MTempMVideoName)
24  Next
25  AxWindowsMediaPlayer1.settings.setMode("Loop", True)
26  AxWindowsMediaPlayer1.Ctlcontrols.play()
27
28  Dim MVideoName As String
29  MVideoName = ListBox1.SelectedItem
30  AxWindowsMediaPlayer1.URL = MVideoName
31  AxWindowsMediaPlayer1.settings.setMode("Loop", False)
32  AxWindowsMediaPlayer1.Ctlcontrols.play()
```

使用 ListBox 的 Add 方法就可將 User 所選檔案加入清單方塊（表 8-5 第 9 行），但在加入之前，程式要先檢查所選檔案是否已選過，以避免重複，FindString 方法可用來檢查 ListBox 中的項目，當它的傳回值為 -1，就表示沒有相同的項目，若找到指定字串（在 FindString 的括號內指定所要查找的字串或變數），則會傳回索引編號（由 0 起算，ListBox 第 1 項的索引編號為 0、第 2 項的索引編號為 1，以此類推）。詳細程式碼及其解說請見見 F_VIDEO.vb 的 B_PickFile_Click 事件程序。

在建立播放清單的過程中不免會有錯選的狀況，故應用系統需有移除的功能，其程式碼如表 8-5 第 13 ～ 14 行。SelectedItem 屬性可傳回被選取項目的內容，然後再使用 Remove 方法將其移除（在括號內指定所要移除的字串或變數）。詳細程式碼及其解說請見 F_VIDEO.vb 的 B_Remove_Click 事件程序。

播放清單建立之後，有兩種播放方式，即「連續播放」及「單點播放」，前者可一部接一部連續播放清單上的全部影片或音樂，後者則只播放 User 所點選的項目。表 8-5 第 16 ～ 26 行是連續播放的程式，使用 Windows Media Player 的 Play 方法可開始播放影音檔（表 8-5 第 26 行），但在播放之前，需先使用

appendItem 方法將影音檔加入其本身的播放清單 currentPlaylist（表 8-5 第 22～23 行）。因為清單方塊上可能有多個項目，故須使用 For 迴圈，逐一讀取清單項目之內容，Items 屬性可傳回項目內容，Items 的括號內可指定項目的索引編號（表 8-5 第 19 行），Items.Count 屬性可傳回清單方塊的項目數，此項目數可作 For 迴圈的終止值（表 8-5 第 16 行）。另外，Windows Media Player 的 setMode 屬性可設定清單項目都播放完畢之後，是否要重回第一項繼續播放，如果需要，則將第 2 個參數設為 True，否則設為 False（表 8-5 第 25 行）。詳細程式碼及其解説請見 F_VIDEO.vb 的 B_PlayAll_Click 事件程序。

表 8-5 第 28～32 行是單點播放的程式，它仍使用 Windows Media Player 的 Play 方法播放影音檔（表 8-5 第 32 行），但無需建立其自身的播放清單 currentPlaylist，只需使用 URL 屬性指定影音檔之檔名及其路徑即可（表 8-5 第 30 行），另外使用 ListBox 的 SelectedItem 屬性傳回被選取項目的內容作為 URL 屬性之值。詳細程式碼及其解説請見 F_VIDEO.vb 的 B_PlayOne_Click 事件程序。

另外為了讓 User 所建立的清單可重複使用，我們設計了「儲存清單」及「讀取清單」兩個按鈕（如圖 8-6 的右下角），前者可將 ListBox 的項目存入檔案，後者可將檔案中的資料列入 ListBox。清單方塊的資料可存入 SQL Server 或 Access 等軟體的資料庫，但因本案的資料很簡單，故將其存入文字檔即可，這是一種快速而簡便的儲存方式。

讀寫文字檔可使用 StreamReader 資料流讀取及 StreamWriter 資料流寫入兩個類別，使用此類別需引用 System.IO 命名空間。在表 8-6 上半部的程式可將清單上的資料存入文字檔。第 2 行使用 StreamWriter 建構函式建立文字檔寫入物件，取名為 MStreamWrite 並予初始化，StreamWriter 的括號內有兩個參數，第一個參數為文字檔的路徑及檔名，在本例中的檔名為 MyVideoList.txt。第二個參數為寫入模式，若為 True，則新資料會接續寫入原檔的尾端，若為 False，則新資料會覆蓋掉原檔資料。

表 8-6. 程式碼＿清單存取

```
01  Dim MFileName = "APPDATA\MyVideoList.txt"
02  Dim MStreamWrite As StreamWriter = New StreamWriter(MFileName, False)
03  Dim MTotalItemsNo As Integer = ListBox1.Items.Count
04  Dim MVideoName As String
05  For Mcou As Integer = 0 To MTotalItemsNo - 1 Step 1
06      MVideoName = ListBox1.Items(Mcou)
07      MStreamWrite.WriteLine(MVideoName)
08  Next
09  MStreamWrite.Flush()
10  MStreamWrite.Close()
11
12  ListBox1.Items.Clear()
13  Dim MVideoName As String
14  Dim MFileName = "APPDATA\MyVideoList.txt"
15  Dim MStreamRead As StreamReader = New StreamReader(MFileName)
16  Do
17      MVideoName = MStreamRead.ReadLine()
18      ListBox1.Items.Add(MVideoName)
19  Loop Until MStreamRead.Peek() = -1
20  MStreamRead.Close()
```

因為清單方塊上可能有多個項目，故使用 For 迴圈，逐一讀取清單項目之內容，然後再寫入文字檔，Items 屬性可傳回項目內容，Items 的括號內可指定項目的索引編號（表 8-6 第 6 行），Count 屬性可傳回清單方塊的項目數，此項目數可作 For 迴圈的終止值（表 8-6 第 3 行）。寫入文字檔須使用 WriteLine 方法，它會在字串最後加入換行字元（表 8-6 第 7 行）。全部資料寫入之後，使用 Flush 及 Close 方法，將緩衝區資料寫入檔案並關閉 MStreamWrite 文字檔寫入物件。詳細程式碼及其解說請見 F_VIDEO.vb 的 B_ListSave_Click 事件程序。

表 8-6 下半部的程式可將文字檔資料顯示於清單上，供 User 點選，亦即讀取文字檔的資料，然後列示於 ListBox。在表 8-6 的第 15 行使用 StreamReader 建構函式建立文字檔讀取物件，取名為 MStreamReader，StreamReader 的括號內指定文字檔的路徑及檔名，在本例中的檔名為 MyVideoList.txt。在程式開始

處，使用 ListBox 的 Clear 方法，以便清除清單方塊上的所有項目（表 8-6 第 12 行）。讀取文字檔一列資料須使用 ReadLine 方法（表 8-6 第 17 行），因為文字檔內的資料可能不只一筆，故使用 Do 迴圈，逐筆讀取，直至最後一筆，MStreamReader 文字檔物件的 Peek 方法可判斷是否已讀至檔尾，Peek 會傳回下一個字元，若其傳回值為 -1 時，表示已無資料（表 8-6 第 19 行）。詳細程式碼及其解說請見 F_VIDEO.vb 的 B_ListRead_Click 事件程序。

在如圖 8-6 的畫面中按「顯示說明」鈕，螢幕會顯示相關的操作說明供 User 參考，本例使用 TextBox「文字方塊」來承載說明，因為說明很長，故需將 TextBox 的 MultiLine 屬性設為 True，以便可多列顯示資料。TextBox 最多可顯示 32767 個字元。如果說明很長，則可在表單 Load「載入」事件中撰寫 TextBox 的 Text 之值，以方便編寫。若要分段顯示以方便閱讀，則可在字串中加入歸位及換列字元，& vbCrLf & 或 & Chr(13) & Chr(10) & 均可。詳細程式碼及其解說請見 F_VIDEO.vb 的 F_VIDEO_Load 事件程序。

在顯示說明時，可將其他按鈕設為無法作用（Enabled=False），以免造成混亂。User 閱讀說明之後，再按「隱藏說明」鈕，以便隱藏 TextBox 文字方塊，並將其他按鈕設為作用（Enabled=True）。「顯示說明」及「隱藏說明」使用同一個鈕，以節省版面，並方便 User 操作，詳細程式碼及其解說請見 F_VIDEO.vb 的 B_Desc_Click 事件程序。

8-3 建立 DLL 函式庫

在專案內建立自訂函式，可供不同程序使用，以便簡化應用系統之設計。若此等自訂函式要供不同專案使用，或寄送給他人使用，則可將其建為 dll 檔（Dynamic Link Library，動態連結函式庫）。dll 檔是經過封裝的程式，是一種被編譯完成的二進位執行檔，除非有原始程式碼，否則無法修改。運用 dll 檔，可大幅縮短應用系統的開發時程。

8-3.1 如何使用自訂函式庫

在説明如何開發自訂函式庫之前，先看幾個自訂函式庫的應用實例。請在主目錄上按「F2 自訂函式庫 1」，可進入如圖 8-7 的畫面，該畫面有 4 個按鈕，分別可將阿拉伯數字轉成英文金額、將阿拉伯數字轉成中文金額、判斷奇偶數、匯出中文字元及其 Unicode 對照表。表 8-7 是該等功能的程式碼，因為有自訂函式庫的支援，所有程式碼非常精簡，應用方法也非常簡單。

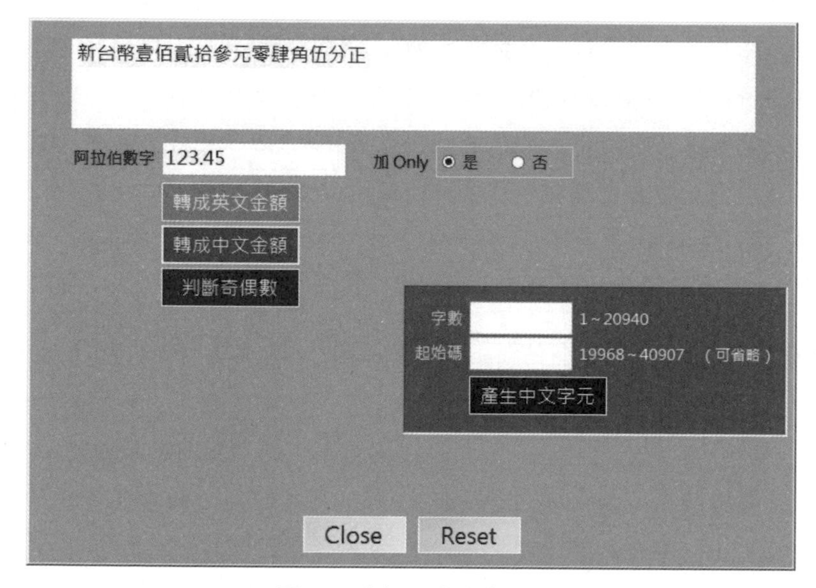

▲ 圖 8-7 自訂函式庫應用之一

表 8-7. 程式碼 __ 自訂函式庫之應用

```
01  Dim O_01 As New TaipeiVB.MyClass01
02  Dim Mresult As String
03  Mresult = O_01.USD(T_AMT01.Text, Monly)
04  T_USD.Text = Mresult
05
06  Dim O_01 As New TaipeiVB.MyClass01
07  Dim Mresult As String
08  Mresult = O_01.NTD(T_AMT01.Text)
```

```
09  T_USD.Text = Mresult
10
11  Dim O_01 As New TaipeiVB.MyClass01
12  Dim Mchk As String = O_01.IsOddNo(T_AMT01.Text)
13  Dim Mans As String = ""
14  Me.TopMost = False
15  Select Case Mchk
16      Case "Y"
17          Mans = T_AMT01.Text + " 為 奇數"
18      Case "N"
19          Mans = T_AMT01.Text + " 為 偶數"
20      Case Else
21          Mans = Mchk
22  End Select
23  MsgBox(Mans, 0 + 64, "OK")
24  Me.TopMost = True
25
26  Dim O_01 As New TaipeiVB.MyClass01
27  Dim Mresult As String = ""
28  If T_StartCode.Text = "" Then
29      Mresult = O_01.ChineseCHR(T_QTY.Text)
30  Else
31      Mresult = O_01.ChineseCHR(T_QTY.Text, T_StartCode.Text)
32  End If
```

在應用系統中使用自建函式庫必須 Add Reference「加入參考」，請在「方案總管」內點選「參考」，按滑鼠右鍵，然後在快顯功能表上點選「加入參考」，在開啟的視窗中（亦即「參考管理員」），按「瀏覽」鈕，然後點選所需的 dll 檔（本例為 TaipeiVB.dll），內定位置在該專案資料夾內的 bin\Debug。另外，在程式撰寫頁面的最上方需引用命名空間（即函式庫名稱），例如 Imports TaipeiVB。

在程式中使用某一函式，需先依據其函式庫之類別建立新的物件（本例取名 O_01，如表 8-7 第 1 行），其中 MyClass01 為自訂函式庫中之類別名稱，然後以新建物件接函式名稱來呼叫自訂函式（表 8-7 第 3 行）。USD 為自訂函式的名稱，括號內為傳遞給該函式的引數，本例將 T_AMT01 文字盒的阿拉伯數字傳遞給 USD 函式，該函式處理之後，將結過（亦即英文金額）回傳至變數 Mresult。括號內第二個引數 Monly 是告訴 USD 函式，是否要在處理結果的尾端加上 Only 字樣。

表 8-7 第 6 ～ 9 行的程式是使用 NTD 自訂函式，將 User 所輸入的阿拉伯數字轉成中文大寫金額。表 8-7 第 11 ～ 24 行的程式是使用 IsOddNo 自訂函式來判斷 User 所輸入的阿拉伯數字是否為奇數，因其傳回值有三種可能（奇數、偶數、錯誤訊息），故程式先以 Select Case 陳述式判斷，再將判斷結果顯示於訊息對話方塊。表 8-7 第 26 ～ 32 行的程式是使用 ChineseCHR 自訂函式，匯出中文字元及其 Unicode 對照表（註：匯出 csv 檔，即逗號分隔的文字檔，可用 Excel 打開），包括繁體及簡體中文字元兩萬餘字，只需一秒鐘就可產出。使用此等自訂函式的方法與前一段所述相同，都需先依據函式庫之類別建立新的物件，再傳遞適當的引數即可。

另請在主目錄上按「F3 自訂函式庫 2」鈕，可進入如圖 8-8 的畫面。該畫面有兩個 DataGridView，下方的 DataGridView 顯示了某公司的人事薪津資料，因長官要求要過濾出某些條件的資料，例如某些等級，或某些部門，或某些職稱的資料，承辦人可在 DataGridView 最左方的方格內勾選，然後按「移出」鈕，被勾選的資料就會被搬移至上方的 DataGridView。但是當資料量很多時，逐一勾選不但耗時，且容易發生錯誤，故該畫面下方提供了下拉式選單讓 User 選擇，而且可以多選，例如職稱為「工程師」、「業務員」、「研究員」，然後按「比對」鈕，在 DataGridView 中該三種職稱的資料就會被勾選。請進入 F_DLL.vb 的 B_Match_Click 事件程序，就可看見詳細程式碼，該程式使用了 InList 自訂函式來比對資料，該函式的用法與前述其他自訂函式相同，故不贅述。

▲ 圖 8-8 自訂函式庫應用之二

8-3.2 如何移轉 DataGridView 的資料

接下來說明 DataGridView 中資料的移轉方式，亦即在如圖 8-8 的畫面中按「移出」鈕，被勾選的資料會被搬至上方的 DataGridView，按「轉回」鈕，則可將上方 DataGridView 中被勾選的資料搬至下方的 DataGridView，在實務上，這種需求是很常見的。

為達此目的，需先在資料網格控制項中增加核取清單方塊欄，以便 User 可勾選所需項目。程式摘要如表 8-8 第 1 ～ 11 行，首先依據 DataGridViewCheckBoxColumn 類別建立新物件（核取清單方塊欄，本例取名 O_ChkBox），然後再使用 DataGridView 的 Columns.Insert 方法將新增欄位加入資料網格控制項（表 8-8 第 11 行），括號內兩個參數，前者為行號，後者為新增的欄位物件。新增欄位的特徵可用下列屬性設定：FlatStyle「核取方塊儲存格的平面樣式外觀」、HeaderText「欄位標題」、Name「欄位名稱」、ValueType「資料型別」、FalseValue「未核取之值」、TrueValue「已核取之值」，後續判斷核取清單方塊欄是否已核取的程式必須與此處 ValueType 的設定一致，若此處設為布林值，則後續 Value 亦需為布林值，本例之型別為 String。

表 8-8. 程式碼 __DataGridView 資料搬移

```
01  Dim O_ChkBox As New DataGridViewCheckBoxColumn
02      With O_ChkBox
03          .FlatStyle = FlatStyle.Standard
04          .HeaderText = "請點選"
05          .Name = "Delete_chk"
06          .ThreeState = False
07          .ValueType = GetType(String)
08          .FalseValue = "No"
09          .TrueValue = "Yes"
10      End With
11  DataGridView1.Columns.Insert(0, O_ChkBox)
12
13  Dim MStop As Int32 = DataGridView1.Columns.Count - 1
14  DataGridView1.ReadOnly = False
15  For Mcou = 1 To MStop Step 1
16      DataGridView1.Columns(Mcou).ReadOnly = True
17  Next
18
19  Dim MTotalRecords As Int32 = DataGridView1.Rows.Count
20  For Mcou = MTotalRecords - 1 To 0 Step -1
21      If DataGridView1(0, Mcou).Value = "Yes" Then
22          Dim O_NewRow As DataRow
23          O_NewRow = O_Table02.NewRow()
24          O_NewRow.Item(0) = DataGridView1(1, Mcou).Value
25          O_NewRow.Item(1) = DataGridView1(2, Mcou).Value
26          ……………………
27          O_NewRow.Item(9) = DataGridView1(10, Mcou).Value
28          O_Table02.Rows.Add(O_NewRow)
29          O_Table02.AcceptChanges()
30          DataGridView1.Rows.RemoveAt(Mcou)
31      End If
32  Next
```

本例 DataGridView 除了第一欄之外，其他各欄都不允許修改（唯讀），欄位唯讀與否之設定方法是先將 DataGridView 設為非唯讀，再將需要唯讀的欄位之 ReadOnly 屬性設為 True（表 8-8 第 13 ～ 17 行），而不能將 DataGridView 設為唯讀，再將需要非唯讀的欄位之 ReadOnly 屬性設為 False，詳細程式碼及其解說請見 F_DLL.vb 的 F_DLL_Load 事件程序。

將勾選項目移出 DataGridView 的方法是使用 For 迴圈，逐筆判斷其第一行的資料是否為 Yes（核取清單方塊之狀態），若是則移除（表 8-8 第 21 行）。必須反向判斷（由最後一筆逐漸往前判斷，表 8-8 第 20 行），否則執行過半時，會因列號大於 DataGridView 的總筆數而發生錯誤（DataGridView 的總筆數會因 RemoveAt 而逐漸減少）。

資料網格控制項的格位可由 DataGridView 之後以括號指定行數及列數來決定（表 8-8 第 24 行，括號內有兩個引數，前者為行，後者為列，切莫顛倒）。RemoveAt 方法可移除資料網格控制項的資料列（表 8-8 第 30 行），括號內為資料列索引，移除之前，先將該列資料存入 DataRow 資料列，然後併入 O_Table02 資料表，該資料表為 DataGridView2（圖 8-8 上方的資料網格控制項）的資料來源，請注意 DataGridView1 括號內的行號（第一個參數），由 1 開始取出 10 欄的資料轉入 O_NewRow 資料列（表 8-8 第 24 ～ 27 行），因為第一個欄位（行號 0）為核取清單方塊欄，無需轉出。詳細程式碼及其解說請見 F_DLL.vb 的 B_Remove_Click 及 B_ReCall_Click 事件程序。

8-3.3 如何開發 DLL 函式庫

本節將說明如何建構自訂函式及產生 dll 檔。請在功能表上點選「檔案」、「新增專案」，然後在開啟的視窗中點選「類別庫」（如圖 8-9），並於視窗下方輸入專案名稱及專案資料夾，再按「確定」鈕，「方案總管」視窗內即會出現此專案及相關檔案，螢幕同時切換至類別的程式撰寫頁面。該頁面以 Public Class Class1 開頭，並以 End Class 結束，您可在其間撰寫類別庫程式，Class1 為內定類別名稱，可自行修改。

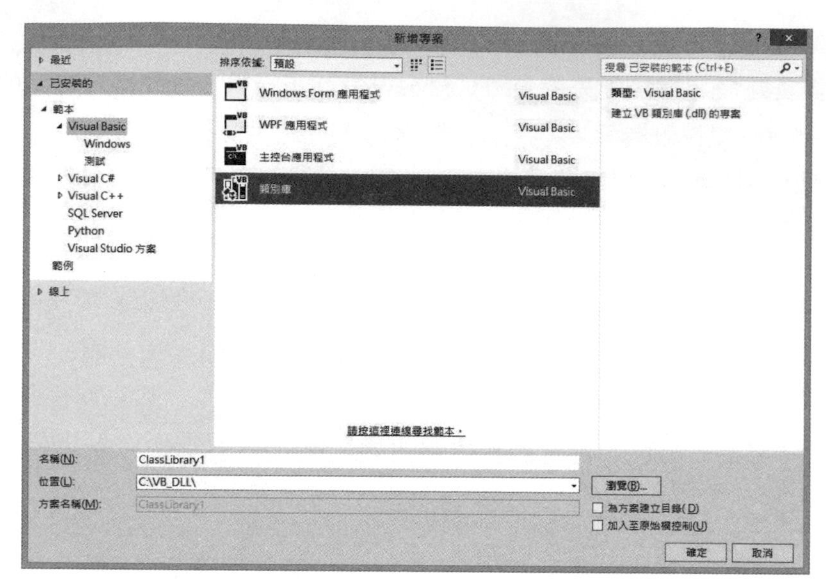

▲ 圖 8-9 建立 DLL 函式庫（新增類別庫）

新增專案之內定名稱為 ClassLibrary1 等，建議自行修改為其他名稱，因為在應用系統中使用此等自建函式庫時，需引用此名稱，故須注意命名，以免與其他函式庫發生衝突。

表 8-9 是自訂函式庫的程式摘要，該函式庫包括 isOddNo「判斷奇偶數」、ChineseCHR「產生 Unicode 中文字碼指標對照表」、USD「阿拉伯數字轉成英文金額」、Inlist「字串比對」、NTD「阿拉伯數字轉成中文金額」等 5 個自訂函式，詳細程式碼及其解說請見 Class1.vb（專案資料夾為 VB_DLL，專案名稱 TaipeiVB）。

表 8-9. 程式碼 __ 自建函式庫

```
01  Imports System
02
03  Public Class MyClass01
04
05      Public Function IsOddNo(ByVal MtempNO As Object)
06          If Information.IsNumeric(MtempNO) = False Then
07              Return "Sorry, 非數字，無法判斷！"
08              Exit Function
```

```
09            End If
10            .....................
11            Dim Mresult As Double = Convert.ToDouble(MtempNO) Mod 2
12            If Mresult = 0 Then
13                Return "N"
14            Else
15                IsOddNo = "Y"
16            End If
17        End Function
18
19        Public Overloads Function ChineseCHR(ByVal MQTY As Object)
20            .....................
21        End Function
22
23        Public Overloads Function ChineseCHR(ByVal MQTY As Object, _
24                                             ByVal MSTARTCODE As Object)
25            .....................
26        End Function
27
28        Public Function USD(ByVal AAA As Object, _
29                            Optional ByVal BBB As Object = 1)
30            .....................
31        End Function
32
33        Public Function InList(ByVal MchkString As String, _
34                               ByVal ParamArray Astrings() As String)
35            .....................
36        End Function
37    End Class
```

撰寫自訂函式同樣需在程式撰寫頁面的最上方引用所需命名空間，自訂函式以 Public Function 開頭，後接函式名稱，括號內為參數及其資料型別（表 8-9 第 5 行），負責接收 User 所輸入的引數。經過程式處理之後，傳回處理值，傳回方式有兩種：第一種是利用函式名稱，例如 IsOddNo= "Y"，第二種是利用 Return 關鍵字，例如 Return = "Y"。本例資料型別設為 Object，待接收後再判斷其型別是否合乎需求，如此可降低前端設計者的負荷（亦即此自訂函式的使用者無需另寫型別判斷的程式）。

ChineseCHR 自訂函式可產生 Unicode 中文字碼指標對照表，該函式允許 User 指定一個或兩個引數，第一個引數是告訴 ChineseCHR 自訂函式要產生多少個中文字元，第二個引數是告訴 ChineseCHR 自訂函式要從哪一個字碼指標開始產生，但這個引數可省略不指定，若省略不指定，則字碼指標自動從 19968 開始（其對應的中文字元為一）。因為 User 可能只指定一個引數，但也可能兩個引數都指定，故採用「多載」設計，同名的函式有兩個，但其參數數量不同，處理程式也不同（表 8-9 第 19 ～ 26 行，函式名之前使用了 Overloads 關鍵字）。

USD 自訂函式可將阿拉伯數字轉成英文金額，該函式允許 User 指定兩個引數，其中第二個引數是選擇性的（亦即指定與否皆可），若省略或輸入非 0 數字，則會在傳回值（即英文金額）的末尾自動加上 Only 字樣（註：相當於中文「整」的意思）；若指定為 0，則不會加上 Only。為達此目的，必須在第二個參數之前使用 Optional 關鍵字（表 8-9 第 29 行）。

Inlist 自訂函式可比對字串，該函式有兩個引數，第一個引數是比對字串，例如「業務員」，第二個引數是一組字串，例如「工程師」、「業務員」、「研究員」，如果第一個引數的字串是第二個引數中的字串之一，則傳回 Y，否則傳回 N。因為第二個引數內的字串數量是不確定的（可指定一個或多個），故將該參數的型別設為陣列（表 8-9 第 34 行，Astrings 為陣列名稱）。

本書所提供的 USD 及 NTD 是非常實用的自訂函式，讀者可自行修改套用，例如將 NTD 新台幣金額末尾的「正」字換成「整」字，但因篇幅所限，無法於此詳述，請讀者逕行參考 Class1.vb 的程式碼（位於資料夾 VB_DLL 之內）。

程式撰寫完成之後，在功能表上點選「建置」、「建置方案」，dll 檔隨即產生於專案所在資料夾的 \bin\Debug 目錄之下。若自訂函式的程式有修改，則需點選「建置」、「重建方案」，以便更新 dll 檔。

Visual Basic

9 chapter

系統配置之管理

2005 年 6 月 27 日驚暴台灣證券史上最大錯帳事件，錯帳金額達 80 億元，影響交易個股高達 282 檔，該公司高層說電腦程式沒有錯，是交易員操作錯誤所致；隔日又傳出嘉義某大醫院藥量開立錯誤，險些造成幼童喪命的新聞，該院同樣表示是醫師按鍵錯誤所致。這兩件重大失誤都與電腦脫不了關係，但遺憾的是，大多數的人們都以看熱鬧的心態來看待此事，總以為這種倒楣事不會發生在自己身上，也看不到任何專業人士出面說明如何防止憾事再度發生，如果只是一味的要求屬下小心行事，而任其置身於危險的工作環境中，那恐怕再謹慎小心的員工都不免犯下大錯。

電腦程式的確沒有錯，但程式設計的理念正確嗎？它的操作方式合於人性嗎？一個不當的設計，卻硬要使用者去適應它，就是觸發大災難的潛在因子。最著名的案例就是造成兩百多人喪生的華航名古屋空難，事後日本運輸省在其調查報告中「勸告」法國空中巴士要修改其程式，讓駕駛員更容易解除自動飛行狀態，避免人為與電腦力的衝突。無疑，航空公司要為這次事件負起最大責任，但若繼續使用這套程式，難保不會再發生相同的悲劇，因為在緊急狀態下，一個不合人性的設計就是導致錯誤的幫兇。

筆者曾於某大醫院就醫後，拿到不當的用藥指示，事後該院表達歉意，並表明會加強醫師的電腦操作訓練，顯然該院高層仍以為小心操作就是避免錯誤的唯一之路。實際上，許多用藥指示及前述兒童藥量上限都有固定模式可循，這些工作都可用程式加以控管，錯誤當然可以避免發生，而前述證券公司的電腦程式未對下單金額加以設限，更是到了匪夷所思的地步。

由於現今開發工具的進步，程式設計師有更多的時間投入「除錯」的工作，也有更好的工具來協助「除錯」（指邏輯錯誤），所以程式發生重大錯誤的機率不大，但要設計出一套合於人性、便於操作，同時又能防止人為錯誤的系統，就不是單靠訓練所能達成的，它需要相當多的經驗累積，並與 User 積極互動研討，以掌握各種可能的狀況。

9-1 系統不良的原因

大多數企業都有「內控」及「內稽」制度以防範舞弊，卻鮮少著力於人為的疏忽，其實人為疏忽所造成的損害絕不亞於貪污舞弊的損失，而這種人為疏忽多半都可用適當的程式加以防止，若電腦程式沒有這方面的功能，可能肇因於下列原因：

◆ 系統欠缺整合：欠缺整合的系統必然需要 User 重複輸入相同的資料，輸入越多，造成錯誤的機率就越高。

◆ 程式設計師不了解 User 的需求：一個好的程式設計師多半能設身處地，為 User 設想可能的疏忽，而採取防範措施，但這樣的程式師需要長期培養，同時一個人的經驗及思慮是有限制的，故最好的設計還是需要 User 積極投入，並提供可能的狀況給程式設計師參考。

◆ 非人性化的設計：例如前述空中巴士的飛行操作系統，又如欠缺警告畫面，讓使用者陷於錯誤而不自知，或是要求 User 不斷切換畫面才能輸入不同資料，或是不抓系統日期卻要求 User 自行輸入日期，或是下拉式選單的選項很多卻不做分類等。

◆ 不當的操作說明：不佳的操作手冊最易導致 User 犯錯，大公司開發系統時通常以專業撰稿人來編寫操作手冊，但一般企業由程式設計師兼任撰稿人，有可能詞不達意，也可能因其習慣不良，在系統完成後才撰寫手冊，以致許多操作細節因而遺漏，一些外購系統更基於成本考量而因陋就簡。

◆ 程式設計師不願開發防錯程式：自有電腦以來，程式設計師就受到過份的尊寵，以致「資管為大、User 為小」的歪風瀰漫業界，只要他們一句專業術語（例如佔用太多的 CPU 時間或需要額外的儲存媒體等），就足以讓人退避三舍，但事實往往並非如此。

大型系統需要全員檢視，看看它是否潛藏著犯錯因子，測驗它是否提供足夠的防錯功能，對於耗費天價的外購系統，更應於選購及驗收時注意其防錯功能及操作方式是否合於人性。在現今高度電腦化的時代，所有員工都有權要求一個能夠防止重大操作錯誤的系統，而高層更有責任給予員工一個安全的工作環境。

功能及速度是一個優良應用系統的必要條件，故程式設計師會投注大量的精力及時間在追求功能的完整及速度的提升，但卻往往忽略了使用者介面的設計。其實，使用者介面的好壞會影響到操作的效率及資料輸入的正確性，故其重要性並不亞於功能及速度。

9-2 良好使用者介面的要素

良好的使用者介面包括：

1. 舒適的版面設計

配置簡潔及顏色調和是基本訴求，雖然大部分程式設計師都未受過專業訓練，無法（也沒有時間）作出超優的作品，但總要有些基本概念，例如字體過小、列距過窄、字距未加寬、背景色與前景色不協調、每行字數過多、字型不適當等都會造成使用者極大的不便，若設計者能稍加用心，必然帶給閱讀者極大的尊重及方便。

當完成大作之後，請以 User 的立場來閱讀或使用一遍，看看是否有不妥之處。例如辦公室應用系統以數字為主，過小的字體不但容易造成眼睛疲勞且易發生錯誤，筆者設計該類系統時堅持在 1024X768 的解析度之下，至少要用 11 DPI 大小的字，「數字」則一定以 Arial 字型呈現，Times New Roman 等字型並不宜用來顯示數字。

字體過小通常是設計者在同一畫面中「擠入」了太多功能，故只好縮小字體來因應，我的建議是先與 User 溝通後再設計，將功能「擠入」同一畫面對 User 來說並不見得比較方便。

顏色的使用在現代電腦系統設計上已是一項非常重要的工作，若欠缺了相關的設計，就像沒化妝就上場的 Show Girl 一樣，姿態再優也總有不完美的缺憾，色彩運用得宜，對 User 有顯目及導引的效果。筆者曾用過一套價值台幣 5 億元的 ERP 系統，這種複雜的系統當然畫面超多，但每一個畫面的長相都一樣，全都是灰底黑字，常令人有不知身在何處之感，以致 User 抱怨連連。國家地理頻道曾經製播了一個停車場的專輯，該停車場位於國際機場內，是一個多樓層的龐大建物，每一個樓層的規劃如出一轍，以致停車者回國取車時經常找不到自己的愛車，還必須麻煩管理員協助搜尋。後來該停車場重新規劃，運用顏色及裝飾來區隔，因而大幅降低了車主及管理員的困擾。

雖然辦公室應用系統以實用為主，不需也不宜有過多（或過分渲染）的美工設計，但總要有些基本的配色概念，例如「互補色」會造成強烈的刺目效果，通常只用於特殊的廣告宣傳上，辦公室內的統計文件及應用系統都應避免。又如以白色作底色是最方便的設計，在色彩的搭配上也較容易，但卻容易造成讀者的眼睛疲乏，故宜儘量避開。若有時間，建議您閱讀些「色彩計畫」及「圖文編輯」的書籍，或多參考他人的美工作品。

2. 適度的自由

同一欄位允許輸入與點選，或是允許 User 調整 DataGridView「資料網格檢視」控制項的列距及凍結欄位等，以符合個人作業習慣。

3. 充分的訊息

適時提供警告及提示訊息，因為處在今日講求效率的時代，User 必須在極短時間內處理大量的資料，如果欠缺相關的設計，必然導致重大的誤失，即使再小心謹慎的人也難免發生。筆者於 DOS 時代曾花了 5 千元向一家知名公司購入一套會計系統，當我要儲存資料到磁片時，它不會提醒 User 要插入磁片，也不會自動偵測磁片是否已放入，若 User 稍有疏忽，系統就會當掉，剛才辛苦輸入的資料也不見，當然這家公司也沒人再跟他們交易了。資料的「新增」、「修改」、「刪除」等作業一定要納入許多檢查功能，負責檢查 User 所輸資料是否重複、是否短少等，並適時提供必要的操作指引，User 操作時不會察覺它們的存在，但卻要花費設計者許多的心力去佈置這些「暗樁」，雖然辛苦，但是不可或缺。

介面設計的好壞與設計人的智商高低或其程式撰寫能力無關，而是與其是否具有「尊重他人」的人格特質有關，會尊重他人的人，自然較能站在 User 的立場來設想，文字是否太小、顏色是否刺目、操作順序是否順手等都會主動考量，反之則否。

9-3 表單是使用者介面的關鍵

絕大部分的 VB 應用系統是以 Windows Forms 為導向，亦即在專案中必須指定一個主表單，系統先執行主表單，然後再啟動其他表單及其程序，以完成整個應用系統的工作。故 Windows Forms 是 Visual Basic 非常重要的一個部分，它不但是系統的啟動點亦是建立執行程序及使用者介面之所在。表單承載了大量的控制項，它是系統和使用者之間進行互動和資訊交換的媒介，故表單設計之良窳是使用者介面的成功關鍵，它的運用極為簡單，卻隱含著太多的問題需要我們去深思。

9-4 表單尺寸

表單尺寸要設為多大才適合？這種尺寸的表單能夠適應不同解析度的螢幕嗎？這是設計者最感困惑的問題之一。表單尺寸要設為多大應視其控制項的多寡及大小而定，控制項較多時，尺寸當然要大些，但是大於一個螢幕時該如何處理？縮小控制項及其字型呢？還是增加捲動軸？縮小控制項及其字型是方法之一，但若太小則會增加 User 的負擔，增加捲動軸是方法之二，但同樣會增加 User 的麻煩，兩者如何拿捏須賴設計者用心思考。

現今螢幕尺寸較大，解析度也較高，是否要設計較大尺寸的表單呢？仍須視控制項的多寡而定，當控制項不多，使用較大尺寸的表單，反而可能造成 User 的閱讀不便（註：眼睛需頻繁轉動，目光需移動較大範圍，而加速眼睛疲勞），適當尺寸的表單可讓 User 較易集中焦點。

設計適當尺寸的表單，並允許 User 自行調整是較為理想的作法。當應用系統在大螢幕執行時，User 可經由拖曳表單邊框來加大表單的尺寸（ControlBox 不能設為 False），並同時放大控制項的尺寸，以適應個人的操作習慣及硬體設備。舉例來說，當 DataGridView 中的欄位較多時，User 需藉由捲動軸的拖曳或游標的移動才能看見右方原本被遮掩的資料，但 User 有較大的螢幕時，若允許 User 放大表單及 DataGridView，則可能根本無須拖曳捲動軸或移動游標，就可看見全部的資料。適當尺寸的表單在較小螢幕執行時，User 可經由拖曳表單邊框來縮小表單及其控制項的尺寸，但過小時，部分控制項仍可能被遮掩，故需將 AutoScroll 設為 True，讓 User 經由捲動軸來查看被遮掩的控制項。允許 User 自行調整表單及其控制項需搭配 TableLayoutPanel 表格式面板配置控制項及 Anchor 錨定屬性（詳後述）。

9-5 表格式面板配置控制項的功用

如果欲允許 User 經由拖曳表單邊框來改變表單的尺寸，以適應不同大小之螢幕或個人的操作習慣，則應使表單上的控制項隨表單的縮放而改變其大小，其方法是將各個控制項（例如 TextBox、Button、Label、ListBox、NumericUpDown、DataGridView 等）的 Anchor 錨定屬性設為 Top, Bottom, Left, Right（內定為 Top, Left）。經此設定之後，表單上的控制項會隨表單的縮放而同步改變其大小（範例如 F_Layout.vb，主目錄的「G2 表單調整 1」），但只做 Anchor 錨定屬性的改變仍有很大的缺點，因為各控制項會發生相互遮掩的狀況（如圖 9-1），若能搭配 TableLayoutPanel 表格式面板配置控制項來設計表單，將各個控制項置入 TableLayoutPanel 中不同的 Table Cell 表格格位就不會有此缺點（如圖 9-3，範例 F_Layout_2.vb，主目錄的「G3 表單調整 2」）（註：請讀者自行拖放此兩範例之表單，即可發現其差異）。

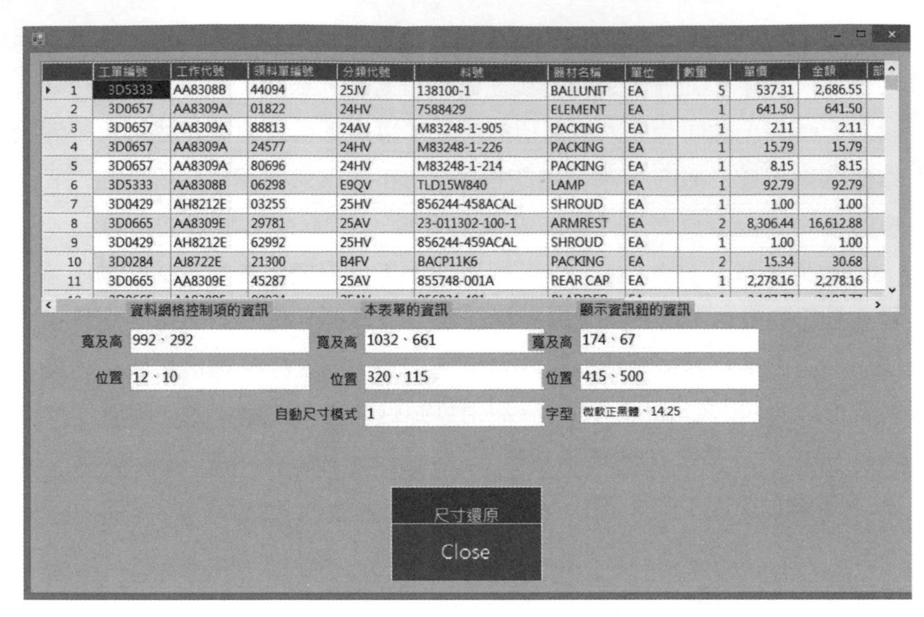

▲ 圖 9-1 控制項相互遮掩

使用 TableLayoutPanel 表格式面板配置控制項來置放控制項，除了可避免發生相互遮掩的狀況外，還可加速系統設計的工作，尤其當表單上的控制項需要增減時。當表單設計好之後，因為需求變更而需要增加或刪除一些控制項，則只需利用 TableLayoutPanel 的「加入資料行」、「加入資料列」、「移除最後一個資料行」、「移除最後一個資料列」等功能，再加入新的控制項，即可快速完成控制項的配置，而無需調整表單上所有的控制項。如果原先表單上沒使用 TableLayoutPanel，則增刪控制項會耗費較多的時間，才會有較滿意的版面佈局。

9-6 表格式面板配置控制項的使用方法

從「工具箱」視窗將 TableLayoutPanel 拖曳至表單，可產生新的表格式面板配置控制項，內定為二列二行，共計 4 個格位，每一個格位可置入 1 個控制項。若要增加或刪除格位有下列兩種方法：

- 方法一，在表單上點選 TableLayoutPanel 控制項，點選右上角的三角形可展開 SmartTag 智慧標籤，再點選其上的「加入資料行」、「加入資料列」、「移除最後一個資料行」、「移除最後一個資料列」即可。
- 方法二，在「屬性」視窗內點選 Columns 或 Rows 右方的小方塊，可開啟「資料行和資料列樣式」視窗（圖 9-2），再按視窗下方的「加入」、「刪除」或「插入」鈕即可。

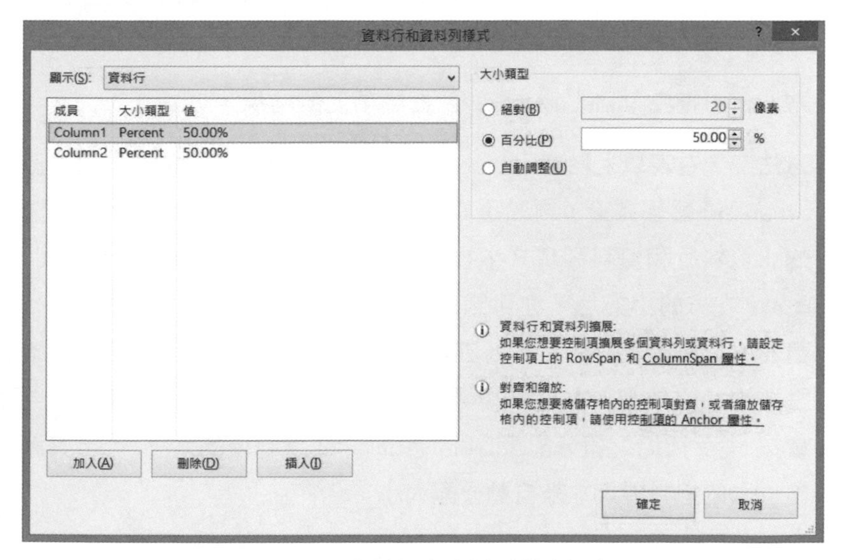

▲ 圖 9-2 資料行和資料列樣式視窗

拖曳 TableLayoutPanel 控制項四周的 8 個端點之一可縮放其大小，若要改變其在表單上的位置，請先點選 TableLayoutPanel 控制項，然後拖曳其左上角的小方塊（內有向四方放射的箭頭）即可。內定的 TableLayoutPanel 控制項沒有顏色，也沒有框線（註：在設計階段可見虛線框），如有需要，設定其 BackColor 及 CellBorderStyle 屬性即可。

TableLayoutPanel 的格位數量增減之後，就可將所需的各種控制項（例如 TextBox 及 Bottun 等）拖入其格位，一個格位只能放置一個控制項，如果放錯位置或因需求改變而需調整控制項的所在格位，有下列兩種方法：

- 方法一，直接將控制項從現有格位拖入目標格位。
- 方法二，修改 Cell 屬性值。已置入 TableLayoutPanel 的控制項，在「屬性」視窗內都會有一個 Cell 屬性，若其值為 0,1，則表示該控制項在 TableLayoutPanel 的第 1 列第 2 行，第一個屬性值為列號，由 0 起算，並往下遞增，第二個屬性值為行號，亦由 0 起算，並往右遞增。若要將該控制項改放於 TableLayoutPanel 的第 2 列第 2 行，則直接修改屬性值為 1,1 即可。當格位較小而拖放不易時，此方法最佳。

為使版面有較佳的視覺效果，調整 TableLayoutPanel 各格位的大小是免不了的工作，其方法有二：

- 方法一，拖曳 TableLayoutPanel 控制項上的格線。
- 方法二，在表單上點選 TableLayoutPanel 控制項，點選右上角的三角形展開 SmartTag 智慧標籤，再點選其上之「編輯資料列與資料行」，開啟如圖 9-2 的「資料行和資料列樣式」視窗（註：在「屬性」視窗內點選 Columns 或 Rows 右方的小方塊，亦可開啟「資料行和資料列樣式」視窗），然後在視窗左方點選欲調整的成員（亦即某一 Column 或某一 Row），再於視窗右方點選大小之類型，共有 3 種類型選項：「絕對」可指定像素值，「百分比」會按 User 所給之值分配 TableLayoutPanel 控制項的大小，「自動調整」會按格位內的控制項尺寸來自動分配大小。

「自動調整」與「百分比」可同時使用，假設 TableLayoutPanel 有 3 行，若將第 1 行的大小之類型設為「自動調整」，而第 2 行及第 3 行的大小之類型都設為「百分比」50%，那麼 VS 會根據第 1 行之內的控制項的大小來調整 TableLayoutPanel 第 1 行的大小，而將剩餘空間的 50% 分別留給第 2 行及第 3 行。

請讀者務必注意，若要使 TableLayoutPanel 內各個格位的控制項皆可隨表單的拉長（或拉高）而改變大小，則須將 TableLayoutPanel 的 Column 或 Row 之大小之類型設為「百分比」，不能設為「絕對值」或「自動調整」。不隨表單縮放而變動大小的控制項，才能將該等控制項所在之格位的大小之類型以「絕對值」或「自動調整」來設定。

在控制項尚未加入 TableLayoutPanel 控制項的格位之前，請勿使用「自動調整」，否則無法看見各個格位。在「資料行和資料列樣式」視窗左方的成員一次只能看見 Column（行成員）或 Row（列成員），故需點選視窗左上角的「顯示」欄來切換資料行或資料列（下拉式選單）。

前段已指出 TableLayoutPanel 中每一個格位只能置入 1 個控制項，但在圖 9-3 的 TableLayoutPanel 控制項中似乎一個格位不只 1 個控制項，例如右方中央的格位有「查詢」及「Reset」兩個按鈕，下邊中央的格位有「調整列高」等 4 個按鈕，這是怎麼回事？其實，每一個格位仍只能置入 1 個控制項，但是為了特殊的配置，我們使用了巢狀結構的設計，亦即在 TableLayoutPanel 控制項中的某一格位再置入另一個 TableLayoutPanel 控制項，只要使用拖放的方式即可達成。

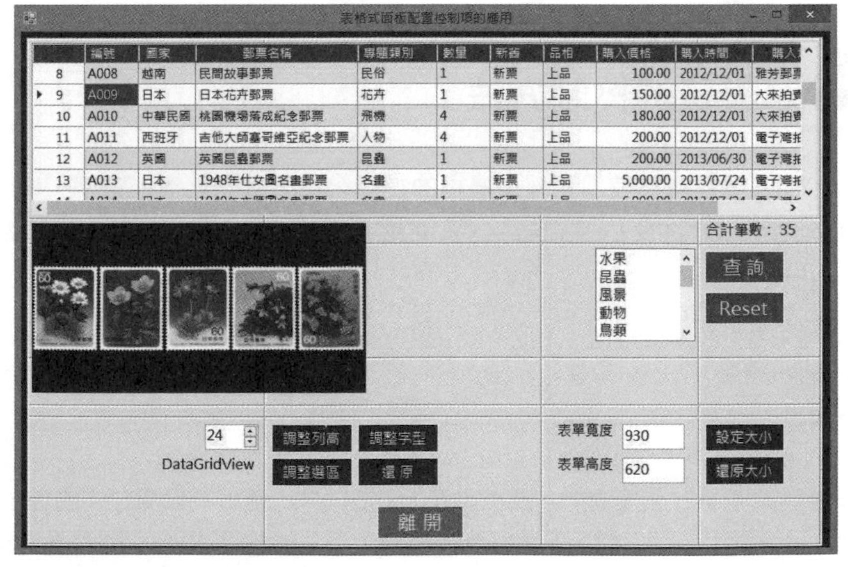

▲ 圖 9-3 置入 TableLayoutPanel 的控制項

若置入 TableLayoutPanel 的控制項較大（例如 DataGridView），需要佔用數個格位，應如何處理？很簡單，請先將所需的控制項（例如 DataGridView）置入 TableLayoutPanel 的某一格位，然後在「屬性」視窗中修改該控制項的 ColumnSpan「行擴展」或 RowSpan「列擴展」之值即可。假設要將 DataGridView 控制項橫跨 3 個格位（即 3 行），則須將 DataGridView 的 ColumnSpan 設為 3，若要將 DataGridView 控制項佔據直向的 2 個格位（即 2 列），則須將 DataGridView 的 RowSpan 設為 2。

控制項置入 TableLayoutPanel 之後須設定 Anchor 屬性值，若將其值設為 Top, Bottom, Left, Right，則表單向右或向左拉大時，該控制項會變長，表單向上或向下拉大時，該控制項會變高（高度增加）。若將其值設為 Top, Bottom，則表單向右或向左拉大時，該控制項的大小不變，表單向上或向下拉大時，該控制項會變高（高度增加）。若將其值設為 Left, Right，則表單向右或向左拉大時，該控制項會變寬（寬度增加），表單向上或向下拉大時，該控制項的大小不變。若將其值設為 Top, Left （內定值），則表單向右或向左拉大時，該控制項的大小不變，表單向上或向下拉大時，該控制項的大小亦不變。

9-7 表單的控制方法

內定的表單在執行時期可經由邊框的拖曳來改變大小，若不想讓 User 變更表單的尺寸，可將 FormBoderStyle 邊框樣式之屬性值設為 None、FixedSingle、Fixed3D、FixedDialog 或 FixedToolWindow 五者之一。若設為 Sizable（內定值）或 SizableToolWindow，則 User 可經由邊框的拖曳來改變大小。若設為 FixedToolWindow 或 SizableToolWindow，則表單右上角的放大及縮小鈕會被隱藏。

若要隱藏表單右上角的放大及縮小鈕，不讓 User 使用，只需在「屬性」視窗內將 MaximizeBox 及 MinmizeBox 之值設為 False 即可。另外，按右上角的「X」鈕可關閉表單，但欠缺警告訊息，可能因 User 的誤用而導致程式中斷或毀損資料，我們可用表 9-1 的程式使該「X」鈕失效，並設計一個更為實用及醒目的關閉鈕。

表 9-1. 程式碼 __ 使關閉鈕無效

```
01  Private Sub Form1_FormClosing(ByVal sender As System.Object, _
02          ByVal e As System.Windows.Forms.FormClosingEventArgs) _
03                                          Handles MyBase.FormClosing
04      If (e.CloseReason = CloseReason.UserClosing) Then
05          e.Cancel = True
06      End If
07  End Sub
08
09  Private Declare Function GetSystemMenu Lib "user32" ( _
10          ByVal hWnd As Integer, ByVal bRevert As Integer) As Integer
11  Private Declare Function RemoveMenu Lib "user32" ( _
12              ByVal hMenu As Integer, ByVal nPosition As Integer, _
13              ByVal wFlags As Integer) As Integer
14  Private Const M_Disable As Integer = &H1000
15  Private Const MBox_Close As Integer = &HF060
16
17  RemoveMenu(GetSystemMenu(Me.Handle.ToInt32, 0), MBox_Close, M_Disable)
18
19  Private Sub Button1_Click(sender As Object, e As EventArgs) _
20                                      Handles Button1.Click
21      Dim MANS As Integer
22      MANS = MsgBox("您確定要離開本頁嗎?", 4 + 32 + 256, "Confirm")
23      If MANS = 6 Then
24          Me.Dispose()
25      End If
26  End Sub
```

在表單的 FormClosing 事件中撰寫如表 9-1 第 4 ～ 6 行的程式即可使「X」鈕失效，e 代表關閉這個事件，e.Cancel=True 就是使取消關閉事件為真。表 9-1 第 4 行的程式先使用 CloseReason 屬性判斷是否為 User 透過關閉鈕來關閉本表單。另外，可使用 API 函數使「X」鈕無效，請於宣告區撰寫如表 9-1 第 9 ～ 15 行的程式，並於表單的 Load 事件中撰寫如表 9-1 第 17 行的程式即可。如果要自行設計一個含有提示訊息的關閉鈕，請於該鈕的 Click 事件中撰寫如表 9-1 第 19 ～ 26 行的程式。

表單的 AutoSize 屬性設為 True 時，可強制表單根據其內容自動調整大小，例如表單尺寸在設計階段設計的過小而遮掩部分控制項，在執行階段會自動放大，以顯示其上的全部控制項，但以螢幕所能顯示的範圍為限，所以當控制項較多或座落的位置較遠而超過螢幕範圍時（或在解析度較小的螢幕執行），仍會發生遮掩的狀況，故宜將 AutoScroll 屬性設為 True，讓 User 經由捲動軸的拖曳來使用或查看被遮掩的控制項。

如前述，表單的 AutoSize 屬性設為 True 時，表單在執行階段會自動調整其大小，調整方式則會根據 AutoSizeMode 屬性之值分為 GrowOnly（只放大）及 GrowAndShrink（放大及收縮）兩種。若 AutoSize 設為 True 且 AutoSizeMode 設為 GrowOnly，則表單會自動放大，以便其上的任一控制項都不會被遮掩（如前段所述）。若 AutoSize 設為 True 且 AutoSizeMode 設為 GrowAndShrink，則表單不但會自動放大，以便其上的任一控制項都不會被遮掩，而且當表單設計過大時，還會自動縮小至適當的尺寸（不浪費空間也不遮掩任一控制項）。AutoSizeMode 屬性之值設為 GrowAndShrink，則在執行階段 User 無法藉由拖曳邊框來改變表單的大小。若 AutoSize 設為 True 且 AutoSizeMode 設為 GrowOnly，則在執行階段 User 可藉由拖曳邊框來放大表單，但無法縮小表單（註：拖曳放大之後可縮小，只是縮小有底限，底限就是不能遮掩任一控制項）。

與 Anchor 錨定屬性類似的另一屬性是 Dock，Dock 是停駐的意思，此屬性可使 TextBox 及 Button 等控制項停駐於表單或 TableLayoutPanel 中所在格位的某一位置，內定值為 None，可依需要設為 Top、Bottom、Left、 Right 或 Fill 的任一值，若設為 Fill，則控制項會停駐且填滿整個表單或 TableLayoutPanel 中所在之格位。表單上的控制項設定此屬性不會隨表單縮放而調整大小，只會固定於 Form 表單或 TableLayoutPanel 表格式面板配置控制項的某個位置（除非將 Dock 屬性設為 Fill）。

9-8 如何記錄表單的調整參數

雖然經由 TableLayoutPanel 控制項及 Anchor 錨定等屬性之搭配，可設計出一個讓 User 自由調整的表單，以適應其所使用的硬體及個人操作習慣，但最好能將 User 指定的各種調整參數記錄下來，以便再次使用表單時，系統據以自動調整至使用者所期望的樣式。F_Layout_2.vb 正是此種設計之範例（主目錄的「G3 表單調整 2」），可試著拖曳 F_Layout_2.vb 的表單邊框（如圖 9-3），表單上方的 DataGridView 會隨之縮放，其他控制項（例如「查詢」、「Reset」、「離開」等按鈕）則不會隨之調整。當在 DataGridView 中移動游標至不同紀錄時，表單左方的圖片會隨之切換，此圖片使用 PictureBox 控制項顯示，它亦不隨表單的縮放而調整尺寸，而須由 User 按「設定大小」鈕，系統再依照表單縮放的比例來調整圖片的大小，此種作法可讓圖片尺寸維持較佳的比例，詳細程式碼及其解説請見 B_FormSize_Click 事件程序；如果不想如此麻煩，則可將 PictureBox 控制項的 Anchor 錨定屬性設為 Top, Bottom, Left, Right，圖片就會隨表單的縮放而同步改變其大小。

當在如圖 9-3 的畫面中按「設定大小」、「還原大小」、「調整列高」、「調整字型」、「調整選區」及「還原」等按鈕時，程式都會自動將 User 指定的相關參數記錄存入檔案。

在執行階段重設表單或 PictureBox 等控制項的尺寸，需使用如下的建構函式：

```
Me.Size = New System.Drawing.Size(930, 620)
PictureBox1.Size = New System.Drawing.Size(376, 190)
```

其意義就是使用 System.Drawing 命名空間的 Size 類別來建立新物件，括號內為傳遞的引數（分別為 Width 及 Heigh）。不能直接使用控制項的屬性來設定，例如 PictureBox1.Size.Width =190 是不允許的。

在執行階段重新設定表單或控制項的字形也必須使用前述的方法，範例如下：

```
DataGridView1.DefaultCellStyle.Font = New Font("微軟正黑體", 10, FontStyle.Regular,
GraphicsUnit.Point, 136)
```

必須使用 New Font 字型建構函式來設定 DataGridView 的字型，括號內依序為字型名稱、大小、樣式、單位、字元集。括號內第 3 個引數為樣式，其代碼如下：

- FontStyle.Regular 標準、FontStyle.Bold 粗體、FontStyle.Italic 斜體、FontStyle.Strikeout 刪除線、FontStyle.Underline 底線。

括號內第 4 個引數為單位，其代碼如下：

- GraphicsUnit.Point 點、GraphicsUnit.Pixel 像素、GraphicsUnit.World 全局座標系統單位。

括號內第 5 個引數為字元集，其代碼如下：

- 136 中文 Big5、0 西歐字母。

範例請見 F_Layout_2.vb 的 B_GridDefault_Click 事件程序。

若要記錄表單縮放後的尺寸需在表單的 Resize 事件中撰寫如下的程式（範例請見 F_Layout_2.vb 的 F_Layout_2_Resize 事件程序）：

```
TextBox1.Text = Me.Size.Width
TextBox2.Text = Me.Size.Height
```

若要調整 DataGridView 的列高，可撰寫如表 9-2 的程式（範例請見 F_Layout_2.vb 的 B_ADJ_Click 事件程序）：

表 9-2. 程式碼 __ 調整 DataGridView 的列高

```
01  Private Sub B_ADJ_Click(sender As Object, e As EventArgs) _
02                                         Handles B_ADJ.Click
03      MyClass_DataGridView1.AutoSizeRowsMode = _
04                      DataGridViewAutoSizeRowsMode.None
05      Dim MTempRowHeight As Integer = T_DGV_Height.Value
06      Dim mtprow As Object
07      For Each mtprow In MyClass_DataGridView1.Rows
08          mtprow.Height = MTempRowHeight
09      Next mtprow
10
```

```
11        Dim MFileName = "APPDATA\MyDataGridViewRowHeight.txt"
12        Dim MStreamWrite As StreamWriter = New StreamWriter(MFileName, False)
13        MStreamWrite.WriteLine(MTempRowHeight.ToString)
14        MStreamWrite.Flush()
15        MStreamWrite.Close()
16        MsgBox("DataGridView 的列高已調整並已存入檔案！", 0 + 64 + 128, "OK")
17    End Sub
```

在執行階段調整列高，必須將 AutoSizeRowsMode 屬性需設為 None（表 9-2 第 3 ～ 4 行）。表 9-2 第 5 行將 User 在 NumericUpDown 數字上下鈕控制項（本例取名為 T_DGV_Height）所點選的列高存入變數 MTempRowHeight。因為 DataGridView 含有多列，故使用 For Each 陳述式來逐一處理，For Each 之後接變數名稱，隨後以 In 接陣列或物件集合，如表 9-2 第 8 行，其意就是逐一處理 DataGridView 的每一列，此列以物件變數 mtprow 表示。For Next 陳述式適用於一般變數，須明訂迴圈處理次數，For Each 陳述式則無需，故特別適用於不確定元素數量的物件集合之處理。表 9-2 第 12 ～ 15 行的程式以 StreamWrite 類別將 User 所選定的列高寫入文字檔，以便下次開啟本表單時自動以該值設定 DataGridView 的列高。本範例將 User 的設定值一律存入文字檔，可改存入 Access 或 SQL Server。

若要讓 User 調整 DataGridView 的字型，可撰寫如表 9-3 的程式（範例請見 F_Layout_2.vb 的 B_Font_Click 事件程序）：

表 9-3. 程式碼 __ 調整 DataGridView 的字型

```
01    Private Sub B_Font_Click(sender As Object, e As EventArgs) _
02                                          Handles B_Font.Click
03        FontDialog1.ShowColor = True
04        If FontDialog1.ShowDialog = Windows.Forms.DialogResult.OK Then
05            MyClass_DataGridView1.DefaultCellStyle.Font = FontDialog1.Font
06            MyClass_DataGridView1.DefaultCellStyle.ForeColor = FontDialog1.Color
07            Dim MGridFontName As String = FontDialog1.Font.Name
08            Dim MGridFontStyle As Integer = FontDialog1.Font.Style
09            Dim MGridFontSize As Integer = FontDialog1.Font.Size
10            Dim MGridFontColor As String = FontDialog1.Color.ToKnownColor
```

```
11          Dim MGridFontStrikeout As Boolean = FontDialog1.Font.Strikeout
12          Dim MGridFontUnderline As Boolean = FontDialog1.Font.Underline
13          ………………………………
14       End If
15    End Sub
```

開啟 FontDialog 字型對話方塊讓 User 選取字型屬性，包括字型名稱、樣式、大小、顏色、刪除線及底線等。FontDialog 為非可見控制項，當從工具箱將其拖入表單後，不會呈現於表單上，但必須經此動作才會產生新的物件，並可撰寫相關的程式。該控制項的 ShowDialog 方法可開啟對話方塊，該方法可與 User 是否按下「確定」鈕的判斷式合寫同一列程式碼，以簡化程式（表 9-3 第 4 行），ShowColor 屬性可指定字型對話方塊內是否要出現色彩選取清單，內定值為 False，將其改為 True（表 9-3 第 3 行），以便 User 可設定字型的顏色。FontDialog 的 Font 屬性可取得字型對話方塊中所選取的字型屬性，包括字型名稱、字型樣式（標準、斜體、粗體等）、字型大小及效果（刪除線、底線等），將其指定給 DataGridView 的字型（表 9-3 第 5 行）。FontDialog 的 Color 屬性可取得字型對話方塊中所選取的顏色，將其指定給 DataGridView 的前景色（表 9-3 第 6 行）。另外，需將 User 所做的選擇存入檔案，以便下次開啟本表單時，程式自動以該等參數來設定 DataGridView 的字型，故需以 FontDialog 的 Font.Name、Font.Style、Font.Size、Color.ToKnownColor、Font.Strikeout、Font.Underline 等屬性取回 User 在對話方塊中所做的選取，其中 Font.Name 為字型名稱，例如微軟正黑體，Font.Style 為樣式，其代碼如下之：

- 0→標準（FontStyle.Regular）
- 1→粗體（FontStyle.Bold）
- 2→斜體（FontStyle.Italic）
- 3→粗斜（不支援）

前述括號內為 New Font 字型建構函式的對應參數，該建構函式不支援粗斜字體，亦不支援刪除線與底線同時並存。Color.ToKnownColor 為顏色名稱，字型對話方塊可選取的顏色如表 9-4（共計 16 種基本顏色）。

表 9-4.16 種基本顏色名稱對照表

中文名稱	英文名稱	RGB 色碼	ColorIndex
黑色	Black	0,0,0	1
褐紫紅	Maroon	128,0,0	9
深綠色	Green	0,128,0	10
橄欖色	Olive	128,128,0	12
海軍藍／深藍色	Navy	0,0,128	11
紫色	Purple	128,0,128	13
藍綠色／鴨綠色	Teal	0,128,128	14
灰色	Gray	128,128,128	16
銀色	Silver	192,192,192	15
紅色	Red	255,0,0	3
萊姆色	Lime	0,255,0	4
黃色	Yellow	255,255,0	6
藍色	Blue	0,0,255	5
桃紅色／品紅色	Fuchsia / Magenta	255,0,255	7
青色／天藍色	Aqua / Cyan	0,255,255	8
白色	White	255,255,255	2

Font.Strikeout 為邏輯值，True 表示要畫上刪除線，Font.Underline 亦為邏輯值，True 表示要畫上底線，程式如表 9-3 第 7 ～ 12 行。同樣以 StreamWrite 類別將 User 所選定的參數寫入文字檔，以便下次開啟本表單時自動以該值設定 DataGridView，此處省略，請自行參考範例 F_Layout_2.vb 的 B_Font_Click 事件程序。

若要讓 User 調整 DataGridView 選取區的背景色，可撰寫如表 9-5 的程式（範例請見 F_DGVselection.vb 的 B_04_Click 事件程序）。

表 9-5. 程式碼 __ 調整 DataGridView 選取區的背景色

```
01  Private Sub B_04_Click(sender As Object, e As EventArgs) _
02                                          Handles B_04.Click
03      ColorDialog1.Color = Color.FromArgb(180, 0, 90)
04      If ColorDialog1.ShowDialog() = Windows.Forms.DialogResult.OK Then
05          ..........................................
06          F_Layout_2.MyClass_DataGridView1.DefaultCellStyle.SelectionBackColor _
07                              = Color.FromArgb(ColorDialog1.Color.R, _
08                              ColorDialog1.Color.G, ColorDialog1.Color.B)
09
10          ..........................................
11      End If
12  End Sub
```

開啟 ColorDialog 色彩對話方塊讓 User 選取顏色，ColorDialog 為非可見控制項，當從工具箱將其拖入表單後，不會呈現於表單上，但必須經此動作才會產生新的物件，並可撰寫相關的程式。該控制項的 ShowDialog 方法可開啟對話方塊，該方法可與 User 是否按下「確定」鈕的判斷式合寫同一列程式碼，以簡化程式（表 9-5 第 4 行）。ColorDialog 控制項的 Color.R、Color.G、Color.B 屬性分別可取回 User 所選取顏色的三原色之數碼，這些數碼可作為 Color.FromArgb 的參數，以便設定 DataGridView 選取區的背景色（表 9-5 第 6～8 行），SelectionBackColor 是 DataGridView 預設格位的選取區背景色屬性。

三原色是指光的 Red 紅色、Green 綠色、Blue 藍色，這三種顏色以不同比例混合（三種色光相互疊加），可形成人類眼睛所見的不同顏色，每一種顏色由 0～255 代表其比重（強度），比重（強度）不同顏色就不同，例如紅、綠、藍分別以 128、0、128 的比重（強度）混合會形成紫色，理論上的顏色有 1677 萬 7216 種（256X256X256=16777216），人類眼睛最多能分辨的顏色約有 1 千萬種。所謂原色就是無法從其他基本顏色混和出來的顏色。三原色光的表示方法主要用於電視和電腦的顯示器，它與繪畫或印刷（例如噴墨印表機）所需的顏料組合是不同的，印刷使用 4 種標準顏色混合疊加出不同顏色，此 4 種標準顏色是：Cyan 青色、Magenta 品紅色（或稱為洋紅色）、Yellow 黃色、Key 關鍵色

（其實是 Black 黑色），簡稱 CMYK。不同比重組合成不同顏色，例如 CMYK 分別以 61、100、14、3 的比重混合會形成紫色。

圖 9-4 是 DataGridView 顏色挑選視窗（範例 F_DGVselection.vb），可讓 User 指定字體顏色、選取區背景色及間隔列背景色等，詳細程式碼及其解說請見該範例之 B_01_Click 等事件程序。

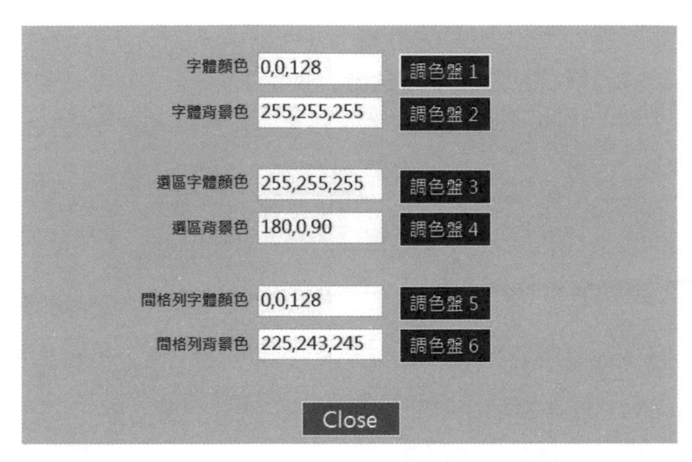

▲ 圖 9-4 DataGridView 選取區顏色挑選

ColorDialog 色彩對話方塊的 Color 屬性可設定對話方塊的預設顏色（範例表 9-5 第 3 列）。AllowFullOpen 屬性可決定是否讓 User 自訂顏色，內定值為 True，若改為 False，則色彩對話方塊中只有 48 種基本顏色可選取。FullOpen 屬性可決定色彩對話方塊是否全開，內定值為 False，亦即對話方塊只顯示基本顏色的色塊供挑選，若 User 要自訂顏色，則需按「定義自訂色彩」鈕，色彩對話方塊才會展開右半邊的顏色自訂區，若將本屬性設為 True，則一開啟對話方塊，就會自動展開右半邊的顏色自訂區。但若 AllowFullOpen 屬性設為 False，則本屬性即使設為 True，「定義自訂色彩」鈕也無法使用，右半邊的顏色自訂區也不會自動展開。

範例 F_Layout_2.vb 的 F_Layout_2_Load 事件程序展示了表單載入時，如何使用前次存檔的參數來設定表單及其控制項的樣式，因為本範例將 User 的設定存入文字檔，故本程序以 StreamRead 類別讀取資料，再據以作為表單及其相關控制項的屬性值，範例內有詳細的說明，請逕行參考。

9-9 如何在執行階段調整 DataGridView 的樣式

因 DataGridView「資料網格檢視」控制項是一個非常重要的資料顯示介面，故以下說明幾個重要的關鍵用法。若想將資料表的資料以 DataGridView 控制項來呈現，通常需經過下列 3 個步驟：

a. 將該控制項由工具箱拖入表單。

b. 點選該控制項右上角的小三角形，展開智慧標籤，再點選其上的「選擇資料來源」，以便指定資料來源（亦即選取資料連接或新增資料連接）。

c. 利用「屬性」視窗設定該控制項的樣式，包括字型、字體顏色、背景色、選取區顏色、間隔列背景色、欄位名稱、資料格式（千分號及對齊方式等）、尺寸、資料欄寬及列高等。

前述工作在設計階段透過滑鼠的拖放及點選即可完成，但在某些狀況下，無法（或不宜）在設計階段指定資料來源，而是在執行階段經由 User 來決定資料來源或資料範圍，故只在表單放置一個空的 DataGridView，執行階段再經由程式來指定資料來源，並改變該控制項的樣式，表 9-6 示範了幾個關鍵程式。

表 9-6. 程式碼 __ DataGridView 執行階段格式化

```
01  Private Sub F_Layout_2_Load(sender As Object, e As EventArgs) _
02                                          Handles MyBase.Load
03      If DataGridView1.Columns.Count = 0 Then
04          DataGridView1.Columns.Add("a", "編號")
05          DataGridView1.Columns.Add("b", "名稱")
06          ..............................
07      End If
08
09      With DataGridView1
10          .Columns(0).HeaderText = "編號"
11          .Columns(1).HeaderText = "名稱"
12          ..............................
13      End With
14      With DataGridView1
```

```
15          .Columns(7).DefaultCellStyle.Format = "#,0.00"
16          .Columns(7).DefaultCellStyle.Alignment = _
17                      DataGridViewContentAlignment.MiddleRight
18          .Columns(8).DefaultCellStyle.Format = "yyyy/MM/dd"
19          .Columns(8).DefaultCellStyle.Alignment = _
20                      DataGridViewContentAlignment.MiddleCenter
21      End With
22
23      DataGridView1.DefaultCellStyle.Font = New Font("微軟正黑體", 10)
24      DataGridView1.DefaultCellStyle.ForeColor = Color.FromArgb(0,0,128)
25      DataGridView1.DefaultCellStyle.BackColor = Color.FromArgb(255,255,255)
26
27      DataGridView1.Columns(1).Frozen = True
28      Dim MRowNO As Integer = 0
29      MRowNO = DataGridView1.RowCount
30      For Mcou = 0 To MRowNO - 1
31          DataGridView1.Rows(Mcou).HeaderCell.Value = (Mcou + 1).ToString
32      Next
33  End sub
```

表單載入時，DataGridView 空無一物（因為尚未指定資料來源），只見一團灰色，難看又容易造成使用者的疑惑，故在表單 Load 事件中可撰寫自動加入虛擬欄位的程式，範例如表 9-6 第 3 ～ 7 行，先使用 Columns.Count 判斷 DataGridView 是否已有欄位存在，然後再用 Columns.Add 置入虛擬欄位，括號內有兩個參數，前者為欄位名稱，後者為欄位表頭。

當 User 指定查詢條件之後，可使用 DataGridView 的 DataSource 屬性指定資料來源，資料來源可為 DataSet 或 DataTable 等物件，詳細程式碼及其解說請見 F_Layout_2.vb 的 B_Query_Click 或 F_Layout_2_Load 事件程序，此處省略。DataGridView 的資料來源指定後，即可進行格式化，首先使用 Columns().HeaderText 設定欄位表頭（欄名），括號內為欄位順序代碼，由 0 起算，範例如表 9-6 第 9 ～ 13 行，因為 DataGridView 含有多欄，故使用 With … End With 陳述式，以簡化指令。With 關鍵字後接物件名稱，例如 DataGridView1，With 區塊內就無需重複書寫該物件名稱，直接撰寫該物件的成員即可，例如 Columns(0)。

表 9-6 第 14 ～ 21 行設定數字欄的千分號，並向右對齊，日期欄設定為 yyyy/MM/dd 格式，並置中對齊。

表 9-6 第 23 ～ 25 行指定各個格位的字型、前景色（字型顏色）。顏色的指定可直接使用顏色名稱，例如 Color.Red、Color.Green 等，但因此等有名稱的顏色不多，故建議使用 Color.FromArgb 方法來指定 RGB 三原色數碼，色彩的運用會更為廣泛適宜。

如果 DataGridView 的欄位很多，User 必須移動游標或拖曳捲動軸才能看見右方被遮掩的欄位，此種資料的檢視方法有一個缺點，就是無法同時查看左右相距較遠的資料，通常左方欄位會放置一些關鍵性的資料，例如員工號及姓名等，而右方欄位為其相關資料，包括性別、部門、職稱、年齡、年資、電話、電郵、地址等，故當 User 移動游標或拖曳捲動軸查看右方欄位的資料時，無法同時得知此電話（或地址）等資料是哪一個人的，故建議使用 Columns().Frozen 凍結左方欄位，括號內可指定欄位順序代號，由 0 起算，例如表 9-6 第 27 行的指令會凍結前兩欄（由左算起），當 User 移動游標或拖曳捲動軸查看右方欄位的資料時，前兩欄的資料仍顯示於螢幕上，不會被遮掩。

DataGridView 最上方一列（亦即每一欄的頂端格位）稱為 ColumnHeader 行首，此處用以顯示欄位名稱。DataGridView 最左方一行（亦即每一列最靠左邊的格位）稱為 RowHeader 列首，此處通常用以顯示資料序號，以利 User 閱讀或辨識（請見圖 9-1 或圖 9-3 的 DataGridView 最左方一行），其程式如表 9-6 第 28 ～ 32 行，該程式使用 For 迴圈逐一將資料序號指定給每一列表頭格位之值 HeaderCell.Value。可使用 DataGridView 的 RowHeadersDefaultCellStyle 屬性來變更列首的樣式（包括字型、前景色、背景色及對齊方式等），但須同時將 EnableHeadersVisualStyles 屬性設為 False 才會生效。另外，RowHeadersWidthSizeMode 屬性可指定列首寬度的調整模式，共計有下列 5 種模式：

- EnableResizing 允許 User 自行調整。
- DisableResizing 不允許 User 自行調整。

- ◆ AutoSizeToAllHeaders 自動調整寬度，沒有任一列首的資料會因寬度不足而被遮掩（每一列首的寬度都相同）。
- ◆ AutoSizeToDisplayedHeaders 列首寬度會依據其資料長度自動調整（每一列首的寬度可能不相同），如同在 Excel 工作表內的列首一樣（列號由 1 ～ 1048576），上方列號較小，故其列首寬度較窄，當游標往下移動，看見下方較大列號時，其列首寬度會自動加大，不會有任何列號被遮掩。
- ◆ AutoSizeToFirstHeader 以第一列的資料寬度為準，若其他列的資料較長，則其超過部分會被遮掩。

上述最後 3 個屬性值會耗時甚久，故資料量較大時不建議使用，以免增加 User 的等待時間及疑惑。建議使用 RowHeadersWidth 屬性設定一個適中的列首寬度（註：估計最大資料量，並配合字型大小來推算，例如以 10 pt 大小的字型顯示 3 位數的序號，則將 RowHeadersWidth 設為 60 即足夠），另將 RowHeadersWidthSizeMode 屬性設為 EnableResizing，以便有需要時，讓 User 自行以拖曳的方式調整列首寬度。如果無需在列首加入序號等資料，可將 DataGridView 的 RowHeadersVisible 屬性設為 False，以節省顯示空間。

9-10 DataGridView 的圖片顯示

DataGridView 的格位不但可顯示文數字，亦可顯示圖片，但本書不建議如此作，因為圖片佔用面積較大，使得 DataGridView 的列高必須增加，進而導致資料閱讀不易，而且會拉長載入時間，增加 User 的不耐。範例 F_Layout_2.vb（主目錄的「G3 表單調整 2」）只將圖片以外的欄位資料經由 DataGridView 顯示，圖片則顯示於 PictureBox「圖片盒」，而且當 User 點選 DataGridView 某一筆資料時，程式才自資料庫抓取該筆資料的圖片，並顯示於 PictureBox。此種方式將圖片及非圖片資料分開呈現，不但可用較大的空間來顯示圖片，也不致影響非圖片資料的閱讀，同時可加速資料的處理，其關鍵程式如表 9-7。

表 9-7. 程式碼 __ DataGridView 的圖片顯示

```
01   Private Sub MyClass_DataGridView1_SelectionChanged(sender As Object, _
02              e As EventArgs) Handles MyClass_DataGridView1.SelectionChanged
03
04        Dim MTempSNO As String = ""
05        Try
06            MTempSNO = MyClass_DataGridView1.CurrentRow.Cells(0).Value
07        Catch ex As Exception
08            PictureBox1.Image = Nothing
09            Exit Sub
10        End Try
11
12        連結資料庫，以便讀出資料表的圖片欄資料 …………（略）
13
14        If O_dtable_1.Rows.Count = 0 Then
15            Exit Sub
16        End If
17        Dim MTempBinary As Byte() = O_dtable_1.Rows(0)(0)
18        Dim MTempStream As MemoryStream = New MemoryStream(MTempBinary)
19        PictureBox1.Image = Image.FromStream(MTempStream)
20   End sub
```

該程式寫於 DataGridView 的 SelectionChanged 選取變更事件中，當 User 以滑鼠左鍵點選 DataGridView 的某一筆資料或游標在其內移動時會啟動本程式。表 9-7 第 6 行使用 CurrentRow.Cells(0).Value 屬性將目前游標所在列的第 1 個格位的資料（本例為編號）存入變數 MTempSNO，後續程式再據以自資料表抓出該筆資料的圖片。CurrentRow 是指游標所在列，Cells(0) 則是指第 1 個格位，括號內為欄位序號，由 0 起算。範例程式將資料表的圖片先存入 DataTable（本例名稱為 O_dtable_1），詳細程式碼及其解說請見範例 F_Layout_2.vb 的 MyClass_DataGridView1_SelectionChanged 事件程序，此處省略，以節省篇幅。

因 User 在 DataGridView 中點選資料時，可能會點選到 DataGridView 最後一列（無資料）或點選欄位名稱而使得讀取編號的指令發生錯誤（表 9-7 第 6 行），故需加入適當的程式碼，以處理意外狀況。處理此等非預期的意外狀況有兩種方式，第一種方式使用 On Error 陳述式，實際範例請見 F_Layout_2.vb 的 MyClass_DataGridView1_SelectionChanged 事件程序。第二種方式使用 Try 陳述式，範例如表 9-7 第 5 ～ 10 行，Try 之下為待檢測的程式碼（將目前游標所在列的編號資料存入變數），Catch 之下為處理例外狀況的程式碼（清除 PictureBox 的圖片並離開事件程序）。

在執行階段以 PictureBox 顯示圖片有兩種方式，如果來源圖片是獨立的檔案，可用 Image.FromFile 方法來指定，例如 PictureBox1.Image = Image.FromFile("D:\Test01.jpg")，如果來源圖片不是獨立的檔案，而是存於 Access 或 SQL Server 資料表中的特定欄位，則須使用 Image.FromStream 方法來指定，範例如表 9-7 第 17 ～ 19 行。首先將來源圖片存入位元陣列 MTempBinary，然後根據 MemoryStream 記憶體資料流類別建立物件 MTempStream，括號內指定位元陣列為初始化資料，使用 MemoryStream 類別需引用 System.IO 命名空間，最後再使用 Image.FromStream 方法將記憶體之圖片指定給圖片盒 PictureBox1。

9-11 變更顏色的方法

VB 在表單及各種控制項都提供了預設的顏色，凡是新增的具像物件都是有顏色的，設計者無需傷腦筋，只不過它們全都是由黑、白及灰色系列所構成，例如 Form「表單」、Button「按鈕」及 Label「標籤」的預設背景色為淺灰色，預設前景色為黑色，TextBox「文字盒」、ListBox「清單控制項」及 ComboBox「下拉式選單」的預設背景色為白色，預設前景色為黑色。這種灰濛濛的顏色組合不但單調乏味，且易生錯誤（如本章第 2 節所述）。其實，VB 提供了很好的顏色設定工具，設計者只要花些心思就可建構出一個美觀又醒目的畫面。

變更表單及控制項顏色的最簡單方法就是使用「屬性」視窗，舉例來說，如欲變更表單的背景色，只需在「屬性」視窗內點選 BackColor 右方的向下箭頭，螢幕會出現色盤點選視窗（圖 9-5），點選其上的 3 個標籤，可展開不同色盤供您挑選，「自訂」頁面有 48 個色塊可選擇，「Web」頁面有 142 個有名稱的顏色可選擇，「System」頁面有 33 個系統色彩常數可選擇。

顧名思義，「自訂」就是允許 User 自行增訂所需顏色，如果該頁面的 48 個基本顏色不敷所需，可自行增訂，但要如何增訂呢？「自訂」頁面下方有 16 個白色小方格，請於其中任一格上按滑鼠右鍵，螢幕會開啟如圖 9-6 的「定義顏色」視窗，請用滑鼠點選所需顏色，或直接輸入 RGB 數碼，然後按「Add Color」鈕，該顏色即會新增於「自訂」頁面，供您在不同場合使用，以省去重複設定的麻煩。圖 9-6 的「定義顏色」視窗中沒有清除功能，無法直接清除自訂的色塊，如果自訂的顏色不再需要，有兩種處理方式，第一，增訂新的顏色取代舊的自訂顏色，第二，將白色加入該自訂色塊，因為 「自訂」頁面下方的 16 個小方格的預設顏色都是白色。

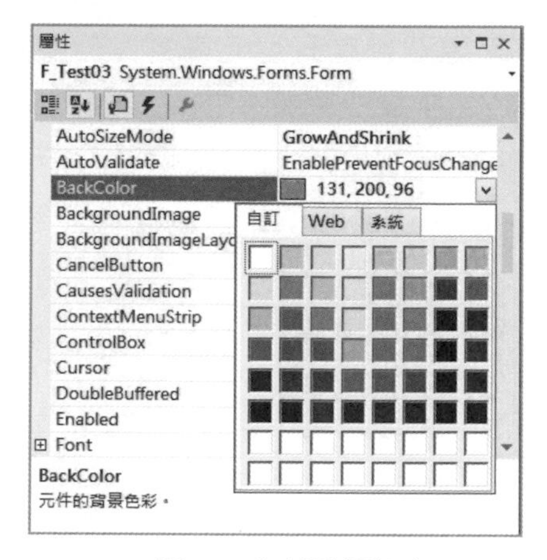

▲ 圖 9-5 色盤點選視窗

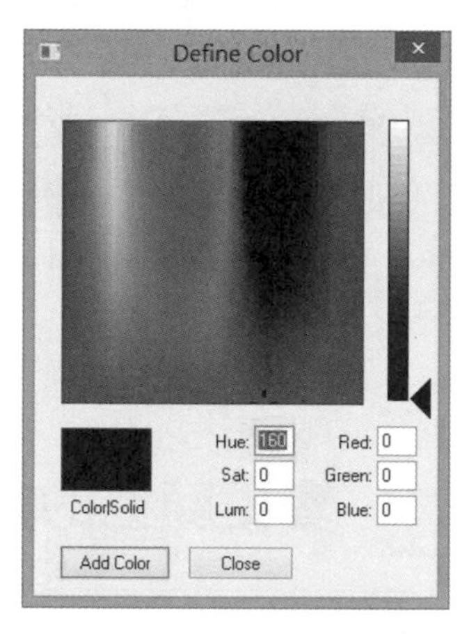

▲ 圖 9-6 定義顏色視窗

如果「自訂」頁面的 48 個基本顏色不敷所需，也不想自行增訂，可點選「Web」標籤，看看該頁面的色盤是否有您所需要的顏色，該頁面有 141 個顏色，另加一個 Transparent 透明色。每一個顏色都有一個名稱，例如 Azure「天藍色」(RGB 240,255,255)、Teal「藍綠色」(RGB 0,128,128)、OrangeRed「橘紅色」(RGB 255,69,0)、DarkKhaki「深卡其色」(RGB 189,183,107)、MediumVioletRed「中紫蘿蘭紅」(RGB 199,21,133) 等。

「Web」標籤頁的第一個色塊是 Transparent 透明色，嚴格來說，透明色不是一種顏色，而是一種穿透狀態。例如將表單上的 Button「按鈕」或是 Label「標籤」的背景色設為 Transparent，那麼該等控制項是鏤空的，可以直接看到表單的顏色。通常 Label「標籤」的背景色無需設為 Transparent，因為它的 BackColor

會為隨表單的顏色而自動調整，讓 Label 上的文字看起來與表單合為一體，這是 VS 的貼心設計。但不是每一個物件都可使用 Transparent 的，例如 TextBox「文字盒」、ListBox「清單控制項」及 ComboBox「下拉式選單」就不能使用，因為將此等控制項的背景色設為透明並無實用價值。但將圖片上的 Label 之背景色設為透明就很實用，也需一些小技巧。

應用系統常會置入一些圖片，以彰顯其版權，如圖 9-7 右下角，該圖片以 PictureBox 控制項顯示，圖片上需置入文字「設計者：美欣 566」。該 Label 的背景色需設為透明，否則會遮掩圖片而顯得死板。但如果只依照前述方法將 BackColor 的屬性值設為 Transparent，是不會有透明效果的，必須按照下列程序處理，缺一不可（範例 F_Input_1.vb）：

1. 將 Panel「面板」控制項從工具箱拖入表單。
2. 將 PictureBox「圖片盒」控制項置入前述面板中，並指定來源圖片。
3. 將 Lable「標籤」移至圖片上，並修改所需文字。
4. 將 Lable「標籤」的背景色設定為 Transparent，並提至最上層，以免被圖片遮掩，其方法是先點選 Label，再於功能表上點選「格式」、「順序」、「提到最上層」，或是在表單載入事件中撰寫程式，例如 Label1.BringToFront()，BringToFront 是提到最上層的方法，若要移到最下層需使用 SendToBack 方法。
5. 在表單的載入事件中指定 Label 的父物件為 PictureBox，例如 Label1.Parent = PictureBox1。

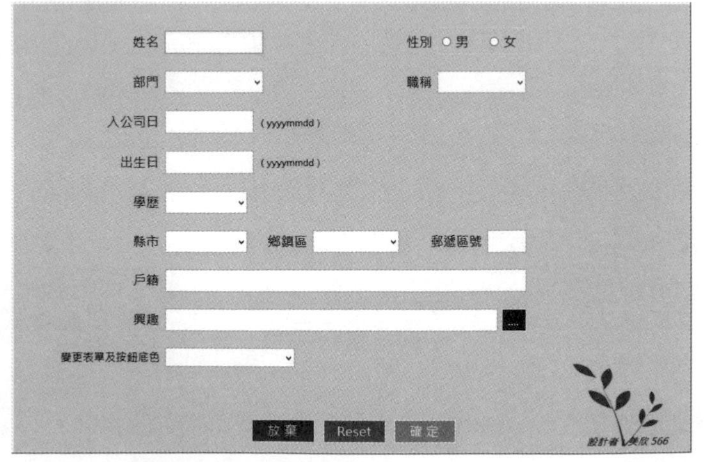

▲ 圖 9-7 圖片上的文字背景色設為透明

色盤點選視窗（如圖 9-5）的第 3 個標籤是「系統」，該頁面共計有 33 個顏色，是系統所使用的預設顏色，例如表單、按鈕及標籤的預設背景色為 Control，預設前景色為 ControlText，文字盒、清單控制項及下拉式選單的預設背景色為 Window，預設前景色為 WindowText。這個頁面的名稱是系統色彩常數而非顏色名稱，例如 ActiveBorder 是指作用中的視窗框線的顏色、ActiveCaption 是指使用中視窗的標題列之背景色、Control 是指 3D 顯示項目的表面色彩、ControlText 是指 3D 顯示項目的文字色彩、Window 是指視窗的工作區中的背景色、WindowText 是指視窗區域中的文字色彩。此等系統色彩常數可直接用於程式中，例如：

```
TextBox1.BackColor = SystemColors.GradientActiveCaption
ListBox1.BackColor = SystemColors.HotTrack
Me.BackColor = SystemColors.InactiveCaption
```

這些不同的常數可能對應相同的顏色，例如 ActiveCaptionText 及 ControlText 都是黑色，HighlightText 及 ButtonHighlight 都是白色，詳細的對照關係請見表 9-8。

表 9-8. 系統預設顏色對照表

名稱	RGB 數碼
ActiveBorder	180,180,180
ActiveCaption	153,180,209
ActiveCaptionText	0,0,0
AppWorkspace	171,171,171
ButtonFace	240,240,240
ButtonHighlight	255,255,255
ButtonShadow	160,160,160
Control	240,240,240
ControlDark	160,160,160
ControlDarkDark	105,105,105

名稱	RGB 數碼
ControlLight	227,227,227
ControlLightLight	255,255,255
ControlText	0,0,0
Desktop	0,0,0
GradientActiveCaption	185,209,234
GradientInactiveCaption	215,228,242
GrayText	109,109,109
Highlight	51,153,255
HighlightText	255,255,255
HotTrack	0,102,204
InactiveBorder	244,247,252
InactiveCaption	191,205,219
InactiveCaptionText	0,0,0
Info	255,255,225
InfoText	0,0,0
Menu	240,240,240
MenuBar	240,240,240
MenuHighlight	51,153,255
MenuText	0,0,0
ScrollBar	200,200,200
Window	255,255,255
WindowFrame	100,100,100
WindowText	0,0,0

在設計階段變更表單或控制項的顏色可在「屬性」視窗內利用如圖 9-5 的色盤來點選，或在「屬性」視窗內直接輸入 RGB 數碼，例如要將某一按鈕的背景色

設為海軍藍，可在 BackColor 的方格內直接輸入 0,0,128。若要在執行階段變更控制項的顏色，可撰寫如下的程式碼：

```
Button1.BackColor=Color.Navy
```

但因有名稱的顏色不多，故本章第 9 節建議讀者使用 FromArgb 方法來指定 RGB 三原色數碼，色彩的運用會更為廣泛適宜。但這個方法為何稱之為 Argb 而不是 rgb ？原來該方法可指定 4 個參數而非僅 R、G、B 等 3 個參數，其中第一個參數 A 是指 Alpha 值，該值為透明程度，由 0 至 255，數值越大，透明度越低，255 為內定值，代表完全不透明，0 代表完全透明，您可試著變更 Alpha 值，並固定後 3 個參數，即可測出透明度變化的狀況。第一個參數值可省略不用，下列 3 種方式都可將按鈕的背景設為紅色：

```
Button1.BackColor =Color.FromArgb(255,255,0,0)
Button1.BackColor =Color.FromArgb(255,0,0)
Button1.BackColor =Color.Red
```

9-12 顏色配置之管理

在了解顏色的變更方法之後，需要了解顏色的搭配方法，雖然預設的顏色非常單調乏味，但顏色也不能隨意亂變，顏色的配置是有一些原則的（如本章第 2 節所述），若掌握的不好，反而會增加 User 的困擾。

表單是應用系統的主要介面，它佔用了大範圍的面積，是 User 目光之所在，故其背景色的選擇非常重要。適宜的表單背景色可分深淺兩大系列，深色系列如深藍（RGB 為 0,64,128）、深綠（RGB 為 0,128,64）等，淺色系列如淺灰（RGB 為 197,197,197）、淺藍（RGB 為 191,205,219）等。深色表單上的控制項（例如 Label 的文字顏色）須使用淺色，包括白色及黃色等。淺色表單上的控制項（例如 Label 的文字顏色）則須使用深色，包括黑色及深藍色等。淺色背景予人清新之感，控制項的配色也較容易，但稍有不慎，極易造成刺目之感而加速眼睛的疲勞，本書示範下列幾組較為合宜的底色：

◆ RGB(191,205,219)

◆ RGB(205,205,193)

◆ RGB(197,197,197)

◆ RGB(176,196,210)

◆ RGB(185,211,200)

◆ RGB(180,205,205)

讀者可點選範例 F_Input_1.vb（主目錄的「C1 介面設計 1」）左下角「變更表單及按鈕底色」的下拉式選單（圖 9-7），即可觀察此等底色。高亮度的顏色，例如 Yellow、White、Red、Lime、Pink 等是非常不適合作為表單背景色的。

為方便讀者調配所需顏色，本書提供範例 F_Color.vb（主目錄的「G1 顏色調整」）供大家測試（如圖 9-8）。該畫面上方有兩個文字框，下方有 3 個水平捲軸，右方有兩個按鈕。按「調色盤 1」鈕可變更兩文字框的文字顏色，按「調色盤 2」鈕可變更右文字框的底色，拖曳捲軸可變更左文字框的底色。當顏色變更時，系統會將其 RGB 數碼記錄於畫面左下角的文字盒內，以方便複製運用。

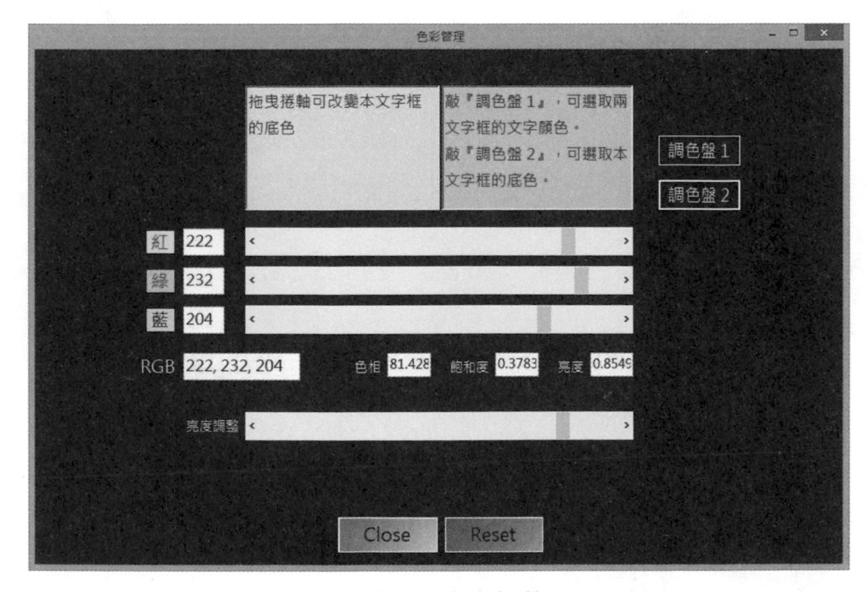

▲ 圖 9-8 顏色調整

此範例使用了 ColorDialog「色彩對話方塊」及 HScrollBar「水平捲動軸」兩種不同的方式來捕捉 User 所設定的顏色，前者會開啟系統色盤，讓 User 點選所需顏色，後者讓 User 經由拖曳方式來觀察顏色的變化。ColorDialog 的用法與 FontDialog 類似，同樣為非可見控制項，當從工具箱將其拖入表單後，不會呈現於表單上，但必須經此動作才會產生新的物件，並可撰寫相關的程式。該控制項的 ShowDialog 方法可開啟對話方塊，該方法可與 User 是否按下「確定」鈕的判斷式合寫同一列程式碼，以簡化程式（表 9-9 第 2 行），ColorDialog 的 Color 屬性可取回 User 在色彩對話方塊中所選取的顏色（表 9-9 第 3 行），ColorDialog 的 Color.R 屬性可取回 User 所選顏色的 Red 數碼，ColorDialog 的 Color.G 屬性可取回 User 所選顏色的 Green 數碼，ColorDialog 的 Color.B 屬性可取回 User 所選顏色的 Blue 數碼（表 9-9 第 4 ～ 5 行）。另外可將 FullOpen 屬性設為 True（內定值為 False），使色彩對話方塊自動展開右半邊的顏色自訂區，否則對話方塊只顯示基本顏色的色塊供挑選，若 User 要自訂顏色，還需按「定義自訂色彩」鈕，色彩對話方塊才會展開右半邊的顏色自訂區。若要將 FullOpen 屬性設為 True，還須注意 AllowFullOpen 屬性是否設為 True，若設為 False，則 FullOpen 屬性即使設為 True，「定義自訂色彩」鈕也無法使用，右半邊的顏色自訂區也不會自動展開。

表 9-9. 程式碼 __ 顏色選取與記錄

```
01    Private Sub B_02_Click(sender As Object, e As EventArgs) Handles B_02.Click
02        If ColorDialog1.ShowDialog() = Windows.Forms.DialogResult.OK Then
03            RichTextBox2.BackColor = ColorDialog1.Color
04            T_RGB.Text = ColorDialog1.Color.R.ToString + ", " + _
05               ColorDialog1.Color.G.ToString + ", " + ColorDialog1.Color.B.ToString
06            End If
07    End Sub
08
09    Private Sub HScrollBar1_Scroll(sender As Object, e As ScrollEventArgs) _
10                                                Handles HScrollBar1.Scroll
11            T_R.Text = HScrollBar1.Value
12            RichTextBox1.BackColor = _
13               Color.FromArgb(Val(T_R.Text), Val(T_G.Text), Val(T_B.Text))
14            T_RGB.Text = T_R.Text.ToString + ", " + T_G.Text.ToString + _
15                                                  ", " + T_B.Text.ToString
16    End Sub
```

拖曳圖 9-8 下方的 3 個水平捲軸（範例 F_Color.vb）可變更左文字框的底色，並將 RGB 數碼記錄於畫面左下角的文字盒內，相關程式寫於此三個捲動軸的

Scroll 事件中。捲動軸的 Value 屬性可取回捲動軸所在位置之值（表 9-9 第 11 行），點擊捲動軸兩端的箭頭或拖曳捲動軸時，本屬性之值會隨之改變。使用拖曳法可快速變更大幅度的 Value 值，但不適於微調，若要精確地小幅度調整 Value 值，應點擊捲動軸兩端的箭頭。三個捲動軸之值作為 Color.FromArgb 的引數，以設定文字框的背景色（表 9-9 第 12 ～ 13 行）。

使用捲動軸（HScrollBar 或 VScrollBar）有幾個關鍵屬性必須清楚了解。Maximum 可設定捲動軸的最大值，以本例而言，因 RGB 數碼最大值為 255，故可將本屬性設為 255，當捲動軸的 Value 為 255 時，再點擊捲動軸右端（或上端）的箭頭，或將捲動軸再往右（或往上）拖曳，Value 屬性之值不會再增加。Minimum 可設定捲動軸的最小值，以本例而言，因 RGB 數碼最小值為 0，故可將本屬性設為 0，當捲動軸的 Value 為 0 時，再點擊捲動軸左端（或下端）的箭頭，或將捲動軸再往左（或往下）拖曳，Value 屬性之值不會再減少。Minimum 及 Maximum 屬性之值均可為負數。

接續前例，將水平捲軸的 Maximum 最大值設為 255，但是在執行階段將捲動軸拖往最右邊時，其 Value 卻只到 246，任憑再怎麼拖曳都無法達到原先想要的 255，這是怎麼回事？原來是受到 LargeChange 屬性的影響。LargeChange 是最大移動距離，亦即點擊捲動軸一次所能移動的最大距離，內定值為 10，當 Value 為 0 時，若點擊捲動軸一次，Value 會變成 10，再點擊捲動軸一次，Value 會變成 20，請注意必須點擊捲動軸在捲動鈕以外的部分，按捲動鈕（捲動軸中的灰色小方塊），Value 不會有任何改變。在捲動鈕右方點擊捲動軸一次，Value 會按 LargeChange 之值遞增，在捲動鈕左方點擊捲動軸一次，Value 會按 LargeChange 之值遞減。Value 屬性之值會受 LargeChange 的影響，若 LargeChange 設為 10，而當 Value 為 246 時，若再移動一個單位，Value 屬性之值會變成 256，超過了 Maximum 之限制，故不會再遞增，那麼該如何解決？方法一，將 LargeChange 設為 1（如範例值中的第 1 個水平捲軸）。方法二，LargeChange 不變，但將 Maximum 屬性之值設為 264（如範例值中的第 2 及第 3 個水平捲軸）。LargeChange 屬性之值不能為負數。

SmallChange 是最小移動距離，亦即點擊捲動軸兩端的箭頭時所能移動的距離，若將 SmallChange 設為 1（內定值），則每點擊一次捲動軸右端（或上端）的箭頭時，則捲動軸會往右（或往上）移動 1 個單位的距離，每點擊一次捲動軸左端（或下端）的箭頭時，則捲動軸會往左（或往下）移動 1 個單位的距離。若將 SmallChange 設為 10，則每點擊一次會移動 10 個單位的距離。SmallChange 設為 0 時，捲動軸兩端的箭頭會失效，SmallChange 所能設定之值不能超過 LargeChange 之值，也不能設為負數。

本節一開始即強調，若以淺色系作為表單背景須避免刺目，以免加速眼睛的疲勞，為了方便讀者調配出適宜的顏色，特於圖 9-8（範例 F_Color.vb）下方增加一個水平捲軸，拖曳該捲動軸可改變某一顏色的亮度。舉例來說，圖 9-8 左上角文字框的背景色為 RGB(222,232,204)，這個顏色予人清新之感，但若作為表單的背景色，就會顯得太過刺眼。請先拖曳三個水平捲軸，將左上角文字框的背景色調為 RGB(222,232,204)，再按「調色盤 1」鈕，將文字顏色調為紫色 RGB(128,0,128)，然後按一下最下方捲動軸的捲動鈕，表單的背景色就會由黑色變為 RGB(222,232,204)，這時就可感受到表單的背景色是否太過刺眼。高亮度的顏色作為小範圍的背景色，不會刺眼且有顯目的效果，但作為大範圍的背景色可能就不適合。如果要以該色系作為背景色，請拖曳最下方的捲動軸以便調出適當的亮度，往右拖曳亮度會增加，往左拖曳亮度會降低，當拖曳時，畫面右下角「亮度」文字盒的數字會隨之改變，當 RGB 為 (222,232,204) 時，亮度為 0. 8549，數字越大代表亮度越高，數字越小代表亮度越低。當拖曳最下方的捲動軸時，該數字在 0 與 1 之間變動，1 為最大亮度（白色），0 為最低亮度（黑色），可藉由拖曳的方式找出某一顏色的最適亮度，在此同時畫面左下角的 RGB 數碼亦會隨之變動，以方便複製運用。

當拖曳最下方捲動軸時，「亮度」值會變更，但「色相」及「飽和度」之值不變，本程式就是在「色相」及「飽和度」固定不變之下，而改變「亮度」之值，從而找出某一顏色的最適宜亮度。那麼何謂「色相」、「飽和度」及「亮度」？

本章前段介紹了以 RGB 色光三原色之組合來定義不同的顏色，本段從另一個角度 HSB 來描繪不同的色彩。HSB 是 Hue「色相」、Saturation「飽和度」及 Brightness「明度」三字的縮寫，HSB 是色彩的三個屬性，亦即構成色彩的三個基本要素。「色相」是指色彩的相貌，也就是平常所說的顏色名稱，例如紅色、黃色、藍色等。「飽和度」亦稱為彩度，是指色彩的純度（亦即某一色彩混合了其他色彩的程度），若不混合其他色彩（即使白色亦不可），則其彩度最高，也就是純粹度最高，或稱為飽和度最高。混合其他色彩越多，則彩度越低，或稱為飽和度低，未混合其他色彩者稱之為純色。「明度」是指色彩的明暗程度，任何顏色只要混合白色就可提高明度，混合黑色就會降低明度。

以 HSB 來描述顏色的特徵較符合人類眼睛之所見，例如 Orangered「橘紅色」是由 RGB 三種色光分別以 255、69、0 的等級疊加而成，但我們的眼睛不可能分辨出 RGB 數碼，而會說「該色以紅色為基礎的顏色，不要太鮮豔，亮度再亮一點」而逐漸調整出預期的顏色，這種說法就是所謂的 H 色相、S 純度、B 明度的表示方法。

VB 提供了 3 個方法可將 RGB 數碼轉換成 HSB，GetHue「可取回色相」，在 HSB 色彩空間中，色相是以度為單位來測量，範圍從 0 ～ 360 度，不同角度代表不同顏色。為何以度為單位？為了方便配色及辨識，近代色彩學研究者將不同的顏色依序排列成環狀，稱之為色相環（如圖 9-9 由 12 種顏色構成），一圈是 360 度，不同顏色佔據不同的度數。

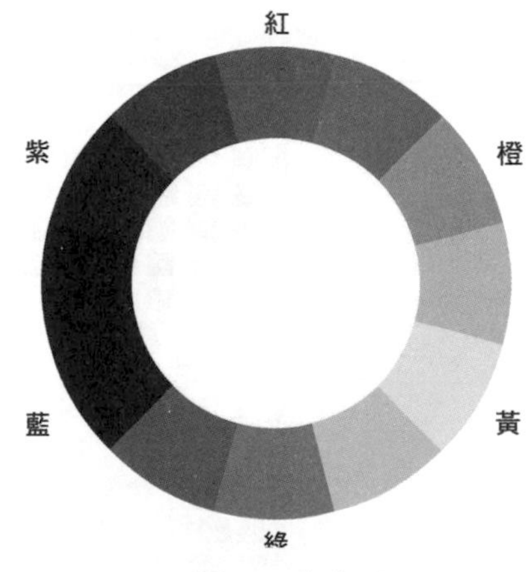

▲ 圖 9-9 色相環

GetSaturation「可取回飽和度（彩度）」，範圍從 0 ～ 1，0 表示灰階，而 1 表示最飽和的彩度。GetBrightness「可取回亮度」，範圍亦從 0 ～ 1，0 表示黑色（最暗），而 1 表示白色（最亮）。亮度是指發光體（或反光體）表面發光（或反光）的強弱量，任何顏色的物體在密不可見光的暗室中，因為沒有反射（亮度最弱），故都成了黑色；反之，若以強光照射，任何顏色的物體因反射所有光線（亮度最強），故都成了白色。任一種顏色會隨著飽和度及亮度的不同而變化，這是 HSB 的理論簡述。

當在圖 9-8（範例 F_Color.vb）中按「調色盤 1」或「調色盤 2」鈕，或拖曳 RGB 三個捲動軸時，HSB 三個數值會呈現在下方三個文字盒內，例如當您指定 Red「紅色」時，「色相」、「飽和度」及「亮度」之值分別為 0、1、0.5。它們皆由 RGB 數碼轉換而來，程式請見範例 F_Color.vb 的自訂函式 Function RGB2HSB。當 User 拖曳最下方的捲動軸以改變亮度時，須將其顏色呈現出來作為表單的背景色，其方法是將 HSB 數值轉換成 RGB 數碼，作為 Color.FromArgb 的引數，然後設定給表單的 BackColor。HSB 如何轉換成 RGB 涉及相當複雜的理論，此處不多作介紹，讀者若有興趣，請見該範例 HScrollBar4_Scroll 事件的程式。在 ColorDialog「色彩對話方塊」中拖曳最右方的垂直捲動軸（圖 9-10），亦可變更某一色的亮度，往上拖曳亮度會增加，往下拖曳亮度會降低，圖中小方塊的顏色亮度會隨之變化，但因其範圍較小，難以反映真實的刺眼程度，故本書另增如圖 9-8 之範例，以方便讀者調配顏色的亮度。

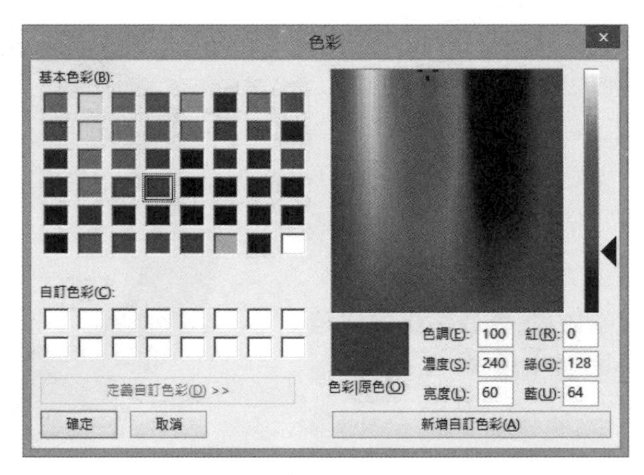

▲ 圖 9-10 在 ColorDialog 中調整亮度

表單及控制項的顏色除了可用單一顏色外，還可使用漸層色，以活潑版面，增加律動感。所謂「漸層」Gradient 是指同一色彩的漸次改變（逐漸變濃或變淡），如同樂曲中音量的漸強或漸弱之變化，會令人產生輕快律動的感覺。圖 9-8 下方的兩個按鈕（範例 F_Color.vb）就是使用漸層色作為背景，會比單一色背景更為活潑鮮明。漸層色圖片可用繪圖軟體製作，再利用控制項（例如按鈕）的 BackgroundImage 屬性指定即可，本書附贈的圖片中以 bgg 開頭的 jpg 檔皆為漸層色圖片，讀者可試著將其設為控制項的背景圖，以增加應用系統的美感。

控制項的顏色取捨除了須考慮與表單背景色之搭配外，還需考量控制項之間的搭配問題，例如同一表單上的按鈕可能不只一個，那麼這些按鈕的顏色要如何配置？應使用相同的顏色或不同的顏色？若使用不同的顏色，要如何搭配？若都使用相同的顏色，則設計師無需為配色而傷腦筋，但畫面可能較為呆板，若使用不相同的顏色，則畫面較為美觀，User 也易於區分，但設計師需為配色而傷腦筋，尤其控制項較多時，配色的困難度會大增，配色不當反而可能增加 User 的負擔，故顏色要如何搭配是需要花點工夫的，以下介紹幾種搭配顏色的方法。

「近似色搭配法」是以色相環相鄰的顏色來搭配，圖 9-11 下方 4 個按鈕的背景色即分別以色相環的順序（紅、橙、黃、綠）來組合，色彩間呈現融洽和諧之感。讀者可點選範例 F_Queryt_1.vb（主目錄的「C2 介面設計 2」）下方「變更表單及按鈕顏色」的下拉式選單，可觀察不同的搭配方法。其中「顏色 A」是「明度差搭配法」，表單及按鈕都是藍色系，但明度不同，相鄰按鈕的背景色之明度也有差異，以利 User 識別，但整體畫面屬同一色系，不增加使用者的負擔。「顏色 B」～「顏色 E」也是「明度差搭配法」，但表單背景色不同，「顏色 A」～「顏色 C」為深色系，「顏色 D」～「顏色 E」為淺色系，淺色系予人輕快之感，但須避免刺目，因為應用系統的使用時間較長，如何防止 User 眼睛快速疲勞是設計者的重要責任。

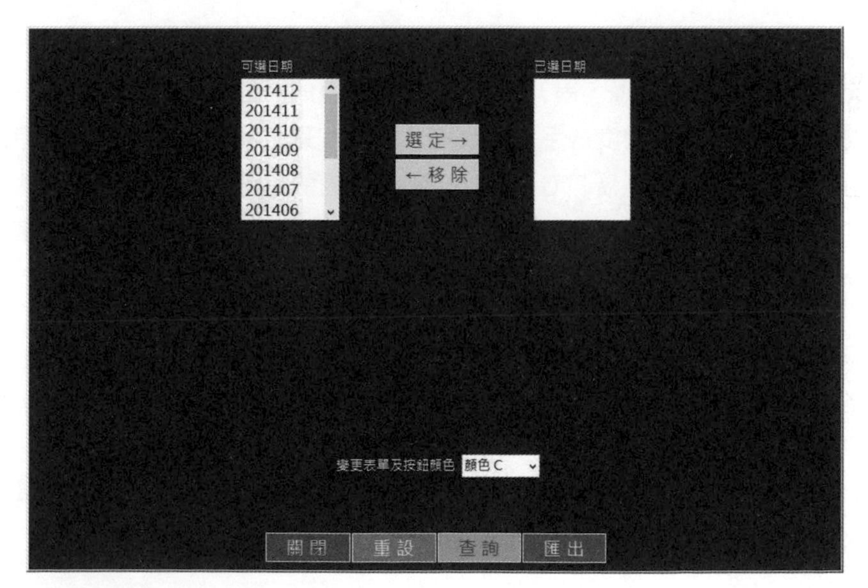

▲ 圖 9-11 顏色搭配

在範例 F_Queryt_1.vb 中按「重設」鈕，表單背景改用淺灰色，按鈕的背景改用黑色漸層圖。在執行階段清除及設定背景圖須使用如下的指令：

```
B_Close1.BackgroundImage = Nothing
B_Close1.BackgroundImage = System.Drawing.Image.FromFile("APPDATA\bg22.jpg")
```

詳細程式碼及其解說請見範例 F_Queryt_1.vb 的 B_Reset1_Click 事件程序。本範例各種配色法的 RGB 數碼請見 T_Color_SelectedIndexChanged 事件程序，滑鼠經過按鈕時變更其前景色，需在 MouseHover 事件程序中撰寫相關程式，滑鼠離開按鈕時變更其前景色，則需在 MouseLeave 事件程序中撰寫相關程式。

應用系統的配色不同於廣告文宣，後者可能偏向華麗以吸引目光，但前者卻以醒目但不增加負擔為訴求。醒目與刺目有時是相互牴觸的，故顏色的搭配是不容易的。例如黃色字最明亮，但若以白色為底，就難以區分，如果改用黑色為底，就會非常醒目，但黃色字佔用大範圍面積時，就會產生刺目的狀況，故縮小字體是一種改善方法，但字體太小一樣會增加 User 的負擔，故適當的配色需考慮對比與面積。

淺灰色表單加上藍（綠、紅）色字體，或白色表單加上黃（灰、淺綠）色字體，或黑色表單加上紫（藍、褐）色字體，都是不良的配色，其主因是欠缺「對比」。改進辦法之一是從明度著手，拉大前景色及背景色的明度（亮度）差距，您可利用本書隨附的範例檔 F_Color.vb 以測出合適的搭配顏色。另一種方法是改變字體所在位置（例如 Button 等控制項）的背景色，此種藉由小範圍面積顏色的改變來拉大對比，可保留表單及字體原本期望的顏色。

同一顏色在不同作業系統或不同顯示器上會有一些差異，為克服此一問題而有所謂 Safety Color「安全色」的解決方案，安全色是指 RGB 數碼皆由 0、51、102、153、204、255 等六個等級組合，共計有 216 種顏色，例如 RGB(102,153,0) 黃綠色，RGB(51,102,153) 灰藍色，儘量利用此等顏色作為表單或控制項的顏色，可避免因軟硬體的不同而產生誤差。

Visual Basic

10

chapter

發行及部署

當您完成一套應用系統之後所面對的問題，就是如何將它安裝於 User 的電腦上。這是系統設計的最後一步，也是最重要的一步，因為如果這個步驟失敗，就等於前功盡棄，即使系統的程式及介面設計得再好也無用武之地。遺憾的是坊間書籍甚少著墨於此，為彌補此一缺憾，本書特闢專章、深入剖析，希望能給讀者帶來實質的助益。

其實這個步驟不難，但卻隱含著許多值得我們深入追究的問題，深究之後才能因應各種可能的狀況。例如單機作業與網路共用的部署差異？如果 User 電腦欠缺所需函式庫怎麼辦？應用系統更新後，User 需要重新安裝嗎？這些問題都是在發行及部署時需要解決的。

「發行及部署」包括了程式的編譯及安裝檔的建立等工作（亦即產生 exe 執行檔及 Setup 安裝檔等作業），Visual STUDIO 提供了 ClickOnce 這項工具可一氣呵成。應用系統的安裝方式可分為三種，第一種是從 CD-ROW 光碟機安裝，第二種是從網路磁碟機安裝，第三種是從網站安裝。如果應用系統為單機作業且很少需要更新，則可採用第一種光碟機安裝。如果應用系統在公司內的區域網路有多人使用，則應部署於網路磁碟機，供同仁們安裝。如果應用系統需供遠距離的人使用，例如總公司在「台北」，但「上海」分公司的同仁也要使用，則可部署於網站，供遠端同仁安裝。以下詳細說明這三種發行及部署的方式。

10-1 光碟機安裝

在「方案總管」視窗內點選專案名稱，例如 VB_SAMPLE，然後在功能表上點選「專案」、「XXX 屬性」，XXX 是專案名稱，例如「VB_SAMPLE 屬性」，螢幕開啟如圖 10-1 的視窗，視窗左方有「應用程式」、「編譯」、「偵錯」等項目，點選該等項目可切換至不同頁面，設定發行及部署的相關資料，茲分述如下。

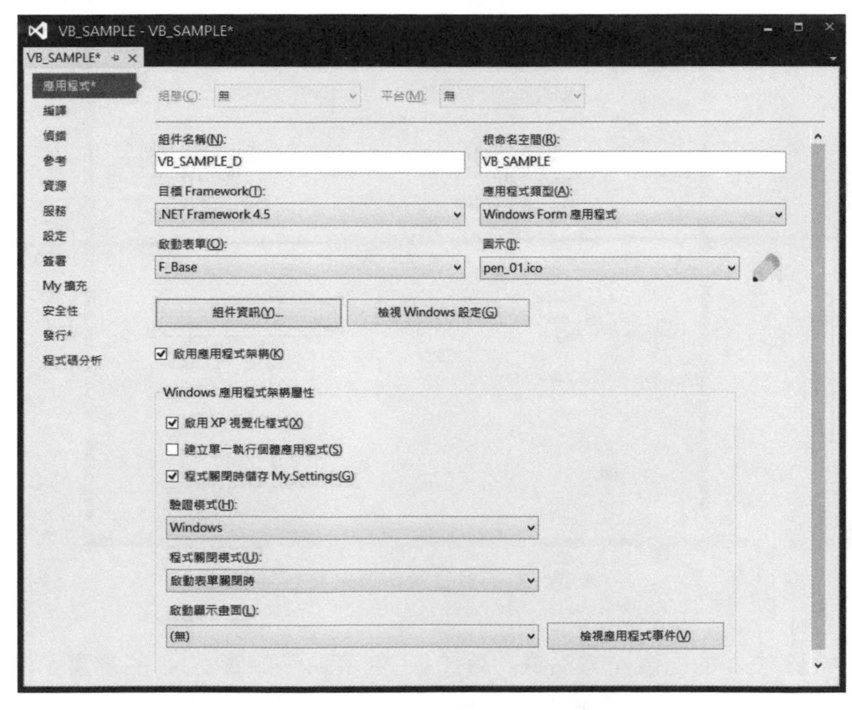

▲ 圖 10-1 發行及部署之 1_ 應用程式

在如圖 10-1 的視窗左方點選「應用程式」，可指定下列事項：

1. 「組件名稱」，例如 VB_SAMPLE_D，這個名稱會決定編譯後執行檔的名稱，本例為 VB_SAMPLE_D.exe。

2. 可選定 .Net Framework 之版本，例如 .Net Framework 4.5。

3. 可變更啟動表單，內定啟動表單為第一個建立的表單，可點選欄位右方的的向下箭頭，然後在下拉式選單中重新指定啟動表單。

4. 可指定桌面捷徑的 Icon 圖示檔，點選圖示欄右方的向下箭頭，然後在下拉式選單中點選「瀏覽」，即可選取所需的圖檔。

5. 可輸入版權資料，按「組件資訊」鈕，螢幕顯示如圖 10-2 的視窗，可在該視窗內輸入公司名稱、產品名稱及著作權等資料。

▲ 圖 10-2 發行及部署之 2_ 組件資訊

在如圖 10-1 的視窗左方點選「編譯」，螢幕顯示如圖 10-3 的視窗，這個畫面的內定值可符合大部分應用系統的需求，故無需修改。其中「建置輸出路徑」會存放編譯之後的檔案，包括 exe 執行檔，內定位置為專案所在資料夾之下的 bin\Debug\。另外在「目標 CPU」欄可指定 CPU 類型（X86 或 X64），內定為 AnyCPU，建議勾選「建議使用 32 位元」，除非確定 User 端的機器都已安裝 64 位元的相關程式。

▲ 圖 10-3 發行及部署之 3_ 編譯

在如圖 10-1 的視窗左方點選「參考」，螢幕顯示如圖 10-4 的視窗，這個畫面顯示了專案所引用的命名空間及外部控制項，若有短缺，可自行加入。

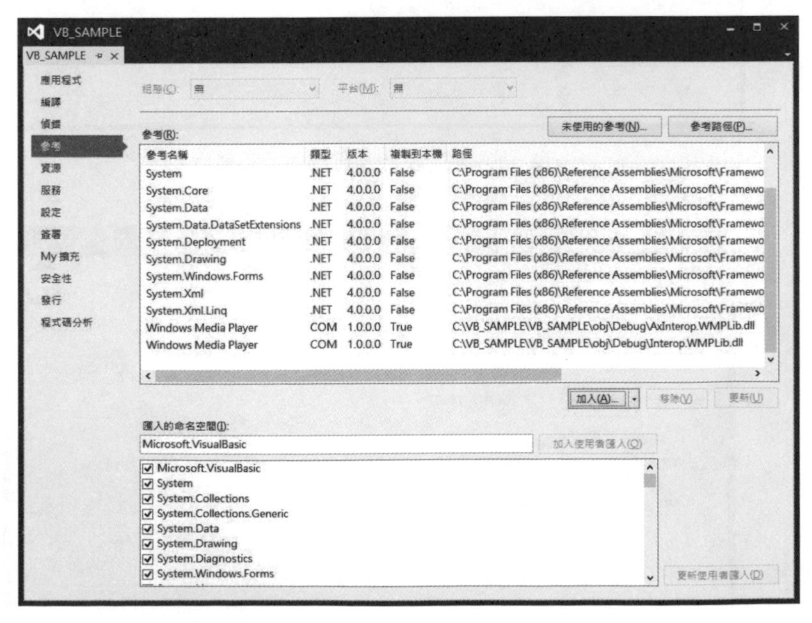

▲ 圖 10-4 發行及部署之 4_ 參考

在如圖 10-1 的視窗左方點選「發行」，螢幕顯示如圖 10-5 的視窗，在「發行資料夾位置」可指定安裝檔（包括 Setup.exe 等）存放的位置，例如 C:\VB_SAMPLE_D\，若要發行於網路磁碟機或網站，則此處的寫法不同（詳後述）。在如圖 10-5 的視窗下方按「發行精靈」鈕，螢幕會顯示發行精靈的 4 個步驟（如圖 10-6～9），其中第 2 個步驟可指定三種發行方式之一，第 3 個步驟則可指定「是否要自動檢查應用系統之版本」，若要發行於光碟，則應點選「應用程式將不會檢查更新檔」。

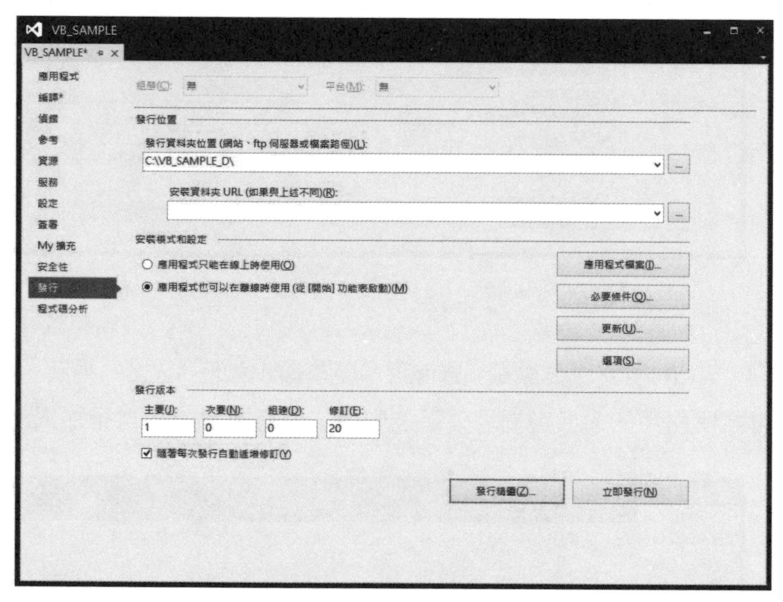

▲ 圖 10-5 發行及部署之 5_ 發行

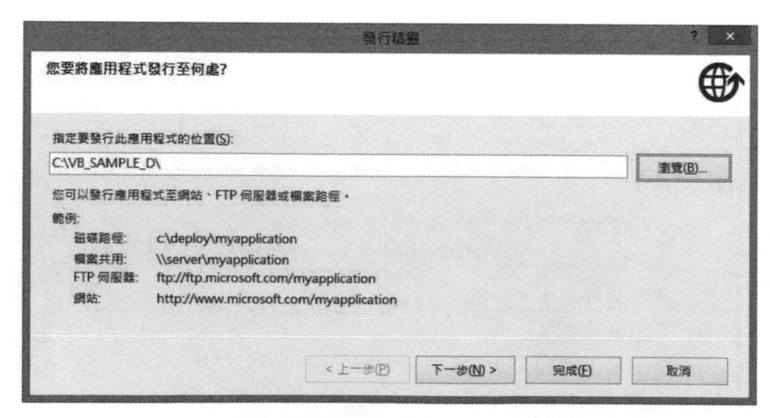

▲ 圖 10-6 發行及部署之 6_ 發行精靈之 1

▲ 圖 10-7 發行及部署之 7_ 發行精靈之 2

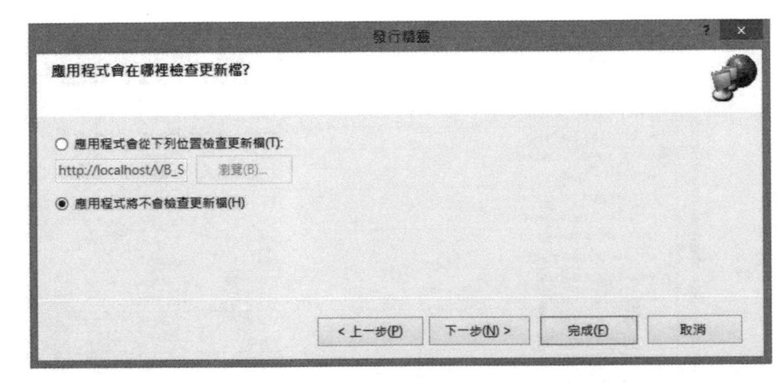

▲ 圖 10-8 發行及部署之 8_ 發行精靈之 3

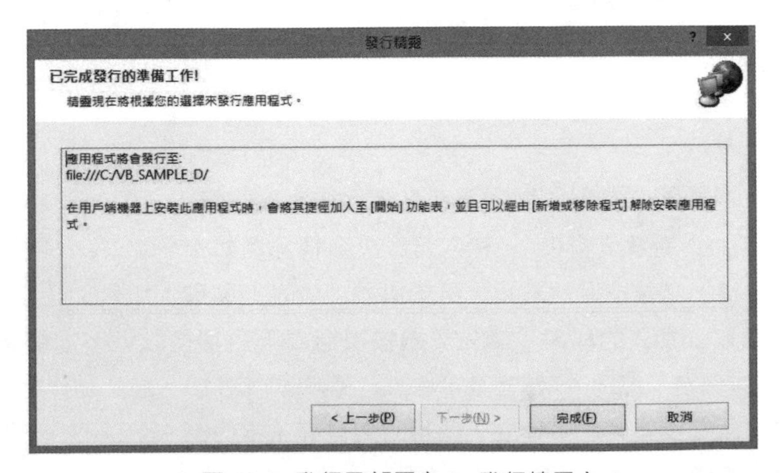

▲ 圖 10-9 發行及部署之 9_ 發行精靈之 4

專案設計完成後，第一次發行時需要按照前述的方式逐步設定執行檔名稱、安裝檔存放位置及版權資訊等資料，當專案內的程式修改之後而需發行第二次（或更多次）時，無需如此麻煩，可依下列方式作快速發行（除非要修改基本發行設定）：

在「方案總管」視窗內點選專案名稱，按滑鼠右鍵，再於快顯功能表上點選「發行」，即可啟動前述的「發行精靈」來快速完成發行工作。

在如圖 10-5 的視窗中，按右下方的「應用程式檔案」鈕，螢幕顯示如圖 10-10 的視窗，視窗內顯示了併同發行的檔案，包括圖示檔及外部控制項等，若有不足，則可自行加入。假設您的專案中會使用到一些影音檔或 Excel 檔，這些檔案要儲存於 APPDATA 資料夾，那麼可依照下列方式處理，以便隨同專案一起發行：

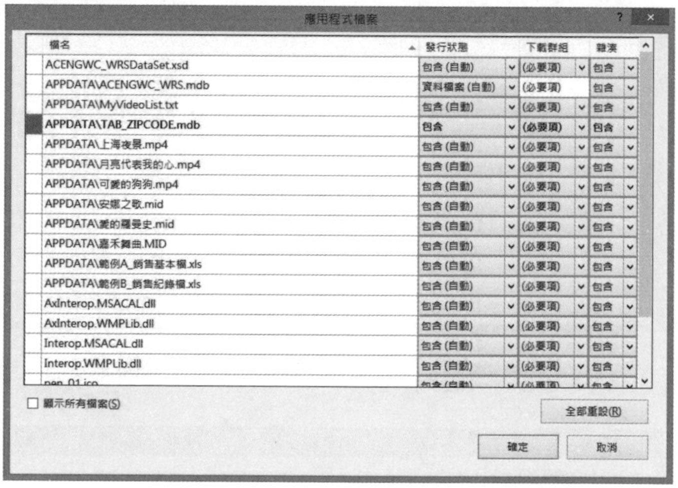

應用程式檔案

檔名	發行狀態	下載群組	雜湊
ACENGWC_WRSDataSet.xsd	包含 (自動)	(必要項)	包含
APPDATA\ACENGWC_WRS.mdb	資料檔案 (自動)	(必要項)	包含
APPDATA\MyVideoList.txt	包含 (自動)	(必要項)	包含
APPDATA\TAB_ZIPCODE.mdb	包含	(必要項)	包含
APPDATA\上海夜景.mp4	包含 (自動)	(必要項)	包含
APPDATA\月亮代表我的心.mp4	包含 (自動)	(必要項)	包含
APPDATA\可愛的狗狗.mp4	包含 (自動)	(必要項)	包含
APPDATA\安娜之歌.mid	包含 (自動)	(必要項)	包含
APPDATA\愛的羅曼史.mid	包含 (自動)	(必要項)	包含
APPDATA\嘉禾舞曲.MID	包含 (自動)	(必要項)	包含
APPDATA\範例A_銷售基本檔.xls	包含 (自動)	(必要項)	包含
APPDATA\範例B_銷售紀錄檔.xls	包含 (自動)	(必要項)	包含
AxInterop.MSACAL.dll	包含 (自動)	(必要項)	包含
AxInterop.WMPLib.dll	包含 (自動)	(必要項)	包含
Interop.MSACAL.dll	包含 (自動)	(必要項)	包含
Interop.WMPLib.dll	包含 (自動)	(必要項)	包含
pen_01.ico	包含 (自動)	(必要項)	包含

顯示所有檔案(S)　全部重設(R)　確定　取消

▲ 圖 10-10 發行及部署之 10_ 加入檔案之 1

在「方案總管」視窗內點選專案名稱，按滑鼠右鍵，再於快顯功能表上點選「加入」、「新增資料夾」，輸入資料夾名稱（例如 APPDATA），再點選此新增的資料夾，然後按滑鼠右鍵，再於快顯功能表上點選「加入」、「現有項目」，然後選取欲加入的檔案（請先於選檔視窗右下角切換類型，才能看見所需檔案），本例為「範例 A_ 銷售基本檔.xls」（如圖 10-11）。經此動作之後，系統會在專案所在資料夾之下建立一個新的資料夾（本例為 APPDATA），然後將前述所選取的檔案複製於該新資料夾之內。

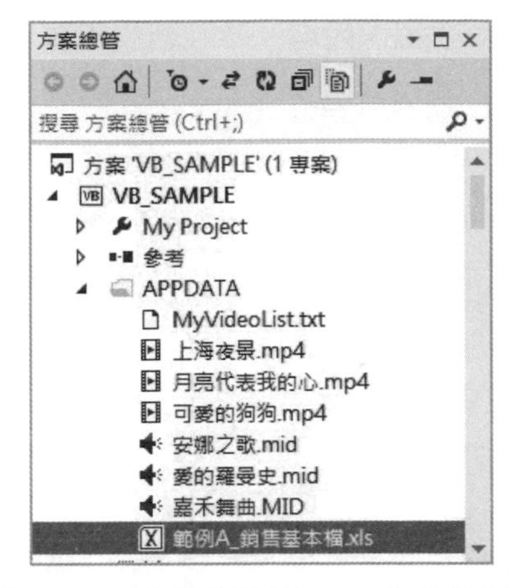

▲ 圖 10-11　發行及部署之 11_ 加入檔案之 2

在「方案總管」視窗內出現欲加入的檔案後，請點選該檔，然後按滑鼠右鍵，在快顯功能表上點選「屬性」，再於「屬性」視窗內點選左上角第一個圖示（分類），再點選「進階」前的＋號，展開其內的項目，此時請點選「建置動作」欄右方的下拉選單紐，再於下拉式選單中點選「內容」（如圖 10-12），經此一動作之後，才能將此一檔案包含於「發行」之中，在如圖 10-10 的視窗中就可看見新加入的檔案。若加入的檔案為 Access 等類型的資料檔，建議在如圖 10-10 的視窗中之「發行狀態」欄，將「資料檔案（自動）」改為「包含」，以便專案發行後，程式能正確存取到該等檔案。

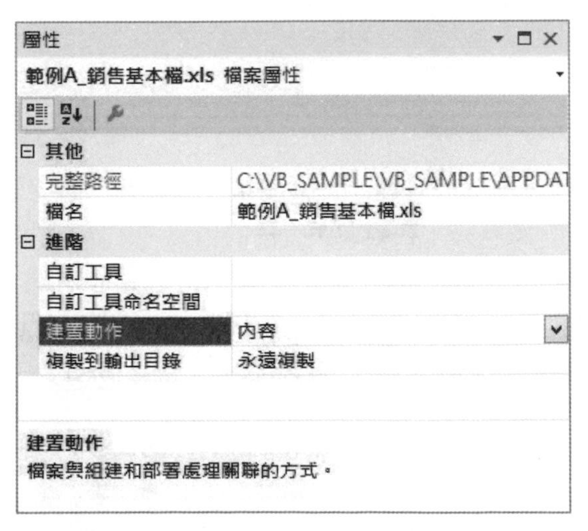

▲ 圖 10-12　發行及部署之 12_ 加入檔案之 3

在前述設定「建置動作」為「內容」時，建議將其下方的「複製到輸出目錄」設為「永遠複製」或「有更新時才複製」，這個動作有助於發行前的測試，因為當您按「開始」鈕或按下 F5 功能鍵執行偵錯時，它會將欲加入的資料夾及其檔案複製到…\bin\Debug\ 之下，否則就只能在發行後測試您的程式（註：偵錯階段存取 \bin\Debug\ 之下的檔案）。另外需注意，若所建置的檔案並非僅供讀取，而是要寫入資料，則應將「屬性」視窗內的「複製到輸出目錄」設為「有更新時才複製」，而不要設為「永遠複製」，否則每次測試都會重新 Copy 一次，前次寫入的資料就會被覆蓋掉。

假設使用了前述方法將一個影音檔及一個 Excel 檔隨同專案發行，在程式中要將影音檔以 Windows Media Player 播放，另外要將 Excel 檔複製到特定資料夾，則其撰寫方式如表 10-1。

表 10-1. 程式碼 _ 加入檔的使用方法

```
01  Private Sub B_01_Click(sender As Object, e As EventArgs) Handles B_01.Click
02      Dim MDESDIR As New DirectoryInfo("C:\DATA_VBSAMPLE")
03      If MDESDIR.Exists = False Then
04          MDESDIR.Create()
05      End If
06      Dim MDESFN01 As String = "C:\DATA_VBSAMPLE\範例A_銷售基本檔.xls"
07      FileCopy("APPDATA\範例A_銷售基本檔.xls", MDESFN01)
08      AxWindowsMediaPlayer1.URL = "APPDATA\可愛的狗狗.mp4 "
09  End Sub
```

表 10-1 第 8 行的指令可利用 Windows Media Player 播放名為「可愛的狗狗 .mp4」的影片，請注意其路徑的寫法。在專案發行後之執行時，該指令指向專案所在之下的 APPDATA 資料夾，在專案發行前的偵錯中，該指令指向專案所在之下的 \bin\Debug\APPDATA 資料夾。表 10-1 第 7 行的指令可將「範例 A_ 銷售基本檔.xls」複製至 C:\DATA_VBSAMPLE 資料夾，第 2 ～ 5 行指令會檢查 C:\DATA_VBSAMPLE 這個資料夾是否存在，若不存在，則建立之。

在如圖 10-5 的視窗中，按右下方的「必要條件」鈕，螢幕顯示如圖 10-13 的視窗，視窗內可指定所需的 .Net Framework 版本及 SQL Server Express 版本等。當 User 執行應用系統時，系統會檢查用戶端的電腦是否已安裝該等版本之軟體，若無，則會依照該視窗下方所指定的方式安裝，內定的方式為「從元件廠商的網站下載必要條件」。假設您的應用系統需要 .Net Framework 4.5 版，而 User 端的電腦所裝的版本較舊，那麼安裝系統時會詢問 User 是否要安裝新版本，經確認後就會自動從「微軟」網站下載並更新，對使用者非常方便。

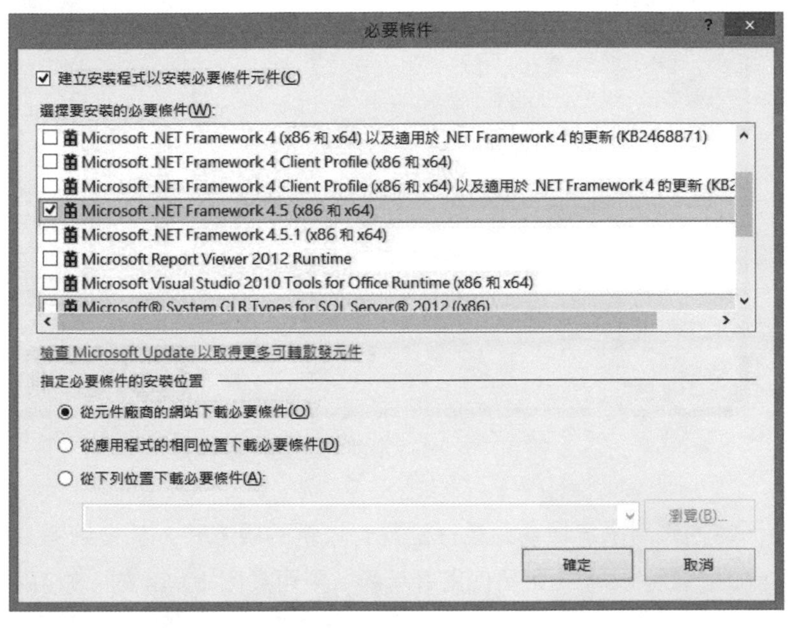

▲ 圖 10-13 發行及部署之 13_ 必要條件

在如圖 10-5 的視窗中，按右下方的「更新」鈕，螢幕顯示如圖 10-14 的視窗，在該視窗內可指定應用系統版本的檢查方式。如果您的應用系統要燒錄於光碟片，再交給 User 安裝使用（亦即光碟機安裝），則應取消該畫面上的所有勾選，不必作版本的檢查。如果您的應用系統要發行於網路磁碟機或網站，再由 User 安裝使用，則應勾選「應用程式應該檢查更新檔」，如此，User 端的應用系統就可自動檢查是否有新的版本可用，並執行更新作業。

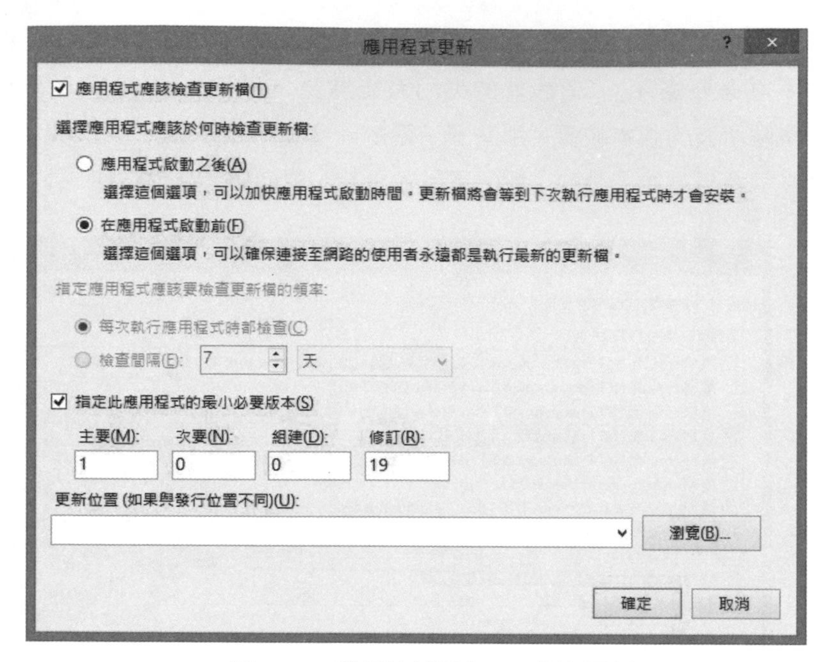

▲ 圖 10-14 發行及部署之 14_ 版本更新

當 User 端的應用系統檢查到發行位置有較新的版本時，就會詢問 User 是否要更新，如果強制 User 一定要使用最新版，則可於圖 10-14 的「修訂」方格內輸入與圖 10-5（發行頁面）所顯示的相同版本編號，若圖 10-5 之「修訂」欄為 20，則在圖 10-14 的「修訂」欄亦輸入 20，如此當 User 使用該應用系統時就不會出現詢問的訊息，而直接使用最新版。

在如圖 10-5 的視窗中，按右下方的「選項」鈕，螢幕會顯示如圖 10-15 的視窗，在此畫面可輸入發行者名稱及產品名稱等資料。點選左上角的「部署」，螢幕會顯示如圖 10-16 的視窗，若勾選「若是使用光碟安裝，在插入光碟後自動啟動安裝程式」，則會在發行資料夾位置產生一個 autorun.inf 檔，以方便 User 的安裝（插入光碟就會自動啟動安裝檔）。點選左上角的「資訊清單」，螢幕會顯示如圖 10-17 的視窗，請勾選「建立桌面捷徑」，如此當 User 安裝時，就會在其桌面自動產生捷徑，以方便使用者進入應用系統。

發行選項
描述
部署
資訊清單
檔案關聯
發行語言(P):
(預設)
發行者名稱(L):
台北好比應用系統
套件名稱(U):
產品名稱(N):
VB應用系統設計寶典
支援 URL(S):
錯誤 URL(E):
確定 取消

▲ 圖 10-15 發行及部署之 15_ 發行選項之 1

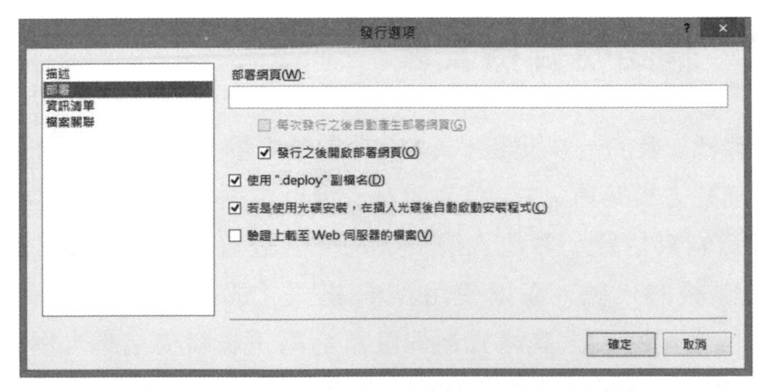

▲ 圖 10-16 發行及部署之 16_ 發行選項之 2

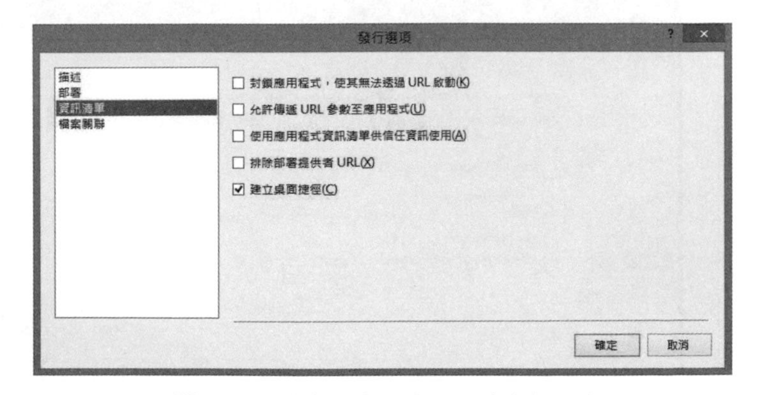

▲ 圖 10-17 發行及部署之 17_ 發行選項之 3

完成前述的設定之後，在如圖 10-5 的視窗中，按右下角的「立即發行」鈕即可完成發行作業。隨後將「發行資料夾」（註：本例為 C:\VB_SAMPLE_D）之內的全部檔案燒錄於光碟，即可交付給 User 使用。User 點擊光碟片之內的 Setup.exe 就可安裝使用。

Third Party 的函式庫（dll 檔），若要隨專案發行，應先在「方案總管」視窗內的「參考」項下，點選該等檔案，然後在「屬性」視窗內將「複製到本機」改為 True。進入專案「屬性」視窗，切換至「發行」頁面，然後按「應用程式檔案」鈕（圖 10-5），即可看見該等檔案的「發行狀態」為「包含（自動）」。該檔案會自動複製於 ..\bin\Debug 資料夾之內。

10-2 網路磁碟機安裝

網路磁碟機安裝的一般設定方式（包括啟動表單、圖示、編譯、參考及安全性等）與前述方式無異，主要差別是在「發行位置」之指定。請見圖 10-18，在「發行資料夾位置」需輸入網路磁碟機的位置，但請注意，此處不能使用網路磁碟機的代號，而須使用 UNC 格式（即 Universal Naming Convention「通用命名慣例」），其格式為伺服器名稱＋資料夾名稱，例如 \\goodone_server\VBSAMPLE。

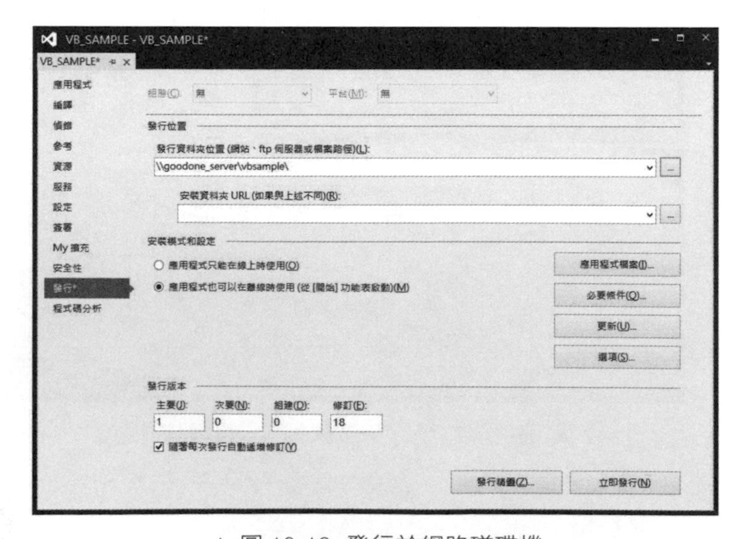

▲ 圖 10-18 發行於網路磁碟機

位置指定之後，按「立即發行」鈕，就會開始執行發行及上傳工作，完成後，螢幕下方的輸出畫面會顯示成功訊息。

客戶端 User 可使用「檔案總管」點擊前述發行位置之內的 Setup.exe，螢幕會出現如圖 10-19 的畫面，此時請按「安裝」鈕，即可進行安裝，安裝後桌面會出現一個圖示，點擊該圖示即可使用其應用系統。

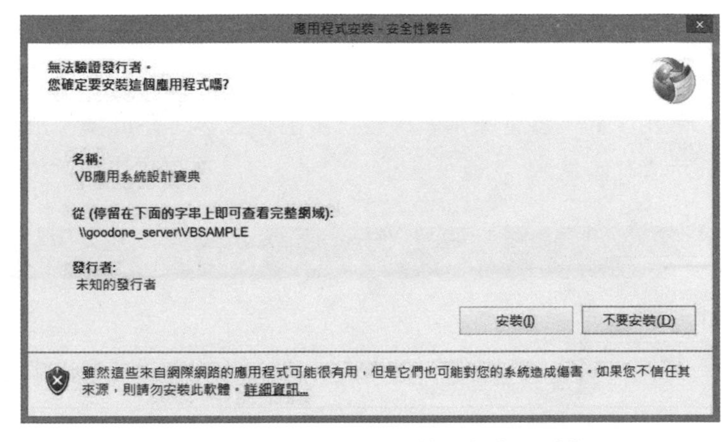

▲ 圖 10-19 從網路磁碟機安裝應用系統

程式更新時，User 無需重新執行前述的安裝動作，但會出現如圖 10-20 的訊息，詢問是否要使用新版本，若按「跳過」鈕，則會使用舊版系統（註：Visual Basic 會保留各次發行的版本）；若按「確定」鈕，則會安裝新版本的應用系統。

▲ 圖 10-20 版本更新確認訊息

若要強制 User 使用最新版本，則需於如圖 10-18 的畫面按「更新」鈕，然後勾選「指定此應用程式的最小必要版本」，再於「修訂」方格內輸入與圖 10-5 所顯示的相同版本編號（詳前段光碟機安裝之相關說明）。

10-3 網站安裝

網站安裝的一般設定方式(包括啟動表單、圖示、編譯、參考及安全性等)與前述兩種方式無異,主要差別是在「發行位置」之指定。請見圖10-21,在「發行資料夾位置」需輸入網站的 ftp 位址及目標資料夾,例如 ftp://123.151.133.41/VBSAMPLE/,「安裝資料夾 URL」則需輸入網址及目標資料夾,例如 http://www.goodone.com/vbsample/。位置指定之後,按「立即發行」鈕,螢幕會出現帳號及密碼的輸入畫面(圖 10-22),帳號及密碼輸入之後,按「確定」鈕,就會開始執行發行及上傳工作,完成後,螢幕下方的輸出畫面會顯示成功訊息。

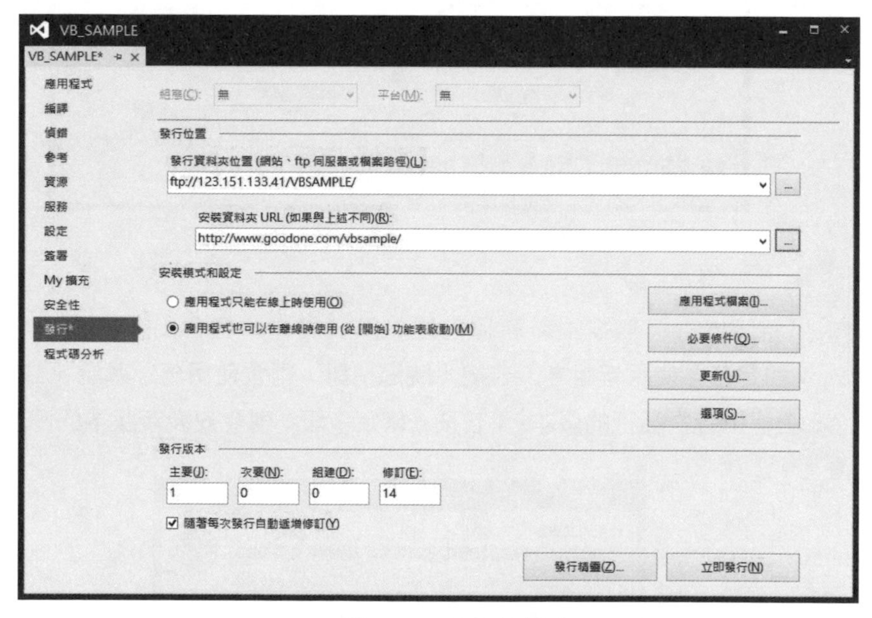

▲ 圖 10-21 發行於網站

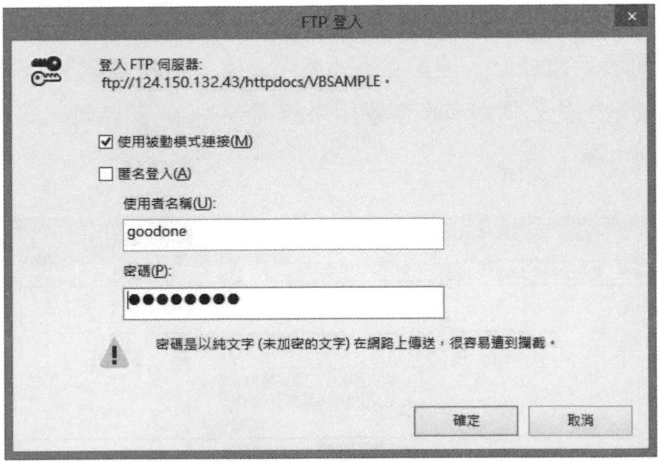

▲ 圖 10-22 登入伺服器之帳號及密碼

網站安裝完成後，User 進入瀏覽器，在網址列輸入 ftp 位址及目標資料夾，例如 ftp://123.151.133.41/VBSAMPLE/，螢幕會出現帳號及密碼的輸入畫面，帳號及密碼輸入之後，按「確定」鈕，螢幕出現如圖 10-23 的畫面，點選其中的「setup.exe」即可進行安裝工作。Windows 作業系統會出現警告訊息，此時不必理會，請按「仍要執行」鈕，再按照畫面的指示操作，安裝成功之後，桌面會產生圖示，點擊該圖示即可進入應用系統。若您的作業系統為 Windows 8，則會在動態磚畫面產生圖示，點擊該圖示同樣可進入應用系統。

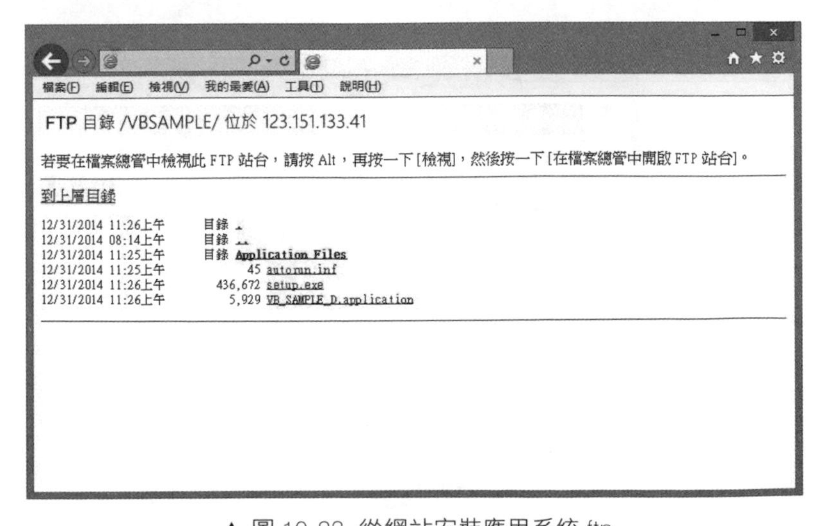

▲ 圖 10-23 從網站安裝應用系統 ftp

為方便 User 安裝，您可設計一個如圖 10-24 的 HTM 網頁並置放於網站上，網頁上的按鈕設定超連結，連結至 Setup.exe 檔，使用者只需按該按鈕就可進行安裝。尤其當您的公司內有多套應用系統需要 User 安裝時，這樣的設計可帶給同仁最大的方便。

▲ 圖 10-24 從網站安裝應用系統 web

當 User 進入應用系統時，系統會自動檢查是否有新的版本，若有，則螢幕出現如圖 10-25 的提示訊息，此時請按「確定」鈕即可自動更新，User 無需移除重裝。

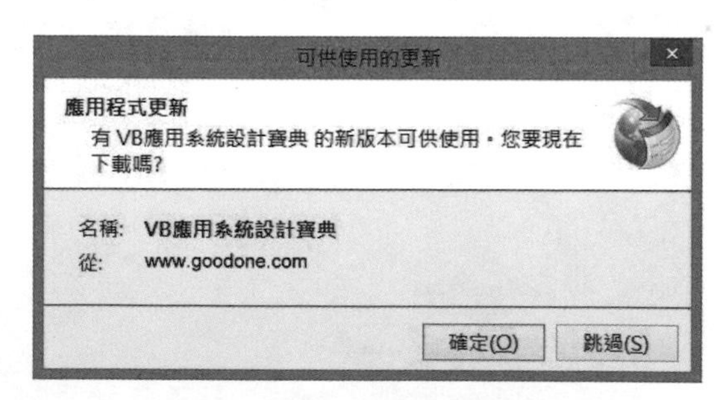

▲ 圖 10-25 版本更新確認訊息

10-4 安裝程式製作軟體

Visual Basic 所提供的 ClickOnce 這項工具很方便，但仍有一些缺憾，例如應用系統的解除安裝。若 User 要移除應用系統，須進入「控制台」，然後點選「程式集」之下的「解除安裝程式」，然後於開啟的視窗中點選應用系統名稱，再按「解除安裝」鈕。

讀者可以試試其他的軟體來封裝系統，看看是否更為方便，底下介紹 InstallSimple 的使用方法（讀者可自行至該公司網站 http://www.installsimple.com/download.htm 下載）。

進入 InstallSimple，首先出現的是歡迎畫面，按「Next」鈕，螢幕出現如圖 10-26 的視窗，該視窗有兩個欄位可輸入，Windows Title 所輸入的字串會顯示於安裝視窗的上方，通常為安裝之標題，例如「VB 應用系統設計寶典安裝程式」，Product Name 是產品名稱，例如「VB 應用系統設計寶典」，在安裝過程中會顯示給 User 參考。

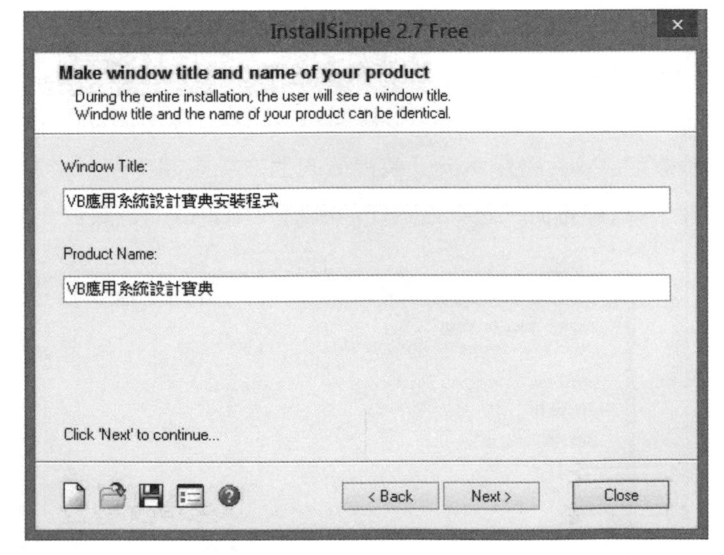

▲ 圖 10-26 系統封裝之 1_ 輸入安裝過程中所顯示的標題及系統名稱

前述兩欄輸入後，按「Next」鈕，螢幕出現如圖 10-27 的視窗，該視窗之 Message Text 方塊內可輸入有關軟體購買或安裝之訊息，該訊息會顯示在安裝的起始畫面。

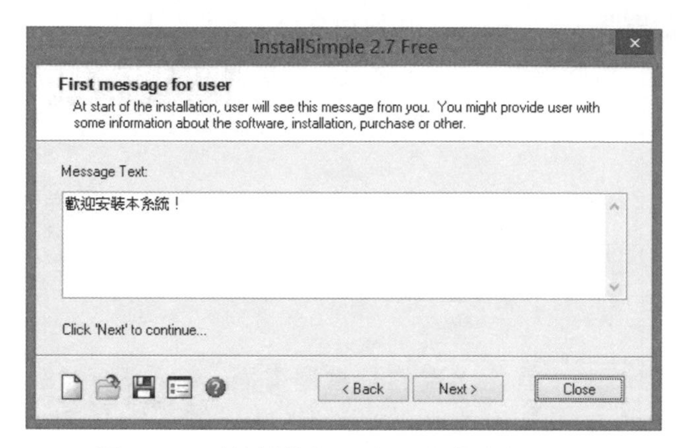

▲ 圖 10-27 系統封裝之 2_ 輸入安裝時之起始訊息

按「Next」鈕，螢幕出現如圖 10-28 的視窗，該視窗之 Message Text 方塊內可輸入安裝完成後的訊息。按「Next」鈕，螢幕出現如圖 10-29 的視窗，該視窗之 License Text 方塊內可輸入版權訊息。按「Next」鈕，螢幕出現如圖 10-30 的視窗，在該視窗內可選取三個背景圖（限 bmp 點陣圖）：Splash Screen 所選定之圖片會顯示於安裝的第一個畫面，並可指定顯示時間，亦可省略不用；Header 所選定之圖片會顯示於安裝視窗的上方標題欄；Wizard 所選定之圖片會顯示於安裝的歡迎畫面。若不指定任何圖檔，則會以內定顏色作為背景。

▲ 圖 10-28 系統封裝之 3_ 輸入安裝結束時之訊息

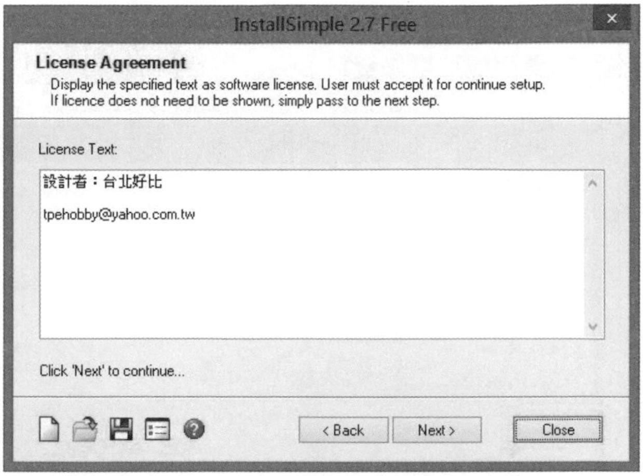

▲ 圖 10-29 系統封裝之 4_ 輸入版權訊息

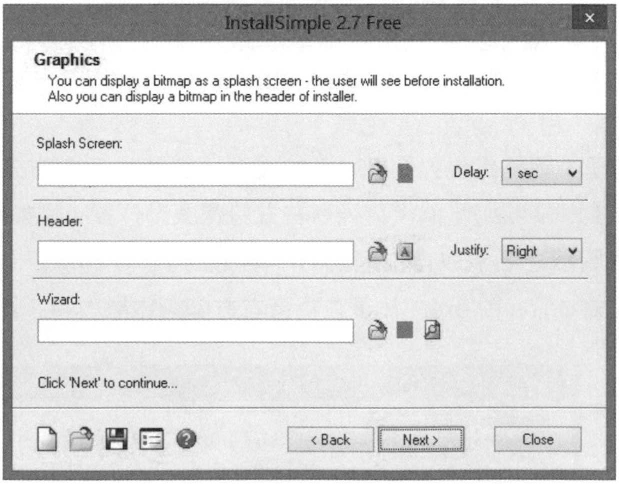

▲ 圖 10-30 系統封裝之 5_ 選取背景圖片

按「Next」鈕，螢幕出現如圖 10-31 的視窗，該視窗之 Source Folder 需指定應用系統之來源檔案夾，請注意此處須以 ..\bin\Debug 這個資料夾作為來源檔，而不能以發行資料夾（例如圖 10-5 的 C:\VB_SAMPLE_D）作為來源檔，因為發行資料夾之內已有 Setup.exe 安裝檔，兩者會衝突。Debug 資料夾之內儲存了完整的應用系統檔案，包括偵錯及編譯之後的檔案。Special Folder 及 Setup Path 需指定內定的安裝位置，Special Folder 有下拉式選單，可選定已存在的特殊檔案夾，例如 Program Files 等，Setup Path 則需指定次檔案夾（註：安裝時，

User 仍可指定不同的安裝位置，不建議安裝於 Program Files 等特殊檔案夾之下，以免因權限問題而無法增修資料）。

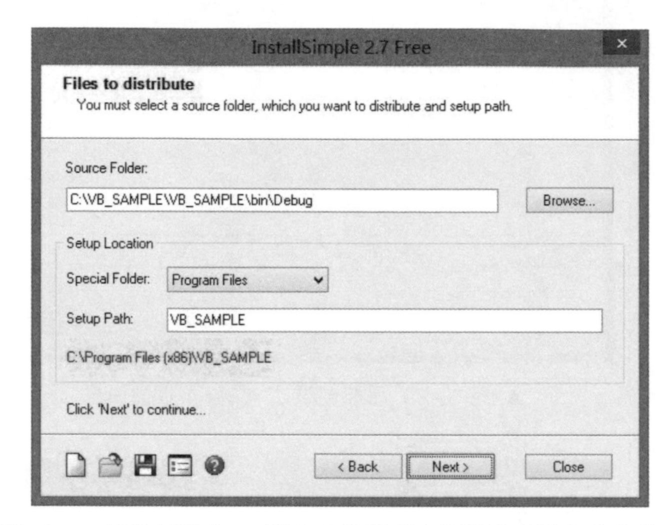

▲ 圖 10-31 系統封裝之 6_ 選取安裝程式來源檔案夾及內定安裝位置

按「Next」鈕，螢幕出現如圖 10-32 的視窗，在該視窗左方先選取主程式（例如 VB_SAMPLE_D.exe），然後在視窗右方勾選啟動位置，例如 Desktop「桌面」圖示。桌面圖示之名稱取自主程式名，本例為 VB_SAMPLE_D。在該視窗左方選取移除程式 Uninstall.exe，然後在視窗右方勾選啟動位置（圖 10-33）。

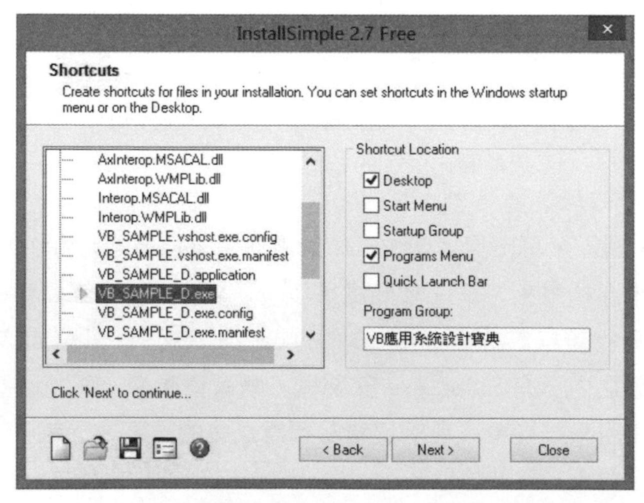

▲ 圖 10-32 系統封裝之 7_ 選取主程式及啟動方式

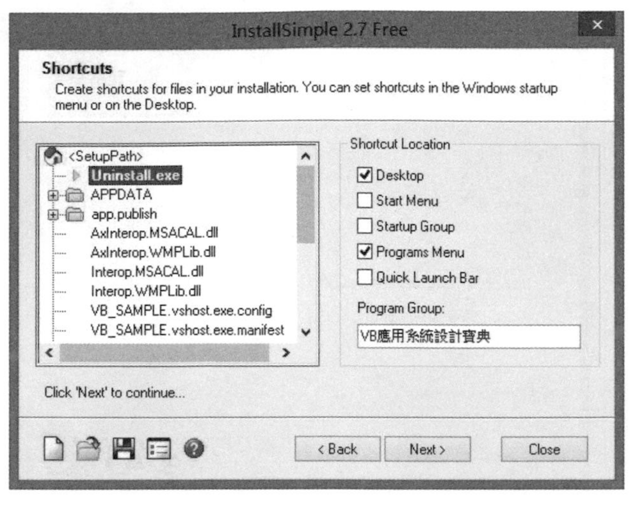

▲ 圖 10-33 系統封裝之 8_ 選取移除程式及其啟動方式

按「Next」鈕，螢幕出現如圖 10-34 的視窗，在該視窗可修改 Windows 註冊檔。按「Next」鈕，螢幕出現如圖 10-35 的視窗，在該視窗可選取所需的作業系統（內定為 Windows All）。按「Next」鈕，螢幕出現如圖 10-36 的視窗，在該視窗可指定是否重新啟動電腦。按「Next」鈕，螢幕出現如圖 10-37 的視窗，在該視窗點按「Build」鈕，即開始建立安裝檔。按「Build」鈕之前，最好點選視窗左下角的磁片圖示，將前述的過程存檔（註：檔名及存檔位置可自訂，副檔名為 ispro），以便下次呼叫使用，可省去重建資料的麻煩。

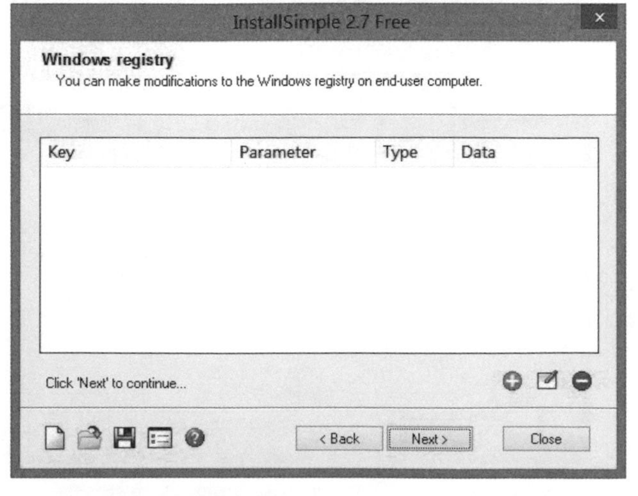

▲ 圖 10-34 系統封裝之 9_ 修改 Windows 註冊檔

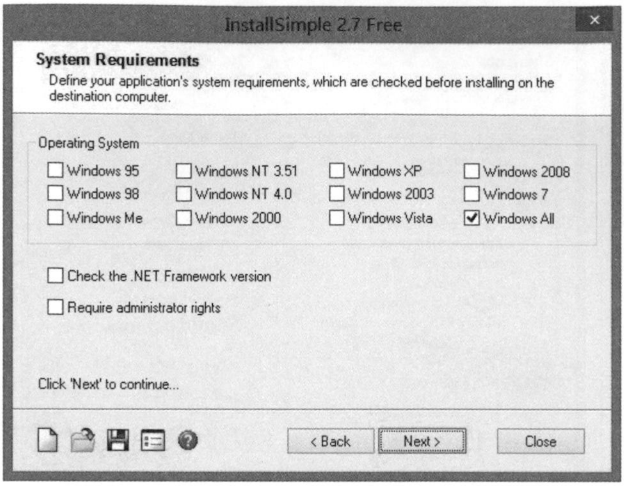

▲ 圖 10-35 系統封裝之 10_ 選取所需的作業系統

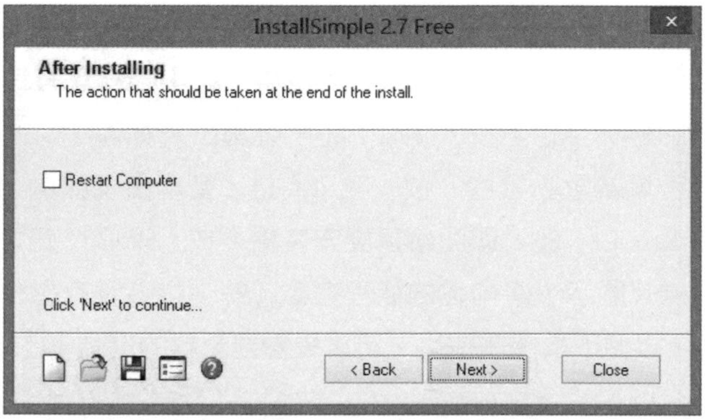

▲ 圖 10-36 系統封裝之 11_ 是否重新啟動電腦

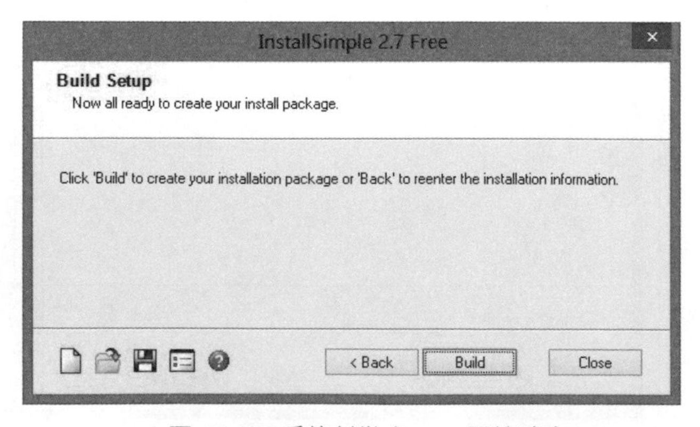

▲ 圖 10-37 系統封裝之 12_ 開始建立

安裝檔建立完成之後，會在 Source Folder 應用系統來源檔案夾（本例為 ..\bin\Debug）之內出現 Setup.exe（圖 10-38），將該檔燒錄於光碟或寄送給 User 即可使用。

▲ 圖 10-38 系統封裝之 13_ 完成畫面

10-5 暫存檔的儲存位置

使用前述的封裝軟體來製作安裝檔，會將應用系統安裝於特定資料夾，此時須注意檔案的存取問題。應用系統中不免會使用一些資料檔，這些資料檔可能是 Excel、Access、dbf 或 TXT 等不同類型的檔案，例如本書所附的範例 F_Video.vb，它會將 User 所選取的影音播放清單存入 MyVideoList.txt 文字檔，以便下次可讀取使用。如果應用系統安裝於 Program Files 或 Program Files (x86) 之下的資料夾（例如 C:\ Program Files (x86)\VB_SAMPLE），則會發生無法寫入的狀況，因為該等資料夾受到特別的保護，必須是系統管理員才能寫入，一般 User 只有讀取的權限。那麼該如何解決？

有幾個解決方案，但都會麻煩使用者。方法一，應用系統不要安裝於 Program Files 或 Program Files (x86) 之下，而要安裝於其他資料夾。方法二，以系統管理員的身分執行應用系統，其操作過程如下：

在應用系統的桌面圖示上按滑鼠右鍵，再於快顯功能表上點選「以系統管理員身分執行」。但此方法之效果只有一次，若要每次都以系統管理員的身分執行該應用系統執行，請在應用系統的桌面圖示上按滑鼠右鍵，再於快顯功能表上點選「內容」，然後在開啟的視窗上方點選「捷徑」標籤，按該畫面右下角的「進階」鈕，接著在開啟的視窗上點選「以系統管理員身分執行」，再按「確定」鈕即可。

使用 Windows 作業系統的 CACLS.exe 或 ICACLS.exe 來變更資料夾的存取權限是另一個解決方案，但仍需以系統管理員的身分執行 CACLS.exe 或 ICACLS.exe。若想省去 User 的麻煩，則需將相關指令寫成批次檔，但會與 VS 衝突（註：ClickOnce 不支援，執行時控制層級為 requireAdministrator）。故本書建議在應用系統執行時，由程式自動建立一個暫存檔案夾，應用系統處理過程中所使用的資料檔都在該檔案夾之內處理，尤其是在多人共用的應用系統中，更需如此處理，讓每一個 User 都有各自獨立的檔案可使用，以免互相干擾，範例如表 10-2，更詳細的程式碼請見 F_TempFile.vb。

表 10-2. 程式碼 _ 暫存檔的使用方法

```
01  Private Sub B_01_Click(sender As Object, e As EventArgs) Handles B_01.Click
02      Dim MDESDIR As New DirectoryInfo("C:\DATA_VBSAMPLE")
03      If MDESDIR.Exists = False Then
04          MDESDIR.Create()
05      End If
06
07      Dim MSOURCEFN01 As String = "APPDATA\MyVideoList.txt"
08      Dim MDESFN01 As String = "C:\DATA_VBSAMPLE\MyVideoList.txt"
09      FileCopy(MSOURCEFN01, MDESFN01)
10
11      Shell("C:\Windows\System32\cacls C:\DATA_VBSAMPLE /T /E /G Users:C")
12
13      Dim MFileName = "C:\DATA_VBSAMPLE\MyTestFile01.txt"
14      Dim MStreamWrite As StreamWriter = New StreamWriter(MFileName, False)
15      MStreamWrite.WriteLine(TextBox1.Text)
16      MStreamWrite.Flush()
17      MStreamWrite.Close()
18  End Sub
```

表 10-2 第 2 ～ 5 行程式可偵測 C:\DATA_VBSAMPLE 資料夾是否存在，若不存在，則使用 Create 方法建立。第 2 列以 DirectoryInfo 類別建立新的物件 MDESDIR，使用 DirectoryInfo 類別需引用命名空間 System.IO。表 10-2 第 9 行使用 FileCopy 將 MyVideoList.txt 文字檔複製至 C:\DATA_VBSAMPLE 資料夾。為了保險起見，第 11 行程式利用 Shell 函數執行外部指令 calcs，該指令可使一般 User 對 C:\DATA_VBSAMPLE 資料夾具有寫入的權限（註：資料夾建立之初，一般 User 只有讀取權）。第 13 ～ 17 行程式可將 TextBox1 文字盒的內容寫入 MyVideoList.txt 文字檔。

欲變更一般 User 對某一檔案夾的讀寫權限可使用 Windows 的 CACLS.exe 或 ICACLS.exe 指令。CACLS 是 Change Access Control Lists「變更存取控制清單」的縮寫，ICACLS 則是 Improved Change Access Control Lists「改進的變更存取控制清單」的縮寫。表 10-2 第 11 行程式最後有幾個參數說明如下：

- T 是變更目前目錄與其所有子目錄的 ACL 存取控制安全機制
- E 是編輯 ACL 而非取代 ACL（Access Control List）
- G 是授予某人存取權限
- User: 之後可接 R 讀取、C 寫入、F 完全控制

若要改用 ICACLS，則其寫法如下：

```
ICACLS C:\DATA_VBSAMPLE /grant Users:(DE,GR,GW,GE)
```

意思就是一般 User 對 C:\DATA_VBSAMPLE 這個資料夾有 DE 刪除、GR 一般讀取、GW 一般寫入、GE 一般執行之權，若將括號內的參數改為 F，例如：ICACLS C:\DATA_VBSAMPLE /grant Users:(F) ，則一般 User 對 C:\DATA_VBSAMPLE 這個資料夾有完全控制之權。請使用檔案總管點選 C:\DATA_VBSAMPLE 這個資料夾，按滑鼠右鍵，再於快顯功能表上點選「內容」，然後在開啟的視窗中點選「安全性」標籤，並於視窗中央點選「Users」，就可在視窗下方看見其權限的變化狀況。

若要以前述指令變更 Program Files 或 Program Files (x86) 之下的檔案夾之讀寫權限，則須以系統管理員的身分執行才有效，否則會傳回「存取被拒」的訊息。您可使用手動操作，以系統管理員的身分進入 DOS 命令視窗，然後再執行前述的指令即可改變權限，範例如下：

```
CACLS "C:\Program Files (x86)\VB_SAMPLE" /T /E /G Users:F
ICACLS "C:\Program Files (x86)\VB_SAMPLE" /grant Users:(DE,GR,GW,GE)
```

想要以系統管理員的身分執行 DOS 命令，可先在桌面上建立 DOS（命令提示字元）的捷徑，然後點擊該圖示，按滑鼠右鍵，再於快顯功能表上點選「以系統管理員的身分執行」即可。若使用 Windows 8 作業系統，請按 WinKey + X（註：WinKey 就是鍵盤左下角 Ctrl 和 Alt 之間的那個視窗按鍵），就會在桌面左下角彈出一個選單，請點選單上的「命令提示字元 (系統管理員)」即可。

另外，在程式執行中若需要偵測資料檔的所在位置可使用 Directory.GetCurrentDirectory() 方法，但只能適用於偵錯階段，而不適用於發行之後的執行，因為 ClickOnce 安裝之後是在快取記憶體中執行，故無法使用 Directory.GetCurrentDirectory() 來偵測。若有需要可使用 ApplicationDeployment 或 Application 類別上的 LocalUserAppDataPath，但與 Directory.GetCurrentDirectory() 相反的是，它們無法於偵錯階段使用。

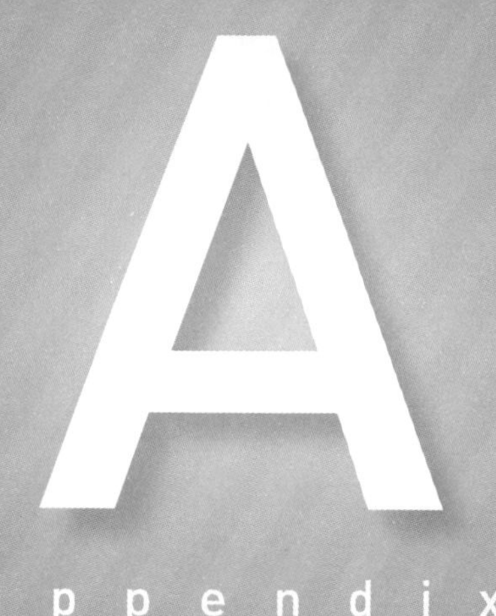

appendix

本書隨附範例之使用法及SQL Server使用摘要

本書範例檔儲存於 VB_SAMPLE 等資料夾（詳如下表），請直接將其複製於您的硬碟即可使用，每一範例均含有原始程式碼及其詳細的解說，讀者可在 Visual Basic 的環境中查看及測試。資料夾內的 Setup.exe 為安裝檔，安裝之後會在桌面上產生圖示，以方便 User 使用。

表 A-1

資料夾	說明
VB_SAMPLE	本書大部分範例檔儲存於此資料夾，包括介面設計、資料維護、查詢處理、自訂類別及系統配置之範例。
VB_SAMPLE_D	VB_SAMPLE 專案之安裝檔。
VB_CONSOLE	主控台應用程式之範例檔，主要章節 1-4。
VB_CONSOLE_D	VB_CONSOLE 專案之安裝檔。
VB_CONVERT	轉檔及列印之範例檔，主要章節 7。
VB_CONVERT_D	VB_CONVER 專案之安裝檔。
VB_DLL	DLL 函式庫之範例檔，主要章節 8-3.3。
VB_GRANT	帳號及授權管理之範例檔，主要章節 2-3 ～ 2-5。
VB_GRANT_D	VB_GRANT 專案之安裝檔。
VB_VIDEO	外部控制項之範例檔，主要章節 8-2。
VB_VIDEO_D	VB_VIDEO 專案之安裝檔。
VBSQLDB.mdf	SQL Server 範例資料庫。
VBSQLDB_log.ldf	SQL Server 範例資料庫之交易紀錄檔。

範例專案需使用 Visual Studio 2013 或 2015 開啟，Visual Studio 有多種版本，其中 Express 版及 Community 版可自「微軟」網站免費下載使用。安裝時需有 Microsoft 帳號，才能登入註冊，若無帳號，可在 http://www.msn.com/zh-tw 免費申請。Visual Studio 2013 可在 Windows 7 sp1 的環境下執行，Visual Studio 2015 則需要較高等級的作業系統，包括 Windows 8.1 及 Windows Server 2012R2 等。各版軟體之下載位址如下：

- Visual Studio Express 2013 for Windows Desktop

  http://www.microsoft.com/zh-tw/download/details.aspx?id=44914

- Visual Studio Community 2013

  https://www.visualstudio.com/zh-tw/downloads/download-visual-studio-vs.aspx

- Visual Studio 2015 Community

  https://www.visualstudio.com/products/free-developer-offers-vs.aspx

- SQL Server 2014 Express

  http://www.microsoft.com/zh-tw/download/details.aspx?id=42299

除了 Visual Studio 之外，請依照下列程序安裝 SQL Server 及本書隨附的資料庫（VBSQLDB.mdf），請先自「微軟」網站下載 SQL Server Express 之安裝程式，並予安裝，作業系統需要 Windows 7（含）以上的版本，若您已安裝則可省略此步驟。SQL Server 須為 2012（含）以上的版本，亦即 Version 為 2012 或 2014，Edition 為 Express、Standard 或 Enterprise 皆可。請依照畫面的指示並使用內定值操作，即可順利完成安裝，安裝之後請依照下列程序啟動通訊協定。

請點選「SQL Server 組態管理員」（註：如果您的作業系統是 Windows 7，可在程式集內找到，如果作業系統是 Windows 8，可在動態磚畫面找到），然後在開啟的視窗中展開左方的「SQL Server 網路組態」，點選其下的「SQLSEREVR 的通訊協定」（圖 A-1），再雙擊 TCP/IP，再於開啟視窗中將「已啟用」改為「是」（圖 A-2）；在視窗左方展開「SQL Native Client 11.0 組態」，再點選其下的「用戶通訊協定」，再雙擊 TCP/IP，再於開啟視窗中將「已啟用」改為「是」。

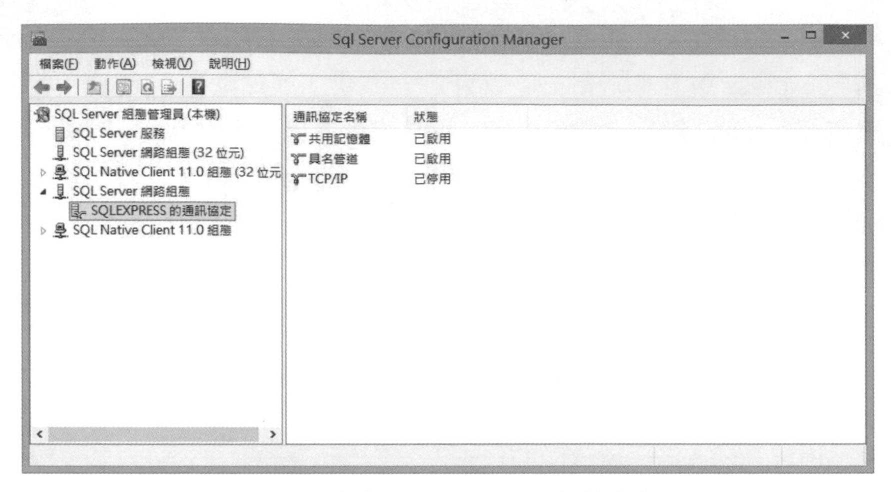

▲ 圖 A-1 啟動 SQLEXPRESS 通訊協定之一

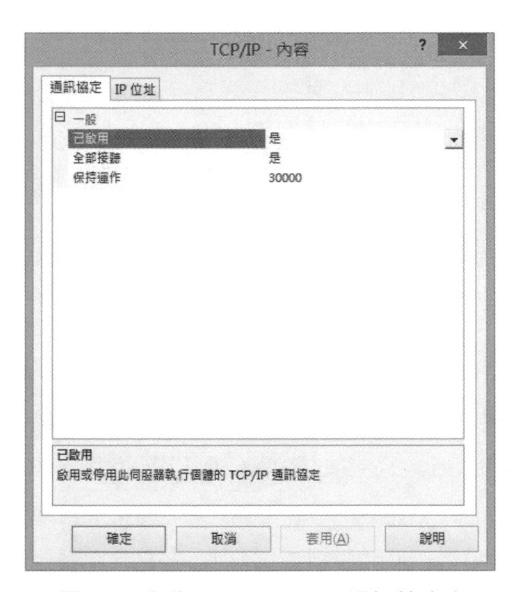

▲ 圖 A-2 啟動 SQLEXPRESS 通訊協定之二

請依照下列方法將本書隨附的資料庫附加於 SQL Server。請先將光碟中的 VBSQLDB.mdf 及 VBSQLDB_log.ldf 複製於 SQL Servr 的內定存檔位置。

- C:\Program Files\Microsoft SQL Server\MSSQL12.SQLSERVER\MSSQL\DATA

  (註：上述 MSSQL12 是指 SQL Server 2014 版，若是 2012 版則為 MSSQL11。)

檔案複製之後，請進入「SQL Server Management Studio」，然後在「物件總管」視窗內點選「資料庫」，按滑鼠右鍵，再於快顯功能表上點選「附加」，在開啟的視窗中按「加入」鈕（圖 A-3），點選前述已複製的 VBSQLDB.mdf，再按「確定」鈕即可。

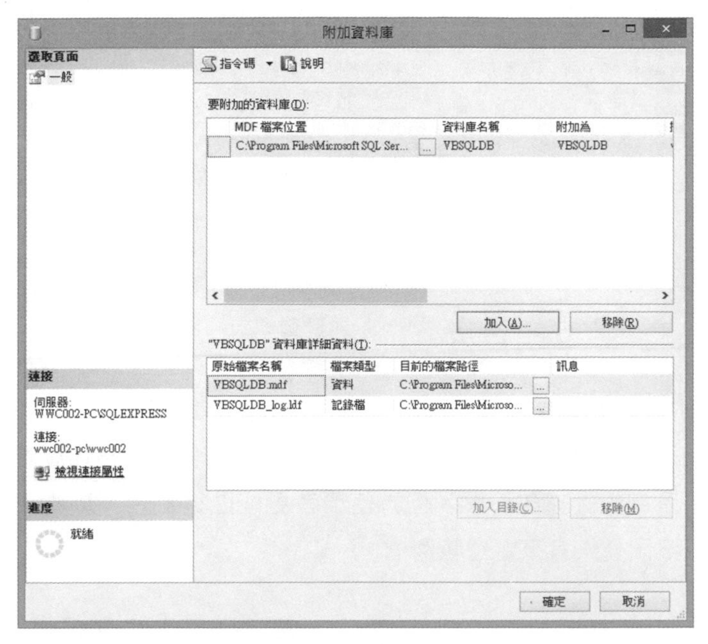

▲ 圖 A-3 附加資料庫

如欲修改 SQL Server 的資料表（例如欄位名稱或其類型），請進入「SQL Server Management Studio」，然後在上方命令列點選「工具」、「選項」，在開啟的視窗中展開左方的「設計師」，然後點選其之下的「資料表和資料庫設計工具」，再於視窗右方將「防止儲存需要資料表重建的變更」前面的勾號取消即可（圖 A-4）。

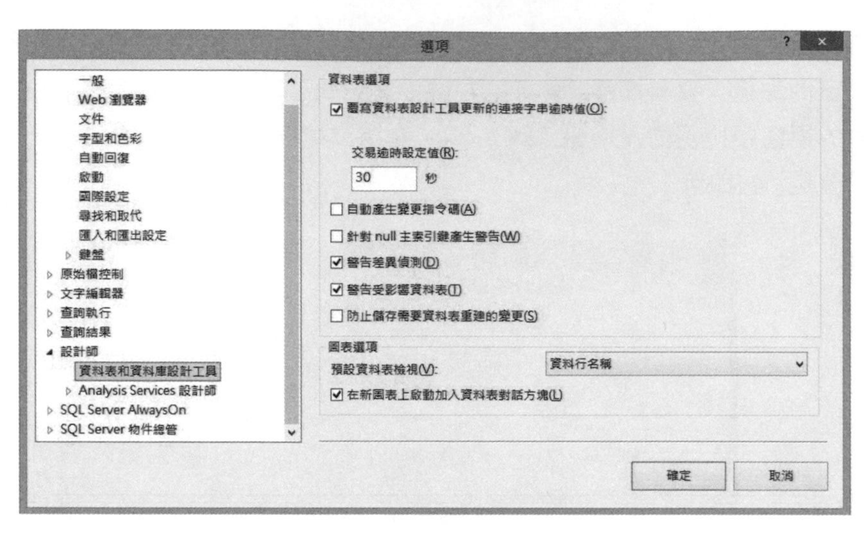

▲ 圖 A-4 允許修改資料表

資料庫附加之後請依照下列程序新增登入者 VBUSER01（密碼 abc-12345），並以 SQL Server 驗證模式登入。以系統管理員的身分當然可以存取本書隨附的資料庫，系統設計亦較簡單，但為使讀者更能貼近實務，以便設計出實用的系統，故以不同登入者來處理範例檔。

進入「SQL Server Management Studio」之後，在「物件總管」視窗內展開「安全性」，點選其下的「登入」，按滑鼠右鍵，在快顯功能表上點選「新增登入」，螢幕開啟如圖 A-5 的視窗，請於「登入名稱」輸入 VBUSER01，點選「SQL Server 驗證」，並輸入密碼 abc-12345 兩次，將「強制執行密碼逾期」前面的勾號取消。在視窗左方點選「使用者對應」，然後在視窗右方勾選 VBSQLDB，並於「預設結構描述」欄直接輸入 dbo（亦可點選該欄右方的小方格，然後在開啟的視窗中勾選 dbo），並於視窗下方勾選 db_owner（圖 A-6），再按「確定」鈕即可。

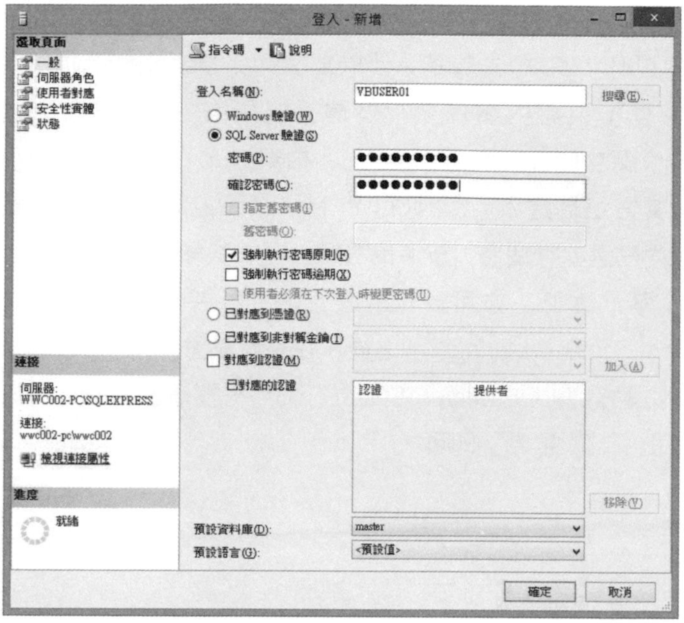

登入 - 新增

選取頁面
一般
伺服器角色
使用者對應
安全性實體
狀態

指令碼 說明

登入名稱(N): VBUSER01 搜尋(E)...
Windows 驗證(W)
SQL Server 驗證(S)
密碼(P): ●●●●●●●●●●
確認密碼(C): ●●●●●●●●●●
指定舊密碼(I)
舊密碼(O):
強制執行密碼原則(F)
強制執行密碼逾期(X)
使用者必須在下次登入時變更密碼(U)
已對應到憑證(R)
已對應到非對稱金鑰(T)
對應到認證(M) 加入(A)
已對應的認證 認證 提供者
移除(V)
預設資料庫(D): master
預設語言(G): <預設值>

連接
伺服器:
WWC002-PC\SQLEXPRESS
連接:
wwc002-pc\wwc002
檢視連接屬性

進度
就緒

確定 取消

▲ 圖 A-5 新增登入者之一

▲ 圖 A-6 新增登入者之二

如欲將 SQL Server 的資料庫（mdf 及 ldf 檔）複製出來，必須先停止 Database Engine 的運作，其方法為進入「SQL Server Management Studio」之後，在「物件總管」視窗內點選執行個體（例如 ABC\SQLEXPRESS），按滑鼠右鍵，再於快顯功能表上點選「停止」。檔案 Copy 出來後需重新啟動 Database Engine，其方法為進入「SQL Server Management Studio」之後，在「物件總管」視窗內點選執行個體，按滑鼠右鍵，再於快顯功能表上點選「啟動」。前述「停止」與「啟動」亦可於「組態管理員」中執行，其方法為進入「SQL Server Configuration Manager」之後，在視窗左方點選「SQL Server 服務」，再於視窗右方點選「SQL Server (SQLXPRSS)」，按滑鼠右鍵，再於快顯功能表上點選「停止」或「啟動」即可。

Visual Basic

B

appendix

流程控制之語法

B-1 For…Next

反覆執行結構內的程式若干次，For 之後接計數器（計算執行次數的變數），然後指定其初始值、終止值、遞增（減）值。範例如下，程式會由 1 累加至 5 為止，Mcount 為計數器，Step 之後接遞增（或遞減）值。本例計算結果為 15，中途欲離開迴圈，可用 Exit For，中途欲執行下一迴圈（將控制權轉移至迴圈的下一個反覆運算），可用 Continue For。

```
Dim Mcount As Integer = 1
Dim Mresult As Int32 = 0
For Mcount = 1 To 5 Step 1
    Mresult += Mcount
Next
MsgBox(Mresult)
```

B-2 Do While…Loop

While 之後接條件式，當條件成立時，反覆執行結構內的程式，直到條件不成立為止。範例如下，程式會由 1 累加至 5 為止，計算結果為 15，欲中途離開迴圈，可用 Exit Do。若拿掉 While，就是無限迴圈，結構內可另外設定條件式，當條件成立時，再使用 Exit Do 離開迴圈。

```
Dim Mcount As Integer = 1
Dim Mresult As Int32 = 0
Do While Mcount < 6
    Mresult += Mcount
    Mcount += 1
Loop
MsgBox(Mresult)
```

B-3 While…End While

While 之後接條件式，當條件成立時，反覆執行結構內的程式，直到條件不成立為止。範例如下，程式會由 1 累加至 5 為止，計算結果為 15，欲中途離開迴圈，可用 Exit While。

```
Dim Mcount As Integer = 1
Dim Mresult As Int32 = 0
While Mcount < 6
    Mresult += Mcount
    Mcount += 1
End While
MsgBox(Mresult)
```

B-4 Do…Loop While

Do While 是當條件成立時，才開始反覆執行結構內的程式，直到條件不成立為止，但本敘述是先執行結構內的程式一次，再檢查條件是否成立，若成立，則繼續結構內的程式，直到條件不成立為止。範例如下，程式會由 1 累加至 5 為止，計算結果為 15，欲中途離開迴圈，可用 Exit Do。

```
Dim Mcount As Integer = 1
Dim Mresult As Int32 = 0
Do
    Mresult += Mcount
    Mcount += 1
Loop While Mcount < 6
MsgBox(Mresult)
```

1 2 3 4 5 6 7 8 9 10 A B C D E

B-5 Do…Loop Untile

反覆執行結構內的程式，直到 Untile 條件成立為止。範例如下，程式會由 1 累加至 5 為止，計算結果為 15，欲中途離開迴圈，可用 Exit Do。

```
Dim Mcount As Integer = 1
Dim Mresult As Int32 = 0
Do
    Mresult += Mcount
    Mcount += 1
Loop Until Mcount > 5
MsgBox(Mresult)
```

B-6 Do Untile…Loop

反覆執行結構內的程式，直到 Untile 條件成立為止。範例如下，程式會由 1 累加至 5 為止，計算結果為 15，欲中途離開迴圈，可用 Exit Do。

```
Dim Mcount As Integer = 1
Dim Mresult As Int32 = 0
Do Until Mcount > 5
    Mresult += Mcount
    Mcount += 1
Loop
MsgBox(Mresult)
```

B-7 For Each…Next

逐一處理集合物件中的每一元素，下列範例可將 DataGridView「資料網格檢視」控制項的每一列之高度設為 24。For Each 之後接變數名稱（本例為 mrow），代表集合物件中的每一元素，As 之後指定其型別，In 之後接集合物件，本例為 DataGridView1.Rows，是指資料網格檢視控制項的列集合（所有資料列）。調整 DataGridView 的列高須將 AutoSizeRowsMode 屬性設為 DataGridViewAutoSizeRowsMode.None，設定高度則需使用 Height 屬性。

```
For Each mrow As Object In DataGridView1.Rows
    mrow.Height = 24
Next
```

B-8 If…End If

依據 If 之後的條件式決定執行方向，若條件成立，則執行 Then 之後的程式，若條件不成立，則執行 Else 之後的程式，下列範例可回應 User 的輸入是否正確。

```
Dim Manswer = Interaction.InputBox("請輸入任一數字", "Input")
If Information.IsNumeric(Manswer) = False Then
    MsgBox("請輸入數字!", 0 + 16, "Error")
Else
    MsgBox("輸入正確!", 0 + 48, "OK")
End If
```

B-9 Select Case…End Select

本敘述依據狀況決定程式執行方向，若所需判斷的狀況只有「是」與「否」兩種，則用前述 If…End If 來處理，若所需判斷的狀況在兩種以上，則應使用本敘述。Select Case 後接運算式或變數，代表需被判斷的資料，Case 後接條件，若條件成立，則執行其下的程式。下述範例根據金額來判斷考績，Case 之後所接的條件可為數字或文字，若有多個，可用逗號分隔，若為連續數字，可用 to 表示，例如 5 to 10，Case Else 代表其他狀況。

```
Dim Mperformance As String
Dim Mreward = Interaction.InputBox("請輸入金額", "Input")
Select Case Mreward
    Case 30000
        Mperformance = "優"
    Case 20000
        Mperformance = "甲"
    Case 10000
        Mperformance = "乙"
    Case Else
        Mperformance = "其他"
End Select
MsgBox("考績：" + Mperformance, 0 + 48, "OK")
```

B-10 With…End With

當同一物件有多個陳述式要重複執行時，使用此敘述就無需一再指定物件名稱，而大幅簡化語法。下述範例在設定 TextBox1 文字盒的多個屬性，因為使用了 With 敘述，故每個屬性前面的物件名稱都可省略。

```
With TextBox1
    .BackColor = Color.White
    .ForeColor = Color.Red
    .Multiline = True
End With
```

B-11 Try…End Try

程式撰寫錯誤可在編譯的過程中發現，但有些錯誤是在程式執行時期才會發現，例如 User 輸入或匯入的資料不正確，此時若無適當的程式來處理這些異常狀況，就會導致程式中斷而讓 User 不知所措。

舉例來說，使用 Financial 類別的 Rate 方法可計算貸款利率，該方法需要三個參數（貸款期數、每期還款金額、貸款總金額），假設某人向銀行貸款 500 萬元，分 30 年還款，每年還款 25 萬 2962 元，使用 Rate 方法就可求出年利率為 3%。在應用系統中，我們可設計三個文字盒 T_Periods、T_Amt、T_Loan，分別儲存前述的三個參數，然後讓 User 輸入其貸款資料，即可求出他們想要知道的答案。但是這樣的設計是不夠的，因為 User 所輸入的資料可能不合理而導致程式中斷，例如貸款金額小於還款金額，以前述的例子來說，若 User 不小心將 500 萬打成 5 萬元就會發生異常。故需將 Rate 方法置於 Try 敘述中（範例如下），一旦發生異常時，螢幕就會呈現錯誤訊息，以本例而言就是「無法使用提供的引數來計算比率」，並離開該程序，以免程式中斷而讓 User 不知所措。

受監控的程式置於 Try 之下，Catch 之後接例外（異常狀況）類別，例如 Catch ex As ArgumentException（引數錯誤）、Catch ex As DivideByZeroException（除數為零）、Catch ex As OverflowException（溢位）等，ex 為物件變數，儲存例外訊息，該物件變數的名稱可自訂（例如取名為 Merror）。Catch 之下可接例外（異常狀況）發生時的處理程式，下述範例會呈現錯誤訊息並離開程序，或使用 Exit Try 離開 Try 敘述，再接續 End Try 之後的程式。一個 Try 敘述中可以置入多個 Catch，以捕捉不同的例外（異常狀況），並以不同程式來處理；如果不知會發生何種例外狀況，可寫成 Catch ex As Exception，以捕捉所有的例外。如有需要，可在最後一個 Catch 之後使用 Finally 關鍵字，無論是否有例外（異常狀況）都要執行的程式可置於 Finally 之下。

```
Dim Manswer As Double
Dim Mperiods As Integer = Convert.ToInt16(T_Periods.Text)
Dim Mamt As Double = Convert.ToDouble(T_Amt.Text) * -1
Dim Mloan As Double = Convert.ToDouble(T_Loan.Text)
Try
Manswer = Financial.Rate(Mperiods, Mamt, Mloan)
Catch ex As Exception
MsgBox(ex.ToString, 0 + 16, "Error")
    Exit Sub
End Try
MsgBox("利率為：" + Math.Round(Manswer, 2).ToString, 0 + 64, "OK")
```

Visual Basic

C

appendix

資料庫處理類別之常用屬性及方法

C-1 OleDbConnection 資料庫連接類別

欲處理 Access、Excel 及 Text 等類型的檔案，需先使用 Oledb 開頭的 Connection 物件，以便打通連接管道，隨後才能使用 Command 等物件下達 SQL 指令，以便進行資料的增刪修或讀取。使用此物件的典型方法是如下的建構函式，在 OleDbConnection 的括號內置入連接字串變數，連接字串的寫法如下三例。

```
Dim MSTRconn As String = "Provider=Microsoft.ACE.Oledb.12.0; _
Data Source=D:\TEST\VBACCESSDB.accdb"
```

本例可連接 Access 資料庫，Provider 之後接提供者，安裝舊版的 MS Office 應使用 Microsoft.Jet.OLEDB.4.0，Data Source 之後接資料庫名稱及其路徑。實際範例請見 F_ACCESS01.vb。

```
Dim MSTRconn = "Provider=Microsoft.ACE.OLEDB.12.0;Data Source= D:\TEST\銷售統計.
xlsx;Extended Properties='Excel 12.0;HDR=No;IMEX=1';"
```

本例可連接 Excel 檔，Extended Properties 之後接延伸屬性，其中 HDR=Yes 表示 Excel 工作表的第一列為欄名，No 則表示第一列不是欄名，IMEX=1 表示文數字混雜的欄位資料視為文字來處理，若要寫入 Excel 檔，則不能使用 IMEX 屬性，讀取 Excel 檔才能使用。延伸屬性的第一個參數為 Excel 版本，若安裝舊版的 MS Office，則應指定為 Excel 8.0 等。Extended Properties= 之後的參數要用單引號括起來，否則會出現錯誤訊息。實際範例請見 F_EXCEL01.vb。

```
Dim MSTRconn As String = "Provider=Microsoft.ACE.Oledb.12.0;Data Source=C:\
TEST\;Extended Properties='text;HDR=NO;FMT=CSVDelimited'"
```

本例可連接逗號分隔的文字檔，Data Source 之後接文字檔所在的資料夾，延伸屬性的第一個參數為 text，FMT 屬性指定文字檔類型，例如 TabDelimited、CSVDelimited、Delimited(",")、FixedLength 等。實際範例請見 F_FileSystem.vb。

建構函式	建立資料庫連接物件，並予初始化，下例可建立新的物件 Oconn，括號內的變數為連接字串。 `Dim Oconn As New OleDbConnection(MSTRconn)`
Open 方法	開啟資料庫連接。
Close 方法	關閉資料庫的連接。
Dispose 方法	釋放資源。

GetSchema 方法	可傳回資料來源的結構描述資訊，它是一個資訊集合，包括工作表名稱等，這些資訊可存入資料表，範例如下：
	`Dim O_Information As DataTable`
	`O_Information = Oconn_1.GetSchema("Tables")`
	括號內為結構描述的對象，例如 Tables、Columns、Indexes 等，若不指定，則傳回一般摘要資訊，實際範例請見 F_SheetChoice.vb 的 B_PickUp_Click 事件程序。

C-2 OleDbCommand 資料庫命令類別

Command 命令物件可執行 SQL 指令或預存程序，以便向資料來源（Access 等資料庫）執行增刪修及讀取等工作。

建構函式	建立資料庫命令物件，並予初始化，下例可建立新的物件 Ocmd，括號內有兩個參數，分別為 SQL 指令與連結物件。 `Dim Ocmd As New OleDbCommand( Msqlstr, Oconn)`
Connection 屬性	取得或設定資料庫連接物件。
CommandText 屬性	取得或設定 SQL 指令。

Parameters 屬性	取得參數集合，搭配其 AddWithValue 方法可指定具名參數之值，下例可將字串 abc 指定給具名參數 @t1。 `Ocmd.Parameters.AddWithValue( "@t1", DbType.String).Value = "abc"`
Dispose 方法	釋放資源。
ExecuteNonQuery 方法	執行 SQL 指令（包括 Update、Insert 和 Delete 陳述式），並傳回受影響的資料列數。 `Dim Mno As Integer = Ocmd.ExecuteNonQuery()`

ExecuteReader 方法	執行 SQL 指令，並將傳回的資料存入 OleDbDataReader 資料讀取器，本方法適用於不涉資料增刪修的單純讀取工作，範例如下。
	`Dim Odataread As OleDbDataReader`
	`Odataread = Ocmd.ExecuteReader()`

ExecuteScalar 方法	數量執行方法，可執行查詢，並傳回單一查詢結果。下例名為 Ocmd 的命令物件執行 ExecuteScalar 方法，可計算資料表 TEST01 中 qty 欄的合計，並存入變數 Mtotal 中。SQL 指令通常搭配 sum 合計、avg 平均、max 最大、min 最小、count(*) 資料列總數、stdev() 標準差、var() 變異數等函數來執行計算。
	`Dim Msql As String = _`
	`"Select SUM(qty) From TEST01"`
	`Dim Ocmd As New OleDbCommand( Msql, Oconn)`
	`Dim Mtotal As Double = 0`
	`Mtotal = Ocmd.ExecuteScalar()`

C-3 OleDbDataReader 資料庫讀取器

DataReader 資料讀取器可由資料庫逐筆讀取資料（非一次將全部資料都存入用戶端記憶體），可降低系統負荷，但必須與來源資料一直保持連接（註：與 DataSet 不同，資料集可離線作業，需要擷取或更新來源資料時才連線，但較耗用記憶體）。DataReader 是透過 Command 物件的 ExecuteReader 方法來執行 SQL 指令，以讀取資料，讀取效率高，適用於不涉資料增刪修的單純讀取工作。

FieldCount 屬性	傳回讀取器中的欄位數目。
HasRows 屬性	傳回讀取器中是否有資料，若有一個或更多資料列，則傳回 True，否則傳回 False。

Item 屬性	傳回讀取器中某一行的資料，範例如下，括號內可為欄位順序（由 0 起算）或欄名。
	`Odataread_0 = Ocmd.ExecuteReader()`
	`Dim Mcheck As String=Odataread_0.Item(0)`

Read 方法	讀取 DataReader 的一筆資料，並將檔案指標移往下一筆的起始位置，如果有下一筆則傳回 True，否則傳回 False，搭配 Do Loop 迴圈即可逐筆讀取資料，範例如下，迴圈中置入前述的 Item 屬性，可傳回目前資料列的某一欄資料。
	`Do While Odataread_0.Read() = True`
	`....................`
	`Loop`

Close 方法	關閉資料讀取器。

C-4 OleDbDataAdapter 資料轉接器

DataAdapter 資料轉接器是 DataSet 資料集（記憶體中的資料庫）與資料來源（硬碟中的 Access 等資料庫）之間的橋梁，透過本物件可取得資料來源之紀錄及更新資料來源。

建構函式	建立資料庫轉接器物件，並予初始化，下例可建立新的物件 ODataAdapter，括號內為 SQL 指令及連接物件。
	`Dim ODataAdapter As New _`
	`OleDbDataAdapter(Msqlstr, Oconn)`

SelectCommand 屬性	設定 Select 指令，以讀取資料庫的資料。
InsertCommand 屬性	設定 Insert 指令，以新增資料庫的資料。
UpdateCommand 屬性	設定 Update 指令，以更新資料庫的資料。
DeleteCommand 屬性	設定 Delete 指令，以刪除資料庫的資料。
Dispose 方法	釋放資源。
Fill 方法	將來源資料填入資料集的資料表，範例如下，括號內有兩個參數，前者為資料集的名稱，後者為資料表的名稱。 `ODataAdapter.Fill(ODataSet_1, "Table01")`

Update 方法	執行 Insert、Update 或 Delete 指令，以便將資料集中的資料更新至資料庫。下例會將 ODataSet_1 資料集中的 Table01 資料表的資料更新至資料轉接器所連接的資料庫，並傳回更新的筆數。
	`Dim Mno As Integer = _`
	`ODataAdapter.Update(ODataSet_1, "Table01")`

C-5 DataSet 資料集

DataSet 資料集相當於記憶體中的資料庫，一個資料集可含有多個 DataTable 資料表。

Tables 屬性	傳回資料集中資料表的集合。
AcceptChanges 方法	認可對資料集所做的變更。
Clear 方法	移除資料集中所有資料表的所有資料列。
Dispose 方法	釋放資源。

C-6 DataTable 資料表

DataTable 為記憶體中的資料表，可作為硬碟資料表處理之中介。本物件可在記憶體中建立全新的資料表，亦可根據硬碟資料表產生，其相關方法可執行資料的新增及篩選等工作。

下段程式可為資料表 O_TempTable 加入一列資料，該列資料有兩欄。

```
Dim O_NewRow As DataRow
O_NewRow = O_TempTable.NewRow()
O_NewRow.Item(0) = "A0001"
O_NewRow.Item(1) = 12345
O_TempTable.Rows.Add(O_NewRow)
O_TempTable.AcceptChanges()
```

Columns 屬性	取得資料行的集合。
DefaultView 屬性	取得資料表的預設檢視表（含資料）。

PrimaryKey 屬性	取得或設定資料表的主索引鍵。
	下例可設定資料表 O_DataTable 的 datano 欄為主索引鍵，先宣告陣列 Akeys（型別為資料欄物件），然後將資料表的欄位指定給它，最後再使用 PrimaryKey 屬性指定主索引鍵。因為主索引鍵可能由多個欄位組成，故須先宣告資料欄陣列，再將該陣列指定為主索引鍵。
	`Dim Akeys(1) As DataColumn`
	`Akeys(0) = O_DataTable.Columns("datano")`
	`O_DataTable.PrimaryKey = Akeys`
	取消主索引鍵的方式如下：
	`O_DataTable.PrimaryKey = Nothing`

Rows 屬性	取得資料列的集合。
	Rows 屬性後接行列索引（前者為列，後者為行，需用括號括住，均由 0 起算），可傳回特定格位的資料。下例可傳回 ODataSet_1 資料集的 Table01 資料表的第 6 列第 3 行的資料。
	`Dim Mcheck As Object = _`
	`ODataSet_1.Tables("Table01").Rows(5)(2)`

AcceptChanges 方法	認可對資料表所做的變更。
Clear 方法	清除資料集內所有的資料表，下例會清除資料集 ODataSet_1 中所有資料表的所有資料列。 `ODataSet_1.Tables.Clear()`

Compute 方法	進行資料表的運算。下例先宣告資料表 O_DataTable，然後使用 Compute 方法計算 amount 欄的合計，Compute 括號內有兩個參數，第一個為運算式，第二個為篩選條件，不能省略，參數之間以逗號分隔，且前後要加雙引號。
	`Dim O_DataTable As DataTable = _`
	`ODataSet_1.Tables("Table01")`
	`Dim Mtotal As Double`
	`Mtotal = O_DataTable.Compute( _`
	`"Sum(amount)", "staff_no like '%'")`
	若要計算某一部門的員工人數，可用下述範例，EID 為員工編號的欄位名稱，dept 是部門名稱的欄位名稱，Mdept 是儲存某一部門名稱的變數，Compute 方法之第一個參數中使用 count 函數計算資料筆數，另外請注意第二個參數的寫法，以便套用於不同部門。
	`Dim Mqty As Integer = 0`
	`Mqty = O_DataTable.Compute( _`
	`"count(EID)", "dept='" + Mdept + "'")`

Copy 方法	複製資料表的結構和資料，下例會將 O_TempTable 資料表複製為 O_Table02。
	`Dim O_Table02 As DataTable`
	`O_Table02 = O_TempTable.Copy()`

Dispose 方法	釋放資源。

NewRow 方法	建立新的 DataRow「資料列」，該資料列的結構與資料表相同。下例會依據資料表 O_TempTable 的結構，建立新的資料列。
	`Dim O_NewRow As DataRow`
	`O_NewRow = O_TempTable.NewRow()`

<table>
<tr><td>Select 方法</td><td>取得所有符合篩選條件的資料，並可存入資料列陣列。下例會篩選 Table01 資料表中「cost」大於 1000 者，首先宣告資料表 O_Table（資料從 Table01 複製而來），然後設定條件變數 Mexpression，並將其指定給 Select 方法，篩選出來的資料會存入 A_match 資料列陣列，隨後可使用 For Each 迴圈將合於條件的資料列顯示於文字盒。DataRow 資料列物件是含有欄名的，故可用欄位名稱或欄位索引順序（由 0 起算）取出某行之值。
<pre>
Dim O_Table As DataTable = _
ODataSet_1.Tables("Table01")
Dim Mexpression As String = "cost>1000"
Dim A_match() As DataRow
A_match = O_Table.Select(Mexpression)
TextBox1.Text = A_Match.Length
For Each O_Row In A_Match
    TextBox2.Text = O_Row("cost")
    TextBox3.Text = O_Row(3)
Next
</pre></td></tr>
</table>

C-7 DataRow 資料列

處理資料表中一整列資料的物件，當我們要在資料表中新增資料時，就會用到此物件。先使用資料表的 NewRow 方法新增一筆資料列，此資料列的結構會與資料表相同，隨後將資料置入資料列，再用資料表的 Rows.Add 方法併入資料表。

<table>
<tr><td>Item 屬性</td><td>取得或設定資料列中某行的資料。下例會將名為 O_NewRow 的資料列中的第 2 行的資料置入 TextBox1 文字盒，Item 括號內可為欄位索引（由 0 起算），或欄位名稱（須加雙引號）。
<pre>
TextBox1.Text = O_NewRow.Item(1)
</pre></td></tr>
<tr><td>AcceptChanges 方法</td><td>認可對資料列所做的變更。</td></tr>
</table>

IsNull 方法	判斷資料列中某行的資料是否含有 Null 值。下例會檢查名為 O_NewRow 的資料列中的第 2 行是否為 Null。 `If Not O_NewRow.IsNull(1) Then`
RejectChanges 方法	拒絕對資料列所做的變更。

C-8 DataColumn 資料行

處理資料表中一整行資料的物件，當我們要在資料表中新增欄位時，會用到此物件，例如自動增加一欄「金額」，該欄之值由「單價」欄乘以「數量」欄而得。

AllowDBNull 屬性	資料行是否允許 Null 值。
Caption 屬性	取得或設定資料行的標題，範例如下。
ColumnName 屬性	取得或設定資料行的名稱，範例如下。

DataType 屬性	取得或設定資料行的資料型別，下例可建立資料行 O_col，並將其資料型別設為 Double，標題及欄名設為「金額」，不允許 Null 值且唯讀，該欄之值由 Price 欄乘以 Qty 欄而得，資料行之值無須唯一，然後使用 Columns.Add 方法將該資料行加入 O_TempTable 資料表。
	`Dim O_col As New DataColumn`
	`O_col.DataType = _`
	`System.Type.GetType("System.Double")`
	`With O_col`
	`    .Caption = "金額"`
	`    .ColumnName = "金額"`
	`    .AllowDBNull = False`
	`    .ReadOnly = True`
	`    .Expression = "Price * Qty"`
	`    .Unique = False`
	`End With`
	`O_TempTable.Columns.Add(O_col)`

	DataType 所支援的資料型別有： Boolean、Byte、Char、DateTime、Decimal、Double、Guid、Int16、Int32、Int64、SByte、Single、String、TimeSpan、UInt16、UInt32、UInt64
DefaultValue 屬性	取得或設定資料行的預設值。
Expression 屬性	設定資料行的運算式，範例如上。
ReadOnly 屬性	設定資料行是否唯讀，範例如上。
Unique 屬性	設定資料行之值是否必須是唯一的，範例如上。

C-9 DataView 資料檢視表

DataView 相當於記憶體中的檢視表，可對 DataTable 進行排序及篩選等工作。

Count 屬性	傳回資料檢視表的資料筆數。
Item 屬性	取得資料檢視表某一項的資料，下例可將資料檢視表 O_DV 第 2 列第 3 欄的資料存入文字盒，Item 之後為列索引及行索引，均由 0 起算，須以括號括住。 `TextBox2.Text = O_DV.Item(1)(2)`

RowFilter 屬性	指定篩選運算式。下例可篩選出資料檢視表（本例取名 O_DataView）中「編號」欄之值與 TextBox1 文字盒的內容相同者，等號之後為運算式，其中的比較值若為文字，則其前後要加單引號，數字則無需，例如 " 單價 >1000"。
	`O_DataView.RowFilter = _`
	`"編號='" + TextBox1.Text + "'"`

Sort 屬性	設定資料檢視表的排序方式。等號之後為運算式，其內指定欄位名稱及其排序順序，ASC 代表遞增，DESC 代表遞減，若有多個欄位可用逗號分隔。下例使用建構函式宣告 O_DV 資料檢視表（會複製 Table01 的資料），然後以

	「國家」欄遞增及「價格」欄遞減排序，最後顯示於資料網格檢視控制項。
	`Dim O_DV As DataView = _`
	`New DataView(ODataSet_1.Tables("Table01"))`
	`O_DV.Sort = "國家 ASC,價格 DESC"`
	`DataGridView1.DataSource = O_DV`

Find 方法	在排序欄尋找指定值，若找到，則傳回其資料列的索引（亦即列號，由 0 起算），若找不到，則傳回 -1。下例會在名為 O_DV 的資料檢視表之「編號」欄尋找「A01」。尋找欄須經排序，尋找值之前後要加雙引號。
	`O_DV.Sort = "編號 ASC"`
	`Dim Mcheck As Int32 = O_DV.Find("A01")`

FindRows 方法	在排序欄尋找指定值，若找到，則傳回所有符合條件的資料列（所有欄位），並可存入 DataRowView 資料列檢視陣列。查詢條件欄可為多個欄位，這些欄位都須先排序。
	下例使用建構函式宣告 O_DV 資料檢視表（會複製 Table01 的資料），然後以「city」欄遞增及「kind」欄遞增排序，再宣告 A_Match 為資料列檢視陣列，用以儲存查找出來的資料，FindRows 括號內為陣列值，需以大括號括住，其意是「city」欄為「台中」且「kind」欄為「鳳梨」者，隨後可使用 For Each 迴圈將合於條件的資料列顯示於文字盒。DataRowView「資料列檢視」物件是含有欄名的，故可用欄位名稱或欄位索引順序（由 0 起算）取出某行之值。
	`Dim O_DV As DataView = New _`
	`DataView(ODataSet_1.Tables("Table01"))`
	`O_DV.Sort = "city ASC,kind ASC"`
	`Dim A_Match() As DataRowView = _`
	`O_DV.FindRows({"台中", "鳳梨"})`
	`TextBox1.Text = A_Match.Length`
	`Dim O_Row As DataRowView`
	`For Each O_Row In A_Match`
	`    TextBox2.Text =O_Row("price")`
	`    TextBox3.Text =O_Row.item(0)`
	`Next`

C-10 SqlConnection 資料庫連接類別

欲處理 SQL Server 資料庫，需先使用本物件打通連接管道，隨後才能使用 Command 等物件下達 SQL 指令，以便進行資料的增刪修或讀取。使用此物件的典型方法是如下的建構函式，在 SqlConnection 的括號內置入連接字串變數，連接字串的寫法如下。

```
Dim MSTRconn As String = "Data Source=執行個體名稱; _
Initial Catalog=資料庫名稱;User ID=使用者帳號; _
Password=使用者密碼;Trusted_Connection=驗證方式"
```

Data Source 之後指定 SQL Server 伺服器名稱（亦即執行個體名稱，例如 Localhost\SqlExpress 或 XXX\SQLEXPRESS，XXX 為電腦名稱），Initial Catalog 屬性指定欲處理的資料庫名稱，User ID 屬性指定使用者帳號，Password 屬性指定使用者密碼，Trusted_Connection 屬性指定登入 SQL Server 的驗證方式，若設為 True，則表示直接透過信任連線連接，故不需要指定帳號及密碼，Trusted_Connection=True 亦可寫為 Integrated Security=SSPI，各關鍵字之間需以 ; 號分隔。實際範例請見 F_SQL01.vb 或 F_SQL02.vb。

建構函式	建立資料庫連接物件，並予初始化，下例可建立新的物件 Oconn，括號內的變數為連接字串。 `Dim Oconn As New SqlConnection(MSTRconn)`
Open 方法	開啟資料庫連接。
Close 方法	關閉資料庫連接。
Dispose 方法	釋放資源。

GetSchema 方法	可傳回資料來源的結構描述資訊，它是一個資訊集合，包括工作表名稱等，這些資訊可存入資料表，範例如下（Oconn 為連接物件）：
	`Dim O_Information As DataTable`
	`O_Information = Oconn.GetSchema("Tables")`
	括號內為結構描述的對象，例如 Tables、Columns、Indexes 等，若不指定，則傳回一般摘要資訊。

C-11 SqlCommand 資料庫命令類別

本物件可執行 SQL 指令或預存程序，以便向資料來源（SQL Server 資料庫）執行增刪修及讀取等工作。

建構函式	建立資料庫命令物件，並予初始化，下例可建立新的物件 Ocmd，括號內有兩個參數，分別為 SQL 指令與連結物件。
	`Dim Ocmd As New SqlCommand( _`
	`Msqlstr, Oconn)`

Connection 屬性	取得或設定資料庫連接物件。
CommandText 屬性	取得或設定 SQL 指令或預存程序。

Parameters 屬性	取得參數集合，搭配其 AddWithValue 方法可指定具名參數之值，下例可將 123 指定給具名參數 @t1。
	`Ocmd.Parameters.AddWithValue( _`
	`"@t1", SqlDbType.Int).Value = 123`

Dispose 方法	釋放資源。
ExecuteNonQuery 方法	執行 SQL 指令（包括 Update、Insert 和 Delete 陳述式），並傳回受影響的資料列數。 `Dim Mno As Integer = Ocmd.ExecuteNonQuery()`

ExecuteReader 方法	執行 SQL 指令，並將傳回的資料存入 SqlDataReader 資料讀取器，本方法適用於不涉資料增刪修的單純讀取工作，範例如下。
	`Dim Odataread As SqlDataReader`
	`Odataread = Ocmd.ExecuteReader()`

ExecuteScalar 方法	數量執行方法，可執行查詢，並傳回單一查詢結果。下例名為 Ocmd 的命令物件執行 ExecuteScalar 方法，可計算資料表 TEST01 中 qty 欄的合計，並存入變數 Mtotal 中。SQL 指令通常搭配 sum 合計、avg 平均、max 最大、min 最小、count(*) 資料列總數、stdev() 標準差、var() 變異數等函數來執行計算。
	`Dim Msql As String = _`
	`"Select SUM(qty) From TEST01"`
	`Dim Ocmd As New SqlCommand( _`
	`Msql, Oconn)`
	`Dim Mtotal As Double = 0`
	`Mtotal = Ocmd.ExecuteScalar()`

C-12 SqlDataReader 資料庫讀取器

SqlDataReader 資料讀取器可由資料庫逐筆讀取資料（非一次將全部資料都存入用戶端記憶體），可降低系統負荷，但必須與來源資料一直保持連接（註：與 DataSet 不同，資料集可離線作業，需要擷取或更新來源資料時才連線，但較耗用記憶體）。SqlDataReader 是透過 SqlCommand 物件的 ExecuteReader 方法來執行 SQL 指令，以讀取資料，讀取效率高，適用於不涉資料增刪修的單純讀取工作。

FieldCount 屬性	傳回讀取器中的欄位數目。
HasRows 屬性	傳回讀取器中是否有資料，若有一個或更多資料列，則傳回 True，否則傳回 False。

Item 屬性	傳回讀取器中某一行的資料，範例如下，括號內可為欄位順序（由 0 起算）或欄名。
	`Odataread_0 = Ocmd.ExecuteReader()`
	`Dim Mcheck As String=Odataread_0.Item(0)`

Read 方法	讀取 SqlDataReader 資料讀取器的一筆資料，並將檔案指標移往下一筆的起始位置，如果有下一筆則傳回 True，否則傳回 False，搭配 Do Loop 迴圈即可逐筆讀取資料，範例如下，迴圈中置入前述的 Item 屬性，可傳回目前資料列的某一欄資料。
	`Do While Odataread_0.Read() = True`
	`.....................`
	`Loop`

Close 方法	關閉資料讀取器。

GetSqlInt32 方法	取得 SqlDataReader 資料讀取器某行之值並轉換為 32 位元帶正負號的整數。下例可將名為 Odataread_0 的資料讀取器的第一行之值轉換為 SqlInt32 型別，加 1 之後存入變數 Mno。本方法可取得資料並作型別轉換，處理速度較快。其他類似的方法有 GetFloat、GetSqlString、GetSqlBinary 等。GetSqlInt32 是 SQL Server 專用方法，如果若是處理 OleDbDataReader 的資料需使用 GetInt32、GetString 等方法。
	`Dim Mno As SqlInt32 = 0`
	`Mno = Odataread_0.GetSqlInt32(0) + 1`

C-13 SqlDataAdapter 資料轉接器

SqlDataAdapter 資料轉接器是 DataSet 資料集（記憶體中的資料庫）與資料來源（硬碟中的 SQL Server 資料庫）之間的橋梁，透過本物件可取得資料來源之記錄及更新資料來源。

建構函式	建立資料庫轉接器物件，並予初始化，下例可建立新的物件 ODataAdapter，括號內為 SQL 指令及連接物件。
	`Dim ODataAdapter As New _`
	`SqlDataAdapter(Msqlstr, Oconn)`

SelectCommand 屬性	設定 Select 指令，以讀取資料庫的資料。
InsertCommand 屬性	設定 Insert 指令，以新增資料庫的資料。
UpdateCommand 屬性	設定 Update 指令，以更新資料庫的資料。
DeleteCommand 屬性	設定 Delete 指令，以刪除資料庫的資料。
Dispose 方法	釋放資源。
Fill 方法	將來源資料填入資料集的資料表，範例如下，括號內有兩個參數，前者為資料集的名稱，後者為資料表的名稱。 `ODataAdapter.Fill(ODataSet_1, "Table01")`

Update 方法	執行 Insert、Update 或 Delete 指令，以便將資料集中的資料更新至資料庫。下例會將 ODataSet_1 資料集中的 Table01 資料表的資料更新至資料轉接器所連接的資料庫，並傳回更新的筆數。
	`Dim Mno As Integer = _`
	`ODataAdapter.Update(ODataSet_1, "Table01")`

C-14 SqlCommandBuilder 資料庫命令建構類別

本物件可自動產生 Insert、Delete 及 Update 等 SQL 指令，資料轉接器可據以更新其所調節的 SQL Server 資料庫，可免除撰寫相關指令的麻煩。

建構函式	建立資料庫命令建構物件，並予初始化，下例可建立新的物件 O_CB1，括號內為資料轉接器物件。
	`Dim O_CB1 As New _`
	`SqlCommandBuilder(ODataAdapter)`

GetInsertCommand 方法	產生在資料庫上執行插入時所需之 SQL 指令。下例使用命令建構物件（本例取名為 C_CB1）的 GetInsertCommand 方法，產生插入資料所需的 SqlCommand 命令物件，然後使用資料轉接器（取名為 ODataAdapter）的 Update 方法來呼叫命令建構物件所產生的 SQL 指令，並根據資料集中的資料表（取名為 Table01）更新資料來源（即資料轉接器所調節的 SQL Server 資料庫）。實際範例請見 F_SQL02.vb 的 B_ADD_Click 事件程序。
	`Dim O_CB1 As New _`
	`SqlCommandBuilder(ODataAdapter)`
	`O_CB1.GetInsertCommand(True)`
	`ODataAdapter.Update(ODataSet, "Table01")`

GetDeleteCommand 方法	產生在資料庫上執行刪除時所需之 SQL 指令。實際範例請見 F_SQL02.vb 的 B_Delete_Click 事件程序。
GetUpdateCommand 方法	產生在資料庫上執行修改時所需之 SQL 指令。實際範例請見 F_SQL02.vb 的 B_Modify_Click 事件程序。
Dispose 方法	釋放資源。

D

chapter

控制項之常用屬性、事件及方法

本附錄共計收集了 45 個控制項的説明，另為方便查閱，特將「表單」的常用屬性、事件及方法一併納入。所有項目均按英文字母排列，以利查找，較複雜的控制項則會附上圖片及範例（或指出在本書何處可找到更詳細的説明及實例）。

D-1 BackgroundWork 背景工作控制項

本控制項可將程式的部分工作丟到背景去執行，程式的其他工作則留在前景（主執行緒）執行，以達到同時執行不同工作之目的（詳本書第 5 章第 5 節的説明）。本控制項為非視覺化控制項，在表單上看不見，但將其從工具箱拖入表單之後（螢幕下方會有小圖示），才能撰寫相關程式。範例檔請見 F_Backgroundwork.vb 的下列事件程序及 New() 建構函式：

```
B_GO_Click
BackgroundWorker1_DoWork
BackgroundWorker1_ProgressChanged
BackgroundWorker1_RunWorkerCompleted
```

成員	說明
CancellationPending 屬性	如果程式已要求取消背景作業（已呼叫了 CancelAsync 方法），則本屬性之值為 true，否則為 false。
IsBusy 屬性	偵測背景工作是否正在執行。「屬性」視窗中無此項目，必須在程式中使用。
WorkerReportsProgress 屬性	將本屬性設為 True 時，背景工作控制項就會報告進度更新。
WorkerSupportsCancellation 屬性	將本屬性設為 True 時，背景工作控制項就會支援取消作業。

成員	說明
DoWork 事件	當程式呼叫 RunWorkerAsync 方法時，會引發本事件，本事件通常放置主要工作的處理程式。
ProgressChanged 事件	當程式呼叫 ReportProgress 方法時，會引發本事件，本事件通常放置工作進度報告的程式。
RunWorkerCompleted 事件	當背景工作已完成、取消或引發例外狀況時所發生的事件。在本事件內可撰寫背景工作結束後要處理工作的程式，例如 Timer1.Enabled = False，停止計時器的工作。
CancelAsync 方法	本方法可停止背景工作，並將 CancellationPending 屬性設為 true，本方法會引發 RunWorkerCompleted 事件，在該事件內可撰寫背景工作結束後要處理的工作程式，例如停止計時器的工作。
ReportProgress 方法	本方法會引發 ProgressChanged 進度變更事件，以便報告背景工作的進度，例如 BackgroundWorker1.ReportProgress(1)，ReportProgress 的括號內為進度值，它必須是數字，ReprotProgress 會將此參數傳遞給 ProgressChanged 事件，該事件的 e.ProgressPercentage 會接收此參數。
RunWorkerAsync 方法	開始執行背景作業，本方法會啟動 BackgroundWorker 的 DoWork 事件程序，該事件程序為背景作業，通常放置主要工作的處理程式。

D-2 Button 按鈕控制項

成員	說明
BackColor 屬性	指定背景色，可在色盤內挑選或直接輸入 RGB 三原色之值，例如 255,128,64。若要設為透明，可點選（或直接輸入）Transparent。若要在程式中指定 RGB 三原色值，需使用 FromArgb 關鍵字，例如： `BackColor = Color.FromArgb(0, 128, 0)`
BackGroundImage 屬性	指定背景圖。
FlatStyle 屬性	平面樣式，計有 Flat、Popup、Standard、System 等。
FlatAppearance 屬性	外觀，FlatAppearance.BoderColor「邊框顏色」、FlatAppearance.BoderSize「邊框大小」、FlatAppearance.MouseDownBackColor「按下滑鼠鍵時的背景色」、FlatAppearance.MouseOverBackColor「滑鼠經過時的背景色」。
Font 屬性	字型屬性，Font.Name「字型名稱」、Font.Size「字型大小」。
ForeColor 屬性	字型顏色，可在色盤內挑選或直接輸入 RGB 三原色之值。
Size 屬性	尺寸屬性，Size.Width「寬度」、Size.Height「高度」。
Text 屬性	取得或設定按鈕上的文字。
TextAlign 屬性	按鈕上的文字之對齊方式，計有 MiddleCenter 等 9 種。
Visible 屬性	可見與否，內定值為 True，若要暫時隱藏，應設為 False。
Click 事件	按下按鈕時觸發的事件。

成員	說明

MouseHover 事件	滑鼠指標停留在本控制項的事件。可利用本事件變更按鈕的前景色及背景色（黑底白字）：
	`Button1.ForeColor = Color.White`
	`Button1.BackColor = Color.Black`

MouseLeave 事件	滑鼠指標離開本控制項的事件。可利用本事件變更按鈕的前景色及背景色（白底黑字）：
	`Button1.ForeColor = Color. Black`
	`Button1.BackColor = Color. White`

D-3 Chart 圖表控制項

本控制項可產生各類圖表，例如長條圖、橫條圖、圓餅圖、折線圖、雷達圖等。圖表構成要素包括 ChartArea「圖表區」、Title「標題」、Legend「圖例」、Axis（分為 X 軸及 Y 軸）等，如下圖所示。相關名詞（例如 Series「數列」、DataPoint「資料點」）請參考第 6 章的說明，範例檔請見 F_Chart.vb。

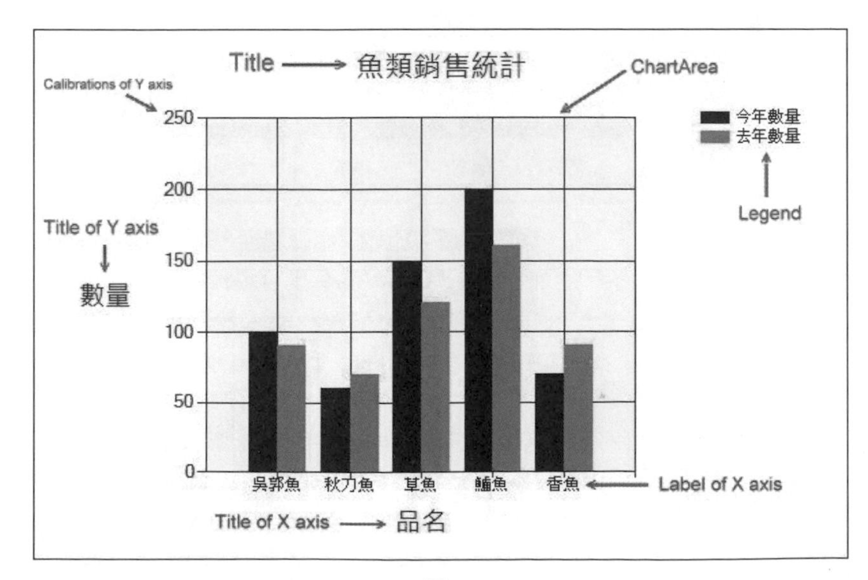

▲ 圖 D-1

成員	說明
BackColor 屬性	指定背景色，可在色盤內挑選或直接輸入 RGB 三原色之值，例如 255,128,64。若要設為透明，可點選（或直接輸入）Transparent。
BackGradientStyle 屬性	指定背景色的漸層樣式，共有 8 種樣式可選，例如 LeftRight 之顏色會由左向右漸次變淡（若指定了第二個顏色，則第一個顏色由左向右漸次變淡，接著第二個顏色由左向右漸次變濃）。
BackImage 屬性	指定背景圖。
BackSecondaryColor 屬性	指定第二背景色，可在色盤內挑選或直接輸入 RGB 三原色之值，例如 255,128,64。需在 BackGradientStyle 屬性指定了漸層樣式，第二背景色才會有作用。
BoderLineColor 屬性	邊框線條顏色，若 BorderLineDashStyle 屬性設為 NoSet，則本屬性無效。
BorderLineDashStyle 屬性	邊框線條樣式，共有 Solid 等 6 種樣式可選。
BorderLineWidth 屬性	邊框線條的寬度，若 BorderLineDashStyle 屬性設為 NoSet，則本屬性無效。
BorderSkin 屬性	圖表外框樣式，計有 SunKen 等 17 種可選，內定為 None。
ChartAreas 屬性	可設定圖表區域之相關屬性，點選本欄右方的小方塊，可開啟「ChartArea 集合編輯器」，在該視窗內可設定圖表區的背景色及邊框樣式等屬性；點選 Axes 欄右方的小方塊，可開啟「Axis 集合編輯器」，在該視窗內可設定 X 軸標題（如上圖的品名），並可設定 Y 軸標題（如上圖的數量），若要增設另一條 Y 軸，請將 Secondary Y(Value) axis 的 Enabled 屬性設為 True 即可。若要格式化 Y 軸數據（例如加上千分號）請在「Axis 集合編輯器」之左方框內點選 Y(Value) axis，然後在右方框內展開 LabelStyle，再於 Format 欄輸入格式化符號，例如 #,0 即可。

成員	說明
DataSource 屬性	資料來源，下例指定圖表 1 的資料來源為 DS_1 資料集的 Table01 資料表： `Chart1.DataSource = DS_1.Tables("Table01")` 更詳細的範例及說明請見 F_Chart.vb 的 B_Chart1_Click 事件程序。
Legends 屬性	取得或設定圖例的屬性，包括字型大小及顏色等。
Palette 屬性	色盤，可賦予資料點不同的顏色，計有 BrightPastel 等 12 種不同的顏色組合可挑選，可省去 User 自行配色的麻煩。
Sreies 屬性	數列屬性，Series 指一系列的數據資料，是產生圖形的依據。在「屬性」視窗內點選 Series 欄右方的小方塊，可開啟「Series 集合編輯器」，該視窗內的 ChartType 欄可設定圖形種類，Palette 欄可設定色盤，IsVisibleInLegend 欄可設定圖例是否要顯示等；在「Series 集合編輯器」內點選 Points 欄右方的小方塊，可開啟「DataPoint 集合編輯器」，在該視窗內可增減 DataPoint「資料點」，在 AxisLabel 欄可設定各資料點的標籤（如上圖之 Label of X axis），另外在 Color 欄可指定各資料點的顏色。
Size 屬性	尺寸屬性，Size.Width「寬度」、Size.Height「高度」。
Titles 屬性	標題屬性，在「屬性」視窗內點選 Titles 欄右方的小方塊，可開啟「Title 集合編輯器」，該視窗內的 Text 欄可設定標題之文字，如上圖的「魚類銷售統計」，Font 及 ForeColor 欄可設標題文字的大小及顏色，Aligenment 欄可設標題文字的位置，按「加入」鈕，可增加標題數量。
Visible 屬性	可見與否，內定值為 True，若要暫時隱藏，應設為 False。

成員	說明
SaveImage 方法	將圖表存成圖檔，圖檔類型有 Gif、Bmp、Jpeg、Png、Wmf 等，範例請見 F_Chart.vb 的 B_Save_Click 事件程序。

D-4 CheckBox 核取方塊控制項

同一表單的 CheckBox 允許多選，範例如下圖，但 RadioButton 只能單選，除非以 GroupBox 或 Panel 分隔為不同群組。

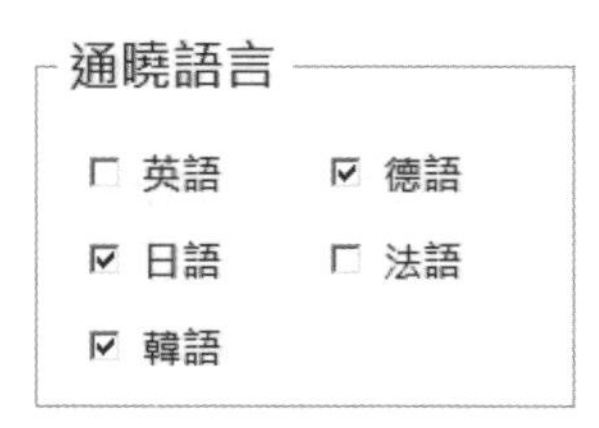

▲ 圖 D-2

成員	說明
BackColor 屬性	設定（或取得）背景色，可在色盤內挑選或直接輸入 RGB 三原色之值，例如 255,255,255。
Checked 屬性	設定（或取得）勾選狀態，內定值為 False。
FlatStyle 屬性	平面樣式，計有 Flat、Popup、Standard、System 等。
Font 屬性	字型屬性，Font.Name「字型名稱」、Font.Size「字型大小」。
ForeColor 屬性	字型顏色，可在色盤內挑選或直接輸入 RGB 三原色之值。
Size 屬性	尺寸屬性，Size.Width「寬度」、Size.Height「高度」。
Text 屬性	取得或設定控制項之文字。
Visible 屬性	可見與否，內定值為 True，若要暫時隱藏，應設為 False。

D-5 CheckedListBox 核取清單方塊控制項

CheckBox 是單一核取項目的控制項，但同一個 CheckedListBox 卻有多個核取項目且允許多選。點選控制項右上角的小三角形，然後在智慧標籤上點選「編輯項目」，可開啟「字串集合編輯器」，即可輸入或貼入核取項目。範例請見 F_LIST_INTEREST_1.vb。

成員	說明
BackColor 屬性	設定（或取得）背景色，可在色盤內挑選或直接輸入 RGB 三原色之值，例如 255,255,255。
BorderStyle 屬性	邊框樣式，計有 None、FixedSingle、Fixed3D 等。
CheckOnClick 屬性	點選屬性，內定為 False，需點選兩次才呈現勾號，若改為 True，則點選一次就會出現勾號。
ColumnWidth 屬性	設定每一欄的寬度，需搭配 MultiColumn 屬性使用。
Font 屬性	字型屬性，Font.Name「字型名稱」、Font.Size「字型大小」。
ForeColor 屬性	字型顏色，可在色盤內挑選或直接輸入 RGB 三原色之值。
Items 屬性	項目屬性，點選該欄右方的小方塊，可開啟「字串集合編輯器」，即可輸入或貼入核取項目。此屬性可傳回某一項目的名稱，例如 CheckedListBox1.Items(0) 可傳回第 1 項的名稱。
MultiColumn 屬性	多欄屬性，內定值為 False，若設為 True，則清單上的項目可以多欄顯示，拖曳本控制項四周的端點以改變其大小時，欄數會隨之調整。可搭配 ColumnWidth 屬性，以調整欄距。
Size 屬性	尺寸屬性，Size.Width「寬度」、Size.Height「高度」。
Sorted 屬性	排序屬性，內定值 False，若設為 True，則核取項目會遞增排序。

成員	說明
Visible 屬性	可見與否，內定值為 True，若要暫時隱藏，應設為 False。
GetItemChecked 方法	此方法可判斷某一項目是否已被選取，例如： `CheckedListBox1.GetItemChecked(1)=True` 表示第 2 項已被選取。
SetItemChecked 方法	此方法可設定清單方塊上某項目之選取狀態，若要取消第一項的勾選狀態，可撰寫如下的程式： `CheckedListBox1.SetItemChecked(0, False)` SetItemChecked 之括號內有兩個引數，第一個引數為項目序號，由 0 起算，第二個引數為邏輯值，False 表示要設為非選取狀態，True 表示要設為選取狀態，若要取消所有項目的勾選狀態，則應使用 For 迴圈，逐項設定。

D-6 ColorDialog 色彩對話方塊控制項

本控制項可顯示調色盤對話方塊，供 User 挑選顏色，範例檔 F_Color.vb。

成員	說明
AllowFullOpen 屬性	是否可讓 User 自訂顏色，內定值為 True，若改為 False，則色彩對話方塊中只有 48 種基本顏色可選取。
Color 屬性	取得色彩對話方塊中所選取的顏色，下例是將色彩對話方塊中所選取的顏色作為豐富文字盒的前景色： `RichTextBox1.ForeColor = ColorDialog1.Color` 另外，在 ColorDialog 屬性視窗內可利用本屬性設定對話方塊的預設顏色。

成員	說明
FullOpen 屬性	色彩對話方塊是否全開，內定值為 False，亦即對話方塊只顯示基本顏色的色塊供挑選，若 User 要自訂顏色，則需按「定義自訂色彩」鈕，色彩對話方塊才會展開右半邊的顏色自訂區，若將本屬性設為 True，則一顯示對話方塊，就會自動展開右半邊的顏色自訂區。 若 AllowFullOpen 屬性設為 False，則本屬性即使設為 True，「定義自訂色彩」鈕也無法使用，右半邊的顏色自訂區也不會自動展開。
Color.R 屬性	取得三原色之 Red 紅色數碼，0 ～ 255，下例是將色彩對話方塊中所選取顏色的 Red 數碼置入文字盒： `Textbox1.Text = ColorDialog1.Color.R.ToString`
Color.G 屬性	取得三原色之 Green 綠色數碼，0 ～ 255，下例是將色彩對話方塊中所選取顏色的 Green 數碼置入文字盒： `Textbox2.Text = ColorDialog1.Color.G.ToString`
Color.B 屬性	取得三原色之 Blue 藍色數碼，0 ～ 255，下例是將色彩對話方塊中所選取顏色的 Blue 數碼置入文字盒： `Textbox3.Text = ColorDialog1.Color.B.ToString`
Reset 方法	將色彩對話方塊的屬性還原成預設值。

ShowDialog 方法	顯示色彩對話方塊，下述範例可顯示色彩對話方塊，並將豐富文字盒 1 的前景色及豐富文字盒 2 的背景色設為 User 在對話方塊中的選取值：
	`If ColorDialog1.ShowDialog() = _`
	`Windows.Forms.DialogResult.OK Then`
	`  RichTextBox1.ForeColor = ColorDialog1.Color`
	`  RichTextBox2.BackColor = ColorDialog1.Color`
	`End If`

D-7 ComboBox 下拉式選單控制項

成員	說明
BackColor 屬性	設定（或取得）背景色，可在色盤內挑選或直接輸入 RGB 三原色之值，例如 255,255,255。

DataSource 屬性	設定本控制項的資料來源。下拉式選單的內容除了以手動輸入之外，還可使用程式取自 Access 或 SQL Server 等資料庫的資料表。下述程式指定 DataSet1 資料集的第一個資料表的 DeptName 欄的資料作為下拉式選單的項目：
	`ComboBox1.DataSource = DataSet1.Tables(0)`
	`ComboBox1.ValueMember = "DeptName"`
	下拉式選單的顯示值與選取值可以不相同，假設下拉式選單的項目要以「部門名稱」顯示，但選取值為「部門代號」，則需使用下列兩個不同的屬性來指定：
	`ComboBox1.DisplayMember = " DeptName "`
	`ComboBox1.ValueMember = "DeptCode"`
	另外可在 ComboBox 的 SelectedIndexChanged 選取變動事件中取出 User 在下拉式選單中所點選之值，程式如下：
	`ComboBox1.SelectedValue.ToString`
	請注意，ComboBox1.Text 會取出 DisplayMember 之值，SelectedValue 會取出 ValueMember 之值。

DropDownHeight 屬性	選單高度。
DropDownWidth 屬性	選單寬度。
FlatStyle 屬性	平面樣式，計有 Flat、Popup、Standard、System 等。

成員	說明
Font 屬性	字型屬性，Font.Name「字型名稱」、Font.Size「字型大小」。
ForeColor 屬性	字型顏色，可在色盤內挑選或直接輸入 RGB 三原色之值。
IntegralHeight 屬性	整體高度，內定值為 True，若要使用 MaxDropDownItems 屬性來限制選單顯示的項數，則本屬性需設為 False。
Items 屬性	項目屬性，點選該欄右方的小方塊，可開啟「字串集合編輯器」，即可輸入或貼入選單項目。
MaxDropDownItems 屬性	選單項目數，當選單項目數量較多時，可用本屬性來限制選單顯示的項數，以免選單太長而影響閱讀效果，例如 ComboBox1.MaxDropDownItems = 7，User 需使用捲動軸來查看超過的項目。IntegralHeight 屬性必須設為 False，本屬性才有效。
Size 屬性	尺寸屬性，Size.Width「寬度」、Size.Height「高度」。
Sorted 屬性	排序屬性，內定值 False，若設為 True，則選單項目會遞增排序。
Text 屬性	取得或設定控制項之值。
ValueMember 屬性	指定資料來源的欄位，請見 DataSource 屬性之範例。
SelectedIndexChanged 事件	選取變動事件，實際範例請見 F_Input_1.vb 的 T_CITY_SelectedIndexChanged 事件程序。
Items.Clear 方法	清除下拉式選單上的所有選項，ComBox1.Items.Clear()。

成員	說明
Items.Add 方法	將新的選項加入下拉式選單，ComBox1.Items.Add(" 工程師 ")。
FindString 方法	尋找下拉式選單中的項目，若找到，則傳回該項目在選單中的索引編號（由 0 起算），若找不到，則傳回 -1，格式如下，括號內的 Mcheck 為變數，儲存了欲尋找的字串，實際應用範例請見 F_GrantFunction.vb 的 C_ID_Validated 事件程序（在 VB_GRANT 資料夾）。 `If ComBox1.FindString(Mcheck) = -1 Then`

D-8 ContextMenuStrip 快顯功能表控制項

本控制項可協助設計者快速建立應用系統的快顯功能表，範例如下圖（請執行本書隨附範例檔 F_menu.vb，可實際操作該控制項）。請將 ContextMenuStrip 從工具箱拖曳至表單，它會在表單上方呈現快顯功能表的雛型，並於表單之外（設計頁面的下方）產生一個圖示（例如 ContextMenuStrip1），點選該圖示，即可於「屬性」視窗內設定背景色、字型及尺寸等樣式，點選 Items 屬性右方的小方塊，進入「項目集合編輯器」，即可增減快顯功能表的項目（如下圖的隱藏功能表、顯示功能表）。亦可於表單上的 ContextMenuStrip 雛型增減快顯功能表的項目，操作方式與 MenuStrip 相同（都可建立樹狀功能表），請參閱第 2 章的說明。

快顯功能表建立之後，表單上的其他控制項，例如 Button、TextBox、ComboBox、Label、DataGridView 等即可引用（Form 表單亦可引用）。假設您已建立了一個名為 Shortcut_Menu_1 的快顯功能表，請先點選需要建立快顯功能表的控制項（例如 Button），然後在「屬性」視窗的 ContextMenuStrip 欄點選前述的 Shortcut_Menu_1 即可（有下拉式選單）。在執行階段，當 User 按下滑鼠右鍵，螢幕就會顯示前述的快顯功能表，供使用者點選其上的項目。

▲ 圖 D-3

成員	說明
AutoSize 屬性	自動尺寸屬性，內定值為 True，亦即快顯功能表的長寬決定於字型大小（依 Font 屬性自動調整），若要自行設定長寬，則必須將本屬性設為 False，Size 屬性之值才會生效。
BackColor 屬性	設定（或取得）背景色，可在色盤內挑選或直接輸入 RGB 三原色之值，例如 255,255,192。
Font 屬性	字型屬性，Font.Name「字型名稱」、Font.Size「字型大小」。
Items 屬性	項目屬性，點選本欄右方的小方塊，可開啟「項目集合編輯器」，如下圖。該視窗左方框內為快顯功能表第一層現有的項目，按上方的「加入」鈕，可增加新的項目，若要移除項目，請按「X」鈕，若要變更順序，請按向上（或向下）箭頭鈕。視窗右方為屬性調整區，若要調整某一項目的屬性，請先在左邊方框內點選項目名稱，例如 ToolStripMenuItem1，即可於右方調整 BackColor、Font、ForeColor、Text 等屬性。 ▲ 圖 D-4

成 員	說 明
LayoutStyle 屬性	功能表項目配置方向，計有 Flow（預設）、HorizontalStackWithOverflow、VerticalStackWithOverflow、Table 等。
Size 屬性	尺寸屬性，Size.Width「寬度」、Size.Height「高度」。

以上為 ContextMenuStrip 的整體屬性，以下為 ContextMenuStrip 內各項目的屬性。請點選 ContextMenuStrip 的某一項目，例如上圖的「隱藏功能表」，即可於「屬性」視窗內調整該項目的相關設定。另一種方式是利用前述的 Items 屬性，進入「項目集合編輯器」來調整。

成 員	說 明
AutoSize 屬性	自動尺寸屬性，內定值為 True，亦即功能表項目的長寬決定於字型大小（依 Font 屬性自動調整），若要自行設定長寬，則必須將本屬性設為 False，Size 屬性之值才會生效。
BackColor 屬性	設定（或取得）背景色，可在色盤內挑選或直接輸入 RGB 三原色之值。
Checked 屬性	項目前面是否顯示勾號，內定值為 False。
DropDownItems 屬性	點選本欄右方的小方塊，可開啟「項目集合編輯器」，以便增減（或設定）該項目之下層選項。在第一層項目之下可加入分隔線，其方法是在「項目集合編輯器」左上角點選「Separator」，再按「加入」鈕。
Font 屬性	字型屬性，Font.Name「字型名稱」、Font.Size「字型大小」。
ForeColor 屬性	字型顏色，可在色盤內挑選或直接輸入 RGB 三原色之值。

成員	說明
ShortcutKeyDisplayString 屬性	快速鍵顯示字串。本屬性所設定的字串會顯示於快顯功能表項目文字之後，例如上圖「隱藏功能表」後面的 Ctrl+H，若要在某一字之下加底線，請於該字之前加 & 符號，例如 &Ctrl+H。字串中只能有一個字元加底線，多加 & 符號無法增加有底線的字元。
ShortcutKeys 屬性	快速鍵設定。執行快顯功能表某一項目的方法是以滑鼠左鍵點選該項目，但若設定了本屬性，直接按下按鍵即可啟動，例如同時按下 Ctrl 及 H 鍵。設定方式可直接在本欄輸入，例如 Ctrl+H，或在下拉式選中點選，快速鍵必須由兩個按鍵組成，第一個按鍵是 Ctrl、Shift、Alt 三者之一，第二個按鍵可為阿拉伯數字、英文字母或是 Tab、Space、F1 等特殊鍵之一。
ShowShortcutKeys 屬性	是否顯示 ShortcutKeyDisplayString 屬性所設定的快速鍵字串。內定為 True，若設為 False，則 ShortcutKeyDisplayString 屬性所設定的快速鍵字串不會顯示，但不影響 ShortcutKeys 之功能，亦即若該屬性設定了快速鍵（例如 Ctrl+H），則該快速鍵仍然有效。
Size 屬性	尺寸屬性，Size.Width「寬度」、Size.Height「高度」。AutoSize 屬性須設為 False，本屬性之值才會生效。
TextAlign 屬性	項目文字的對齊方式，計有 MiddleCenter 等 9 種。
TextDirection 屬性	項目文字的顯示方向，計有 Horizontal（預設）、Vertical90、Vertical270 等。
ToolTipText 屬性	滑鼠指標停留於功能表之某一項目上所顯示之提示訊息文字，須將 ContextMenuStrip 控制項的 ShowItemToolTips 屬性設為 True，本屬性才會生效。
Visible 屬性	隱藏或可見。
Click 事件	點選快顯功能表某一項目所引發的事件，通常用以撰寫某一功能的執行程式，範例請見 F_menu.vb。

D-9 DataGridView 資料網格檢視控制項

本控制項常用於資料表的呈現，是 User 瀏覽大量資料的利器，範例如下圖，每一行最上方的格位稱為 ColumnHeaders「行首」，每一列最左邊的格位稱為 RowHeaders「列首」。

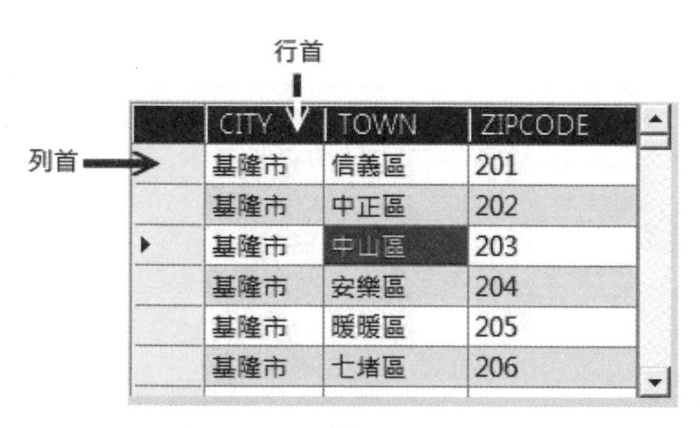

▲ 圖 D-5

成員	說明
AllowUserToAddRows 屬性	是否允許增加 DataGridView 的資料列，以便 User 可輸入新資料。若將本屬性設為 True（內定值），且於智慧標籤頁中勾選「啟用加入」，則 User 可於 DataGridView 的末尾新增資料。若於智慧標籤頁中將「啟用加入」的勾號取消，則即使本屬性設為 True，User 亦無法新增資料（唯讀）。 （註：點選 DataGridView，再點選其右上角的小三角形，可展開智慧標籤頁。）
AlternatingRowsDefaultCellStyle 屬性	間隔列的樣式。相鄰的兩列以不同樣式顯示（例如背景色），以利閱讀。在「屬性」視窗內點選本欄右方的小方塊可展開 CellStyle 視窗，在該視窗內可調整背景色、前景色及字型等。

成員	說明
AutoSizeColumnsMode 屬性	調整欄寬的模式，內定值為 None，若設為 DisplayedCellsExceptHeaders，則欄位寬度會自動調整，並以資料最寬者為準（欄名除外）、若設為 AllCells，則欄位寬度會自動調整，並以資料最寬者為準（包括欄名）。
AutoSizeRowsMode 屬性	調整列高的模式，內定值為 None，若設為 DisplayedCellsExceptHeaders，則列高會自動調整，並以資料最高者為準（欄名除外）、若設為 AllCells，則列高會自動調整，並以資料最高者為準（包括欄名）。
AllowUserToDeleteRows 屬性	是否允許 User 刪除 DataGridView 的資料列。若將本屬性設為 True，且於智慧標籤頁中勾選「啟用刪除」，則 User 可於 DataGridView 點選某一筆資料的列首，再按 Delete 鍵，即可刪除該筆資料。
AllowUserToOrderColmns 屬性	若設為 True，則使用者在執行階段可自行調整欄位的順序（拖放行首的欄位名稱即可，例如將第三行移到第一行），User 仍可經由點選欄名的方式來進行排序工作。
AllowUserToResizeColmns 屬性	若設為 True，則使用者在執行階段可自行調整欄寬（需拖曳行首的垂直分隔線，拖曳其他地方的垂直分隔線無效），但 AutoSizeColumnsMode 屬性須同時設為 None，否則無效。
AllowUserToResizeRows 屬性	若設為 True，則使用者在執行階段可自行調整列高（需拖曳列首的水平分隔線，拖曳其他地方的水平分隔線無效），但 AutoSizeRowsMode 屬性須同時設為 None，否則無效。

成員	說明
BackgroundColor 屬性	指定背景色，可在色盤內挑選或直接輸入 RGB 三原色之值，但不能設為透明 Transparent。本控制項的區域可能大於資料區，若要隱藏多餘的部分，使 DataGeidView 與表單看起來較為緊密結合，可將本屬性顏色設為表單的顏色，並將 BoderStyle 邊框樣式設為 None。
BoderStyle 屬性	邊框樣式，計有 None、FixedSingle、Fixed3D 等。
ColumnCount 屬性	可傳回 DataGridView 的欄位數量，設計階段無此屬性，需於程式中使用。
ColumnHeadersDefaultCellStyle 屬性	欄位名稱（行首）之屬性。在「屬性」視窗內點選本欄右方的小方塊可展開 CellStyle 視窗，在該視窗內可調整 BackColor「背景色」、ForeColor「前景色」、Font「字型樣式」（包括字型名稱及大小）及 Alignment「對齊方式」等。請注意，需同時將 EnableHeadersVisualStyles 屬性設為 False，本屬性之設定才會生效。
ColumnHeadersHeight 屬性	設定欄名的高度。若要增加欄名（亦即行首）的高度，以利 User 識別，則需增加本屬性之值（內定值為 18），但必須搭配 ColumnHeadsHeightSizeModel 使用。
ColumnHeadsHeightSizeModel 屬性	有 3 種選項。 AutoSize 自動調整欄名的高度（預設值）。 EnableResizing 允許 User 調整欄名的高度。User 將欄名（亦即行首）之下的分隔線往下拖曳，即可加大欄名高度，往上拖曳，則可縮小欄名高度。 DisableResizing 不允許 User 調整欄名的高度。

成員	說明

	若要改變欄名的高度，則本屬性不能設為 AutoSize， 必 須 設 為 EnableResizing 或 DisableResizing，範例如下：
	`DataGridView1.ColumnHeadersHeightSizeMode = _`
	`DataGridViewColumnHeadersHeightSizeMode.`
	`EnableResizing`
	`DataGridView1.ColumnHeadersHeight = 28`

CurrentCellAddress 屬性	傳回目前游標所在格位的位址，設計階段無此屬性，需於程式中使用。搭配 X、Y 屬性可取得游標所在的行數及列數，CurrentCellAddress.X 屬性可傳回游標所在的行數，CurrentCellAddress.Y 屬性可傳回游標所在的列數，均由 0 起算。假設游標停留於 DataGridView 的第 2 行第 3 列（如上圖游標所在），則下列範例會將 1 置入 TextBox1、將 2 置入 TextBox2、將 {X=1,Y=2} 置入 TextBox3。
	`TextBox1.Text = DataGridView1.`
	`CurrentCellAddress.X`
	`TextBox2.Text = DataGridView1.`
	`CurrentCellAddress.Y`
	`TextBox3.Text = DataGridView1.`
	`CurrentCellAddress.ToString`

CurrentRow 屬性	游標所在的資料列，設計階段無此屬性，需於程式中使用，搭配 Cells 屬性可取得游標所在資料列的某一欄資料，如下之範例可將游標所在列的第 2 欄資料顯示於文字盒，Cells 括號內為欄位順序值，由 0 起算：
	`TextBox1.Text=DataGridView1.CurrentRow.`
	`Cells(1).Value`

成員	說明

DataSource 屬性	資料來源，如下例指定資料來源為 DataSet1 資料集中的 Table1 資料表（亦即將資料表的資料顯示於資料網格檢視控制項），
	`DataGridView1.DataSource = DataSet1.Tables("Table1")`
	使用 Nothing 關鍵字可取消來源，範例如下：
	`DataGridView1.DataSource = Nothing`

DefaultCellStyle 屬性	各個格位之屬性。在「屬性」視窗內點選本欄右方的小方塊可展開 CellStyle 視窗，在該視窗內可調整 BackColor「背景色」、ForeColor「前景色」、Font「字型樣式」（包括字型名稱及大小）、SelectionBackColor「選取時之背景色」及 Alignment「對齊方式」等。

EnableHeadersVisualStyles 屬性	是否要在應用程式中啟用視覺化樣式，內定值為 True，系統會以預設模式顯示欄位名稱的前景色及背景色，若要使用下列程式變更其顏色（或在「屬性」視窗中變更欄名顏色），則須設為 False。
	`DataGridView1.EnableHeadersVisualStyles = False`
	`DataGridView1.ColumnHeadersDefaultCellStyle.BackColor = Color.Blue`

Frozen 屬性	凍結欄位。因為螢幕寬度有限，當資料欄位較多時，User 無法同時查看左右相距較遠的欄位，此時就需將左邊的欄位凍結，然後游標往右移動或捲軸向右捲時，左邊被凍結的欄位就不會被遮掩。 本屬性不見於屬性視窗，需在程式中使用，範例如下，當游標往右移時，第一欄會被凍結。 `DtaGridView1.Columns(0).Frozen = True`

成 員	說 明
GridColor 屬性	格線顏色。
Location 屬性	控制項左上角位置。在「屬性」視窗內設定 X 屬性及 Y 屬性之值，可決定 DataGridView 在表單上的位置；X 值越大，距離表單左邊越遠，Y 值越大，距離表單上邊越遠。若要以程式控制位置，可撰寫如下的程式（括號內的參數分別為 X 及 Y）： `DataGridView1.Location = New Point(6,10)`
ReadOnly 屬性	是否設為唯讀。

RowHeadersDefaultCellStyle 屬性	列首預設格位樣式。在「屬性」視窗內點選本欄右方的小方塊可展開 CellStyle 視窗，在該視窗內可調整 BackColor「背景色」、ForeColor「前景色」、Font「字型樣式」(包括字型名稱及大小)、SelectionBackColor「選取時之背景色」及 Alignment「對齊方式」等。請注意，需同時將 EnableHeadersVisualStyles 屬性設為 False，本屬性之設定才會生效。
	列首格位可使用程式填入資料列的編號，以利閱讀，程式碼如下：
	`Dim MRowNO As Integer = 0`
	`MRowNO = DataGridView1.RowCount`
	`For Mcou = 0 To MRowNO - 1`
	`    DataGridView1.Rows(Mcou).HeaderCell.Value = (Mcou + 1).ToString`
	`Next`

RowHeadersVisible 屬性	是否要顯示列首，內定值為 True，若無需列首，將本屬性設為 False 即可。
RowHeadersWidth 屬性	列首寬度，內定值為 41。

成員	說明
RowHeadersWidthSizeMode 屬性	列首寬度的調整模式，共計有下列 5 種： EnableResizing 允許 User 自行調整。 DisableResizing 不允許 User 自行調整。 AutoSizeToAllHeaders，所有列首的寬都會自動調整，沒有任一列首的資料會因寬度不足而被遮掩。 AutoSizeToDisplayedHeaders「微軟」網站的解說如下： The row header width adjusts to fit the contents of all the row headers in the currently displayed rows. 理論上，列首的寬度會隨可見資料列的長度自動調整，不會遮掩任何資料，就如同在 Excel 工作表內的列首一樣（列號由 1 ～ 1048576），上方列號較小，故其列首寬度較窄，當游標往下移動，看見下方較大列號時，其列首寬度會自動加大，不會有任何列號被遮掩，但經實測之後發現此屬性值無效。 AutoSizeToFirstHeader，以第一列的資料寬度為準，若其他列的資料較長，則其超過部分會被遮掩。 （註：後 3 個屬性耗時甚久，故資料量較大時不建議使用，以免增加 User 的疑惑及等待時間。）
ScrollBars 屬性	顯示捲動軸，計有 None、Horizontal、Vertical、Both 等四種。

成員	說明
SelectionMode 屬性	選取模式。 內定值為 RowHeaderSelect，亦即點選列首（每一筆資料最左方的格位）時，該筆資料全部欄位都會以光棒顯示（即 SelectionBackColor 所設定的顏色），若改為 ColumnHeaderSelect，則點選行首（每一筆資料最上方的格位，亦即欄名）時，該欄每一筆資料會以光棒顯示，但其前提是要取消欄名排序模式。 欲取消欄名排序模式，可在「屬性」視窗內點選 Columns 右方的小方格，螢幕會顯示「編輯資料行」視窗，逐一點選視窗左方的欄名，再於視窗右方將 SortMode 屬性值改為 NotSortable 即可（內定值為 Automatic）。 點選 DataGridView 右上角的小三角形，可開啟智慧標籤，再點選其上的「編輯資料行」亦可開啟前述的「編輯資料行」視窗。 若設為 FullRowSelect，則無需點選列首，只要點選該筆資料任一格位，該筆資料全部以光棒顯示。 若設為 FullColumnSelect，則無需點選行首，只要點選該欄任一格位，該欄資料全部以光棒顯示，但其前提是要取消欄名排序模式（如前述）。 若設為 CellSelect，則只有被點選的單一格位會以光棒顯示（無法整筆或整欄以光棒顯示）。
Size 屬性	尺寸屬性，Size.Width「寬度」、Size.Height「高度」。
SelectionChanged 事件	選取變更事件。利用此事件可傳回游標所在列的資料，例如： `MNO = DataGridView1.CurrentRow.Cells(0).Value` 可將游標所在列的第 1 欄的資料存入變數 MNO。

◆ 如何調整列高（加大每一筆資料上下間的距離）？

可於表單的 Load 事件中撰寫如下程式：

```
Dim mtprow As Object
For Each mtprow In DataGridView1.Rows
    mtprow.Height = 30
Next mtprow
```

（註：需將 AutoSizeRowsMode 屬性須設為 None，範例如下：

```
DataGridView1.AutoSizeRowsMode = DataGridViewAutoSizeRowsMode.None
```

另請注意，資料量大時調整列高耗時甚久，故不建議使用。)

◆ 如何修改欄位名稱？

點選 DataGridView 右上角的小三角形，展開智慧標籤頁，然後點選其上的「編輯資料行」，螢幕會顯示「編輯資料行」視窗，在視窗左方點選原欄位名稱，然後在視窗右方的 HeaderText 欄輸入新的欄位名稱，再按「確定」鈕即可。程式寫法之範例如下：

```
With DataGridView1
    .Columns(0).HeaderText = "編號"
    .Columns(1).HeaderText = "數量"
    .Columns(2).HeaderText = "單價"
End With
```

◆ 如何格式化資料（例如數字欄加上千分號）？

點選 DataGridView 右上角的小三角形，，展開智慧標籤頁，然後點選其上的「編輯資料行」，螢幕會顯示「編輯資料行」視窗，在視窗左方點選欄位名稱，再於視窗右方的 DefaultCellStyle 欄點選其右方的小方塊，展開 CellStyle 視窗，再點選 Format 欄右方的小方塊，展開「格式字串對話方塊」，即可點選所需的格式（包括數值及日期時間等)。若內定的格式非所需，可點選「自訂」，然後輸入樣式代碼，例如 yyyy/MM/dd，將日期欄的資料格式化。若要變更對齊方式，請於 CellStyle 視窗中之 Alignment 欄的下拉式選單點選所需的對齊方式，例如 MiddleCenter「置中」、MiddleRight「靠右」。程式寫法之範例如下：

```
With DataGridView1
.Columns(2).DefaultCellStyle.Format = "#,0.00"
    .Columns(2).DefaultCellStyle.Alignment = _
DataGridViewContentAlignment.MiddleRight
    .Columns(5).DefaultCellStyle.Format = "yyyy/MM/dd HH:mm:ss"
    .Columns(5).DefaultCellStyle.Alignment = _
DataGridViewContentAlignment.MiddleCenter
End With
```

◆ 如何選定某一格位（移動游標至某一儲存格）？

下列兩種方式均可將游標移往第一列第一行下：

```
DataGridView1.Rows(0).Cells(0).Selected = True
DataGridView1(0, 0).Selected = True
```

第一種方式之格位由 Rows 列集合（括號內為列數）之 Cells 屬性決定（括號內為行數），第二種方式之格位位址於 DataGridView 之後以括號指定行數及列數（括號內兩個引數，前者為行，前者為列）。

◆ 如何取得某一格位的資料？

下列三種方式均可取得 DataGridView 中第 3 列第 2 行的資料：

```
Dim MrowNo As Integer = 2
Dim McolNo As Integer = 1
TextBox1.Text = DataGridView1.Rows(MrowNo).Cells(McolNo).Value
TextBox2.Text = DataGridView1(McolNo, MrowNo).Value
TextBox3.Text = DataGridView1.Item(McolNo, MrowNo).Value
```

（註：第一種方式由 Rows 列集合（括號內為列號）之 Cells 屬性決定（括號內為行數）儲存格。第二種方式之格位位址於 DataGridView 之後以括號指定行數及列數（括號內兩個引數，前者為行，前者為列）。第三種方式由 Item 屬性決定儲存格（括號內兩個引數，前者為行，前者為列）。）

◆ 如何傳回游標所在行的欄位名稱？

可於 DataGridView 的 CellEnter 事件中撰寫如下的程式：

```
Private Sub DataGridView1_CellEnter(sender As Object, _
e As DataGridViewCellEventArgs) Handles DataGridView1.CellEnter
Dim MNO As Integer = _
DataGridView1.Item(DataGridView1.CurrentCellAddress.X, _
DataGridView1.CurrentCellAddress.Y).ColumnIndex
    TextBox1.Text = DataGridView1.Columns(MNO).HeaderText
End Sub
```

（註：DataGridView 的 Item 屬性可取得某一儲存格，其括號內有兩個參數，前者為行號，後者為列號。CurrentCellAddress.X 屬性可取得目前作用儲存格（游標所在）的行號，CurrentCellAddress.Y 屬性可取得目前作用儲存格（游標所在）的列號。ColumnIndex 可傳回行索引（游 0 起算）。）

D-10 DateTimePicker 日期時間挑選控制項

顯示月曆供 User 挑選日期。若要在「屬性」視窗內或程式中變更前景色等外觀樣式，例如 CalendarFontColor 設為 Navy，則必須在「專案」視窗中將「啟用 XP 視覺化樣式」前面的勾號取消。在功能表上點選「專案」、「XXX 屬性」，即可進入「專案」視窗，XXX 為專案名稱，本書隨附範例之專案名稱為 VB_SAMPLE。下列程式使用 New 建構函式初始化日期時間挑選控制項，亦即在執行階段產生所需的 DateTimePicker，而無需在設計階段以拖曳方式產生，您可將其貼入任一表單的程式撰寫頁面。

```
Public Sub New()
InitializeComponent()
    ' 依據 DateTimePicker 類別建立新的日期時間挑選物件
    Dim O_DateTimePicker As New DateTimePicker()
    ' 設定日期時間挑選控制項之月曆前景色、月曆背景色、控制項前景色
    O_DateTimePicker.CalendarForeColor = Color.Navy
    O_DateTimePicker.CalendarMonthBackground = Color.FromArgb(255, 255, 192)
    O_DateTimePicker.ForeColor = Color.Black
```

```
    ' 設定日期時間挑選控制項之字型
    Dim O_Font1 As Font = New Font("Arial", 14, FontStyle.Regular)
    O_DateTimePicker.Font = O_Font1
    ' 設定日期時間挑選控制項之標題前景色、標題背景色
    O_DateTimePicker.CalendarTitleForeColor = Color.White
    O_DateTimePicker.CalendarTitleBackColor = Color.Teal
    ' 設定日期時間挑選控制項之位置
    Dim O_Point1 As Point = New Point(150, 210)
    O_DateTimePicker.Location = O_Point1
    ' 設定日期時間挑選控制項之大小
    Dim O_Size1 As Size = New Size(210, 30)
    O_DateTimePicker.Size = O_Size1
    O_DateTimePicker.Value = DateTime.Now
    ' 將日期時間挑選控制項加入表單
    Controls.AddRange(New Control() {O_DateTimePicker})
End Sub
```

成員	說明
CalendarFont 屬性	取得或設定月曆的字型樣式，CalendarFont.Name「字型名稱」、CalendarFont.Size「字型大小」。如果要放大月曆，以便讓 User 較易點選，須將本屬性設定為較大的字型，且需取消「啟用 XP 視覺化樣式」。
CalendarFontColor 屬性	取得或設定月曆的前景色彩。
CalendarMonthBackground 屬性	取得或設定月曆月份的背景色彩。
CalendarTitleBackColor 屬性	取得或設定月曆標題的背景色彩。
CalendarTitleForeColor 屬性	取得或設定月曆標題的前景色彩。
Font 屬性	選取後顯示於控制項上的字型樣式，Font.Name「字型名稱」、Font.Size「字型大小」。
MaxDate 屬性	取得或設定控制項中可以選取的最大日期和時間，內定值為 9998/12/31。

成員	說明
MinDate 屬性	取得或設定控制項中可選取的最小日期和時間，內定值為 1753/1/1。
Size 屬性	尺寸屬性，Size.Width「寬度」、Size.Height「高度」(高度隨字體大小自動調整)。
Value 屬性	取得或指派給控制項的日期時間值。
Visible 屬性	隱藏或可見。

ValueChanged 事件	當 Value 屬性值變更時之事件。在此事件中可撰寫如下程式，以便將 User 所點選的日期時間置入文字盒：
	`TextBox1.Text = DateTimePicker1.Value. _`
	`ToString("yyyy/MM/dd HH:mm:ss")`

D-11 DomainUpDown 區域上下鈕控制項

NumericUpDown 數值旋轉鈕控制項可經由向上（或向下）箭頭鈕來變更數值，本控制項則經由向上（或向下）箭頭鈕來變更文字（事先建立的字串清單），範例如下圖。

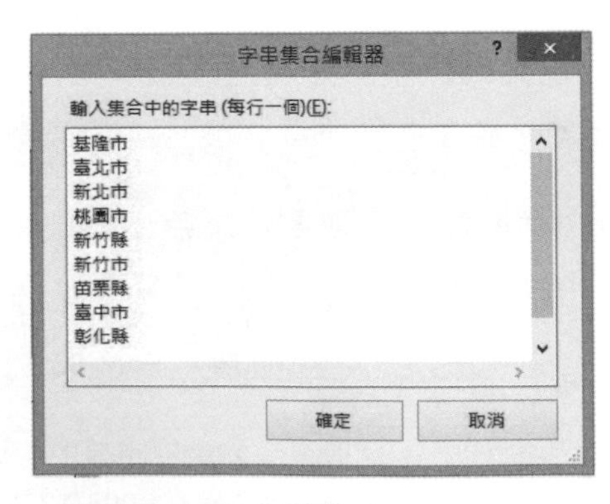

▲ 圖 D-6

成員	說明
BackColor 屬性	設定（或取得）背景色，可在色盤內挑選或直接輸入 RGB 三原色之值，例如 255,255,255。
BoderStyle 屬性	邊框樣式，計有 None、FixedSingle、Fixed3D 等。
Font 屬性	字型屬性，Font.Name「字型名稱」、Font.Size「字型大小」。
ForeColor 屬性	字型顏色，可在色盤內挑選或直接輸入 RGB 三原色之值。
IItems 屬性	點選本欄右方小方塊，可開啟如上圖的「字串集合編輯器」，供 User 輸入本控制項可供選取的文字清單。
ReadOnly 屬性	內定為 False，若設為 True，則只能使用向上或向下箭頭鈕來變更文字，而不能直接輸入。
Size 屬性	尺寸屬性，Size.Width「寬度」、Size.Height「高度」。
Text 屬性	取得或設定本控制項目前的文字。
Visible 屬性	可見與否，內定值為 True，若要暫時隱藏，應設為 False。
Wrap 屬性	是否可以循環選取，內定值為 False，若設為 True，則當選取項目已達清單最後一項時，再點選一次向下箭頭鈕，則又回到清單開始處選出第一項。當選取項目已達清單第一項時，再點選一次向上箭頭鈕，則回到清單結尾處選出最後一項。
SelectedItemChanged 事件	選取項目變更時之事件。

D-12 FolderBrowserDialog 資料夾巡覽對話方塊控制項

本控制項可開啟資料夾尋找視窗，供 User 點選所需資料夾，並傳回其所選取的資料夾名稱及其路徑。在應用系統中的匯出功能會使用此控制項，以便讓 User 自行決定匯出檔要儲存在哪一個資料夾。

下述範例在表單 Form1 載入時，設定本控制項的尋找起點（根資料夾）為 Desktop「桌面」、預設的資料夾為 D:\TestQuery、並在本控制項所開啟的視窗中顯示「新增資料夾」按鈕。另外，當 User 按「Button1」按鈕時，可顯示本控制項的視窗，供使用者點選所需的資料夾，並將其名稱與路徑存入 TextBox1 文字盒，若使用者未點選任何資料夾而按「取消」鈕，則會將 D:\TestQuery 存入 TextBox1 文字盒。

```
Private Sub Form1_Load(sender As Object, e As EventArgs) _
Handles MyBase.Load
    FolderBrowserDialog1.RootFolder = Environment.SpecialFolder. Desktop
    FolderBrowserDialog1.SelectedPath = "D:\TestQuery"
    FolderBrowserDialog1.ShowNewFolderButton = True
End Sub

Private Sub Button1_Click(sender As Object, e As EventArgs) Handles Button1.Click
        FolderBrowserDialog1.ShowDialog()
        TextBox1.Text = FolderBrowserDialog1.SelectedPath
    End Sub
```

成員	說明
RootFolder 屬性	尋找的起點（根資料夾），例如 CommonDocuments「公用文件夾」、CommonPictures「公用圖片夾」、MyDocuments「我的文件夾」、Favorites「我的最愛」等，內定為 Desktop「桌面」。若要在程式中指定根資料夾，請注意其寫法，範例如下： `FolderBrowserDialog1.RootFolder = Environment.SpecialFolder.MyPictures`

成員	說明
SelectedPath 屬性	預設的資料夾，若 User 在本控制項所開啟的視窗中未點選任何資料夾而按「取消」鈕，則傳回本屬性所指定的資料夾。
ShowNewFolderButton 屬性	是否在本控制項所開啟的視窗中顯示「新增資料夾」按鈕，內定為 True。
Reset 方法	重設本控制項的屬性為其預設值。
ShowDialog 方法	以強制方式顯示本控制項的視窗，範例如上。

D-13 FontDialog 字型對話方塊控制項

本控制項可顯示字型對話方塊，供 User 挑選字型，請見範例檔 F_Layout_2.vb 的 B_Font_Click 事件程序。

成員	說明
Color 屬性	取得字型對話方塊中所選取的字型顏色。
Font 屬性	FontDialog1.Font.Name 取得字型對話方塊中所選取字型的名稱。 FontDialog1.Font.Style 取得字型對話方塊中所選取字型的樣式（0 標準、1 粗體、2 斜體、3 粗斜）。 FontDialog1.Font.Size 取得字型對話方塊中所選取字型的大小。 FontDialog1.Font.Underline 是否加底線。 FontDialog1.Font.Strikeout 是否加刪除線。 另外，在 FontDialog 屬性視窗內可利用本屬性設定對話方塊的預設字型。

成員	說明

ShowColor 屬性	字型對話方塊內是否要出現色彩選取清單，內定值為 False。下例程式會使字型對話方塊內的左下角出現色彩選取清單，並將 User 所選取的字型顏色代碼（例如 35 黑色、141 紅色、123 海軍藍等）置入文字盒。
	`FontDialog1.ShowColor = True`
	`TextBox.Text = FontDialog1.Color.ToKnownColor`

Reset 方法	將字型對話方塊的屬性還原成預設值。

ShowDialog 方法	顯示字型對話方塊，下述範例可顯示字型對話方塊，並將 Label1 標籤的字型及顏色設為 User 在對話方塊中的選取值：
	`If FontDialog1.ShowDialog = _`
	`Windows.Forms.DialogResult.OK Then`
	`    Label1.Font = FontDialog1.Font`
	`    Label1.ForeColor = FontDialog1.Color`
	`End If`

D-14 Form 表單

成員	說明
BackColor 屬性	指定背景色，可在色盤內挑選或直接輸入 RGB 三原色之值，但不能設為透明 Transparent。
BackGroundImage 屬性	指定背景圖，若 IsMdiContainer 屬性設為 True，則設計階段無法看見，執行時才可見。
ControlBox 屬性	是否顯示表單右上角的控制盒，內定值為 True。
Font 屬性	字型屬性，Font.Name「字型名稱」、Font.Size「字型大小」。

成員	說明
ForeColor 屬性	前景色（字型顏色）。
FormBorderStyle 屬性	邊框樣式，計有 Sizable、FixedDialog 等 7 種選擇。
Icon 屬性	指定 icon 圖示檔。若要使用系統圖示可於表單 Load 事件中撰寫如下的程式： `Me.Icon = SystemIcons.Information` SystemIcons 之後有 Asterisk、Hand 等 9 種選擇。

IsMdiContainer 屬性	是否為 Multiple Document Interface「多重文件介面」（簡稱 MDI）。MDI 由一個父表單與多個子表單構成，父表單可視為子表單的容器，子表單必須顯示在父表單的工作區域內。子表單的指定可在父表單的 Load 事件中設定，範例如下：
	`Dim f01 As New Form1`
	`f01.MdiParent = Me`

MaximizeBox 屬性	是否啟用表單右上角控制盒的最大化圖示，內定值為 True。
MinimizeBox 屬性	是否啟用表單右上角控制盒的最小化圖示，內定值為 True。
ShowIcon 屬性	是否顯示表單左上角的圖示（圖示檔由 Icon 屬性決定），內定值為 True。
ShowInTaskbar 屬性	表單圖示是否顯示於 Windows 下方的工作列（圖示檔由 Icon 屬性決定，若該屬性為設定，則以內定圖示顯示），內定值為 True。
Size 屬性	尺寸屬性，Size.Width「寬度」、Size.Height「高度」
StartPosition 屬性	表單第一次顯示的位置，計有 WindowsDefaultLocation、CenterScreen 等 5 種選擇。

成員	說明
Text 屬性	取得或設定表單上方（標題列）中央的文字。
TopMsot 屬性	是否顯示於最上層（在其他未將本屬性設為 True 之表單的上層），內定值為 False。父表單不能設為 True，否則會掩蓋子表單。
WindowState 屬性	表單初始狀態，若設為 Maximized，則表單顯示時會最大化（放大到整個螢幕），若設為 Minimized，則表單會最小化（縮至 Windows 的工作列），內定值為 Normal，此時表單顯示尺寸以 Size 屬性之值為準。
FormClosing 事件	表單正要關閉時所發生的事件。 Form 缺少「關閉」控制盒之屬性，ControlBox 只能同時取消最大化、最小化及關閉，無法使「關閉」單獨失效而保留最大化及最小化，不能滿足系統設計的需求。系統長時間處理資料時，需允許 User 將視窗最小化，以便處理其他工作，但又要避免誤觸「關閉」控制盒，以免中斷程式，故要使「關閉」失效而保留最大化及最小化，則需以下列兩種方法之一來處理。

• 方法一（程式撰寫於 FormClosing 事件）：

```
Private Sub Form1_FormClosing(…….) _
        Handles MyBase.FormClosing
    If (e.CloseReason = CloseReason.UserClosing) Then

        e.Cancel = True
    End If
End Sub
```

成員	說明

• 方法二（使用 Windows API 函式）

先宣告如下的函式，再於表單 Load 事件中啟用該函式：

```
Private Declare Function GetSystemMenu Lib "user32" (ByVal _
 hWnd As Integer, ByVal bRevert As Integer) As Integer
Private Declare Function RemoveMenu Lib "user32" (ByVal hMenu _
 As Integer, ByVal nPosition As Integer, ByVal wFlags As Integer) As Integer
Private Const M_Disable As Integer = &H1000
Private Const MBox_Close As Integer = &HF060

Private Sub Form1_Load(sender As Object, e As EventArgs) _
                                    Handles MyBase.Load
   RemoveMenu(GetSystemMenu(Me.Handle.ToInt32, 0), _
                             MBox_Close, M_Disable)
End Sub
```

成員	說明
Resize 事件	改變表單尺寸時所發生的事件。 範例如下，當 User 拖曳表單邊框以改變其大小時，程式會將表單的寬度及高度分別存入文字盒 1 及 2。

```
Private Sub Form1_Resize(sender As Object, e As EventArgs) _
                                        Handles Me.Resize
    TextBox1.Text = Me.Size.Width
    TextBox2.Text = Me.Size.Height
End Sub
```

成員	說明
Close 方法	關閉表單，並關閉物件內建立的所有資源。
Dispose 方法	釋放表單所使用的資源。
Hide 方法	隱藏表單。
SendToBack 方法	送至底層，以免遮掩其他表單（例如 MsgBox）。
Show 方法	顯示表單。

D-15 GroupBox 群組方塊控制項

本控制項可將表單上多個控制項納為群組，以利區隔。例如下圖有六個 RadioButton「選項按鈕」控制項，它們分別屬於不同性質的控制項，上方兩個供 User 點選性別，下方四個供 User 點選血型，故需以 GroupBox 劃分為兩大類別，使其互不干擾，若不以 GroupBox 劃分，則 User 只能六選一，而無法達成我們的期望。

但請注意，必須先產生 GroupBox，然後再將其他控制項（例如 RadioButton）拖入其內才能形成群組，若先產生 RadioButton，再將 GroupBox 拖曳其上是無效的。

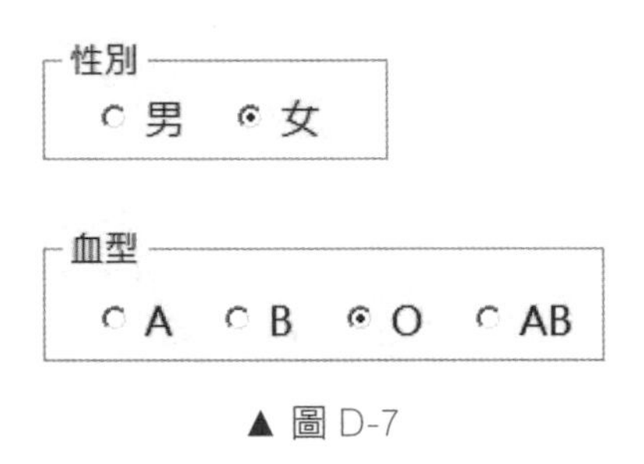

▲ 圖 D-7

成員	說明
BackColor 屬性	設定（或取得）背景色，可在色盤內挑選或直接輸入 RGB 三原色之值，例如 255,255,255。
FlatStyle 屬性	平面樣式，計有 Flat、Popup、Standard、System 等。
Font 屬性	字型屬性，Font.Name「字型名稱」、Font.Size「字型大小」。
ForeColor 屬性	字型顏色，可在色盤內挑選或直接輸入 RGB 三原色之值。
Size 屬性	尺寸屬性，Size.Width「寬度」、Size.Height「高度」。
Text 屬性	本控制項左上角顯示之文字。
Visible 屬性	可見與否，內定值為 True，若要暫時隱藏，應設為 False。

D-16 HelpProvider 協助供應者控制項

本控制項可設定説明檔（chm 或 htm 格式）與表單或其他控制項（例如文字盒）的關聯，以便在適當時機及適當地方顯示説明檔（如下圖），範例程式如下，可將其寫於表單的 Load 事件或按鈕的 Click 事件：

（註：chm 檔是已編譯的 HTML Help 檔案（Microsoft Compiled HTML Help），用來作為線上説明或電子書，它可提供 Content「目錄」、Index「索引」及 Search「搜尋」等功能。）

◆ 範例一，設定與文字盒 1 的關聯（使用特定字串）

當 User 在 TextBox1 按下 F1 功能鍵，會顯示 SetHelpString 括號內的文字（第二個參數）。

```
HelpProvider1.SetHelpString(TextBox1, "請輸入員工號，限5位阿拉伯數字")
HelpProvider1.SetShowHelp(TextBox1, True)
```

◆ 範例二，設定與表單的關聯

當 User 在作用表單按下 F1 功能鍵，會顯示 Test01.chm 説明檔。

```
HelpProvider1.HelpNamespace = "D:\Test01.chm"
HelpProvider1.SetShowHelp(Me, True)
```

◆ 範例三，設定與文字盒 1 的關聯（使用 chm 説明檔之索引）

當 User 在 TextBox1 按下 F1 功能鍵（先將滑鼠游標置入 TextBox1），會顯示 Test01.chm 説明檔，而且在「索引」欄會自動顯示含有 Set Date 關鍵字的主題，供 User 點選，User 點選之後再按「顯示」鈕，視窗右方會顯示該主題的詳細內容（如下圖）。

```
HelpProvider1.HelpNamespace = "D:\Test01.chm"
HelpProvider1.SetHelpNavigator(TextBox1, HelpNavigator.KeywordIndex)
HelpProvider1.SetHelpKeyword(TextBox1, "Set Date")
```

◆ 範例四，設定與文字盒 1 的關聯（使用 chm 說明檔之搜尋）

當 User 在 TextBox1 按下 F1 功能鍵（先將滑鼠游標置入 TextBox1），會顯示 Test01.chm 說明檔，而且在「搜尋」欄會自動顯示 Set Date 關鍵字，按「列出主題」鈕，視窗左方會顯示有該關鍵字的主題，供 User 點選，User 點選之後再按「顯示」鈕，視窗右方會顯示該主題的詳細內容。

```
HelpProvider1.HelpNamespace = "D:\Test01.chm"
HelpProvider1.SetHelpNavigator(TextBox1, HelpNavigator.Find)
HelpProvider1.SetHelpKeyword(TextBox1, "Set Date")
```

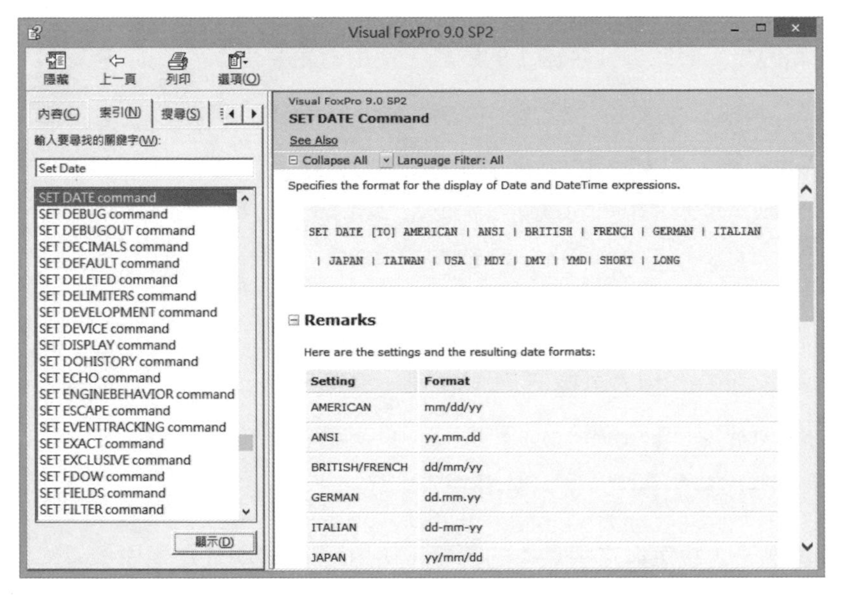

▲ 圖 D-8

成 員	說 明
HelpNamespace 屬性	指定說明檔及其路徑，如上範例二。
SetHelpKeyword 方法	設定在說明檔中欲擷取之關鍵字，如上範例三及四，括號內有兩個參數，前者為欲使用說明之控制項，後者為欲擷取之關鍵字。

成員	說明
SetHelpNavigator 方法	指定在說明檔中所使用的擷取方式，如上範例三及四，括號內有兩個參數，前者為欲使用說明之控制項，後者為擷取方式，例如 HelpNavigator.KeywordIndex 表示要以「索引」方式查出資料，HelpNavigator.Find 表示要以「搜尋」方式查出資料。
SetHelpString 方法	設定與某一個控制項的說明字串，如上範例一，括號內有兩個參數，前者為欲使用說明之控制項，後者為說明字串。
SetShowHelp 方法	是否顯示說明，如上範例一及二，括號內有兩個參數，前者為欲使用說明之控制項，後者為 Boolean 值。

D-17 HScrollBar 水平捲軸控制項

可讓 User 使用拖曳方式產生數值的控制項，需經由數值變化來觀察結果的測試中特別需要此 Control，範例請見 F_Color.vb。

水平捲軸控制項可分為如下圖的 5 個部分，其中 C 為捲動鈕，拖曳該鈕可快速改變數值（即 Value 屬性之值），若要微調，則可按其他部分，玆說明如下：

按捲動軸左方箭頭（如下圖 A）一次，捲動鈕（如下圖 C）會往左移動一個單位的距離（Value 屬性值亦隨同改變），距離單位由 SmallChange 屬性決定，其內定值為 1，亦即按捲動軸左方箭頭一次，捲動鈕往左移 1（Value 屬性值減 1）；若將 SmallChange 屬性值設為 2，則按捲動軸左方箭頭一次，捲動鈕往左移 2（Value 屬性值減 2），以此類推。

按捲動軸右方箭頭（如下圖 E）一次，捲動鈕（如下圖 C）會往右移動一個單位的距離（Value 屬性值亦隨同改變），距離單位由 SmallChange 屬性決定，其內定值為 1，亦即按捲動軸右方箭頭一次，捲動鈕往右移 1（Value 屬性值增 1）；若將 SmallChange 屬性值設為 2，則按捲動軸右方箭頭一次，捲動鈕往右移 2（Value 屬性值增 2），以此類推。

按捲動軸左方箭頭與捲動鈕之間的捲軸（如下圖 B）一次，捲動鈕（如下圖 C）會往左移動一個單位的距離（Value 屬性值亦隨同改變），距離單位由 LargeChange 屬性決定，其內定值為 10，亦即按左方捲軸一次，捲動鈕往左移 10（Value 屬性值減 10）；若將 LargeChange 屬性值設為 20，則按左方捲軸一次，捲動鈕往左移 20（Value 屬性值減 20），以此類推。

按捲動軸右方箭頭與捲動鈕之間的捲軸（如下圖 D）一次，捲動鈕（如下圖 C）會往右移動一個單位的距離（Value 屬性值亦隨同改變），距離單位由 LargeChange 屬性決定，其內定值為 10，亦即按右方捲軸一次，捲動鈕往右移 10（Value 屬性值增 10）；若將 LargeChange 屬性值設為 20，則按右方捲軸一次，捲動鈕往右移 20（Value 屬性值增 20），以此類推。

VScrollBar 垂直捲軸控制項的用法與 HScrollBar 相似，故不另闢說明，以節省篇幅。

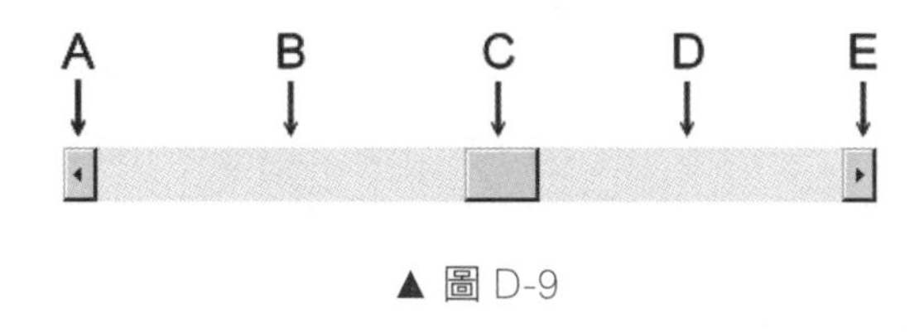

▲ 圖 D-9

成員	說明
LargeChange 屬性	最大移動距離，亦即按捲軸（如上圖的 B 或 D）一次所能移動的最大距離（按捲動鈕，Value 屬性值不會有任何改變），內定值為 10。假設希望 Maximum 屬性之值為 255，而 LargeChange 設為 10，則當 Value 屬性之值為 246 時，無論再按捲動軸右端的箭頭多少次，或將捲動鈕再往右拖曳，Value 屬性之值都不會再增加而停留在 246，達不到我們想要的 255，會什麼？ 因為 LargeChange 設為 10，當移動一個單位時，Value 屬性之值會變成 256，超過了 Maximum 之限制，那麼該如何解決？

成員	說明
	方法一，將 LargeChange 設為 1。方法二，將 Maximum 屬性之值設為 264。 LargeChange 所設定的為最大移動距離，而非最小移動距離，故若想藉由捲動鈕的拖曳來移動小於 LargeChange 的距離仍是可以的。假設 LargeChange 為 10，而 Value 為 100，可藉由捲動鈕的拖曳將 Value 變為 101，不會一下子變為 110。 LargeChange 屬性之值不能為負數。
Maximum 屬性	捲軸最大值，若設為 255，則當捲動軸的 Value 為 255 時，再按捲動軸右端的箭頭，或將捲動鈕再往右拖曳，Value 屬性之值都不會再增加。 Maximum 屬性之值可為負數。
Minimum 屬性	捲軸最小值，若設為 0，則當捲動軸的 Value 為 0 時，再按捲動軸左端的箭頭，或將捲動鈕再往左拖曳，Value 屬性之值都不會再減少。 Minimum 屬性之值可為負數。
Size 屬性	尺寸屬性，Size.Width「寬度」、Size.Height「高度」。
SmallChange 屬性	最小移動距離，亦即按捲動軸兩端的箭頭時所能移動的距離，若將 SmallChange 設為 1（內定值），則每按一次捲動軸右端的箭頭時，則捲動軸會往右移動 1 個單位的距離，每按一次捲動軸左端的箭頭時，則捲動軸會往左移動 1 個單位的距離。若將 SmallChange 設為 10，則每按一次會移動 10 個單位的距離。SmallChange 設為 0 時，捲動軸兩端的箭頭會失效，SmallChange 所能設定之值不能超過 LargeChange 之值。 SmallChange 屬性之值不能為負數。
Value 屬性	捲動軸所在位置之值，按捲動軸兩端的箭頭或拖曳捲動軸時，本屬性之值會隨之改變。

成員	說明
Scroll 事件	利用此捲動軸捲動事件可傳回捲動鈕所在位置之值，如下寫於Scroll事件中的程式可將捲動鈕所在位置之值置入文字盒: `TextBox1.Text = Me.HScrollBar1.Value`

D-18 Label 標籤控制項

用於說明或顯示處理結果，User 無法於執行階段修改其文字。

成員	說明
AutoSize 屬性	內定 True，控制項寬度隨文字自動調整，若設為 False，則控制項寬度固定（由 Size 屬性值決定）。
BackColor 屬性	指定背景色，可在色盤內挑選或直接輸入 RGB 三原色之值，例如 224,224,224，可設為透明 Transparent。
BoderStyle 屬性	邊框樣式，計有 None、FixedSingle、Fixed3D 等。
Enabled 屬性	致能或反致能，內定 True，表示本控制項可用，若要暫停作用，應設為 False。
FlatStyle 屬性	平面樣式，計有 Flat、Popup、Standard、System 等。
Font 屬性	字型屬性，Font.Name「字型名稱」、Font.Size「字型大小」。
ForeColor 屬性	字型顏色，可在色盤內挑選或直接輸入 RGB 三原色之值。
Size 屬性	尺寸屬性，Size.Width「寬度」、Size.Height「高度」。
TableIndex 屬性	Tab 鍵移動順序。
Text 屬性	顯示之文字。
TextAlign 屬性	文字對齊方式，計有 MiddleCenter 等 9 種。
Visible 屬性	可見與否，內定值為 True，若要暫時隱藏，應設為 False。

D-19 LinkLabel 連結標籤控制項

具有網頁超連結功能的文字標籤。範例如下，當在表單上點擊 LinkLabel 所設定的文字時，可啟動瀏覽器並連結至該網站。

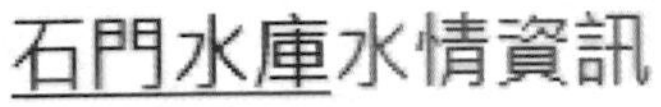

石門水庫水情資訊

▲ 圖 D-10

成員	說明
ActiveLinkColor 屬性	按下超連結標籤時之文字顏色。
BackColor 屬性	指定背景色，可在色盤內挑選或直接輸入 RGB 三原色之值，例如 224,224,224，可設為透明 Transparent。
BoderStyle 屬性	邊框樣式，計有 None、FixedSingle、Fixed3D 等。
Enabled 屬性	致能或反致能，內定 True，表示本控制項可用，若要暫停作用，應設為 False。
Font 屬性	字型屬性，Font.Name「字型名稱」、Font.Size「字型大小」。
ForeColor 屬性	字型顏色，可在色盤內挑選或直接輸入 RGB 三原色之值。
LinkArea 屬性	具連結能力的範圍（亦即字數），如上圖，該標籤雖有 8 個字，但只有前 4 個字具有連結能力，User 點擊有底線的前 4 字，可連結至該網站，但若點擊後 4 字，則無反應。本屬性有兩種設定方式，第一種是直接輸入 Start 及 Length 之值，如上圖起始字元為 0，長度為 4，若要設定後 6 字具有連結能力，則應將 Start 及 Length 之值分別設為 2 及 6。第二種方式是點選本欄右方的小方塊，可開啟「LinkArea 編輯器」，然後使用滑鼠左鍵選取需要連結的文字，再按「確定」鈕即可。

成員	說明
LinkBehavior 屬性	連結行為，亦即底線出現的時機，計有下列 4 種：SystemDefault「系統預設」(亦即決定於瀏覽器之設定，進入 IE 之後，點選「工具」、「網際網路選項」、「進階」，即可在「連結加底線」項目上變更設定)、AlwaysUnderline「永遠顯示」(可超越系統預設，即使 IE 設為「永遠不加」，本控制項仍會顯示底線)、HoverUnderline「滑鼠指標停留時顯示底線」、NeverUnderline「永不顯示底線」。
LinkColor 屬性	連結文字的顏色，內定值為藍色，可自行調整。
LinkVisited 屬性	是否應將已瀏覽過的連結以不同顏色顯示，內定值為 False，若設為 True，則會依照 VisitedLinkColor 屬性所設定的顏色呈現。
Size 屬性	尺寸屬性，Size.Width「寬度」、Size.Height「高度」。
TableIndex 屬性	Tab 鍵移動順序。
Text 屬性	顯示之文字。
TextAlign 屬性	文字對齊方式，計有 MiddleCenter 等 9 種。
Visible 屬性	可見與否，內定值為 True，若要暫時隱藏，應設為 False。
VisitedLinkColor 屬性	設定已瀏覽連結之顏色，LinkVisited 須設為 True，本屬性才有效。

LinkClicked 事件	在本控制項按一下連結時所發生的事件。下述範例可啟動瀏覽器並連結至谷哥網站。程式使用 System.Diagnostics 命名空間的 Process 類別的 Start 方法啟動 URL 位址。
	`Private Sub LinkLabel1_LinkClicked(sender As Object, _`
	`    e As LinkLabelLinkClickedEventArgs) Handles LinkLabel1.LinkClicked`
	`  System.Diagnostics.Process.Start("https://www.google.com.tw")`
	`End Sub`

D-20 ListBox 清單控制項

CheckedListBox「核取清單方塊」控制項的每一項目之前方有一個核取方塊，ListBox 則無，CheckedListBox 可多選，ListBox 則可單選或多選。請見範例 F_Query_1.vb。

成員	說明
BackColor 屬性	設定（或取得）背景色，可在色盤內挑選或直接輸入 RGB 三原色之值，例如 255,255,255。
BoderStyle 屬性	邊框樣式，計有 None、FixedSingle、Fixed3D 等。
ColumnWidth 屬性	欄寬，內定值為 0，會隨字體大小自動調整。
DrawMode 屬性	繪製模式，內定為 Normal，另有 OwnerDrawFixed 及 OwnerDrawVariable。 若要調整選取項目的顏色，必須將本屬性設為 OwnerDrawFixed 或 OwnerDrawVariable，再於 DrawItem 視覺外觀變更事件中撰寫相關程式，請參考第 3 章第 4 節的說明。
Font 屬性	字型屬性，Font.Name「字型名稱」、Font.Size「字型大小」。
ForeColor 屬性	字型顏色，可在色盤內挑選或直接輸入 RGB 三原色之值。
Items 屬性	設定 ListBox 之項目清單。在「屬性」視窗中，點選該欄右方的小方塊，可開啟「字串集合編輯器」，即可輸入或貼入清單項目。
MultiColumn 屬性	多欄屬性，內定值為 False，若改為 True，則可以多欄顯示清單上的項目。欄數會隨清單之大小而調整。

成員	說明
SelectionMode 屬性	選取模式，有下列 4 種：None「無法選取」、One「只能選取一項」、MultiSimple「簡單多選法」，按滑鼠左鍵即可選取多個項目、MultiExtended「延伸多選法」，按著 Ctrl 鍵不放，再按滑鼠左鍵，可選取不連續的多個項目；按著 Shift 鍵不放，再按滑鼠左鍵，可選取連續的多個項目（按第一項之後再按最後一項，即可快速選取連續的多個項目）。
Size 屬性	尺寸屬性，Size.Width「寬度」、Size.Height「高度」。
Sorted 屬性	排序屬性，內定值 False，若設為 True，則清單項目會遞增排序。
Visible 屬性	可見與否，內定值為 True，若要暫時隱藏，應設為 False。
SelectedItem 屬性	傳回單一的被選取項目之名稱。 非屬性視窗內的項目，無法以手動設定，只能在程式中使用。
SelectedItems 屬性	傳回被選取項目的集合，該集合內包含清單上所有被選取項目之名稱。 非屬性視窗內的項目，無法以手動設定，只能在程式中使用。
SelectedItems.Count 屬性	傳回被選取項目之數量。 非屬性視窗內的項目，無法以手動設定，只能在程式中使用。
Items.Count 屬性	傳回清單控制項的項目數量。
SelectedIndex 屬性	傳回單一的被選取項目之索引編號，由 0 起算。 非屬性視窗內的項目，無法以手動設定，只能在程式中使用。

成員	說明
Add 方法	此方法可將新項目加入清單控制項，例如： `ListBox1.Items.Add("工程師")`
Clear 方法	此方法可清除清單控制項的所有項目，例如： `ListBox1.Items.Clear()`
FindString 方法	此方法可尋找清單上的項目，範例如下： `If ListBox1.FindString(Itemname) = -1 Then` 括號內為欲查找的項目名稱，若有找到，則會傳回該項目在清單上的索引編號（由 0 起算），若找不到，則會傳回 -1。
Remove 方法	移除清單上的被選取項目，範例如下，括號內為項目名稱： `ListBox1.Items.Remove(ItemName)`
RemoveAt 方法	移除清單上的被選取項目，範例如下，括號內為項目之索引編號： `ListBox1.Items.RemoveAt(ListBox1.SelectedIndex)`
SetSelected 方法	設定清單上某一項目的選取狀態，範例如下，括號內有兩個參數，第 1 個為清單項目的索引編號，第 2 個為邏輯值，False 表示要取消選取狀態，True 表示要設為選取狀態。 `ListBox1.SetSelected(0, False)`

D-21 MaskedTextBox 遮罩文字盒控制項

本控制項與 TextBox 的功能相同，都是作為輸入介面（輸出亦可），但 MaskedTextBox 可設定輸入遮罩，以方便 User 輸入特定格式的資料，例如身分證字號、行動電話號碼、西元日期等（如下圖 1）。在「屬性」視窗內點選「Mask」欄右方的小方塊，螢幕會顯示「輸入遮罩」視窗（如下圖 2），供您挑選遮罩種類或自訂遮罩。（註：點選本控制項，點選其右上角的小三角形，然後在智慧標籤點選「設定遮罩」，亦可開啟「輸入遮罩」視窗；另外，在「屬性」視窗的左下角點擊「設定遮罩」超連結，亦可開啟「輸入遮罩」視窗。）

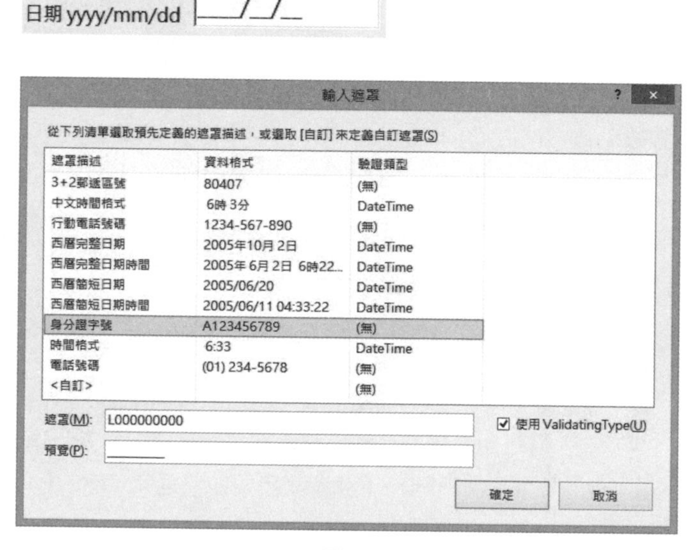

▲ 圖 D-11

自訂遮罩需在上述視窗的「遮罩」欄輸入遮罩代碼（註：在「屬性」視窗內的「Mask」欄輸入亦可），假設某一欄為員工號，限定 5 byte 的阿拉伯數字，不能太長或太短（例如 83001），則「遮罩代碼」為 00000，各種遮罩代碼之意義請參考下述 Mask 屬性之說明。本控制項之檢查程式可在 TypeValidationCompleted 事件中撰寫，範例如下：

```
Private Sub MaskedTextBox1_TypeValidationCompleted(ByVal sender As _
Object, ByVal e As TypeValidationEventArgs) _
Handles MaskedTextBox6.TypeValidationCompleted
If MaskedTextBox1.Text = Mcheck Then Exit Sub
    If e.IsValidInput = False Then
        MsgBox("輸入錯誤!" + Chr(13)  + "請修正", 0 + 16, "Error")
        MaskedTextBox1.Focus()
    End If
End Sub
```

因為「遮罩代碼」為 00000，故 User 只能輸入阿拉伯數字，英文字母及特殊符號都無法輸入，若輸入字元不足 5 位，則會顯示錯誤訊息，請 User 修正，而且游標無法離開 MaskedTextBox1，直到輸入正確為止。程式使用 e 參數的 IsValidInput 屬性來驗證輸入資料是否符合輸入遮罩的規範，若 e.IsValidInput 屬性值為 True，則代表在本控制項所輸入的字串可以轉換成 ValidatingType 屬性所指定的型別（通過驗證）。為使此驗證功能生效，必須在表單 Load 載入事件中撰寫如下的程式：

```
MaskedTextBox1.ValidatingType = GetType(System.Int32)
```

使用 ValidatingType 屬性設定資料型別，本例為 32 位元整數，下例的資料型別依序為日期、字串、雙精度浮點數。

```
MaskedTextBox2.ValidatingType = GetType(System.DateTime)
MaskedTextBox3.ValidatingType = GetType(System.String)
MaskedTextBox4.ValidatingType = GetType(System.Double)
```

另外，當游標離開本控制項時（無論是否輸入資料），就會觸發 TypeValidationCompleted 事件，故需增加一段程式，如前述之 If MaskedTextBox1.Text = Mcheck Then Exit sub，以免資料未輸入（可能只是游標誤入）也顯示錯誤訊息。其中，Mcheck 是使用 Public 宣告的變數，表單 Load 載入事件中撰寫如下的程式：

```
Mcheck = MaskedTextBox.Text
```

以便將遮罩代碼存入 Mcheck 變數。因為遮罩樣式千變萬化，故無法使用下述的程式來檢查 User 是否已在控制項內輸入資料：

```
If String.IsNullOrEmpty(MaskedTextBox1.Text) = True Then
    Exit Sub
End If
```

成員	說明
AsciiOnly 屬性	內定值為 False，若設為 True，則只能輸入 ASCII 字元。
BackColor 屬性	指定背景色，可在色盤內挑選或直接輸入 RGB 三原色之值，例如 225,225,168，但不能設為透明（Transparent 無效）。
BoderStyle 屬性	邊框樣式，計有 None、FixedSingle、Fixed3D 等。
Cursor 屬性	滑鼠指標樣式。
Enabled 屬性	致能或反致能，內定 True，表示本控制項可用，若要暫停作用，應設為 False。
Font 屬性	字型屬性，Font.Name「字型名稱」、Font.Size「字型大小」。
ForeColor 屬性	字型顏色，可在色盤內挑選或直接輸入 RGB 三原色之值。
Mask 屬性	遮罩樣式。遮罩代碼之意義如下： • 0 → 阿拉伯數字 0 ～ 9，不允許 space 空白。 • 9 →阿拉伯數字 0 ～ 9，允許 space 空白。 • # → 阿拉伯數字0～9，允許space空白及正負號。 • L → 英文字母 a ～ z 與 A ～ Z，不允許 space 空白。 • ? → 英文字母 a ～ z 與 A ～ Z，允許 space 空白。 • & →英文字母、阿拉伯數字或特殊符號（@%*+-等），不允許 space 空白。

<table>
<tr><th>成員</th><th>說明</th></tr>
<tr><td></td><td>
• C → 英文字母、阿拉伯數字或特殊符號（@%*+-等），允許 space 空白。
• A → 英文字母或阿拉伯數字，不允許 space 空白，也不允許特殊符號（@%*+- 等）。
• a →英文字母或阿拉伯數字，允許 space 空白，不允許特殊符號(@%*+- 等)。按照微軟網站的說明，a 與 A 的功能相同，但經實測，兩者在 space 之限制並不相同。
• . →小數點。
• , →千分號。
• $ →貨幣符號。
• / → 日期分隔符號。
• : → 時間分隔符號。
• > → 將其後的英文字母轉成大寫，例如 >LLLLL，只能輸入 5 個英文字母，而且自動將小寫轉成大寫。
• < →將其後的英文字母轉成小寫，例如 <?????，只能輸入 5 個英文字母或空白，而且自動將大寫轉成小寫。
• | →停用 > 及 < 規則，例如 >??|???，只能輸入 5 個英文字母或空白，而且將前兩個字元自動轉成大寫，後三個字元不轉換（大小寫都可輸入）。
• \ →下一個字元停用遮罩規則，例如 LL\#\?LLL，只能輸入 5 個英文字母，而且第三及第四個字元固定顯示 #? 符號，無法刪除亦無法變更。
• 其他字元 → 除了上述符號以外的字元會照章顯示，例如 00~}MLLL，只能輸入 2 個阿拉伯數字及 3 個英文字母，第 3 ～ 5 個字元固定顯示 ~}M，無法刪除亦無法變更。
</td></tr>
</table>

成員	說明
PasswordChar 屬性	避免螢幕呈現輸入字元（例如密碼輸入時），可於本屬性指定替代顯示字元，例如 ●。
PromptChar 屬性	本控制項未輸入資料時所顯示的字元，內定為 _，假設遮罩代碼為 00000（只能輸入 5 個阿拉伯數字），則控制項會顯示 _____，可自行更換為其他字元，例如 ^。
ReadOnly 屬性	是否設為唯讀，內定為 False。
Size 屬性	尺寸屬性，Size.Width「寬度」、Size.Height「高度」（高度隨字體大小自動調整，人工指定無效）。
TableIndex 屬性	Tab 鍵移動順序，若要啟動此功能，則 TabStop 屬性必須設定為 True（內定）。
TextAlign 屬性	文字對齊方式，計有 Left、Right、Center 等 3 種。
Visible 屬性	可見與否，內定值為 True，若要暫時隱藏，應設為 False。
ValidatingType 屬性	設定輸入資料的型別，範例如前述，若未設定，則驗證功能無效。「屬性」視窗內無 ValidatingType，必須在程式中使用。
TypeValidationCompleted 事件	本控制項完成驗證時所發生的事件，範例如前述。

D-22 MenuStrip 功能表控制項

本控制項可協助設計者快速建立應用系統的功能表，範例如圖 D-12，另請參閱本書第 2 章的說明。

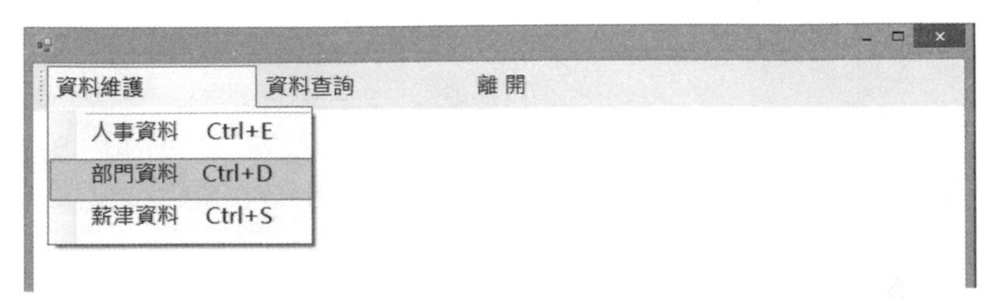

▲ 圖 D-12

成員	說明
AutoSize 屬性	自動尺寸屬性，內定值為 True，亦即功能表的長寬決定於字型大小（依 Font 屬性自動調整），若要自行設定長寬，則必須將本屬性設為 False，Size 屬性之值才會生效。
BackColor 屬性	設定（或取得）背景色，可在色盤內挑選或直接輸入 RGB 三原色之值，例如 255,255,255。
ContextMenuStrip 屬性	按下滑鼠右鍵時所顯示的快顯功能表，快顯功能表需使用 ContextMenuStrip 控制項設定。
Font 屬性	字型屬性，Font.Name「字型名稱」、Font.Size「字型大小」。

成員	說明
Items 屬性	項目屬性，點選本欄右方的小方塊，可開啟「項目集合編輯器」，如圖 D-13。該視窗左方框內為功能表第一層現有的項目，按上方的「加入」鈕，可增加新的項目，若要移除項目，請按「X」鈕，若要變更順序，請按向上（或向下）箭頭鈕。視窗右方為屬性調整區，若要調整某一項目的屬性，請先在左邊方框內點選項目名稱，例如 ToolStripMenuItem1，即可於右方調整 BackColor、Font、ForeColor、Text 等屬性，若要增減該項目的下層項目（子項目），請點選 DropDownItems 欄右方的小方塊，可開啟另一層的項目集合編輯器，其操作方式如前述。 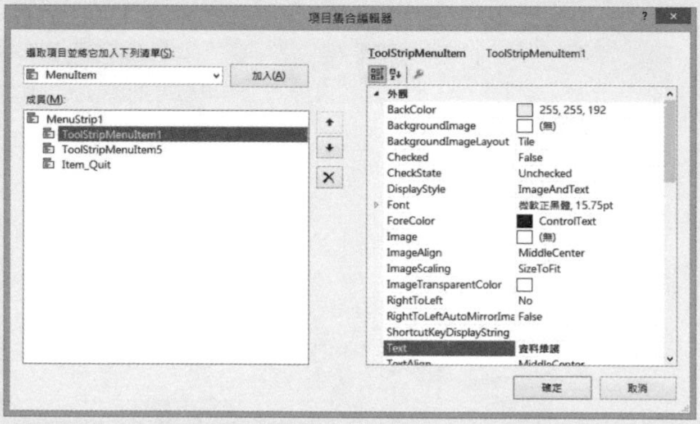 ▲ 圖 D-13
LayoutStyle 屬性	功能表項目配置方向，計有 HorizontalStackWithOverflow（預設）、VerticalStackWithOverflow、Flow、Table 等。
ShowItemToolTips 屬性	是否顯示功能表項目的提示訊息，內定值為 False，若設為 True，則各項目的 ToolTipText 所設定之值才能顯示。
Size 屬性	尺寸屬性，Size.Width「寬度」、Size.Height「高度」。
TextDirection 屬性	項目文字的顯示方向，計有 Horizontal（預設）、Vertical90、Vertical270 等。
Visible 屬性	隱藏或可見。

以上為 MenuStrip 的整體屬性，以下為 MenuStrip 內各項目的屬性。請點選 MenuStrip 的某一項目，例如上圖的「人事資料」，即可於「屬性」視窗內調整該項目的相關設定。另一種方式是利用前述的 Items 屬性，進入「項目集合編輯器」來調整。

成員	說明
AutoSize 屬性	自動尺寸屬性，內定值為 True，亦即功能表項目的長寬決定於字型大小（依 Font 屬性自動調整），若要自行設定長寬，則必須將本屬性設為 False，Size 屬性之值才會生效。
BackColor 屬性	設定（或取得）背景色，可在色盤內挑選或直接輸入 RGB 三原色之值。
Checked 屬性	項目前面是否顯示勾號，內定值為 False。
DropDownItems 屬性	點選本欄右方的小方塊，可開啟「項目集合編輯器」，以便增減（或設定）該項目之下層選項。在第一層項目之下可加入分隔線，其方法是在「項目集合編輯器」左上角點選「Separator」，再點按「加入」鈕，但請注意，只有第一層項目有此選項，其他子項目無 Separator 可選。
Font 屬性	字型屬性，Font.Name「字型名稱」、Font.Size「字型大小」。
ForeColor 屬性	字型顏色，可在色盤內挑選或直接輸入 RGB 三原色之值。
ShortcutKeyDisplayString 屬性	快速鍵顯示字串。本屬性所設定的字串會顯示於功能表項目文字之後，例如上圖「人事資料」後面的 Ctrl+E，若要在某一字之下加底線，請於該字之前加 & 符號，例如 &Ctrl+E。字串中只能有一個字元加底線，多加 & 符號無法增加有底線的字元。

成員	說明
ShortcutKeys 屬性	快速鍵設定。執行功能表某一項目的方法是以滑鼠左鍵按該項目，但若設定了本屬性，直接按下按鍵即可啟動，例如同時按下 Ctrl 及 E 鍵。設定方式可直接在本欄輸入，例如 Ctrl+E，或在下拉式選中點選，快速鍵必須由兩個按鍵組成，第一個按鍵是 Ctrl、Shift、Alt 三者之一，第二個按鍵可為阿拉伯數字、英文字母或是 Tab、Space、F1 等鍵之一。
ShowShortcutKeys 屬性	是否顯示 ShortcutKeyDisplayString 屬性所設定的快速鍵字串。內定為 True，若設為 False，則 ShortcutKeyDisplayString 屬性所設定的快速鍵字串不會顯示，但不影響 ShortcutKeys 之功能，亦即若該屬性設定了快速鍵（例如 Ctrl+E），則該快速鍵仍然有效。
Size 屬性	尺寸屬性，Size.Width「寬度」、Size.Height「高度」。AutoSize 屬性須設為 False，本屬性之值才會生效。
TextAlign 屬性	項目文字的對齊方式，計有 MiddleCenter 等 9 種。
TextDirection 屬性	項目文字的顯示方向，計有 Horizontal（預設）、Vertical90、Vertical270 等。
ToolTipText 屬性	滑鼠指標停留於功能表之某一項目上所顯示之提示訊息文字，須將 MenuStrip 控制項的 ShowItemToolTips 屬性設為 True，本屬性才會生效。
Visible 屬性	隱藏或可見。
Click 事件	點選功能表某一項目所引發的事件，通常用以撰寫某一功能的執行程式，範例請見第 2 章。

D-23 MonthCalender 月曆控制項

與 DateTimePicker 一樣，都可顯示月曆供 User 挑選日期，但 DateTimePicker 一次點選一個日期，MonthCalender 則可點選連續的數個日期。DateTimePicker 之月曆是隱藏式（不佔空間），點選 DateTimePicker 控制項之後才會展開，MonthCalender 之月曆則永遠顯示於表單上，而且可同時顯示數個連續的月份。

若要在「屬性」視窗內或程式中變更月曆的字型顏色等外觀樣式，例如 FontColor 設為 Navy，則必須在「專案」視窗中將「啟用 XP 視覺化樣式」前面的勾號取消。在功能表上點選「專案」、「XXX 屬性」，即可進入「專案」視窗，XXX 為專案名稱，本書隨附範例之專案名稱為 VB_SAMPLE。

成員	說明
BackColor 屬性	設定（或取得）月曆的背景色，可在色盤內挑選或直接輸入 RGB 三原色之值，例如 255,255,255。
CalendarDimensions 屬性	取得或設定所顯示月份的行數和列數。CalendarDimension 的 Width 為月份之行數，CalendarDimension 的 Height 為月份之列數，若在屬性視窗內將 Width 設為 3，Height 設為 2，則會顯示 6 個連續月份的月曆，供 User 點選。若要在程式中指定月曆數量，可撰寫如下程式： `MonthCalendar1.CalendarDimensions = New Size(3, 2)`
FirstDayOfWeek 屬性	取得或設定月曆所顯示之一週的第一天，亦即月曆第一行為週日、週一或週二等。
Font 屬性	月曆的字型樣式，Font.Name「字型名稱」、Font.Size「字型大小」。如果要放大月曆，以便讓 User 較易點選，須將本屬性設定為較大的字型，且需取消「啟用 XP 視覺化樣式」。
ForeColor 屬性	取得或設定控制項的前景色彩，亦即月曆的字型顏色。

成員	說明
MaxSelectionCount 屬性	取得或設定月曆控制項中可選取的最多天數，內定值為 7，最大值為 2147483647。使用滑鼠左鍵滑過月曆上的日期即會被選取，亦可先用滑鼠左鍵點選起始日，然後按著 Shift 鍵不放，再用滑鼠左鍵點選終止日，即可快速選取該範圍內的日期。
MaxDate 屬性	取得或設定控制項中可以選取的最大日期，內定值為 9998/12/31。
MinDate 屬性	取得或設定控制項中可選取的最小日期，內定值為 1753/1/1。
Size 屬性	尺寸屬性，Size.Width「寬度」、Size.Height「高度」。(高度隨字體大小自動調整)。
SelectionEnd 屬性	取得或設定日期選取範圍的終止日期。此屬性只能用於程式中，「屬性」視窗內無，範例請見 DateChanged 事件。

SelectionRange 屬性	取得或設定月曆控制項的日期選取範圍。下例程式可將 User 所選取的日期範圍顯示於文字盒：
	`TextBox3.Text = MonthCalendar1.SelectionRange.ToString`
	顯示範例如下：
	`SelectionRange: Start: 2015/6/30 上午 12:00:00, End: 2015/7/31 上午 12:00:00`

SelectionStart 屬性	取得或設定日期選取範圍的起始日期。此屬性只能用於程式中，「屬性」視窗內無，範例請見 DateChanged 事件。
ShowToday 屬性	指出 TodayDate 屬性所設定的日期是否要顯示在控制項下方，內定值為 True。因為 TodayDate 屬性的內定值為電腦系統日期，故在正常情況下會在月曆下方顯示當天的日期。

成員	說明
ShowTodayCircle 屬性	今天日期是否以紅色圓框標示，內定值為 True。
ShowWeekNumbers 屬性	指出月曆控制項是否要將週數（1～52）顯示於每列日期的左方，內定值為 False。
TitleBackColor 屬性	取得或設定月曆標題區的背景色彩。
TitleForeColor 屬性	取得或設定月曆標題區的前景色彩（字型顏色）。
TodayDate 屬性	取得或設定月曆上所標示的今天日期，內定值為電腦系統日期。
TrailingForeColor 屬性	取得或設定月曆中沒有完全顯示月份的日期色彩（字型顏色）。例如 8 月份的月曆中，會顯示前後月份的部分日期，亦即 7 月份的後面數個日期及 9 月份的前面數個日期，該等日期通常以較暗的顏色顯示，以利區別。
Visible 屬性	隱藏或可見。

DateChanged 事件	當月曆所選日期變更時之事件。在此事件中可撰寫如下程式，以便將 User 所點選的起始日期置入文字盒 1、終止日期置入文字盒 2、日期範圍置入文字盒 3、日期範圍的天數置入文字盒 4：
	`TextBox1.Text = MonthCalendar1.SelectionStart`
	`TextBox2.Text = MonthCalendar1.SelectionEnd`
	`TextBox3.Text = MonthCalendar1.SelectionRange.ToString`
	`TextBox4.Text = DateAndTime.DateDiff(DateInterval.Day, _`
	`MonthCalendar1.SelectionStart, MonthCalendar1.SelectionEnd)`

D-24 NotifyIcon 通知圖示控制項

本控制項可於 Windows 的工作列上顯示圖示（如圖 D-14），User 點擊該圖示可執行特定工作。下述程式會在表單 Form1 載入時，顯示 NotifyIcon，並以氣球提示工具顯示相關訊息 5 秒鐘，該等訊息之設定請參閱後續的屬性說明，其中的 ShowInTaskbar 是表單的屬性，可設定表單是否顯示在 Windows 工作列中。NotifyIcon1_MouseDoubleClick 為本控制項的滑鼠雙擊事件，當 User 雙擊 NotifyIcon 時，會將其所屬表單最小化，或由最小化展開為原尺寸。

▲ 圖 D-14

```
Private Sub Form1_Load(sender As Object, e As EventArgs) _
                                        Handles MyBase.Load
    Me.ShowInTaskbar = True
    NotifyIcon1.Icon = SystemIcons.Shield
    NotifyIcon1.BalloonTipText = "雙擊滑鼠左鍵可最小化(或展開)本表單"
    NotifyIcon1.BalloonTipIcon = ToolTipIcon.Info
    NotifyIcon1.BalloonTipTitle = "請注意"
    NotifyIcon1.Text = "測試 Notify"
    NotifyIcon1.Visible = True
    NotifyIcon1.ShowBalloonTip(5000)
End Sub

Private Sub NotifyIcon1_MouseDoubleClick( _
          sender As System.Object, _
          e As System.Windows.Forms.MouseEventArgs) _
          Handles NotifyIcon1.MouseDoubleClick
    If WindowState = FormWindowState.Minimized Then
        WindowState = FormWindowState.Normal
    Else
```

```
        WindowState = FormWindowState.Minimized
    End If
End Sub
```

成員	說明

BalloonTipIcon 屬性	設定氣球提示工具的圖示，在「屬性」視窗內有 None、Info、Warning、Error 等四種選擇。若要在程式中設定圖示，請注意其寫法，例如：
	`NotifyIcon1.BalloonTipIcon =ToolTipIcon.Info`
	`NotifyIcon1.BalloonTipIcon = ToolTipIcon.Warning`

BalloonTipText 屬性	設定氣球提示工具的提示文字，例如： `NotifyIcon1.BalloonTipText = "雙擊滑鼠左鍵可最小化(或展開)本表單"`
BalloonTipTitle 屬性	設定氣球提示工具的標題，例如： `NotifyIcon1.BalloonTipTitle = "請注意"`
Icon 屬性	設定本控制項的圖示，在「屬性」視窗內點選 Icon 欄右方的小方塊，會開啟視窗供您點選圖示檔。若要使用系統圖示檔（計有 Asterisk、Hand、Error、Exclamation 等 9 種），可撰寫如下的程式: `NotifyIcon1.Icon = SystemIcons.Shield`
Text 屬性	當滑鼠指標停留在本控制項之圖示上時，所顯示的文字。例如： `NotifyIcon1.Text = "測試 Notify"`
Visible 屬性	可見與否，內定值為 True，若要暫時隱藏，應設為 False。
MouseClick 事件	在本控制項上按滑鼠一下所發生的事件。
MouseDoubleClick 事件	在本控制項上按滑鼠兩下所發生的事件，範例如上述的 NotifyIcon1_MouseDoubleClick。

成員	說明
Dispose 方法	釋放所使用的資源。
ShowBalloonTip 方法	顯示氣球提示，範例如下，括號內為顯示時間（單位為毫秒，1000 毫秒等於一秒鐘）： `NotifyIcon1.ShowBalloonTip(5000)`

D-25 NumericUpDown 數值旋轉鈕控制項

數值旋轉鈕控制項（或稱為數值上下鈕控制項），適用於需要微調數值以觀察變化之狀況（試誤法案例）。User 只要按向上（或向下）箭頭鈕，就可快速產生不同數值，這些數值可限定其範圍或增減變動數，以防止輸入錯誤。下述為貸款試算案例，User 按 NumericUpDown 控制項之箭頭，可變更「貸款金額」、「年利率」或「貸款年數」，然後按「試 算」鈕，就可得出「每月應償還金額」，此種試算可協助 User 籌畫其貸款計畫。程式如下述，Financial 類別的 Pmt 方法之說明請參考附錄 E 的表 E-3。

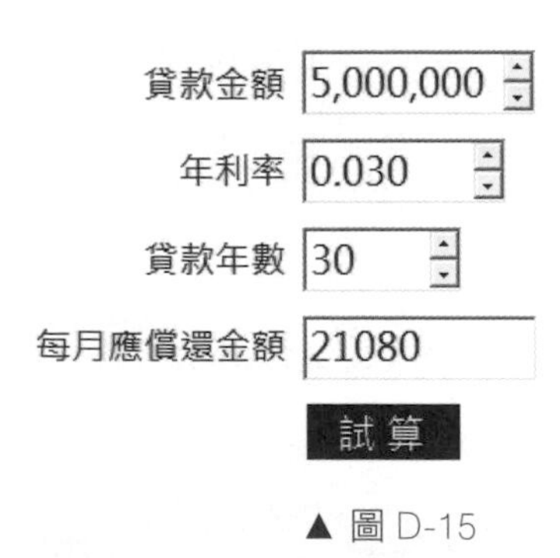

▲ 圖 D-15

```
Private Sub B01_Click(sender As Object, e As EventArgs) Handles B01.Click
    Dim Mamt As Double = N_Amt.Value * -1
    Dim Mrate As Double = N_Rate.Value / 12
    Dim Mmonth As Integer = N_Year.Value * 12
    T_Pay.Text = Math.Round(Financial.Pmt(Mrate, Mmonth, Mamt), 0)
End Sub
```

成 員	說 明
BackColor 屬性	設定（或取得）背景色，可在色盤內挑選或直接輸入 RGB 三原色之值，例如 255,255,255。
BoderStyle 屬性	邊框樣式，計有 None、FixedSingle、Fixed3D 等。
DecimalPlaces 屬性	本控制項目前數值的小數位數，例如上圖的「年利率」需將本屬性之值設為 3，內定值為 0。
Font 屬性	字型屬性，Font.Name「字型名稱」、Font.Size「字型大小」。
ForeColor 屬性	字型顏色，可在色盤內挑選或直接輸入 RGB 三原色之值。
Increment 屬性	每按一次控制項右方的向上（或向下）箭頭鈕，所增加或減少的數值，可為正整數或小數，但不能為負數。例如上圖的「年利率」可將本屬性之值設為 0.0025（即 1 碼、百分之 0.25）。
InterceptArrowKeys 屬性	內定為 True，允許 User 使用鍵盤之向上鍵（或向下鍵）來變更數值（註：需先將游標置入控制項之）。若將本屬性設為 True，則只能使用控制項右方的向上或向下箭頭鈕來變更數值。
Maximum 屬性	本控制項所允許輸入的最大值，亦即按控制項右方的向上箭頭鈕，所能增加的最大數值。
Minimum 屬性	本控制項所允許輸入的最小值，亦即按控制項右方的向下箭頭鈕，所能減少的最小數值。
ReadOnly 屬性	內定為 False，若設為 True，則只能使用向上或向下箭頭鈕來變更數值，而不能直接輸入。
Size 屬性	尺寸屬性，Size.Width「寬度」、Size.Height「高度」。

成員	說明
ThousandsSeparator 屬性	是否顯示千分號，內定為 False，若設為 True，則可如上圖「貸款金額」之顯示方式。
Value 屬性	取得或設定本控制項目前的數值。
Visible 屬性	可見與否，內定值為 True，若要暫時隱藏，應設為 False。
ValueChanged 事件	Value 屬性值變更時之事件。

D-26 OpenFileDialog 檔案選取對話方塊控制項

在執行階段開啟選檔視窗，讓 User 選取所需檔案。透過本控制項的屬性可限定選檔類型等條件，以防止錯誤。範例檔請見 F_SQL01.vb 的 B_PickUp_Click 事件程序及 F_SheetChoice.vb 的 B_PickUp_Click 事件程序。

成員	說明
AddExtension 屬性	是否自動加入遺漏的副檔名。若設為 True，則會自動加上內定的副檔名，若設為 False，則 DefaultExt 之設定無效。
CheckFileExists 屬性	若指定了不存在的檔名，是否要顯示警告訊息。
CheckPathExists 屬性	若指定了不存在的路徑，是否要顯示警告訊息。
DefaultExt 屬性	設定內定的副檔名。
FilenName 屬性	取得（或設定）檔案選取對話方塊中所選取（內定）的檔案名稱，包含路徑。

成員	說明

Filter 屬性	檔案選取對話方塊的檔案類型過濾器，可限定選取檔案的類型，範例如下：
	`OpenFileDialog1.Filter = "JPG檔|*.jpg|GIF檔|*.gif|所有檔案|*.*"`
	本例將選檔類型分為 3 段，第 1 段為 jpg 檔，第 2 段為 gif 檔，第 3 段為所有類型的檔案，每一段都要使用直線分隔，每一段之內分為兩部分，前半部為說明，後半部為副檔名，前半部與後半部之間亦需使用直線分隔。若要限制選檔類型，取消 *.* 之選項，且只列出可選類型即可。另一種語法如下：
	`OpenFileDialog1.Filter = "(JPG檔;GIF檔;BMP檔)|*.jpg;*.gif;*.bmp"`
	三種類型的檔案同時呈現供 User 選取，前一種語法一次只呈現一種類型的檔案供 User 選取。

FilterIndex 屬性	取得（或設定）檔案選取對話方塊中篩選器的索引，以前述範例來說，若將本屬性設為 2，則檔案選取對話方塊中會以 gif 檔作為內定的選檔類型。
InitialDirectory 屬性	取得或設定檔案對話方塊所顯示的預設目錄，範例如下： `OpenFileDialog1.InitialDirectory = "D:\"`
RestoreDirectory 屬性	是否要還原預設目錄，若設為 True，則每次開啟檔案對話方塊時，預設之目錄為 InitialDirectory 屬性所設定者。若每次開啟檔案對話方塊時，要以前一次開啟的資料夾為預設目錄，則須將本屬性設為 False，而且要取消 InitialDirectory 之使用。
SafeFileName 屬性	取得（或設定）檔案選取對話方塊中所選取（內定）的檔案名稱，不包含路徑。

成員	說明
ShowHelp 屬性	設定檔案對話方塊是否要顯示「說明」鈕。
Title 屬性	取得（或設定）檔案選取對話方塊的標題，內定為「開啟」，範例如下： `OpenFileDialog1.Title = "請選取一個圖檔"`
Reset 方法	將所有屬性都重設回預設值。

ShowDialog 方法	顯示檔案選取對話方塊，範例如下：
	本範例可將 User 所選檔案之檔名及其路徑顯示於文字盒。
	`If OpenFileDialog1.ShowDialog() = _`
	`    Windows.Forms.DialogResult.OK Then`
	`    TextBox1.Text = penFileDialog1.FileName`
	`End If`

D-27 PageSetupDialog 列印版面設定對話方塊控制項

如下圖的對話方塊，可讓 User 變更列印方向、邊界大小及紙張大小等設定。部分程式如下，完整範例請參考 PrintDialog 列印對話方塊控制項。

```
PageSetupDialog1.Document = O_PD
PageSetupDialog1.ShowDialog()
O_PD.DefaultPageSettings = PageSetupDialog1.PageSettings
```

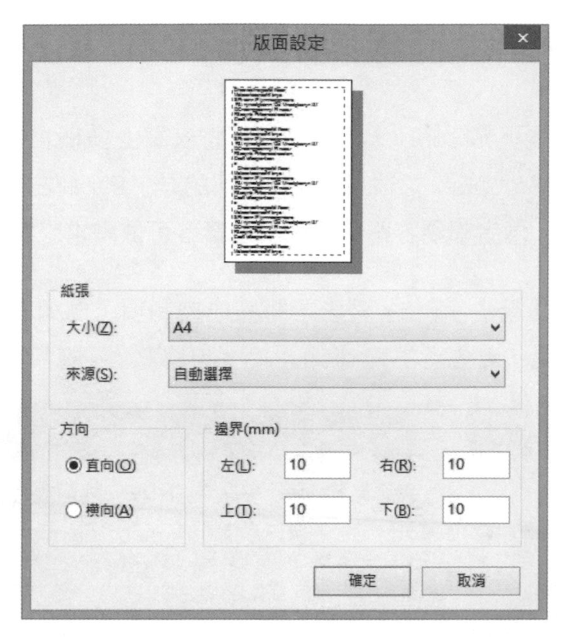

▲ 圖 D-16

成員	說明
Document 屬性	指定列印的文件，例如： `PageSetupDialog1.Document = O_PD` O_PD是依據PrintDocument類別所宣告之列印文件物件。
PageSettings 屬性	版面設定屬性，下例可將 User 在對話方塊中所作的設定值（上下邊界等）設為 O_PD 列印文件的預設頁面值： `O_PD.DefaultPageSettings = PageSetupDialog1.PageSettings`
ShowDialog 方法	將本控制項以強制回應對話方塊顯示。
Dispose 方法	釋放所使用的資源。

D-28 Panel 面板控制項

本控制項的功能與 GroupBox 相同，都可將表單上多個控制項納為群組，以利區隔（請參考 GroupBox 之說明）。所不同的是，Panel 左上角無法顯示文字，但卻有捲動軸，兩者都屬容器類控制項，讀者可依需求來選擇使用。

請注意，必須先產生 Panel，然後再將其他控制項（例如 RadioButton）拖入其內才能形成群組，若先產生 RadioButton，再將 Panel 拖曳其上是無效的。

成員	說明
AutoScroll 屬性	內定值為 False，若設為 True，則可產生捲動軸。
BackColor 屬性	設定（或取得）背景色，可在色盤內挑選或直接輸入 RGB 三原色之值，例如 255,255,255。
BoderStyle 屬性	邊框樣式，計有 None、FixedSingle、Fixed3D 等。
Font 屬性	字型屬性，Font.Name「字型名稱」、Font.Size「字型大小」。
ForeColor 屬性	字型顏色，可在色盤內挑選或直接輸入 RGB 三原色之值。
Size 屬性	尺寸屬性，Size.Width「寬度」、Size.Height「高度」。
Visible 屬性	可見與否，內定值為 True，若要暫時隱藏，應設為 False。

D-29 PictureBox 圖片盒控制項

用於顯示圖片或動畫。

成員	說明
BackColor 屬性	指定背景色，可在色盤內挑選或直接輸入 RGB 三原色之值，例如 224,224,224，通常設為透明 Transparent。
BoderStyle 屬性	邊框樣式，計有 None、FixedSingle、Fixed3D 等。
Image 屬性	指定圖片來源（包括動畫）。
Size 屬性	尺寸屬性，Size.Width「寬度」、Size.Height「高度」。
SizeMode 屬性	尺寸模式（如何佈滿所訂的尺寸），有下列 5 種模式： • Normal → 圖像會放置在 PictureBox 的左上角，並且會裁切影像中大於 PictureBox 的部分。 • StretchImage → 會延伸或縮小圖像，以調整為最適合 PictureBox 的大小。 • Autosize → 會重新調整控制項為最適合影像的大小。 • CenterImage → 會使圖像置於 PictureBox 的中央，但大於 PictureBox 的部分會被裁切。 • Zoon → 會拉長或縮小圖像以配合 PictureBox 尺寸，且會保持原始影像的比例。
Visible 屬性	隱藏或可見。

D-30 PrintDialog 列印對話方塊控制項

列印對話方塊的控制項（如圖 D-17）。更詳細的說明請參閱第 7 章第 4 節，實際範例請參考 F_CONVERT.vb 的 B_Print1_Click 事件程序。

▲ 圖 D-17

成員	說明
Document 屬性	指定列印的文件，例如下列範例中指定列印文件為 O_PD，O_PD 是本範例宣告的 PrintDocument。該範例的 ShowDialog 方法會開啟如上圖的視窗，讓 User 選擇印表機，並可調整列印方向、紙張大小、解析度及浮水印等設定。當 User 按下「列印」鈕之後，Test 123 字串就會從印表機印出。列印資料是在 PrintDocument 的 PrintPage 事件中定義，PrintDocument 的 Print 方法會觸發 PrintPage 事件，但 PrintDocument 物件必須使用 WithEvents 關鍵字宣告，Handles 關鍵字才能處理 PrintPage 事件，更多的說明請參考第 7 章第 4 節。若列印前要預覽，則需使用 PrintPreviewDialog 預覽對話方塊，實際範例請參考 F_CONVERT.vb 的 B_Print1_Click 事件程序。

成員	說明

```
Public Class Form1
    Private WithEvents O_PD As New Printing.PrintDocument

    Private Sub Button1_Click(sender As Object, e As EventArgs) _
                                             Handles Button1.Click
    PrintDialog1.Document = O_PD
PageSetupDialog1.Document = O_PD
    PageSetupDialog1.ShowDialog()
    O_PD.DefaultPageSettings = PageSetupDialog1.PageSettings
        If PrintDialog1.ShowDialog = Windows.Forms.DialogResult.OK Then
            O_PD.Print()
        End If
    End Sub

    Private Sub O_PD_PrintPage(ByVal sender As Object, _
ByVal e As System.Drawing.Printing.PrintPageEventArgs)_
Handles O_PD.PrintPage
        Dim O_Font As Font = New Font("Arial", 12, FontStyle.Regular)
        Dim O_Pen As Pen = New Pen(Color.Black, 0.1)
        e.Graphics.PageScale = PaperKind.A4
        e.Graphics.PageUnit = GraphicsUnit.Point
        Dim O_Brash As SolidBrush = New SolidBrush(Color.Black)
Dim Mleft As Integer = O_PD.DefaultPageSettings.Margins.Left
Dim Mtop As Integer = O_PD.DefaultPageSettings.Margins.Top
Dim O_Point1 As Point = New Point(Mleft, Mtop)
e.Graphics.DrawString("Test 123", O_Font, O_Brash, O_Point1)
    End Sub

End Class
```

成員	說明
PrintToFile 屬性	內定值為 False，若設為 True，則會勾選「列印到檔案」，如上圖，按「列印」鈕之後，可存成 prn 檔。

成員	說明

ShowDialog 方法	將本控制項以強制回應對話方塊顯示。下述範例可顯示列印對話方塊，若 User 在列印對話方塊中按了「取消」鈕，則釋放 PrintDocument 控制項的資源，並離開程序：
	`Dim Mprint As Boolean = PrintDialog1.ShowDialog()`
	`If Mprint = False Then`
	`    O_PD.Dispose()`
	`    Exit Sub`
	`End If`

Dispose 方法	釋放所使用的資源。

D-31 PrintDocument 列印文件控制項

本控制項可在表單上將資料（或圖形）從印表機印出的控制項。更詳細的說明請參閱第七章第 4 節，實際範例請參考 F_CONVERT.vb 的 B_Print1_Click 及 O_PrintDocument_PrintPage 事件程序。

成員	說明

DefaultPageSettings 屬性	取得或設定列印頁面之相關設定，下例可設定上邊界為 50，列印方向為直印：
	`Dim O_PD As New PrintDocument`
	`O_PD.DefaultPageSettings.Margins.Top = 50`
	`O_PD.DefaultPageSettings.Landscape = False`

PrintPage 事件	當目前頁面需要列印時所發生的事件。欲列印的資料（或圖形）需在本事件中定義，包括字型大寫、線條粗細、列印位置等屬性。
Print 方法	啟動文件的列印處理序，本方法會觸發 PrintDocument 的 PrintPage 事件程序。
Dispose 方法	釋放所使用的資源。

D-32 PrintPreviewControl 預覽列印控制項

本控制項可在表單上產生一個區域，以便預覽列印的資料。另一個控制項 PrintPreviewDialog，則是在表單之外開啟一個「預覽列印」的視窗，在該視窗內點擊印表機圖示可印出資料，但在本控制項內只能預覽而無法列印。

成員	說明
AutoZoom 屬性	內定值為 True，會自動調整資料顯示之大小。
BackColor 屬性	指定背景色，可在色盤內挑選或直接輸入 RGB 三原色之值，但不能設為透明 Transparent。
Document 屬性	取得或設定要預覽的文件。下例指定 O_PD 為預覽文件（有關 O_PD 之宣告及設定請見 PrintDocument 控制項）： `PrintPreviewControl1.Document = O_PD`
Size 屬性	尺寸屬性，Size.Width「寬度」、Size.Height「高度」。
Visible 屬性	隱藏或可見。
Zoom 屬性	放大或縮小屬性，內定值為 0.3。

D-33 PrintPreviewDialog 預覽列印對話方塊控制項

預覽列印資料的控制項。更詳細的說明請參閱第 7 章第 4 節，實際範例請參考 F_CONVERT.vb 的 B_Print1_Click 事件程序。

成員	說明

Document 屬性	取得或設定要預覽的文件。下例指定 O_PD 為預覽文件（有關 O_PD 之宣告及設定請見 PrintDocument 控制項）：
	`Dim O_PV As New PrintPreviewDialog`
	`O_PV.Document = O_PD`

成員	說明
ShowDialog 方法	將本控制項以強制回應對話方塊顯示。範例如下： `O_PV.ShowDialog()`
Dispose 方法	釋放所使用的資源。

D-34 ProgressBar 進度條控制項

以圖像表示工作進行中的控制項，如圖 D-18。範例檔請見 F_Backgroundwork.vb 的 Timer1_Tick 事件程序。

▲ 圖 D-18

成員	說明
BackColor 屬性	進度條的背景色，可在色盤內挑選或直接輸入 RGB 三原色之值，例如 255,255,255。
ForeColor 屬性	進度條的前景色，例如上圖為 SkyBlue。必須取消「啟用 XP 視覺化樣式」，本屬性之設定才有效，其方法如下： 在功能表上點選「專案」、「XXX 屬性」，進入發行精靈，點選左方的「應用程式」，然後取消「啟用 XP 視覺化樣式」前方的勾號即可（註：XXX 為專案名稱，例如本書隨附範例之專案名稱為 VB_SAMPLE）。
Size 屬性	尺寸屬性，Size.Width「寬度」、Size.Height「高度」。
Step 屬性	進度條的的遞增值，本屬性值可決定 ProgressBar 前進一次的大小。
Value 屬性	取得或設定進度條的目前位置。
Visible 屬性	可見與否，內定值為 True，若要暫時隱藏，應設為 False。

D-35 RadioButton 選項按鈕控制項

同一表單的 RadioButton 只能單選，除非以 GroupBox 或 Panel 分隔為不同群組。假設同一張表單上有兩組 RadioButton，一組為性別（選項為男、女），另一組為血型（選項為 A、B、O、AB），則此等控制項必須搭配 GroupBox「群組方塊」控制項或 Panel「面板」控制項來使用，否則只能點選 7 個選項之一，而無法點選性別之一，又點選血型之一。必須拖曳出兩個 GroupBox「群組方塊」，然後將性別的兩個選項置入其中之一，再將血型的四個選項置入另外一個群組，才能形成兩組互斥的控制項。

成員	說明
BackColor 屬性	設定（或取得）背景色，可在色盤內挑選或直接輸入 RGB 三原色之值，例如 255,255,255。
CheckAlign 屬性	按鈕位置，共有 MiddleLeft 等 9 個位置可挑選。
Checked 屬性	設定（或取得）點選狀態，內定值為 False。
FlatStyle 屬性	平面樣式，計有 Flat、Popup、Standard、System 等。
Font 屬性	字型屬性，Font.Name「字型名稱」、Font.Size「字型大小」。
ForeColor 屬性	字型顏色，可在色盤內挑選或直接輸入 RGB 三原色之值。
Size 屬性	尺寸屬性，Size.Width「寬度」、Size.Height「高度」。
Text 屬性	取得或設定按鈕之文字。
Visible 屬性	可見與否，內定值為 True，若要暫時隱藏，應設為 False。

D-36 ReportViewer 報表檢視器控制項

本控制項可顯示 Microsoft SQL Server Data Tools（簡稱 SSDT）所設計的報表，並可將報表匯出或印出，更多的說明請見本書第 7 章第 5 節。範例檔請見 F_CONVERT.vb 的 B_RV_Click 事件程序。

成員	說明
AutoScroll 屬性	捲動軸是否自動顯示，內定值為 False。
AutoSize 屬性	隨內容自動調整控制項之大小，內定值為 False。
BackColor 屬性	指定背景色，可在色盤內挑選或直接輸入 RGB 三原色之值，但不能設為透明 Transparent。
BoderStyle 屬性	邊框樣式，計有 None、FixedSingle、Fixed3D 等。
Font 屬性	字型屬性，Font.Name「字型名稱」、Font.Size「字型大小」。
ForeColor 屬性	字型顏色，可在色盤內挑選或直接輸入 RGB 三原色之值。

LocalReport 屬性	本機處理屬性，其中的 ReportPath 可設定報表定義檔的檔案路徑，範例如下：
	`ReportViewer1.LocalReport.ReportPath = _`
	`"APPDATA\Salary_01.rdl"`

Location 屬性	本控制項左上角在其所屬容器之位置。
ShowExportButton 屬性	工具列上是否顯示「匯出」鈕，內定值為 True。
ShowPrintButton 屬性	工具列上是否顯示「印表機」、「整頁模式」及「版面設定」等按鈕，內定值為 True。
ShowToolBar 屬性	是否顯示工具列，內定值為 True，若設為 False，則「列印」及「匯出」等所有圖示都會消失。
ShowZoomControl 屬性	工具列上是否顯示比例選單，內定值為 True。

成員	說明
Size 屬性	尺寸屬性，Size.Width「寬度」、Size.Height「高度」。
Visible 屬性	隱藏或可見。
ZoomMode 屬性	報表顯示比例的類型，內定值為 Percent，另有 FullPage 及 PageWidth 模式。
ZoomPercent 屬性	當 ZoomMode 屬性設為 Percent 時，應顯示的比例，內定值為 100。
DataSources.Add 方法	將資料來源物件加入 ReportViewer，範例如下： `ReportViewer1.LocalReport.DataSources.Add(O_rds)`
Reset 方法	將控制項重設為其預設值。
SetPageSettings 方法	設定 ReportViewer 控制項中目前報表的頁面設定。

D-37 RichTextBox 豐富文字方塊控制項

成員	說明
BackColor 屬性	指定背景色，可在色盤內挑選或直接輸入 RGB 三原色之值，例如 225,225,168，但不能設為透明（Transparent 無效）。
BoderStyle 屬性	邊框樣式，計有 None、FixedSingle、Fixed3D 等。
Enabled 屬性	致能或反致能，內定 True，表示本控制項可用，若要暫停作用，應設為 False。
Font 屬性	字型屬性，Font.Name「字型名稱」、Font.Size「字型大小」。
ForeColor 屬性	字型顏色，可在色盤內挑選或直接輸入 RGB 三原色之值。

成員	說明
ImeMode 屬性	啟動輸入法，內定為 NoControl，需由 User 自行切換輸入法。當滑鼠指標進入文字盒時，若要自動轉換為中文輸入法，則應將本屬性設為 On，並將 Windows 的預設輸入模式設為「中文模式」。若將本屬性設為 Disable，則會暫時關閉輸入法，User 無法切換輸入法。
MaxLength 屬性	最大字元，若要限定輸入字數，可設定本屬性，由 1 ~ 2147483647。
MultiLine 屬性	是否可輸入多列文字，內定為 True。
ReadOnly 屬性	是否設為唯讀，內定為 False。
ScrollBars 屬性	捲動軸屬性，內定為 Both。
Size 屬性	尺寸屬性，Size.Width「寬度」、Size.Height「高度」。
TableIndex 屬性	Tab 鍵移動順序，若要啟動此功能，則 TabStop 屬性必須設定為 True（內定）。
Text 屬性	取得或設定的文字。
TextLength 屬性	傳回控制項內資料長度，範例如下： `TextBox1.Text = RichTextBox1.TextLength`
Visible 屬性	可見與否，內定值為 True，若要暫時隱藏，應設為 False。
AppendText 方法	併入文字，範例如下： `RichTextBox1.AppendText("測試" + Chr(13) + Chr(10))`
Clear 方法	清除本控制項的全部資料。
Find 方法	找出指定字元的索引位置，範例如下： `TextBox1.Text = RichTextBox1.Find("A")` 索引位置由 0 起算，換行字元亦算在內，若找不到，則傳回 -1。

成員	說明
LoadFile 方法	載入 RTF 檔，範例如下： `RichTextBox1.LoadFile("D:\TESTA.rtf")` RTF 檔可用 MS Word 產生（另存新檔時指定 rtf 格式），字型顏色及列距等格式都可載入。
SaveFile 方法	將豐富文字方塊控制項的資料儲存為 RTF 檔，範例如下： `RichTextBox1.SaveFile("D:\TESTB.rtf")`
LinkClicked 事件	點擊 RichTextBox 中的超連結所觸發的事件，範例請見 F_Query_2.vb，即主目錄的「C3 介面設計 3」。

D-38 SaveFileDialog 存檔對話方塊控制項

在執行階段開啟存檔視窗，讓 User 指定存檔名稱及其路徑。透過本控制項的屬性可限定存檔類型等條件，以防止錯誤。範例檔請見 F_Save01.vb 的 B_Save_Click 事件程序。

成員	說明
AddExtension 屬性	是否自動加入遺漏的副檔名。若設為 True，則會自動加上內定的副檔名，若設為 False，則 DefaultExt 之設定無效。
CheckFileExists 屬性	若指定了不存在的檔名，是否要顯示警告訊息。
CheckPathExists 屬性	若指定了不存在的路徑，是否要顯示警告訊息。
DefaultExt 屬性	設定內定的副檔名。
FilenName 屬性	取得（或設定）檔案選取對話方塊中所選取（內定）的檔案名稱，包含路徑。

成員	說明

Filter 屬性	存檔對話方塊的檔案類型過濾器，可限定檔案類型，範例如下：
	`SaveFileDialog1.Filter = _`
	`    "Excel files|*.xls|HTML files|*.htm"`
	本例將存檔類型分為兩段，第一段為 Excel 檔，第二段為 HTML 檔，每一段都要使用直線分隔，每一段之內分為兩部分，前半部為說明，後半部為副檔名，前半部與後半部之間亦需使用直線分隔。若要限制存檔類型，則不要使用 *.* 之選項，且只列出可儲存之類型即可。

FilterIndex 屬性	取得（或設定）存檔對話方塊中篩選器的索引，以前述範例來說，若將本屬性設為 2，則存檔對話方塊中會以 htm 檔作為內定的存檔類型。
InitialDirectory 屬性	取得或設定檔案對話方塊所顯示的預設目錄，範例如下： `SaveFileDialog1.InitialDirectory = "D:\TestQuery"`
RestoreDirectory 屬性	是否要還原預設目錄，若設為 True，則每次開啟檔案對話方塊時，預設之目錄為 InitialDirectory 屬性所設定者。若每次開啟檔案對話方塊時，要以前一次開啟的資料夾為預設目錄，則須將本屬性設為 False，而且要取消 InitialDirectory 之使用。
ShowHelp 屬性	設定檔案對話方塊是否要顯示「說明」鈕。
Title 屬性	取得（或設定）存檔對話方塊的標題，範例如下： `SaveFileDialog1.Title = "請點選或輸入檔名及路徑"`
Reset 方法	將所有屬性都重設回預設值。

成員	說明

ShowDialog 方法	顯示存檔對話方塊，範例如下：
	本範例可將 User 所設定之檔名及其路徑顯示於文字盒。
	`If SaveFileDialog1.ShowDialog() = _`
	`    Windows.Forms.DialogResult.OK Then`
	`    TextBox1.Text = SaveFileDialog1.FileName`
	`End If`

D-39 TabControl 標籤頁控制項

如果您的應用系統有較多的控制項，以致無法容納於同一張表單，那麼建議使用 TabControl 來佈置輸出（或輸入）介面。本控制項的左上角有多個標籤，點選該等標籤，可切換至不同的頁面（等於大幅增加了可用空間），您可在不同頁面佈置不同的 Controls，如此即可達到分散控制項之目的。

TabControl 分為「標籤」及「頁面」兩大區域（如圖 D-19），點選控制項之後，點選左上角的標籤，可切換至不同頁面，但需再點選標籤下方的區域，才能設定或變更該頁面的屬性（「屬性」視窗才會顯示 TabPage 之相關屬性），包括背景色及標籤文字等。

點選 TabControl 控制項，點選右上角的小三角形，展開智慧標籤，在點選其上的「加入索引標籤」或「移除索引標籤」，可增減標籤數量（註：亦可在「屬性」視窗內變更標籤數量，詳下述）。

不同頁面上所放置的控制項之名稱不能相同，假設您在 TabPage1 頁面及 TabPage2 頁面各置放了一個 TextBox「文字盒」，則這兩個文字盒的名稱不能相同，也不能與同一表單上的其他控制項同名。

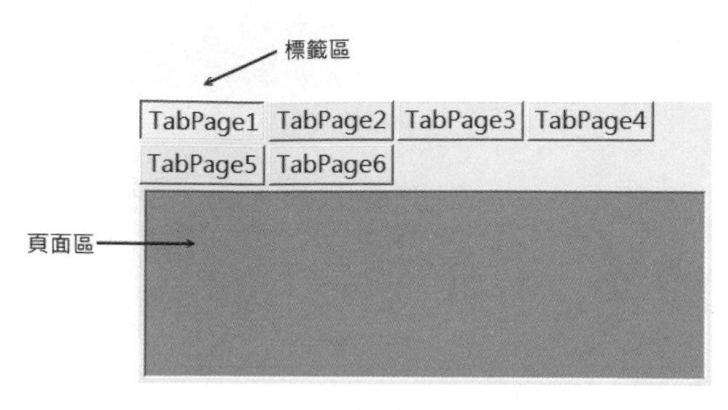

▲ 圖 D-19

TabControl 控制項的整體屬性

成員	說明
Appearance 屬性	標籤的樣式，計有 Normal、Buttons、FlatButtons 等。
Cursor	滑鼠指標的樣式，例如 Arrow、Cross、SizeAll、Hand 等。
Font 屬性	左上角標籤的字型屬性，Font.Name「字型名稱」、Font.Size「字型大小」。
ItemSize 屬性	左上角標籤的大小，Size.Width「寬度」、Size.Height「高度」。
Multiline 屬性	是否允許標籤以多列顯示。內定值為 False，當標籤數量較多時，可將本屬性設為 True，標籤會以多列顯示（如圖 D-19）。
Size 屬性	尺寸屬性，Size.Width「寬度」、Size.Height「高度」。
TabPages 屬性	點選該欄右方的小方塊，可開啟「TabPage 集合編輯器」視窗。該視窗左方框內為現有標籤，按視窗左下角的「加入」或「移除」鈕，可增減標籤數量。在視窗左方框內點選某一標籤，即可於右方框內變更或設定該頁面的屬性，包括背景色、前景色、標籤文字及字型等。
Visible 屬性	可見與否，內定值為 True，若要暫時隱藏，應設為 False。

<table>
<tr><th>成員</th><th>說明</th></tr>
<tr><td>SelectedIndexChanged 事件</td><td>標籤頁選取變更時所發生的事件，下述寫於本事件中的程式可在 User 切換頁面時更換本控制項所在表單的背景色，SelectedIndex 屬性會傳回標籤的索引編號，該編號由 0 起算。
<pre>Dim Mno As Integer = TabControl1.SelectedIndex
If Mno = 0 Then
    Me.BackColor = Color.Blue
Else
    Me.BackColor = Color.SeaGreen
End If</pre></td></tr>
<tr><td>SelectTab 方法</td><td>選定標籤頁，使該頁面為作用頁，範例如下，括號內為頁面名稱或索引編號。
<pre>TabControl1.SelectTab(TabPage2)
TabControl1.SelectTab(0)</pre></td></tr>
</table>

下述頁面區的屬性可於前述 TabPages 屬性啟動「TabPage 集合編輯器」視窗來修改或設定；或點選 TabControl 左上角的標籤，切換至不同頁面，再點選標籤下方的區域，「屬性」視窗就會顯示 TabPage 之相關屬性，供您使用。

TabPage 頁面區域的屬性

成員	說明
BackColor 屬性	設定（或取得）背景色，可在色盤內挑選或直接輸入 RGB 三原色之值，例如 224,224,224。
BorderStyle 屬性	頁面區域的邊框樣式，計有 None、FixedSingle、Fixed3D 等。
Font 屬性	字型屬性，Font.Name「字型名稱」、Font.Size「字型大小」。
ForeColor 屬性	字型顏色，可在色盤內挑選或直接輸入 RGB 三原色之值。

成員	說明
Text 屬性	左上角標籤的文字，內定文字為 TabPage1、TabPage2、TabPage3 等。
Size 屬性	尺寸屬性，Size.Width「寬度」、Size.Height「高度」。

D-40 TableLayoutPanel 表格式面板配置控制項

將 TableLayoutPanel 從工具箱拖至表單，可產生一個表格式的面板，其內有 4 個格位（二列二欄，此為內定數量），可將其他控制項（例如 TextBox 及 Button 等）置入其中，以完成控制項之佈局，此舉除了可避免表單尺寸改變時發生各控制項相互遮掩的狀況外，還可加速系統設計的工作，更詳細的說明請見第 9 章 5 ～ 6 節，範例請見 F_Layout_2.vb。

成員	說明
Anchor 屬性	錨定屬性，當表單尺寸改變時，本控制項與表單指定的邊緣距離保持不變。例如本屬性設為 Top 及 Left（內定），則無論表單放大或縮小，TableLayoutPanel 與表單上方的距離不會改變，與表單左方的距離亦不會改變。若將本屬性設為 Top、Left 及 Right，則表單往右拖曳（放大）時，TableLayoutPanel 會與表單上方、左方及右方的距離保持不變，因而導致 TableLayoutPanel 等比例放大（往右擴大），TableLayoutPanel 內若有其他控制項（例如 TextBox 或 Button），則也會隨同變更位置或改變尺寸（由 TextBox 或 Button 等控制項之 Anchor 屬性決定）。若要使 TableLayoutPanel 及其內的控制項均隨著表單的縮放而改變尺寸，應將 TableLayoutPanel 及其內的控制項之 Anchor 屬性設為 Top、Botton、Left、Right。若將 Anchor 屬性設為 None 時，則當表單縮放時，TableLayoutPanel 與表單上下左右邊緣的距離都會隨之改變。 Anchor 和 Dock 屬性互斥。一次只能設定一個，並以最後設定者為準。

成員	說明
BackColor 屬性	設定（或取得）背景色，可在色盤內挑選或直接輸入 RGB 三原色之值，例如 224,224,224。
BorderStyle 屬性	邊框樣式，計有 None、FixedSingle、Fixed3D 等。「屬性」視窗內無，但可撰寫如下的程式來設定： `TableLayoutPanel1.BorderStyle = BorderStyle.Fixed3D`
CellBorderStyle 屬性	取得或設定表格式面板配置控制項之框線樣式。計有 None、Single、Inset、InsetDouble、Outset、OutsetDouble、OutsetPartial 等樣式可挑選。
ColumnCount 屬性	取得或設定表格式面板配置控制項的欄位數量。
Columns 屬性	點選 Columns 右方的小方塊，可開啟「資料行和資料列樣式」視窗，在此視窗內可增加或刪除 TableLayoutPanel 的欄位，另可調整各欄的大小（寬度），共有 3 種類型選項，「絕對」可指定像素值，「百分比」會按 User 所給之值分配 TableLayoutPanel 控制項的大小，「自動調整」會按格位內的控制項尺寸來自動分配大小。 「自動調整」與「百分比」可同時使用，假設 TableLayoutPanel 有 3 行，若將第 1 行的大小之類型設為「自動調整」，而第 2 行及第 3 行的大小之類型都設為「百分比」50%，那麼 VB 會根據第 1 行之內的控制項的大小來調整 TableLayoutPanel 第 1 行的大小，而將剩餘空間的 50% 分別留給第 2 行及第 3 行。 若要使 TableLayoutPanel 內各格位的控制項皆隨著表單的拉長（或拉高）而變動大小，則須將 TableLayoutPanel 的 Column 或 Row 大小之類型設為「百分比」，不能設為「絕對值」或「自動調整」。不隨表單縮放而變動大小的控制項，才能將該等控制項所在之格位的大小之類型以「絕對值」或「自動調整」來設定。

成員	說明
	在控制項尚未加入 TableLayoutPanel 的格位之前，請勿使用「自動調整」，否則無法看見各個格位。在「資料行和資料列樣式」視窗左方的成員一次只能看見 Column（行成員）或 Row（列成員），故需點選視窗左上角的「顯示」欄來切換資料行或資料列（下拉式選單）。
Dock 屬性	停駐屬性，TableLayoutPanel 固定於表單的某一邊緣，不因表單尺寸改變而變更。例如將本屬性設為 Top，則 TableLayoutPanel 及其內的控制項會停駐於上方，表單尺寸改變時仍不變動，但 TableLayoutPanel 及其內之控制項的大小會隨之改變。本屬性內定值為 None，另有 Top、Botton、Left、Right 及 Fill 可供點選，其中 Fill 會將 TableLayoutPanel 填滿整個表單。Anchor 和 Dock 屬性互斥。一次只能設定一個，並以最後設定者為準。
RowCount 屬性	取得或設定表格式面板配置控制項的列數。
Rows 屬性	點選 Rows 右方的小方塊，可開啟「資料行和資料列樣式」視窗，在此視窗內可增加或刪除 TableLayoutPanel 的列數，另可調整各列的大小（高度），共有 3 種類型選項，「絕對」可指定像素值，「百分比」會按 User 所給之值分配 TableLayoutPanel 控制項的大小，「自動調整」會按格位內的控制項尺寸來自動分配大小。 若要使 TableLayoutPanel 內各格位的控制項皆隨著表單的拉長（或拉高）而變動大小，則須將 TableLayoutPanel 的 Column 或 Row 大小之類型設為「百分比」，不能設為「絕對值」或「自動調整」。不隨表單縮放而變動大小的控制項，才能將該等控制項所在之格位的大小之類型以「絕對值」或「自動調整」來設定。
Size 屬性	尺寸屬性，Size.Width「寬度」、Size.Height「高度」。
Visible 屬性	可見與否，內定值為 True，若要暫時隱藏，應設為 False。

D-41 TextBox 文字盒控制項

成員	說明
BackColor 屬性	指定背景色，可在色盤內挑選或直接輸入 RGB 三原色之值，例如 225,225,168，但不能設為透明（Transparent 無效）。
BoderStyle 屬性	邊框樣式，計有 None、FixedSingle、Fixed3D 等。
CharacterCasing 屬性	英文字母大小寫屬性，內定為 Normal（區分大小寫），若設為 Upper，則一律轉換為大寫，若設為 Lower，則一律轉換為小寫。
Enabled 屬性	致能或反致能，內定 True，表示本控制項可用，若要暫停作用，應設為 False。
Font 屬性	字型屬性，Font.Name「字型名稱」、Font.Size「字型大小」。
ForeColor 屬性	字型顏色，可在色盤內挑選或直接輸入 RGB 三原色之值。
ImeMode 屬性	啟動輸入法，內定為 NoControl，需由 User 自行切換輸入法。當滑鼠指標進入文字盒時，若要自動轉換為中文輸入法，則應將本屬性設為 On，並將 Windows 的預設輸入模式設為「中文模式」。若將本屬性設為 Disable，則會暫時關閉輸入法，User 無法切換輸入法。
MaxLength 屬性	最大字元，若要限定輸入字數，可設定本屬性，由 1 ~ 32767。
MultiLine 屬性	是否可輸入多列文字，字數較多的附註或說明等欄位可將本屬性設為 True。
PasswordChar 屬性	避免螢幕呈現輸入字元（例如密碼輸入時），可於本屬性指定替代顯示字元，例如 ●。

成員	說明
ReadOnly 屬性	是否設為唯讀，內定為 False。
ScrollBars 屬性	捲動軸數量（適用於多列，亦即 MultiLine 設為 True 時）。本屬性值計有 None、Horizontal、Vertical、Both 等 4 種。
Size 屬性	尺寸屬性，Size.Width「寬度」、Size.Height「高度」（高度隨字體大小自動調整，人工指定無效）。
TableIndex 屬性	Tab 鍵移動順序，若要啟動此功能，則 TabStop 屬性必須設定為 true（內定）。
Text 屬性	取得或設定文字盒的文字。
TextAlign 屬性	文字對齊方式，計有 Left、Right、Center 等 3 種。
Visible 屬性	可見與否，內定值為 True，若要暫時隱藏，應設為 False。
WordWrap 屬性	當輸入文字較多而超過邊框時，是否自動換列顯示，內定為 True（自動換列），但必須將 MultiLine 屬性設為 True 才有效。若將 WordWrap 屬性設為 False，則當輸入文字較多而超過邊框時，不會自動換列，User 必須拖曳捲動軸，才能看見被遮掩的文字（需搭配 ScrollBars 屬性）。
Clear 方法	清除控制項的資料，等同 TextBox1.Text = ""。
Focus 方法	設定焦點於此控制項。例如可於表單的 Load 事件或 Shown 事件中撰寫如下的程式，以便表單載入或顯示時，滑鼠游標自動置於文字盒內，以方便 User 輸入資料。 `TextBox1.Focus()`

D-42 Timer 計時器控制項

本控制項可讓程式在固定間隔時間（例如每 10 秒鐘），執行某程序一次（例切換圖片）。本控制項為非視覺化控制項，在表單上看不見，但將其從工具箱拖入表單之後（螢幕下方會有小圖示），才能撰寫相關程式。範例檔請見 F_Backgroundwork.vb 的 B_GO_Click 及 Timer1_Tick 事件程序。

成員	說明
Enabled 屬性	內定為 False，設為 True 之後會觸發計時器的 Tick 事件程序。
Interval 屬性	間隔時間，內定值為 1000（單位為毫秒，等於 1 秒鐘，也就是每 1 秒執行一次 Tick 程序）。
Tick 事件	Tick 是滴答聲、瞬間或片刻之意，需要在固定間隔時間執行一次的程式可寫於此事件中，例如 ProgressBar 進度條前進一個單位或更新畫面一次。假設 Interval 設為 1000，則每 1 秒就會執行 Tick 內的程式一次。計時器控制項的 Enabled 屬性設為 True 時就會觸發本事件，而且每間隔一段時間（時間長短由 Interval 屬性決定）就會觸發一次，直到 Enabled 屬性設為 False 時為止。

D-43 ToolTip 提示控制項

給予充分的提示訊息，有助於 User 的操作，但若將提示訊息佈滿表單，反而會干擾使用者，較佳的作法是當滑鼠移至控制項上方時，才顯示相關訊息（如圖 D-20），滑鼠移開旋即消失。要使各控制項具有提示訊息的功能，必須借助 ToolTip，將該控制項從工具箱拖入表單之後，其他控制項（例如 Button）即會增加一個「在 ToolTip1 上的 ToolTip」屬性（位於「屬性」視窗內最後一項），供您輸入提示訊息。ToolTip 為非視覺化控制項，將該控制項從工具箱拖入表單之後，不會在表單上顯示，而是出現在表單下方，點選該控制項，即可於「屬性」視窗內變更其相關的設定。

請注意：

敲本Button可算出每月應償還的金額

試算

▲ 圖 D-20

成員	說明
AutoPopDelay 屬性	提示訊息的顯示時間，單位是「毫秒」，內定值為 5000，亦即提示訊息顯示 5 秒之後會消失。若要再查看該訊息，必須將滑鼠指標重新移入控制項上方。
BackColor 屬性	提示訊息的背景色，可在色盤內挑選或直接輸入 RGB 三原色之值，例如 225,225,192，亦可設為透明（Transparent）。
ForeColor 屬性	字型顏色，可在色盤內挑選或直接輸入 RGB 三原色之值。
InitialDelay 屬性	初始延遲時間，單位是「毫秒」，內定值為 500，亦即滑鼠指標必須在控制項上停留半秒，才會顯示提示訊息。
IsBalloon 屬性	內定提示訊息之外框樣式為長方形框，若將本屬性值設為 True，則外框樣式變為氣球形（如上圖）。
ReShowDelay 屬性	從一個提示移到另一個提示的間隔時間，單位是「毫秒」，內定值為 100，亦即 0.1 秒。
ToolTipIcon 屬性	提示訊息的圖示種類，計有 None、Info、Warning、Error 等（如圖 D-20 左上角的驚嘆號）。
ToolTipTitle 屬性	提示訊息的標題，如圖 D-20 左上角的「請注意：」。

D-44 TrackBar 滑桿控制項

與 HScrollBar 相似，是一種可讓 User 以拖曳方式變更數值的控制項。

下列範例可在執行階段經由 TrackBar 的拖曳來改變 Size 這個字的大小，程式寫於該控制項的 Scroll 捲動事件中，使用 Value 屬性取出滑桿捲動鈕所在位置之值，作為 Font 建構函式的第二個參數，以達到變更字型大小的目的。

▲ 圖 D-21

```
Private Sub TrackBar1_Scroll(sender As Object, e As EventArgs) _
            Handles TrackBar1.Scroll
    Dim Msize As Integer = TrackBar1.Value
    TextBox1.Text = Msize
    Label1.Font = New Font("Arial", Msize, FontStyle.Regular)
End Sub
```

成員	說明
BackColor 屬性	指定背景色，可在色盤內挑選或直接輸入 RGB 三原色之值，例如 235,235,235，但不能設為透明（Transparent 無效）。
LargeChange 屬性	最大移動距離，亦即在鍵盤上按 PageUp（或 PageDown）鍵一次所能移動的距離，內定值為 5，不能設為負數。按 PageUp 鍵，Value 值會減少，按 PageDown 鍵，Value 值會增加。
Maximum 屬性	滑桿最大值，可為負數。
Minimum 屬性	滑桿最小值，可為負數。

成員	說明
Orientation 屬性	滑桿方向，內定 Horizontal 水平，可依需要設為 Vertical 垂直。
Size 屬性	尺寸屬性，Size.Width「寬度」、Size.Height「高度」。
SmallChange 屬性	最小移動距離，亦即在鍵盤上按方向鍵（上、下、左、右箭頭）一次所能移動的距離，內定值為 1，不能設為負數。按←或↑鍵，Value 值會減少，按→或↓鍵，Value 值會增加。
TickFrequency 屬性	刻度間距（點數），內定值為 1，可依需要加大。
TickStyle 屬性	刻度樣式，計有 None、TopLeft、BottomRight（內定）、Both 等。
Value 屬性	捲動軸所在位置之值，拖曳滑桿捲動鈕時，本屬性之值會隨之改變。
Scroll 事件	利用此滑桿捲動事件可傳回捲動鈕所在位置之值，範例如上。

D-45 TreeView 樹狀檢視控制項

本控制項可讓資料以樹狀方式呈現，讓 User 易於看出資料間的從屬關係（如下圖）。它看起來像一棵倒掛的樹，亦即「根」在上，而「枝葉」在下。每一項資料所在的位置稱為 Node「節點」，某一節點的下層節點稱為 Child Node「子節點」，某一節點的上層節點稱為 Parent Node「父節點」。每一個節點只有一個父節點（根節點除外），而每一個節點可能有多個子節點，但也可能一個都沒有，沒有父節點的節點稱為 Root Node「根節點」。範例請見 F_Query_3.vb 及 F_Query_5.vb。

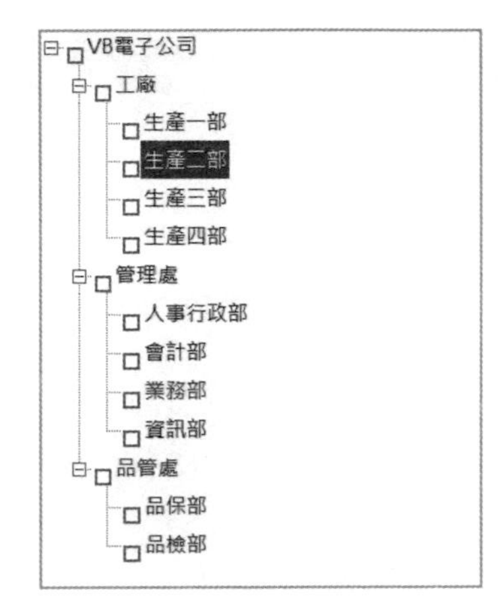

▲ 圖 D-22

成員	說明
BackColor 屬性	指定背景色，可在色盤內挑選或直接輸入 RGB 三原色之值，例如 235,235,235，但不能設為透明（Transparent 無效）。
BoderStyle 屬性	邊框樣式，計有 None、FixedSingle、Fixed3D 等。
CheckBox 屬性	檢查盒屬性，內定為 False，若設為 True，則每一項資料（節點）的前方會出現檢查盒，供 User 點選。
Font 屬性	字型屬性，Font.Name「字型名稱」、Font.Size「字型大小」。
ForeColor 屬性	字型顏色，可在色盤內挑選或直接輸入 RGB 三原色之值。
Indent 屬性	縮排屬性，子節點與其父節點的縮排點數（以像素為單位），內定為 19 點。
ItemHight 屬性	每一節點的高度，內定為 22 點。
LineColor 屬性	節點之間的連接線之顏色，可在色盤內挑選或直接輸入 RGB 三原色之值。

成員	說明
Nodes 屬性	節點屬性，點選該欄右方的小方塊，可開啟「TreeNode 編輯器」視窗，即可輸入或移除各節點的資料。在「編輯器」視窗左下角點選「加入根目錄」，可產生根節點。欲產生子節點，請先於左上角的方框內點選某一節點，然後在視窗左下角點選「加入子系」，即可於點選節點的下一層產生子節點。視窗左上角方框內的節點文字為內定文字，例如 Node0、Node1、Node2 等，可利用視窗右方的外觀屬性來修改，其中 Text 可變更節點文字，NodeFont 可變更節點文字的字型及其大小，BackColor 可變更節點的背景色，ForeColor 可變更節點的前景色。 （註：點選 TreeView 控制項，點選其右上角的小三角形，展開智慧標籤頁，然後點選其上的「編輯節點」，亦可開啟「TreeNode 編輯器」視窗，供您建立或修改節點資料。）
Scrollable	是否顯示捲動軸，內定為 True。
ShowLines 屬性	節點之間是否要顯示連接線，內定為 True。
ShowRootLines 屬性	根節點與其前方的＋號（或－號）之間是否要顯示連接線，內定為 True。
Size 屬性	尺寸屬性，Size.Width「寬度」、Size.Height「高度」。
Visible 屬性	可見與否，內定值為 True，若要暫時隱藏，應設為 False。

SelectedNode 屬性	選取之節點（亦即作用節點），「屬性」視窗內無，須於程式中使用。假設要變更某一節點的背景色及前景色，必須先選定該節點（使其成為作用節點），然後再使用 BackColor 及 ForeColor 屬性來設定顏色，範例如下：
	`TreeView1.SelectedNode = _`
	`    TreeView1.Nodes(0).Nodes(0).Nodes(1)`
	`TreeView1.SelectedNode.BackColor = Color.DarkRed`
	`TreeView1.SelectedNode.ForeColor = Color.White`

成員	說明
	Nodes(0) 代表根節點（如圖 D-22 的 VB 電子公司）。Nodes(0). Nodes(0) 代表根節點的第一個子節點（如圖 D-22 的工廠）; Nodes(0). Nodes(1) 代表根節點的第二個子節點（如圖 D-22 的管理處）。Nodes(0).Nodes(0).Nodes(1) 代表根節點的第二層第二個子節點（如圖 D-22 的生產二部，孫節點）。

Parent 屬性	父節點屬性。下述範例會選定第二層第二個子節點（以圖 D-22 而言就是生產二部），然後使用 Parent.Text 屬性傳回其父節點的文字（以圖 D-22 而言就是工廠），另使用 Parent.Level 屬性傳回其父節點的層級，根節點的層級代號為 0，第一層節點之層級代號為 1（以圖 D-22 而言就是廠處的層級），第二層之層級代號 2（以圖 D-22 而言就是部門的層級）。
	`TreeView1.SelectedNode = _`
	`    TreeView1.Nodes(0).Nodes(0).Nodes(1)`
	`TextBox1.Text = TreeView1.SelectedNode.Parent.Text`
	`TextBox2.Text = TreeView1.SelectedNode.Parent.Level`

Checked 屬性	節點前面的檢查盒是否被點選，下例可勾選樹狀檢視控制項所有節點之檢查盒，CheckAllNodes 為遞迴程序（可處理所有下層的節點）。遞迴程序是處理樹狀檢視控制項最重要的技術，因為 TreeView 含有多層的節點，故必須使用遞迴程序才能處理所有的節點，範例 F_Query_3.vb 及 F_Query_5.vb 中使用了許多此等技術。 下述範例首先在 Button1_Click 事件中呼叫 CheckAllNodes 程序，並將根節點（包括其下層節點）當作參數傳遞給該程序使用。O_node 為節點物件，若該物件還有下層節點（O_node.Nodes.Count >0），則繼續呼叫 CheckAllNodes 程序，並將 O_node 作為新的參數（亦即某一節點及其下層節點）。

成員	說明

Private Sub Button1_Click(sender As Object, e As EventArgs) Handles Button1.Click
    CheckAllNodes(TreeView1.Nodes(0))
End Sub
 	
Private Sub CheckAllNodes(ByVal TempNode As TreeNode)
    For Each O_node As TreeNode In TempNode.Nodes
        O_node.Checked = True
        If O_node.Nodes.Count > 0 Then CheckAllNodes(O_node)
    Next
End Sub	

NextNode 屬性	同一層下一個節點。下述範例會選定第一層第二個子節點（以圖 D-22 而言就是管理處），然後使用 NextNode.Text 屬性傳回同一層下一個節點的文字（以圖 D-22 而言就是品管處）。另外使用 PrevNode.Text 屬性傳回同一層前一個節點的文字（以圖 D-22 而言就是工廠）。另外使用 LastNode.Text 屬性傳回下一層最後一個節點的文字（以圖 D-22 而言就是資訊部）。 TreeView1.SelectedNode = TreeView1.Nodes(0).Nodes(1) TextBox1.Text = TreeView1.SelectedNode.Text TextBox2.Text = TreeView1.SelectedNode.NextNode.Text TextBox3.Text = TreeView1.SelectedNode.PrevNode.Text TextBox4.Text = TreeView1.SelectedNode.LastNode.Text
PrevNode 屬性	同一層前一個節點，範例請見 NextNode 屬性之說明。
LastNode 屬性	下一層最後一個節點，範例請見 NextNode 屬性之說明。
Level 屬性	層級屬性，「屬性」視窗內無，須於程式中使用，請見 Parent 屬性之說明。
Text 屬性	節點之文字，下述範例會將選取之節點（亦即作用節點）的文字改為「研發部」。 TreeView1.SelectedNode.Text = "研發部"

成員	說明
ExpandAll 方法	展開所有節點。
CollapseAll 方法	關閉（收合）所有節點。
AfterSelect 事件	選取之後的事件，範例請見 F_Query_3.vb 的 TreeView1_AfterSelect 事件程序。

D-46 WebBrowser 網頁瀏覽器控制項

成員	說明
Size 屬性	尺寸屬性，Size.Width「寬度」、Size.Height「高度」。
Url 屬性	取得或設定 Uniform Resource Locator 全球資源定址器（亦即網址）。下列範例可將網頁瀏覽器控制項目前的網址顯示於文字盒： `TextBox1.Text = WebBrowser1.Url.ToString`
Visible 屬性	可見與否，內定值為 True，若要暫時隱藏，應設為 False。
Navigate 方法	以非同步方式，巡覽至指定之文件。範例請見 F_Query_2.vb，即主目錄的「C3 介面設計 3」之 RichTextBox1_LinkClicked 事件程序。

命名空間與資料處理類別

本附錄簡介命名空間及資料處理類別，包括數字、文字及日期等各種資料的處理類別、並詳列其主要方法及屬性，讓讀者在設計系統時可以隨時查考，以節省時間並省去記憶的麻煩。

E-1 命名空間

何謂命名空間？在 .NET Framework 中有成千上萬的 Calss 類別（註：簡單的說就是具有特定功能的程式元件），為了便於查找及避免名稱相同而發生混淆，故有了 Namespace「命名空間」的機制，將各個類別分門管理。例如 Array「陣列」類別隸屬於 System 命名空間、OleDbConnection「資料庫連接」類別隸屬於 System.Data.OleDb 命名空間等。當要使用這些類別時必須註明其所屬命名空間，例如使用 Array「陣列」類別的 Sort 方法來排序時，需寫成 System.Array.Sort(ABC) （註：括號內的 ABC 為自訂的陣列名稱）。又如使用 Directory 類別的 GetFile 方法來取得 C:\TEST01 資料夾內所有檔案的名稱，需寫為 System.IO.Directory.GetFiles("C:\TEST01")，因為 Directory 類別隸屬於 System.IO 命名空間。但如此一來就太過麻煩，因為同一程式或同一專案中，相同的類別可能一再重複使用，因而命名空間須一再重複書寫，故有下述的簡便辦法。

第一種方法是在程式編輯頁面的最上方使用 Imports 關鍵字來引用命名空間，例如 Imports System、Imports System.IO 等，如此當您在程式中使用到相關類別時就無需書寫完整的識別名稱，如前述陣列排序，只需寫成 Array.Sort(ABC) 即可，取得資料夾內所有檔案的名稱，只需寫成 Directory.GetFiles ("C:\TEST01") 即可。

第二種方法是在「專案屬性」視窗內設定。請先在「方案總管」視窗內點選專案名稱，例如 VB_SAMPLE，然後在功能表上點選「專案」、「XXX 屬性」，例如「VB_SAMPLE 屬性」，再於開啟的視窗中，點選左方的「參考」，螢幕出現如圖 E-1 的畫面，請於下方點選所需的命名空間（例如 System.Data.OleDb）即可，如此即無需在不同的檔案中重複引用。VB 在「專案屬性」視窗的「參考」頁面（如圖 E-1）已自動勾選了一些命名空間，例如 System、System.Data 等，故在使用一些常用的類別時，無需使用完整的識別名稱或於個別檔案中引用其命名空間。例如要排序陣列中的元素，通常只需撰寫 Array.Sort(ABC) 即可，而無需寫為 System.Array.Sort(ABC)，或在程式編輯頁面的最上方撰寫 Imports System，這是因為 Visual Baisc 已自動在「專案屬性」視窗中幫我們匯入了 System 這個常用的命名空間。

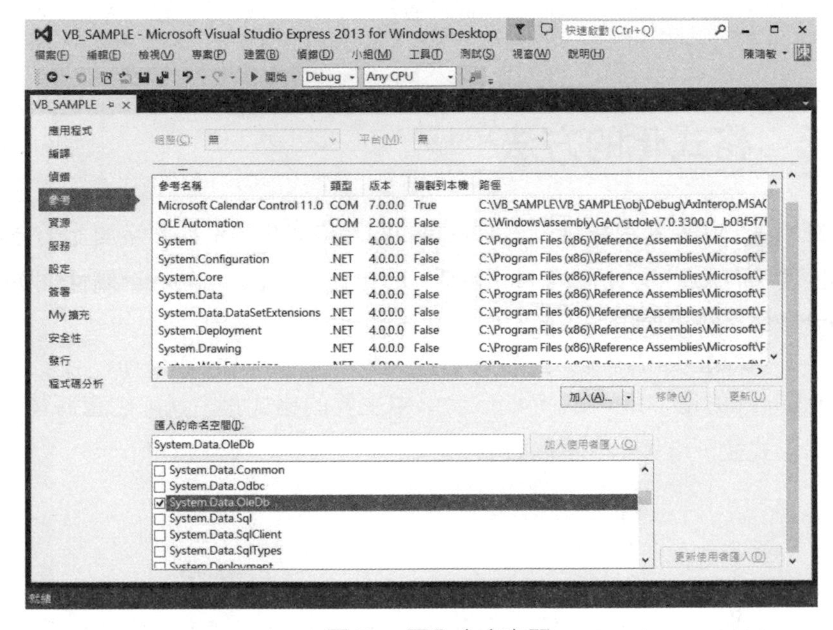

▲ 圖 E-1 匯入命名空間

書寫完整的識別名稱或引用特定命名空間的原因之一是為了避免混淆，例如取得特定資料夾內的檔案名稱，可使用下列名稱相同的方法 GetFiles，但它們分屬不同的類別，這些類別歸屬於不同的命名空間。

```
My.Computer.FileSystem.GetFiles("C:\TEST01")
System.IO.Directory.GetFiles("C:\TEST01")
```

第一個 GetFiles 屬於 Microsoft.VisualBasic.FileIO 命名空間，Microsoft.VisualBasic.FileIO 命名空間包含支援 Visual Basic 之 My 檔案系統物件的型別，亦即 My.Computer 的 FileSystem 類別。第二個 GetFiles 屬於 System.IO 命名空間，GetFiles 為它所提供的 Directory 類別的方法之一。這兩個方法的名稱雖然都叫 GetFiles，但用法稍有不同（引數不同，請參考後續檔案處理方法的說明），故在使用時須註明命名空間。

常用的命名空間有 System（提供 .NET Framework 基礎型別及核心功能，如 Array「陣列」及 Convert「型別轉換」等類別）、System.Data（提供資料庫處理的類別）、System.IO（提供檔案處理的類別）、Microsoft.VisualBasic（提供資料檢查、財務數據及字串處理的類別）、System.Drawing（提供繪圖功能的型別）、System.Windows.Forms（提供各種控制項的類別）等。

E-2 格式化的方法

在應用系統中常需將數字及日期時間的顯示格式化（例如數字加上千分號），以利閱讀。格式化的方法有多種，包括「ToString 方法」、「Format 屬性」及「Format 函式」等，分別適用於不同狀況，茲摘述如下。

「ToString 方法」是 .NET Framework 中主要的格式化方法。它會將物件轉換為字串形式並予格式化。舉例如下：

```
TextBox1.Text =12345.6.ToString("#,0.00")
```

在文字盒 1 將數字轉成文字，括號內為格式化樣式（前後需加雙引號），#,0.00 表示加千分號及小數兩位，本例為 12,345.60。

```
TextBox2.Text=DateTime.Now.ToString("yyyy/MM/dd HH:mm:ss")
```

在文字盒 2 顯示目前系統的日期時間並轉成文字，括號內為格式化樣式（前後需加雙引號），yyyy/MM/dd HH:mm:ss 為 24 小時制，例如 2015/04/03 18:30:25。yyyy/MM/dd hh:mm:ss tt 為 12 小時制並標示上下午，例如 2015/04/03 06:30:25 下午（註：大寫 M 指月份，小寫 m 是指分鐘，兩者不可混淆）。

控制項的「Format 屬性」亦可格式化，如下例程式可將資料網格檢視控制項第 3 欄及第 4 欄的資料格式化，格式化樣式的前後需加雙引號，其規則同前述。

```
With DataGridView1
    .Columns(2).DefaultCellStyle.Format = "#,0"
    .Columns(3).DefaultCellStyle.Format = "yyyy/MM/dd HH:mm:ss"
End With
```

使用「Format 函式」亦可格式化，舉例如下：

```
TextBox1.Text=Format(12345, "#,0")
```

格式化文字盒 1 的數字，括號內為欲格式化的項目及格式化樣式（兩者之間以逗號分隔，格式化樣式的前後需加雙引號），#,0 表示加千分號無小數，本例為 12,345。

```
TextBox2.Text =Format(DateTime.Now, "yyyy/MM/dd HH:mm:ss")
```

在文字盒 2 顯示目前系統的日期時間並予格式化，括號內為欲格式化的項目及樣式（兩者之間以逗號分隔，格式化樣式的前後需加雙引號），yyyy/MM/dd HH:mm:ss 為 24 小時制，例如 2015/04/03 18:30:25。yyyy/MM/dd hh:mm:ss tt 為 12 小時制並標示上下午，例如 2015/04/03 06:30:25 下午。

E-3 字串處理的方法

Strings 類別的各種方法可取代字串函數來處理字串，使用此類別需引用命名空間 Microsoft.VisualBasic，茲摘要說明如表 E-1。

表 E-1. 字串處理

方法	說明與舉例
Asc	傳回字元所對應的 ASCII Code，例如： `Strings.Asc( “A” ) 傳回65`
AscW	傳回字元所對應的 Unicode 字碼指標，例如： `Strings.Asc( “一” ) 傳回19968`

方法	說明與舉例
Chr	傳回 ASCII Code 所對應的字元，例如： `Strings.Chr( "90" ) 傳回Z`
ChrW	傳回 Unicode 字碼指標所對應的字元，例如： `Strings.ChrW(38651) + Strings.ChrW(33126) 傳回「電腦」二字`

Filter	字串過濾，範例如下：
	`Dim ATemp01() As String = {"會計員", "業務員", "技術員", "領工", "領班", "組長"}`
	`Dim Mcheck As String = "員"`
	`Dim Aresult() As String`
	`Aresult = Strings.Filter(ATemp01, Mcheck, True, CompareMethod.Text)`
	
	括號內 4 個參數，第一個是需要被搜尋的字串陣列，第二個是需要查找的字串，第三個是查找字串要包含在內或排除外，第四個是比較方式。
	
	上例第三個參數是 True，故會傳回含有「員」字的字串，包括會計員、業務員、技術員，若將第三個參數改為 False，則會傳回不含「員」字的字串，包括領工、領班、組長。
	
	第四個參數可為 CompareMethod.Text 或 CompareMethod.Binary，前者執行文字比對（不分大小寫），後者執行二進位比對（區分大小寫）。範例如下，以 Text 比對，傳回 betty 及 Barbara，若改為 Binary 比對，則只傳回 Barbara。
	`Dim ATemp01() As String = {"Alice", "amy", "anna", "betty", "Barbara"}`
	`Dim Mcheck As String = "B"`
	`Dim Aresult() As String`
	`Aresult = Strings.Filter(ATemp01, Mcheck, True, CompareMethod.Text)`
	
	若省略第四個參數，則比較方式以專案屬性內之設定為準。請先在方案總管內點選專案名稱（例如 VB_SAMPLE），然後點選「專案」、「XXX 屬性」，進入「專案屬性」視窗，然後在視窗左方點選「編譯」，可在「Option Compare」欄看見內定的比較方式為 Binary，該欄有下拉式選單可切換比較方式（圖 E-2）。

方法	說明與舉例

InStr	找出指定字串在另一字串中第一次出現的位置，若找不到，則傳回 0。
	第一種格式 Strings.InStr（被搜尋的字串，欲查找的字串），例如：
	`Strings.InStr("My Application System", "App") 傳回 4`
	第二種格式 Strings.InStr（搜尋起始位置，被搜尋的字串，欲查找的字串），例如：
	`Strings.InStr(5,"My Application System", "App") 傳回0`

InStrRev	找出指定字串在另一字串中第一次出現的位置，但是從右邊開始，若找不到，則傳回 0。
	第一種格式 Strings.InStr（被搜尋的字串，欲查找的字串），例如：
	`Strings.InStrRev("實用的應用系統", "用") 傳回 5`
	第二種格式 Strings.InStr（被搜尋的字串，欲查找的字串，搜尋起始位置），搜尋起始位置是從右邊算起，例如：
	`Strings.InStrRev("實用的應用系統", "用", 3) 傳回 2`

LCase	將英文字母轉換為小寫，例如： `Strings.LCase( “ABC” ) 傳回abc`
Left	抓出從左邊算起的部分字串，例如： `Strings.Left( “A001” ,1) 傳回A`

Len	傳回字串的字元數，例如：
	`Strings.Len("ABC") 傳回3`
	`Strings.Len("程式設計") 傳回4`

Mid	抓出部分字串，例如： `Strings.Mid("Test System", 6, 3) 傳回 Sys，` 括號內三個參數，分別為待查找字串、起始查找位置、傳回字元數。

方法	說明與舉例
Replace	取代字串，例如： `Strings.Replace("My_System", "_", ",")` 傳回 My,System `Strings.Replace("My System", " ", "")` 傳回 MySystem 括號內三個參數，分別為待處理字串、被取代字串、取代字串，第一例以逗號取代底線，第二例以空字串取代空白。
Right	抓出從右邊算起的部分字串，例如： `Strings.Right( "A001" ,3)` 傳回001
Space	給予指定數量的空白，例如： `TextBox1.Text="AAA" & Strings.Spacet(5)`

Split	分割字串並存入陣列，例如：
	`Dim MString As String = "a b c d e"`
	`Dim Awords As String() = Strings.Split(MString, vbTab)`
	Split 方法可將變數 Mstring 中的字串按 Tab 分割，並存入陣列 Awords 之中，Awords(0)=a、Awords(1)=b，以此類推，Split 括號內有兩個參數，第一個為待分割字串，第二個為分隔符號，本例為常數 vbTab，亦可為逗號等字元。

StrDup	重複指定的字元，例如： 例如`Strings.StrDup(3," B" )` 傳回BBB
StrReverse	反轉字元順序，例如： `Strings.StrReverse("ABC 123")` 傳回 321 CBA
Trim	除字串前後的空白，例如： `Strings.Trim( " Visual Basic " )` 傳回Visual Basic
UCase	將英文字母轉換為大寫，例如： `Strings.UCase( "abc" )` 傳回ABC

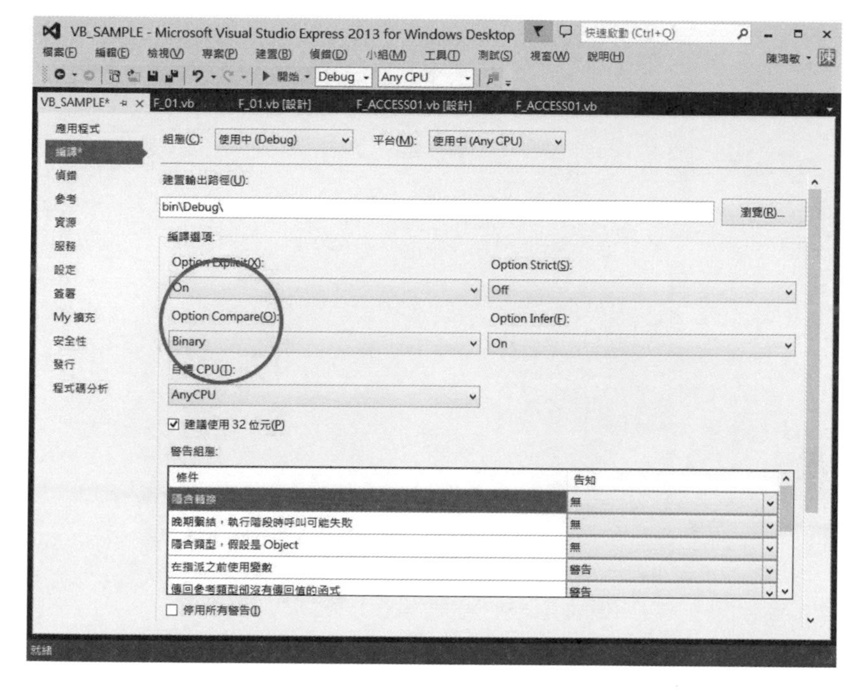

▲ 圖 E- 2　字串比較方式之設定

E-4　數字處理的方法

Math 類別（命名空間 System）的各種方法可處理數字的運算，茲摘要說明如表 E-2。

表 E-2. 數字處理

方法	說明與舉例
Abs	絕對值，例如： `Math.Abs(-123)` 傳回123
Ceiling	傳回大於或等於處理數字的最小整數，例如： `Math.Ceiling(1.01)` 傳回2
Floor	傳回小於或等於處理數字的最小整數，例如： `Math.Floor(1.01)` 傳回1

方法	說明與舉例
Log10	傳回以 10 為底的對數，例如： `Math.Log10(100) 傳回2`
Max	傳回兩數中較大者，例如： `Math.Max(2, 3) 傳回3`
Min	傳回兩數中較小者，例如： `Math.Min(2, 3) 傳回2`
Round	四捨五入，例如： `Math.Round(12345.6, 0) 傳回 12346`
Sqrt	傳回平方根，例如： `Math.Sqrt(100) 傳回 10`

Truncate	傳回處理數的整數部分，例如：
	`Math.Truncate(48 / 7) 傳回6`
	欲傳回餘數需使用運算子 Mod，例如：
	`50 Mod 7 傳回1`
	Mod 為運算子，不是函數或方法，其寫法與加減乘除等運算子相同。

E-5 財務數據處理的方法

Financial 類別（命名空間 Microsoft.VisualBasic）的各種方法可處理財務數據的運算，茲摘要說明如表 E-3。請注意期數與利率的表示必須一致，例如當期數為月份時，年利率必須除以 12；另外取得（流入）金額以正數表示，支付（流出）金額以負數表示；Rate、DDB 及 SYD 等方法最好搭配 Try 陳述式，以便處理意外狀況（例如引數不適當所導致之程式中斷），範例如下（顯示引數錯誤的訊息）：

```
Try
    TextBox1.Text = Financial.Rate(5, -1000, 500)
Catch ex As Exception
    MsgBox(ex.ToString, 0 + 16, "Error")
End Try
```

表 E-3. 財務數據處理

方法	說明與舉例
DDB	雙倍餘額遞減法折舊之某期折舊金額，例如： `Financial.DDB(5000, 500, 10, 7, 2)` 傳回 262.14 括號內 5 個參數，分別為成本、殘值、折舊期數、計算期數、遞減速率（內定為 2，可省略），前例傳回第 7 期的折舊金額。
FV	年金終值，例如： `Financial.FV(0.05, 5, -1000, , DueDate.EndOfPeriod)` 傳回5526.63 括號內 4 個參數，分別為年利率、期數、每期支付金額、支付總金額的現值、各期金額的給付時點，DueDate.EndOfPeriod 代表期末（內定），DueDate.BegOfPeriod 代表期初，通常只使用前三個參數而省略後兩個。
MIRR	修正後內部報酬率，用以評估投資案之可行性，例如： `Financial.MIRR({-10000, 3000, 4000, 5000}, 0.03, 0.05)` 傳回 7.7% 括號內 3 個參數，分別為各期現金流量的陣列（其中第一個元素為投資支出金額，須為負數，其後為各期現金流量，正負數都有可能）、資金成本率、再投資報酬率。 修正後內部報酬率、淨現值及收回期為評估投資案可行性之三大數據，MIRR 大於資金成本、淨現值大於零、收回期小於自訂標準（越短越好），投資案才值得進行。

方法	說明與舉例
NPV	未來各期現金流量折現值之合計數，例如： `Financial.NPV(0.05, {1000, 1100, 1200, 1300, 1400})` 傳回5153 括號內 2 個參數，分別為利率、各期現金流量的陣列，各期現金流量可能為負數，本方法計算之結果扣除投資總額即可稱之為淨現值。
Pmt	傳回貸款的每期應償還金額，例如： `Financial.Pmt(0.03 / 12, 30 * 12, 5000000, , DueDate.EndOfPeriod)` 傳回 -21080，亦即以年利率 3% 向銀行貸款 500 百萬，為期 30 年，則每月應償還 2 萬 1080 元。 括號內 5 個參數，分別為利率、期數、貸款總金額、各期年金現值總和、各期金額的給付時點，DueDate.EndOfPeriod 代表期末（內定），DueDate.BegOfPeriod 代表期初，通常只使用前三個參數而省略後兩個。
PV	年金現值，例如： `Financial.PV(0.05, 5, 1000, , DueDate.EndOfPeriod)` 傳回-4329.48 括號內 4 個參數，分別為年利率、期數、每期取得金額、取得總金額的終值、各期金額的給付時點，DueDate.EndOfPeriod 代表期末（內定），DueDate.BegOfPeriod 代表期初，通常只使用前三個參數而省略後兩個。
Rate	傳回年金的每期利率，例如： `Financial.Rate(5, -1000, 4329.48, , DueDate.EndOfPeriod, 0.03)` 傳回0.05 括號內 6 個參數，分別為期數、未來各期支付或取得金額、未來各期年金現值的總額、年金終值、各期金額的給付時點，DueDate.EndOfPeriod 代表期末（內定），DueDate.BegOfPeriod 代表期初，猜測數（本例為 0.03），通常只使用前三個參數而省略後三個。

方法	說明與舉例
SLN	直線法折舊之每期折舊金額，例如： `Financial.SLN(5000, 500, 5) 傳回900` 括號內 3 個參數，分別為成本、殘值、折舊期數。
SYD	年數合計法折舊之某期折舊金額，例如： `Financial.SYD(5000, 500, 10, 7) 傳回327.27` 括號內 4 個參數，分別為成本、殘值、折舊期數、計算期數，前例傳回第 7 期的折舊金額。

E-6 日期時間處理的方法

DateTime 結構（命名空間 System）的各種方法及屬性可處理日期時間的運算，茲摘要說明如表 E-4。

表 E-4. 日期時間處理

屬性	說明與舉例
Date	取得年月日資料（不含時間），例如： 若目前系統時間為2015/4/5 上午 10:31:32，則DateTime.Now.Date 傳回2015/4/5
Day	取得日期資料，例如： 若目前系統時間為2015/4/5 上午 10:31:32，則DateTime.Now.Day 傳回5

DayOfWeek	傳回指定日期在該週的天數順序，亦即星期幾，例如 2015 年 1 月 1 日為星期四，故傳回 4，若是星期天，則傳回 0，範例如下：
	`Dim MTempDate As New System.DateTime(2015, 1, 2)`
	`TextBox1.Text = MTempDate.DayOfWeek 傳回5`
	本例以 DateTime 建構函式建立新的執行個體並初始化其日期時間，其格式依序為年月日時分秒毫秒，中間以逗號分隔。

屬性	說明與舉例

DayOfYear	傳回指定日期在該年的天數順序，例如 1 月 1 日為第 1 天、1 月 2 日為第 2 天，以此類推，範例如下：
	`Dim MTempDate As New System.DateTime(2015, 12, 31)`
	`TextBox1.Text = MTempDate.DayOfYear`
	傳回365
	本例以 DateTime 建構函式建立新的執行個體並初始化其日期時間，其格式依序為年月日時分秒毫秒，中間以逗號分隔。

Hour	取得小時資料，例如：
	若目前系統時間為 2015/4/5 上午 10:31:32，則DateTime.Now.Hour
	傳回10
	傳回時間為 24 小時制（0 ～ 23），例如下例會傳回 18，
	`Dim Mdatetime As Date = #4/5/2015 6:30:45 PM#`
	`TextBox1.Text = Mdatetime.Hour`
	註：以 # 號表示的日期時間格式為「月 / 日 / 年 時 : 分 : 秒 AM 或 PM」。

Minute	取得分鐘資料，例如： 若目前系統時間為 2015/4/5 上午 10:31:32，則DateTime.Now.Minute 傳回31
Month	取得月份資料，例如： 若目前系統時間為 2015/4/5 上午 10:31:32，則DateTime.Now.Month 傳回4
Now	取得這部電腦上目前的日期和時間，例如： DateTime.Now 傳回 2015/4/5 上午 10:31:32
Second	取得秒數資料，例如： 若目前系統時間為 2015/4/5 上午 10:31:32，則DateTime.Now.Second 傳回32
TimeOfDay	取得時間資料（不含年月日），例如： 若目前系統時間為 2015/4/5 上午 10:31:32，則DateTime.Now.TimeOfDay.ToString 傳回10:31:32.9234，.9234為毫秒。

屬性	說明與舉例
Today	取得這部電腦上目前的日期（不含時間），例如： DateTime.Today 傳回2015/4/5
Year	取得年份資料，例如： 若目前系統時間為 2015/4/5 上午 10:31:32，則DateTime.Now.Year 傳回2015

方法	說明與舉例
Add	加入經過時間，例如： Dim MTempDate As New System.DateTime(2015, 4, 5, 18, 5, 18) Dim Mduration As New System.TimeSpan(5, 54, 42) TextBox1.Text = MTempDate.Add(Mduration) 傳回2015/4/6 TimeSpan 建構函式可建立新的執行個體並初始化時間，括號內為時、分、秒、毫秒，中間以逗號分隔，本例為 2015 年 4 月 5 日 18 小時 5 分 18 秒，加上 5 小時 54 分 42 秒，變成 2015 年 4 月 6 日零時。
Adddays	加入天數，例如： Dim MTempDate As New System.DateTime(2015, 4, 5) TextBox1.Text = MTempDate.AddDays(1) 傳回2015/4/6
AddHours	加入小時數，例如： Dim MTempDate As New System.DateTime(2015, 4, 5, 18, 5, 18) TextBox1.Text =MTempDate.AddHours(1).ToString("yyyy/MM/dd HH:mm:ss") 傳回2015/04/05 19:05:18
AddMinutes	加入分鐘數，例如： Dim MTempDate As New System.DateTime(2015, 4, 5, 18, 5, 18) TextBox1.Text =MTempDate.AddMinutes(55).ToString("yyyy/MM/dd HH:mm:ss") 傳回2015/04/05 19:00:18

方法	說明與舉例

AddMonths	加入月份數，例如：
	`Dim MTempDate As New System.DateTime(2015, 4, 5)`
	`TextBox1.Text =MTempDate.AddMonths (9)`
	傳回2016/1/5

AddSeconds	加入秒數，例如：
	`Dim MTempDate As New System.DateTime(2015, 4, 5, 18, 5, 18)`
	`TextBox1.Text =MTempDate.AddSeconds(42).ToString("yyyy/MM/dd HH:mm:ss")`
	傳回2015/04/05 18:06:00

AddYears	加入年數，例如：
	`Dim MTempDate As New System.DateTime(2015, 4, 5)`
	`TextBox1.Text =MTempDate.AddYears(10)`
	傳回2025/4/5

Subtract	減少經過時間或兩日期相減，例如：
	`Dim MTempDate As New System.DateTime(2015, 4, 5, 18, 5, 18)`
	`Dim Mduration = New System.TimeSpan(18, 5, 18)`
	`TextBox1.Text = MTempDate.Subtract(Mduration).ToString("yyyy/MM/dd HH:mm:ss")`
	傳回2015/04/05 00:00:00
	下述範例可計算兩個日期之間的天數：
	`Dim MDate1 As New System.DateTime(2015, 4, 5)`
	`Dim MDate2 As New System.DateTime(2014, 4, 5)`
	`TextBox1.Text = MDate1.Subtract(MDate2).TotalDays`
	傳回365
	TotalDays 屬性傳回日數，TotalHours 屬性傳回小時數，TotalMinutes 屬性傳回分鐘數，TotalSeconds 屬性傳回秒數，前述兩日期相減亦可寫為：
	`System.DateTime.op_Subtraction(MDate1, MDate2).TotalDays`

E-7 資料型別轉換的方法

Convert 類別（命名空間 System）之各種方法可轉換資料的型別，茲摘要說明如表 E-5。另外建議最好搭配 Try 陳述式，以便處理意外狀況。

表 E-5. 資料型別轉換

方法	說明與舉例

ToBoolean	將指定的值轉換為相等的布林值，例如：
	`Dim MMM As Double = 3.5 > 3.6`
	`TextBox1.Text = Convert.ToBoolean(MMM)`
	傳回False

ToChar	將指定的值轉換為 Unicode 字元，例如：
	`Dim MMM As Integer = 65`
	`TextBox1.Text = Convert.ToChar(MMM)`
	傳回A

ToDateTime	轉換成日期時間格式，例如：
	`Dim MMM As String = "2015/04/30"`
	`TextBox.Text = Convert.ToDateTime(MMM).AddDays(366)`
	傳回2016/4/30

ToDouble	將指定的值轉換為雙精確度浮點數，例如：
	`Dim MMM As String = "12345.67"`
	`TextBox.Text = Convert.ToDouble(MMM) + 0.33`
	傳回12346
	類似的方法有 ToDecimal、ToInt16、ToInt32、ToInt64 等。

ToString	將指定的值轉換成其對等的字串，例如：
	`Dim MMM As Int32 = Int32.MaxValue`
	`TextBox1.Text = Convert.ToString(MMM) + " 元"`
	傳回 2147483647 元，Int32.MaxValue 是一常數，代表 Int32 的最大可能值。

E-8 資料檢查的方法

Information 類別（命名空間 Microsoft.VisualBasic）的各種方法可檢查變數值的資料型別，茲摘要說明如表 E-6。

表 E-6. 資料檢查

方法	說明與舉例

IsArray	檢查變數是否為陣列，例如：
	`Dim MMM(5) As String`
	`TextBox1.Text = Information.IsArray(MMM)`
	傳回True

IsDate	檢查變數是否為有效的日期，例如：
	`Dim MMM As String = "2015/04/31"`
	`TextBox1.Text = Information.IsDate(MMM)`
	傳回False

IsDBNull	檢查變數是否為 Null，例如：
	`Dim MMM As Object = DBNull.Value`
	`TextBox1.Text = Information.IsDBNull(MMM)`
	傳回True

IsNothing	檢查變數是否有指派任何物件，例如：
	`Dim MMM As Object = Nothing`
	`TextBox1.Text = Information.IsNothing(MMM)`
	傳回True

IsNumeric	檢查變數是否為數字，例如：
	`Dim MMM As String = "12345"`
	`TextBox1.Text = Information.IsNumeric (MMM)`
	傳回True

方法	說明與舉例

TypeName	傳回資料型別的名稱，例如：
	`Dim MMM As String = "2015/04/15"`
	`TextBox1.Text =  Information.TypeName(Convert.ToDateTime(MMM))`
	`傳回Date`
	資料型別的名稱有 Boolean、Char、Date、DBNull、Decimal、Double、Integer、Long、Object、Nothing、Short、Single、String 等。

E-9 檔案處理的方法

FileSystem 類別（命名空間 Microsoft.VisualBasic）的各種方法可處理檔案，比檔案函數佳，但 My 檔案系統物件的功能比 FileSystem 更為優越，故應使用 Microsoft.VisualBasic.FileIO 命名空間的 FileSystem 類別，亦即應使用 My.Computer.FileSystem 的各種方法來處理檔案，若無適當的方法才使用 System.IO 命名空間的 Directory 及 Path 類別的相關方法，茲摘要說明如表 E-7。

表 E-7. 檔案處理

My.Computer.FileSystem 的方法	說明與舉例
CopyDirectory	資料夾檔案，例如： `My.Computer.FileSystem.CopyDirectory("C:\TEST01", "D:\TEST03", True)` 此方法為多載，詳細說明請見範例檔 F_FileSystem.vb 的 B_B8_Click 事件程序。

My.Computer. FileSystem 的方法	說明與舉例
CopyFile	複製檔案，例如： `My.Computer.FileSystem.CopyFile("C:\TestA.txt", "D:\TestB.txt")` 詳細說明請見範例檔 F_FileSystem.vb 的 B_B4_Click 事件程序。
CreateDirectory	建立資料夾，範例如下： `My.Computer.FileSystem.CreateDirectory("C:\TEST01")` 括號內為磁碟機代號及資料夾名稱。
DeleteDirectory	刪除資料夾，範例如下： `My.Computer.FileSystem.DeleteDirectory("D:\TEST02", DeleteDirectoryOption.DeleteAllContents)` 此方法為多載，括號內參數可為 2 或 3 或 4 個。若括號內有 2 個參數，則第一個參數為欲刪除的資料夾，第二個參數為資料夾內有檔案時的處理方式（DeleteAllContents 刪除所有檔案或 ThrowIfDirectoryNonEmpty 資料夾內無檔案時才會刪除）。 若括號內有 3 個參數，則第一個參數為欲刪除的資料夾，第二個參數為顯示對話方塊，請 User 確認是否要刪除（OnlyErrorDialogs 錯誤時顯示或 AllDialogs 永遠顯示），但若第三個參數設為 RecycleOption.SendToRecycleBin（丟入垃圾桶），則不會顯示對話方塊，第三個參數為是否將刪除的檔案丟入垃圾桶（RecycleOption.SendToRecycleBin 丟入垃圾桶或 RecycleOption.DeletePermanently 永遠刪除）。 若括號內有 4 個參數，則前三個參數的用法與前述相同，第四個參數為按下對話方塊中的 [取消] 時應該執行的動作，FileIO.UICancelOption.DoNothing 不做任何動作，UICancelOption.ThrowException 取消作業（會中斷程式）。 使用 Microsoft.VisualBasic.FileSystem.RmDir 亦可刪除資料夾時，但參數不若 DeleteDirectory 完備。

My.Computer. FileSystem 的方法	說明與舉例
DeleteFile	刪除檔案，範例如下： `My.Computer.FileSystem.DeleteFile("D:\TEST02\TestB.txt")` 此方法為多載，參數可為 1 個或 3 個或 4 個。 第一個參數為欲刪除的檔案，第二個參數為顯示對話方塊，請 User 確認是否要刪除（OnlyErrorDialogs 錯誤時顯示或 AllDialogs 永遠顯示），但若第三個參數設為 RecycleOption.SendToRecycleBin（丟入垃圾桶），則不會顯示對話方塊，第三個參數為是否要將刪除的檔案丟入垃圾桶（SendToRecycleBin 丟入垃圾桶或 DeletePermanently 永久性刪除），第四個參數為按下對話方塊中的 [取消] 時應該執行的動作，FileIO.UICancelOption.DoNothing 不做任何動作，UICancelOption.ThrowException 取消作業（會中斷程式）。 My.Computer.FileSystem.DeleteFile 不能使用萬用字元，Microsoft.VisualBasic.FileSystem.Kill 方法亦可刪除檔案，且可使用萬用字元。
DirectoryExists	檢查資料夾是否已存在，例如： `My.Computer.FileSystem.DirectoryExists("C:\TEST01")` 括號內為磁碟機代號及資料夾名稱，若存在，則傳回 True，無需使用 Directory 類別的 Exists 方法。
FindInFiles	檔案搜尋，下列範例可在 C:\TEST01 資料夾內找出含有「香蕉」二字的檔案： `My.Computer.FileSystem.FindInFiles("C:\TEST01", "香蕉", True, FileIO.SearchOption.SearchTopLevelOnly)` 括號內有 4 個參數，第一個參數為資料夾名稱、第二個參數為欲搜尋的資料夾、第三個參數為是否區分大小寫、第四個參數為是否搜尋子資料夾，FileIO.SearchOption.SearchTopLevelOnly 不搜尋子資料夾（內定），FileIO.SearchOption.SearchAllSubDirectories 要搜尋子資料夾。

My.Computer. FileSystem 的方法	說明與舉例
GetFileInfo	傳回檔案資訊，範例如下： `Dim O_information = My.Computer.FileSystem.GetFileInfo("C:\TEST01\TestA.csv")` 再使用 Length 等屬性取出相關資料，例如： `TextBox1.text=O_information.Length.ToString`。
GetFiles	傳回特定資料夾內的檔案名稱，範例如下： `My.Computer.FileSystem.GetFiles("C:\TEST01")` 括號內可使用 3 個參數，第一個參數為資料夾名稱、第二個參數為是否要搜尋子資料夾，FileIO.SearchOption.SearchTopLevelOnly 不搜尋子資料夾（內定），FileIO.SearchOption.SearchAllSubDirectories 要搜尋子資料夾、第三個參數為檔案類型（可搭配萬用字元，例如 *.txt）。
OpenTextFieldParser	本方法可建立 TextFieldParser 文字欄剖析物件，以便剖析文字檔，包括分隔符號分隔的順序檔或固定寬度的隨機檔都可，範例如下： `Dim O_file_2 As TextFieldParser = My.Computer.FileSystem.OpenTextFieldParser("C:\TEST01\TestD.txt")` 詳細說明請見範例檔 F_FileSystem.vb 的 B_B4_Click 及 B_C3_Click 事件程序。
OpenTextFileReader	本方法可開啟 StreamReader 物件，以便從檔案讀取資料，範例如下： `My.Computer.FileSystem.OpenTextFileReader("C:\TEST01\TestA.csv", Encoding.Default)` 括號內第一個參數為檔案名稱及其路徑，第二個參數為編碼，若指定不正確會顯示亂碼，此處使用系統預設值。本法搭配 StreamReader 的 Read 或 ReadLine 方法來讀取資料。詳細說明請見範例檔 F_FileSystem.vb 的 B_C1_Click 事件程序。

My.Computer.FileSystem 的方法	說明與舉例
OpenTextFileWriter	本方法可開啟 StreamWriter 物件，以便將資料寫入檔案，範例如下： `My.Computer.FileSystem.OpenTextFileWriter("C:\TEST01\TestA.csv", False, Encoding.Default)` 括號內第一個參數為檔案名稱及其路徑，第二個參數為寫入方式，True 為附加，False 為覆蓋，第三個參數為編碼方式。本方法可開啟 StreamWriter 物件，以便將資料寫入檔案，範例如下： 本法搭配 StreamWriter 的 Write 或 WriteLine 方法來寫入資料。詳細說明請見範例檔 F_FileSystem.vb 的 B_C02_Click 事件程序。
ReadAllText	讀取檔案全部資料，範例如下： `My.Computer.FileSystem.ReadAllText("C:\TEST01\TestD.txt", Encoding.Default)` 括號內第一個參數為檔案名稱及其路徑，第二個參數為編碼，若指定不正確會顯示亂碼，此處使用系統預設值。

TextFieldParser 的屬性	說明與舉例

Delimiters	定義文字檔的分隔符號，例如：
	`Dim O_file_2 As TextFieldParser = My.Computer.FileSystem.OpenTextFieldParser("C:\TEST01\TestD.txt")`
	`O_file.TextFieldType = Microsoft.VisualBasic.FileIO.FieldType.Delimited`
	`O_file.Delimiters = {","}`

EndOfData	可偵測檔案指標是否已至檔尾，例如：
	`While O_file_2.EndOfData = False`
	`……………`
	`End While`

TextFieldParser 的屬性	說明與舉例
LineNumber	傳回目前檔案指標所在的行號，例如： `TextBox1.Text=O_file_2.LineNumber`

TextFieldType	定義檔案各欄的分隔型態檔，第一例各欄寬度固定，第二例各欄以逗號分隔：
	`O_file_2.TextFieldType = Microsoft.VisualBasic.FileIO.FieldType.FixedWidth`
	`O_file_2.SetFieldWidths(3, 5, 8, 10)`
	
	`O_file.TextFieldType = Microsoft.VisualBasic.FileIO.FieldType.Delimited`
	`O_file.Delimiters = {","}`

TextFieldParser 的方法	說明與舉例
Close	關閉文字欄剖析物件。
Dispose	釋放文字欄剖析物件所使用的資源。
PeekChars	讀取指定數目的字元，但不移動檔案指標，下例會讀取前三個字元： `Dim Mstring As String = O_FileReader.PeekChars(3)`

ReadFields	讀取目前檔案指標所在行的所有欄位，將它們傳入陣列，並將游標移至下一行，範例如下：
	`Dim MTempRow() As String`
	`MTempRow = O_file_2.ReadFields()`

ReadLine	讀取目前檔案指標所在行的整筆資料，並將它們傳入變數，但不會執行剖析，游標會移至下一行，範例如下：
	`Dim currentRow As String`
	`currentRow = MyReader.ReadLine()`

ReadToEnd	讀取整個檔案，範例如下： `Dim MAllFile As String = O_FileReader.ReadToEnd`

StreamReader 的方法	說明與舉例
Close	關閉 StreamReader 物件。
Dispose	釋放 TextReader 物件所使用的所有資源。 TextReader 文字讀取器是抽象類別，因此程式碼中不必將它執行個體化（無需建立新的物件），StreamReader 類別會自行衍生。

Peek	傳回下一個可供讀取的字元，如果沒有要讀取的字元，則為 -1，判斷 Peek 所傳回的字元可偵測檔案指標是否已至檔尾，範例如下：
	`Do While O_file.Peek() >= 0`
	`    RB1.AppendText(O_file.ReadLine + vbCrLf)`
	`Loop`
	上述 O_file 為 OpenTextFileWriter 方法所建立的 StreamReader 物件。

Read	自資料流讀取下一個字元或下一組字元。
ReadLine	自資料流讀取一整行的字元。
ReadToEnd	讀取從目前位置到資料流末端的所有字元。

StreamWriter 的方法	說明與舉例
Close	關閉 StreamWriter 物件。
Dispose	釋放 TextWriter 物件所使用的資源。 TextWriter 文字寫入器，它是 StreamWriter 的抽象基底類別，程式碼中不必將它執行個體化（無需建立新的物件），StreamWriter 類別會自行衍生。
Flush	清除寫入器緩衝區，並將緩衝資料都寫入基礎資料流。
Write	將字串等資料寫入資料流，但不加入歸位及換行字元。
WriteLine	將字串等資料寫入資料流，並於末尾加上行結束字元。

Directory 的方法	說明與舉例
Exists	檢查資料夾是否已存在，例如： `Directory.Exists("C:\TEST01")` 括號內為磁碟機代號及資料夾名稱，若存在，則傳回 True。
GetFiles	傳回特定檔案夾內所有檔案的檔名（包括完整路徑），括號內為磁碟機代號及資料夾名稱，需以雙引號括住，下述範例可將資料夾內的所有檔名存入陣列之中。 `Dim AFileCollection() As String = Directory.GetFiles("C:\TEST01")`

Path 的方法	說明與舉例
GetFileName	傳回指定路徑字串的檔名（包括副檔名，但不含磁碟機代碼及資料夾名稱），例如： `Path.GetFileName("C:\TEST01\TestB.txt")`

GetExtension	傳回指定路徑字串的副檔名，下例會傳回 .xlsx：
	`Dim MFileName As String = "C:\Test01\ABC.xlsx"`
	`MsgBox("副檔名：" + Path.GetExtension(MFileName), 0 + 48, "OK")`

FileSystem 的方法	說明與舉例
ChDir	切換資料夾，例如： `FileSystem.ChDir("C:\TEST01")`
CurDir	傳回目前的檔案路徑，例如： `TextBox1.Text = FileSystem.CurDir`
Dir	傳回檔案名稱，例如： `FileSystem.Dir("C:\TEST01\*.xls")` 可傳回 C:\TEST01 資料夾內所有 Excel 檔的檔名。 括號內可指定資料夾及檔案類型，並可搭配萬用字元。第一次使用 Dir 時，必須提供路徑，若檔案有多個時，使用不含參數的 Dir() 方法可讀出後續的項目，另請參考 Directory 類別的 GetFiles 方法。

FileSystem 的方法	說明與舉例
FileClose	關閉檔案，範例如下： `FileSystem.FileClose(MFileNo)` 括號內為已開啟檔案的代碼。
FileCopy	複製檔案，欲複製的檔案不能開啟，且需要完全信任，範例如下： `FileSystem.FileCopy("C:\TEST01\TestB.txt", "D:\TEST02\TestBB.txt")` 括號內第一個參數為來源檔，第二個參數為目的檔（可更換檔名，但不能省略也不能使用萬用字元），若要複製多個檔案，則需要搭配 Directory 類別及 Path 類別，請參考範例檔 F_FileSystem.vb 的 B_B4_Click 事件程序。
FileLen	傳回檔案的大小，範例如下： `FileSystem.FileLen("C:\TEST01\TestA.csv")` 括號內為檔名及其路徑。
FileOpen	開啟檔案，範例如下： `FileSystem.FileOpen(MFileNo, "C:\TEST01\TestA.csv", OpenMode.Output, OpenAccess.Write)` 括號內第一個參數為檔案代碼，第二個參數為檔名及其路徑，第三個參數為開啟模式，第四個參數為處理模式，詳細說明請見範例檔 F_FileSystem.vb 的 Sub B_02_Click 事件程序。
FreeFile	自動取得作業系統所賦予的檔案代碼（整數值），使用本類別開啟或關閉檔案時，都要使用此代碼，而不直接使用檔案名稱。
Kill	刪除檔案，範例如下（可搭配萬用字元）: `FileSystem.Kill("D:\TEST02\*.txt")`
MkDir	建立資料夾，範例如下： `FileSystem.MkDir("C:\TEST01")` 括號內為磁碟機代號及資料夾名稱。

FileSystem 的方法	說明與舉例
RmDir	刪除資料夾，範例如下： `FileSystem.RmDir("D:\TEST02")` 括號內為磁碟機代號及資料夾名稱。
Print	將資料寫入檔案，但不加入歸位及換行字元，範例如下： `FileSystem.Print(MFileNo, "ABC")` 括號內第一個參數為檔案代碼，第二個參數為欲寫入的字串。
PrintLine	將資料寫入檔案，並於末尾加入歸位及換行字元，範例如下： `FileSystem.PrintLine(MFileNo, "ABC")` 括號內第一個參數為檔案代碼，第二個參數為欲寫入的字串。
Rename	更換檔名，範例如下： `FileSystem.Rename("D:\TEST02\TestA.csv ", "D:\TEST02\TestB.csv")` 括號內第一個參數為原來的檔名，第二個參數為變更後的檔名。

E-10 使用者與系統互動的方法

Interaction 類別（命名空間 Microsoft.VisualBasic）的各種方法可處理應用系統與 User 之間的互動，茲摘要說明如表 E-8。

表 E-8. 使用者與系統互動

方法	說明與舉例

Beep	透過電腦的喇叭發出聲響，範例如下（可提示 User）。
	`Interaction.Beep()`
	`MsgBox("姓名尚未輸入!", 0 + 16, "Error")`

Choose	根據指定之索引順序從清單中傳回對應之值，請參考 InputBox 之範例，括號內第一個參數為索引順序，從 1 至清單的總項數，第二個參數為陣列或一組清單（各個項目以逗號分隔）。

方法	說明與舉例

InputBox	輸入對話方塊，括號內參數分別為提示訊息、視窗標題、預設值、距螢幕左邊界的距離、距螢幕上邊界的距離。第一個參數不能省略，其他參數可省略，若省略第二個參數，則自動以專案名稱作為視窗標題，若省略第三個參數，則輸入框內無任何資料，若省略第四個參數，則輸入對話方塊會水平置中，若省略第五個參數，則輸入對話方塊會距上邊界約三分之一的螢幕高，範例如下：
	`Me.TopMost = False`
	`Dim MMM As String = Interaction.InputBox("請輸入0～6" + Chr(13) + Chr(13) + "0代表星期天", "傳回星期數")`
	`If MMM = Nothing Then`
	`    Exit Sub`
	`End If`
	
	`If Information.IsNumeric(MMM) = True Then`
	`    If MMM < 0 Or MMM > 6 Then`
	`        MsgBox("您的輸入不正確!", 0 + 16, "Error")`
	`        Exit Sub`
	`    Else`
	`        Dim MResult As String = Interaction.Choose(MMM + 1, "星期天", "星期一", "星期二", "星期三", "星期四", "星期五", "星期六")`
	`        MsgBox("您的選擇是" + MResult, 0 + 64, "OK")`
	`    End If`
	`Else`
	`    MsgBox("您的輸入不正確!", 0 + 16, "Error")`
	`End If`
	`Me.TopMost = True`
	對話方塊的輸入值會以字串形式傳回，若未輸入任何資料或按下「取消」鈕，則傳回空字串，可用 Nothing 偵測。提示訊息較多時，可用 Chr(13) 字元換行。最好將表單的 TopMost 屬性設為 False，以免遮蔽了輸入對話方塊。

方法	說明與舉例
MsgBox	訊息顯示對話方塊，括號內參數分別為訊息文字、按鈕及圖示等之組合、視窗標題。 按鈕代碼如下： • 0「確定」 • 1「 確定」、「取消」 • 2「中止」、「重試」、「略過」 • 3「是」、「否」、「取消」 • 4「是」、「否」 • 5「重試」、「取消」 圖示代碼如下： • 16「X」用於錯誤訊息 • 32「？」用於疑問訊息 • 48「！」用於提示訊息 • 64「i」用於資訊訊息 預設鈕代碼如下： • 0 第一個按鈕為預設鈕 • 256 第二個按鈕為預設鈕 • 512 第三個按鈕為預設鈕 強制回應方式之代碼如下： • 0 → 暫停目前應用程式 • 4096 → 暫停所有應用程式 其他代碼如下： • 65536 → 將訊息方塊指定為前景視窗 • 524288 → 訊息文字靠右對齊 • 1048576 → 用於希伯來文或阿拉伯文系統，文字從右到左書寫 以上項代碼可用加號連結，例如 2+32+256 。

方法	說明與舉例
	按鈕傳回值（用以判斷 User 所按的按鈕是哪一個）： • 「確定」→ 1 • 「取消」→ 2 • 「中止」→ 3 • 「重試」→ 4 • 「略過」→ 5 • 「是」→ 6 • 「否」→ 7
Shell	執行應用程式並傳回其 ID，範例如下（啟動計算機）。 `Dim MTempID As Integer = Interaction.Shell("C:\Windows\system32\calc.exe")`

E-11 陣列的處理

陣列是一群同型別的變數集合，一個陣列可替代多個變數，故有簡化程式的好處。Array 類別（命名空間 System）的各種方法及屬性可處理陣列的搜尋、排序及管理等工作，茲摘要說明如表 E-9。

表 E-9. 陣列處理

宣告	說明與舉例

陣列宣告	宣告一維陣列 Atemp，內含三個元素。
	`Dim Atemp(0 To 2) As String` 或
	`Dim Atemp(2) As String`
	宣告一維陣列Atemp，並給予初始值，括號內不能指定陣列大小。
	`Dim Atemp() As String = {"香蕉", "水蜜桃", "蓮霧"}`
	宣告二維陣列 Atemp，內含 6 個元素（3 列 2 行）。
	`Dim Atemp(2, 1) As String`
	宣告二維陣列 Atemp，並給予初始值，括號內不能指定陣列大小，但需有逗號，陣列內含 6 個元素（3 列 2 行）。
	`Dim Atemp(,) As String = {{"香蕉", "10"}, {"水蜜桃", "20"}, {"蓮霧", "30"}}`

<table>
<tr><th>屬性</th><th>說明與舉例</th></tr>
<tr><td>Length</td><td>傳回陣列元素的總數，下例會將二維陣列 Atemp 的元素數量 6 存入文字盒中，不受 Clear 之影響。
<code>Dim Atemp(,) As String = {{"香蕉", "10"}, {"水蜜桃", "20"}, {"蓮霧", "30"}}</code>
<code>Array.Clear(Atemp, 1, 2)</code>
<code>TextBox1.Text = Atemp.Length</code></td></tr>
<tr><td>Rank</td><td>傳回陣列的維度數。</td></tr>
</table>

<table>
<tr><th>方法</th><th>說明與舉例</th></tr>
<tr><td>Clear</td><td>清除陣列元素，下例會清除陣列 Atemp 之中的 10 及水蜜桃，括號中有三個參數，第一個為陣列名稱，第二個為起始索引順序（由 0 起算），第三個為清除數量。
<code>Dim Atemp(,) As String = {{"香蕉", "10"}, {"水蜜桃", "20"}, {"蓮霧", "30"}}</code>
<code>Array.Clear(Atemp, 1, 2)</code></td></tr>
<tr><td>GetValue</td><td>取得陣列某一元素之值，下例兩種方法都可將 Atemp 陣列中的第三個元素之值存入文字盒。
<code>Dim Atemp() As String = {"10", "20", "30"}</code>
<code>TextBox1.Text = Atemp(2)</code>
<code>TextBox2.Text = Atemp.GetValue(2)</code></td></tr>
<tr><td>IndexOf</td><td>陣列值搜尋（限一維陣列），下例會在 Atemp 陣列中搜尋「水蜜桃」，若有，則傳回該值之索引順序，若無，則傳回 -1。括號內有三個參數，第一個為陣列名稱，第二個為搜尋值，第三個為搜尋起始位置（由 0 起算），若省略，則從第一個元素開始搜尋。
<code>Dim Atemp() As String = {"香蕉", "水蜜桃", "蓮霧"}</code>
<code>TextBox1.Text = Array.IndexOf(Atemp, "水蜜桃", 1)</code></td></tr>
</table>

方法	說明與舉例

LastIndexOf	搜尋最後一個相符之值（限一維陣列），下例會在 Atemp 陣列中搜尋「10」，若有，則傳回該值之索引順序，若無，則傳回 -1。括號內有三個參數，第一個為陣列名稱，第二個為搜尋值，第三個為搜尋延伸位置，若省略，則從第一個元素開始搜尋至最後一個。下例文字盒 TextBox1 會顯示 3，文字盒 TextBox2 會顯示 1，因為延伸位置為 2，故只會搜尋前三個元素，文字盒 TextBox3 會顯示 -1，因為延伸位置為 0，故只會搜尋第一個元素。
	`Dim Atemp() As String = {"30", "10", "20", "10"}`
	`TextBox1.Text = Array.LastIndexOf(Atemp, "10")`
	`TextBox2.Text = Array.LastIndexOf(Atemp, "10", 2)`
	`TextBox3.Text = Array.LastIndexOf(Atemp, "10", 0)`

Reverse	反轉一維陣列元素的順序，下例會將陣列 Atemp 的元素重排為 20、10、30。
	`Dim Atemp() As String = {"30", "10", "20"}`
	`Array.Reverse(Atemp)`

Sort	遞增排序一維陣列的元素，下例會將陣列 Atemp 的元素重排為 10、20、30。
	`Dim Atemp() As String = {"30", "10", "20"}`
	`Array.Sort(Atemp)`
	若要遞減排序，則應先遞增排序，再予反轉，範例如下：
	`Dim Atemp() As String = {"30", "10", "20"}`
	`Array.Sort(Atemp)`
	`Array.Reverse(Atemp)`

Resize	重新調整一維陣列的大小，下例會將名為 Atemp 的陣列大小調為兩個元素，若原陣列的元素大於兩個，則大於的部分會被刪除。括號內兩個參數，前者為陣列名稱，後者為調整後的陣列大小。 `Array.Resize(Atemp, 2)` 亦可使用 ReDim Preserve ATemp(2)，來重新調整一維陣列的大小，Preserve 關鍵字可保留現有陣列中的資料。

E-12 清單集合的運用

List(Of T) 清單集合是陣列的進化類別，屬於泛型 Generic 類別，它比傳統的非泛型集合類別有更高的效能。List(Of T) 類別（命名空間 System.Collections.Generic）提供了比 Array 更多的屬性及方法，茲摘要說明如表 E-10，實際範例請參考 F_QueryResult.vb 的 F_QueryResult_Load 事件程序。

表 E-10 .List(Of T) 清單集合類別

宣告	說明與舉例
建構函式	下例使用建構函式建立新的清單集合物件 List01，括號內以 Of 關鍵字指出其型別。 `Dim List01 As New List(Of String)`

屬性	說明與舉例
Count	傳回清單元素的總數。

Item	取回清單某元素之值，下例文字盒 TextBox1 及 TextBox2 都會顯示 10，Item 括號內為索引順序（由 0 起算）。
	`Dim List01 As New List(Of String)`
	`List01.AddRange({"30", "10", "20"})`
	`TextBox1.Text = List01.Item(1)`
	`TextBox2.Text = List01(1)`

方法	說明與舉例
Add	將物件加入清單集合的結尾，下例會將字串 ABC 加入名為 List01 的清單集合。 `List01.Add("ABC")`
AddRange	將特定集合的元素加入清單集合的結尾。下例會將三組字串加入名為 List01 的清單集合。 `List01.AddRange({"30", "10", "20"})`

方法	說明與舉例
Clear	移除清單集合的所有元素，範例如下。 `List01.Clear()`
Contains	判斷某項目是否在於清單集合之中，範例如下，若有，則傳回 True，否則傳回 False。 `TextBox1.Text = List01.Contains("ABC")`

IndexOf	項目搜尋，若找到，則傳回該項目第一次出現的位置（索引順序），此方法為多載，括號內可有 1 或 2 或 3 個參數。
	下例文字盒 TextBox1 會顯示 1（第 1 個參數是搜尋項目），文字盒 TextBox2 會顯示 -1，因為從第三個元素開始搜尋（第 2 個參數是搜尋起始位置），文字盒 TextBox3 會顯示 3，因為從第一個元素搜尋至第 4 個元素（第 3 個參數是搜尋的數量）。
	`Dim List01 As New List(Of String)`
	`List01.AddRange({"30", "10", "20", "50"})`
	`TextBox1.Text = List01.IndexOf("10")`
	`TextBox2.Text = List01.IndexOf("10", 2)`
	`TextBox03.Text = List01.IndexOf("50", 0, 4)`

Insert	將某項目插入清單集合的指定位置，下例會將 50 插入 List01 清單集合的第三個元素，原位置的 20 會往後移，括號內第一個參數為索引順序（由 0 起算），第二個參數為插入項目。
	`Dim List01 As New List(Of String)`
	`List01.AddRange({"30", "10", "20"})`
	`List01.Insert(2, "50")`

InsertRange	將項目集合插入清單集合的指定位置，下例會將 50 及 60 插入 List01 清單集合的第三個元素，原位置的 20 會往後移，括號內第一個參數為索引順序（由 0 起算），第二個參數為欲插入之項目集合，需先使用 New String() 宣告。
	`Dim List01 As New List(Of String)`
	`List01.AddRange({"30", "10", "20"})`
	`Dim MNewString = New String() {"50", "60"}`
	`List01.InsertRange(2, MNewString)`

方法	說明與舉例

LastIndexOf	搜尋最後一個相符之值，下例會在 List01 清單集合中搜尋「10」，若有，則傳回該值之索引順序，若無，則傳回 -1。括號內有兩個參數，第一個為搜尋值，第二個為搜尋延伸位置，若省略，則從第一個元素開始搜尋至最後一個。下例文字盒 TextBox1 會顯示 3，文字盒 TextBox2 會顯示 1，因為延伸位置為 2，故只會搜尋前三個元素，文字盒 TextBox3 會顯示 -1，因為延伸位置為 0，故只會搜尋第一個元素。
	`Dim List01 As New List(Of String)`
	`List01.AddRange({"30", "10", "20", "10"})`
	`TextBox1.Text = List01.LastIndexOf("10")`
	`TextBox2.Text = List01.LastIndexOf("10", 2)`
	`TextBox3.Text = List01.LastIndexOf("10", 0)`

Remove	從清單集合中移除第一個相符的項目。下例會移除 List01 清單集合中的第二個元素，其後的元素往前移，移除後的元素總數目為 3 ，括號內為欲移除的項目。
	`Dim List01 As New List(Of String)`
	`List01.AddRange({"30", "10", "20", "10"})`
	`List01.Remove("10")`

RemoveAt	從清單集合中移除指定位置的項目。下例會移除 List01 清單集合中的第二個元素，其後的元素往前移，移除後的元素總數目為 3 ，括號內為欲移除項目的索引順序（由 0 起算）。
	`Dim List01 As New List(Of String)`
	`List01.AddRange({"30", "10", "20", "10"})`
	`List01.RemoveAt(1)`

RemoveRange	從清單集合中移除指定範圍的項目。下例會移除 List01 清單集合中的第二及第三個元素，其後的元素往前移，移除後的元素總數目為 2 ，括號內有兩個參數，第一個為欲移除項目的起始位置（由 0 起算）第二個為欲移除項目的數量。
	`Dim List01 As New List(Of String)`
	`List01.AddRange({"30", "10", "20", "10"})`
	`List01.RemoveRange(1,2)`

方法	說明與舉例

Reverse	反轉清單集合中元素的順序。 此方法為多載，括號內可指定參數，或不指定，下例第一個 Reverse 不指定參數，則清單中元素會全部反轉順序，第二個 Reverse 指定了參數，故可作部分元素的反轉，其中第一個參數為起始位置（由 0 起算），第二個參數為欲反轉的數量。下例第一個 Reverse 的結果為 10、20、10、30，若改用第二個 Reverse，其結果為 20、10、30、10。
	`Dim List01 As New List(Of Int32)`
	`List01.AddRange({30, 10, 20, 10})`
	`List01.Reverse()`
	`List01.Reverse(0, 3)`
	請注意，Reverse 是反轉而非遞減排序，若要遞減排序，應先遞增排序，再反轉，範例如下：
	`List01.Sort()`
	`List01.Reverse()`

Sort	遞增排序清單集合中的元素。

Visual Basic 開發應用系統的十堂課

作　　者：陳鴻敏
企劃編輯：莊吳行世
文字編輯：詹祐甯
設計裝幀：張寶莉
發 行 人：廖文良

發 行 所：碁峰資訊股份有限公司
地　　址：台北市南港區三重路 66 號 7 樓之 6
電　　話：(02)2788-2408
傳　　真：(02)8192-4433
網　　站：www.gotop.com.tw
書　　號：ACD014200
版　　次：2016 年 01 月初版
建議售價：NT$560

國家圖書館出版品預行編目資料

Visual Basic 開發應用系統的十堂課 / 陳鴻敏著. -- 初版. -- 臺北市：碁峰資訊, 2016.01
面；　公分
ISBN 978-986-347-845-4 (平裝)
1.BASIC(電腦程式語言)
312.32B3　　104024152

讀者服務

- 感謝您購買碁峰圖書，如果您對本書的內容或表達上有不清楚的地方或其他建議，請至碁峰網站:「聯絡我們」\「圖書問題」留下您所購買之書籍及問題。(請註明購買書籍之書號及書名，以及問題頁數，以便能儘快為您處理)
http://www.gotop.com.tw

- 售後服務僅限書籍本身內容，若是軟、硬體問題，請您直接與軟體廠商聯絡。

- 若於購買書籍後發現有破損、缺頁、裝訂錯誤之問題，請直接將書寄回更換，並註明您的姓名、連絡電話及地址，將有專人與您連絡補寄商品。

- 歡迎至碁峰購物網
http://shopping.gotop.com.tw
選購所需產品。